JN050980

［増補改訂］

GPUを支える技術

超並列ハードウェアの快進撃［技術基礎］

Hisa Ando
［著］

技術評論社

本書について 改訂にあたって

本書は、GPU(*Graphics Processing Unit*、GPGPU/*General Purpose GPU*)の技術解説書『GPUを支える技術』の増補改訂版です。本書の初版は2017年に出版されました。業界全体の急速な進展に伴い、改訂版の本書では取り上げる技術をアップデートし、とくに第7章、第8章では、先端のGPUやディープラーニング(*Deep learning*/深層学習、より包括的な概念であるマシンラーニング/*Machine learning*/機械学習とも呼ばれる)、AI(*Artificial Intelligence*)エンジン、マシンラーニング処理性能のベンチマークなどの解説を大幅に強化しました。また、全体を通して、扱うGPUなども本書前半の基本解説、後半の技術動向紹介(後述の「本書の構成」を参照)ともにそれぞれ新しくしました。

スマートフォンなどのカラフルな画面を作り上げているのは「GPU」です。したがって、GPUは私たちの生活に一番密着しているプロセッサとも言えます。本書前半では、グラフィックスの画面表示がどのようにして行われているのか、グラフィックス表示用のGPUは従来のCPUとどのような違いがあるのかから解説を行っています。

グラフィックス表示、とりわけ3Dモデルに基づく画面表示を行うには大量の計算が必要であり、GPUは「高い計算能力」を持つという方向に進化していき、トップクラスの製品同士を比較すると現在ではCPUに比べてGPUは10倍程度の計算能力を持っています*。

GPUの計算能力の向上には、ゲームグラフィックスが大きな支えになっています。3.3節に、西川善司氏に寄稿いただいたゲームグラフィックスの解説があります。そして、改訂版では3.3節に、レンダリングパイプラインにおける変化の兆しや、多重反射による映り込みを扱えるレイトレーシング(*Ray tracing*)技術の解説が加わりました。

第4章では、GPUはどのような構造になっており、なぜCPUより数値計算

* ただし、本文でも述べるとおり、CPUはいわばスポーツカーで、少数の人をできるだけ速く運ぶことを目的としています。一方、GPUはバスで、速度はスポーツカーには及びませんが、多数の乗客を運ぶので人数×距離という尺度では、スポーツカーより10倍高い性能を持っているのと同じことで、一つの面だけを取り上げて性能を比較することは適当ではありませんので、その点には注意してください。

性能が大幅に高いのかを詳しく掘り下げて説明しています。基本的にGPUはたくさんの演算器を搭載して、並列に計算を行うことで高い計算性能を実現していますが、たくさんの演算器があってもそれらを有効に使うプログラムでなければ高い性能は実現できません。第5章では、GPUで実行する超並列プログラムの記述機能を持つCUDAやOpenCLについて説明しています。また、並列化されていないC言語やFORTRANのプログラムに並列化の指示行を書き加えることで並列プログラムを作るOpenACCやOpenMPといったツールが使われてきており、並列プログラムの開発を容易にしてきています。第5章ではこれらのツールについても紹介しました。続く第6章では、GPUの進化と合わせて理解しておきたい、メモリやデータ伝送の周辺技術についてまとめています。

本書後半、第7章以降は、GPUの応用や動向に焦点を当てます。GPUの高い計算能力に注目した研究者やエンジニアが、GPUを科学技術計算に使い始めたことは初版(第3章、第7章)でも説明しました。その後もGPUの計算性能は向上し続けており、世界のスーパーコンピュータの性能ランキングのTOP500で、500位までのスーパーコンピュータのリストのうちの約1/3が計算エンジンとしてGPUを使っています。

ここ10年ほどの新しい動きは、AI/ディープラーニングの分野の大幅な発展です。ディープラーニングは画像の識別などでは時に人をも超える正確さを示すようになってきており、普通の言葉で書かれた文章、音や声の理解なども実用的に使えるレベルになってきています。最近では、Microsoft WindowsのCortana(コルタナ)やGoogle Assistantのような音声認識や、画像認識を使った類似の写真の検索、自動翻訳など、ディープラーニングを使うWebサービスが増えています。また、車の自動運転でも周りの状況の認識などに、ディープラーニングが使われます。このようなAI/ディープラーニングには極めて大量の計算が必要になり、これらの計算はGPUの得意なタイプの計算でGPUが多く使われています。

GPUを利用したAI/ディープラーニングの進化がAIを利用する分野を拡大し、利用分野の拡大がGPUに新たな改良を促すというポジティブなフィードバックが起こり、大きな進歩が起こっています。第7章では、GPUの使われ方の広がりや新たな使い方に焦点を当てています。

ディープラーニングは膨大な計算を必要とし、その実行エンジンとしては、大量の計算を行うGPUが近い位置にあります。大量の計算といっても、科学技術計算では64ビットの倍精度浮動小数点演算という高精度が要求されます。一方のディープラーニングでは16ビット程度の低精度の計算で良いのですが、大量の計算を速く実行する必要があるという異なる要求が出てきています。

これにより、GPUは「高精度の数値計算」と「大量の低精度の数値計算」を行うアクセラレータという両面性を持つように作られてきています。その一方で、GPUの利用範囲が広がるにつれて、適用範囲を絞って、その範囲内ではより性能の高いアクセラレータを作るという動きも出てきています。第8章では、適用範囲をディープラーニングに絞って性能を高めたアクセラレータについても取り上げています。また、GPUだけではなくその他のアクセラレータを含めて、今後どうなっていくのかという展望も述べています。

本書では全体を通して、汎用CPUの基本的な処理方法の概念はおおよそ理解があるという想定で解説を行っています。また、GPUのプログラミングに関してはC言語の基本的な知識を持っていることを前提に解説を進めますが、並列プログラミングについては特別な知識は必要ではありません。

GPUは広く使われていますが、初学者の方々向けに、その構造を解説した書物はほとんどありません。また、CUDAやOpenCLによるプログラムの書き方を扱っている文献はありますが、GPUのハードウェアの構造と関連付けて、どのように書けばハードウェアを有効利用できるかという観点で説明を行っている本はまだ少ないのが現状です。

本書を通してGPUを理解し、より上手に活用していく方が増えることにつながれば幸いです。

2021年2月　Hisa Ando

本書の構成

本書は、以下のような構成で解説を行っています。

第1章 [入門]プロセッサとGPU

どのようにして画像表示を行うのかというグラフィックスの基礎から、グラフィックスの歴史、3Dグラフィックスの考え方、CPUとGPUの違いなど、グラフィックスの基礎知識を解説しました。

さらに、グラフィックシステムの基本的な構造やGPUの実行方式など、第2章以降に読み進むための基礎を取り上げます。

第2章 GPUと計算処理の変遷

第2章では、グラフィックス処理ハードウェアの歴史からスタートし、GPUの科学技術計算への利用についてまでをまとめました。とくに、SIMT実行やプレディケート実行など、今日のGPUの並列処理の方法についてできるだけ平易に解説しています。

第3章 [基礎知識]GPUと計算処理

第3章では、3Dグラフィックスとはどのような処理をするのか、そのための表示パイプラインを説明しました。

そして、ゲームにおける最近の3Dグラフィックス処理についての解説もあります。また、GPUによる科学技術計算とは、どのような用途に使われるのかを解説しています。

第4章 [詳説]GPUの超並列処理

第4章は本書の中心で、GPUの構造はどのようになっているのかを詳しく解説しています。本章を注意深く読んでいくと、なぜGPUが高い演算性能を持っているのかをしっかりと理解できるでしょう。

また、科学技術計算ではエラーの発生が最終結果を誤らせてしまうという問題があり、エラーの検出や訂正が重要になります。ここでは、エラー検出や訂正の方法も説明を行っています。

第5章　GPUプログラミングの基本

GPUハードウェアは高い演算能力を持っていますが、それらの計算資源を有効利用するプログラムがなければ性能を発揮できません。第5章は、超並列のGPUプログラムを記述するプログラミングの基本事項を取り上げます。

第6章　GPUの周辺技術

GPUが高い性能を発揮するためには、データの供給と演算結果を格納する高バンド幅のメモリが必要です。また、CPUとGPU、あるいはGPU同士で高速にデータを転送することが必要になります。本章では、GPUのデバイスメモリやデータ転送の技術を解説しました。

第7章　GPU活用の最前線

GPUは3Dグラフィックス表示から汎用の科学技術計算へと適用範囲を拡大してきました。その3D表示はより品質を高め、製品開発の過程で試作を省くというような効率化を実現しています。また、VR(*Virtual Reality*、仮想現実または人工現実感)やAR(*Augmented Reality*、拡張現実)のように、より高度な表示も使われ始めています。

さらにはGPUの計算能力をAI/ディープラーニングの計算に使って自動運転を目指すというように、GPUの適用範囲が広がっています。また、科学技術の世界で重要度が高まっているコンピュータシミュレーションにおいても、GPUは計算エンジンとして用いられています。第7章は、GPUがどのように使われていくのかの展望を持つのにも役に立つでしょう。

第8章　ディープラーニングの台頭とGPUの進化

第8章は、GPUにとってグラフィックスよりも大きな市場になると見られるディープラーニングで各社がどのようなアクセラレータを開発しているのか、GPUにどのような機能を付け加えてディープラーニングに対応しようとしているのかについて説明します。また、マシンラーニングのアクセラレータ性能を評価するベンチマークとしてどのようなものが作られているのかを説明しています。

このような先端の開発状況に触れることで、これからCPUやGPUがどのように発展してくのかを考える機会につながれば幸いです。

本書の読者対象および必要となる前提知識について

本書のおもな想定読者は、次のような方々です。

- GPUがどのようになっているのかを知りたい方
- GPUのしくみを知って、より高性能のプログラムを書きたい方
- GPUのしくみと現在の使われ方を理解して、より良く使いたい方、新たな使い方を考えたい方

知的好奇心から、GPUがどうなっているのかを知りたいという方も大歓迎です。本書を読むために必要となる特別な前提知識は、それほどはありません。以下のような基礎知識があれば、より読みやすいでしょう。

- 命令フェッチから演算に至るプロセッサの動作原理
- C言語の基礎知識
- 並列処理を行う場合の問題点

本書の補足情報について

本書の補足情報は以下から辿(たど)れます。

URL https://gihyo.jp/book/2021/978-4-297-11954-6

目次●[増補改訂]GPUを支える技術 超並列ハードウェアの快進撃[技術基礎]

第1章
[入門]プロセッサとGPU

「GPU」という言葉は聞いたことがあるという読者が大部分だと思いますが、液晶などのディスプレイに絵を描く(あるいは表示する)には、一体どのようにすれば良いのでしょうか。そして、汎用のCPU(*Central Processing Unit*)があるのに、どうして絵を描くために専用のGPU (*Graphics Processing Unit*) が必要なのでしょうか。また、汎用のCPUと絵を描くGPUはどこが違っているのでしょうか。第1章では、どのようにして絵を表示するのかから始めて、

- **3Dグラフィックス(*Three-dimensional computer graphics*/3DCG)で絵を描くとはどういうことか(図1.A)**
- **どうしてGPUが必要になったのか**
- **そして、GPUがなぜ科学技術計算に使われるようになってきたのか**

といった点について順に見ていきます。

また、「GPU」と言っても、低電力でスマートフォンに内蔵されているものから、200W以上の電力を消費する大型のものまでバリエーションがあります。それらの違いについても取り上げます。

GPUは多数の演算器を持ち、超並列に計算を行うことで高い性能を実現しています。第1章の終盤では、GPUがどのようにして超並列に計算を行うのかなど、次章以降を読み進めるために必要な知識も概説します。

図1.A 4辺形パネルで表現した人間の頭部の3Dモデル

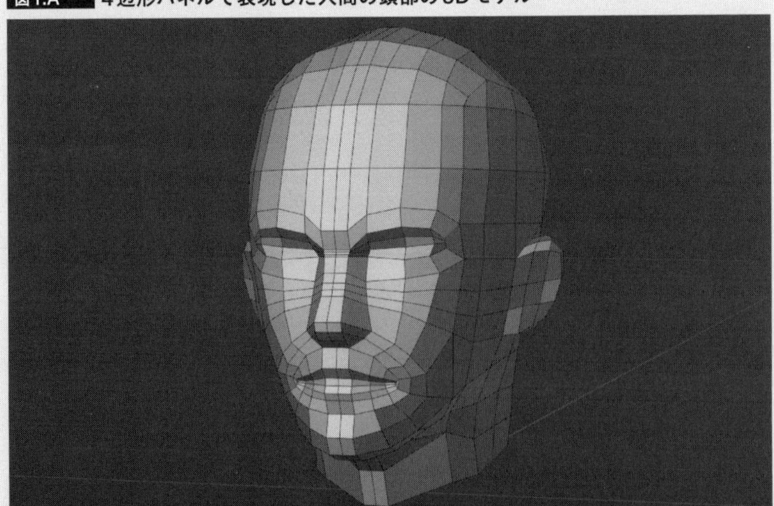

1.1 コンピュータシステムと画像表示の基礎

フレームバッファ、VRAM、ディスプレイインターフェース

今の世の中は、大はビルの壁面や屋上に設置された巨大スクリーンから、小はスマートフォンやスマートウォッチの画面まで、カラーの画像が表示されています。本節では、コンピュータで画像を表示するしくみはどうなっているかを中心に見ていきましょう。

コンピュータで画像を表示するしくみ

コンピュータで画像を表示するシステムは、簡単に書くと**図1.1**のようになっています。コンピュータはプログラムを実行することにより、メモリの画面表示領域に任意のデータを書き込むことができます。この画面表示領域は**フレームバッファ**（*Frame buffer*）と呼ばれます。1画面分の絵を「フレーム」と呼び、動画の場合は30FPS（*Frame Per Second*）のように、フレームをパラパラ漫画のように表示して実現します[注1]。

図1.1 コンピュータで画像を表示するシステム

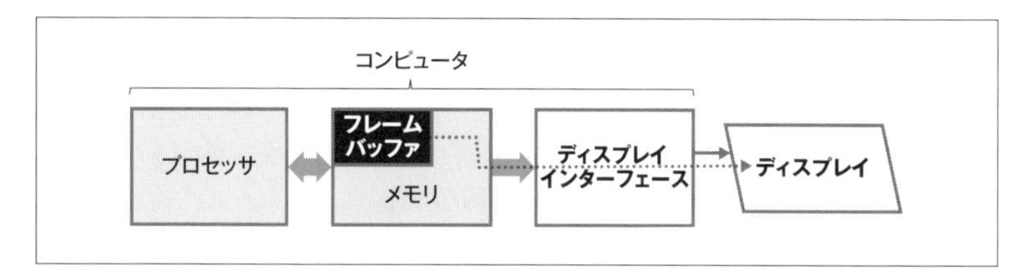

このため、フレームバッファのメモリを読み出し、それをディスプレイに表示する**ディスプレイインターフェース**というブロックが設けられます。

図1.1ではフレームバッファがメインメモリの中にあるように描かれていますが、表示専用のメモリが設けられる場合もあります。このような表示専用

注1　毎秒30フレームくらい書き換えると、人間の目にはちらつきが感じられなくなります。ただし、VR（*Virtual Reality*）の場合は、毎秒100フレーム程度の表示でなければ「VR酔い」が起こると言われています。

のメモリは**VRAM**(*Video RAM*)と呼ばれることもあります。

フレームバッファに書き込まれたデータがどのように画面に表示されるかは設計に依存しますが、プロセッサはどのようなデータでもメモリに書き込むことができるので、メモリのアドレスと画面に表示される位置との対応がわかっていれば、意図する画像を表示することができます。

図1.1の構造で原理的にはどのような画像でも表示できますが、複雑な画像の場合は、そのデータを生成してフレームバッファに書き込むにはたくさんの計算やメモリアクセスを必要とします。このため、描画や表示にあたってプロセッサを補助する専用チップが作られてきました。これらは**ビデオチップ**(*Video chip*)や、**グラフィックアクセラレータ**(*Graphics accelerator*、グラフィックスアクセラレータ)などと呼ばれてきました。

画像を表示するディスプレイ　ブラウン管とラスタースキャン

現在は液晶ディスプレイが主力で、有機EL(*Organic electro-luminescence*、後述)ディスプレイも使われ始めていますが、一昔前は**ブラウン管**(*Cathode Ray Tube*、**CRT**)という一種の真空管が使われていました。ブラウン管は、前面に蛍光体を塗ったスクリーンがあり、後ろ側に電子ビームを発生する電子銃と呼ばれるものがありました。電子銃から出た電子が蛍光体に当たると蛍光体が光り、それをスクリーンの前方から見るというしくみです。

これだけでは1点だけが光ることになってしまいますが、電子の通路にビームを水平方向と垂直方法に曲げる磁界を発生するコイルを置きます。テレビの場合、水平方向には毎秒約1万6,000回という速い速度で電子ビームの当たる位置を動かし、同時に垂直方向には毎秒60回、上から下までをカバーするように電子ビームの当たる位置を動かします。このようにして、画面全体をカバーする方式を**ラスタースキャン**(*Raster scan*)と呼びます(**図1.2**)。そして、電子銃から出る電子ビームをON/OFFする機能を持たせれば、任意の位置を光らせ、その他の位置を暗く表示して画像を表示することができます。

なお、正確には、テレビの場合は最初の1/60秒は奇数番の水平線の部分を表示し、次の1/60秒は偶数番の水平線の部分を表示する**インターレース**(*Interlace*)という方法を使っています。したがって、全面の更新は毎秒30回、すなわち30FPSとなっています。ちらつきが目立たず、かつ動画を滑らかに表示するためには毎秒60フレームすなわち60FPS程度が必要と言われますが、

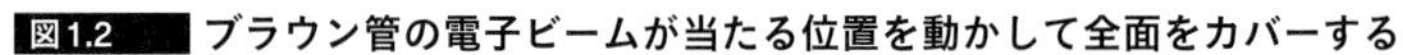

図1.2 ブラウン管の電子ビームが当たる位置を動かして全面をカバーする

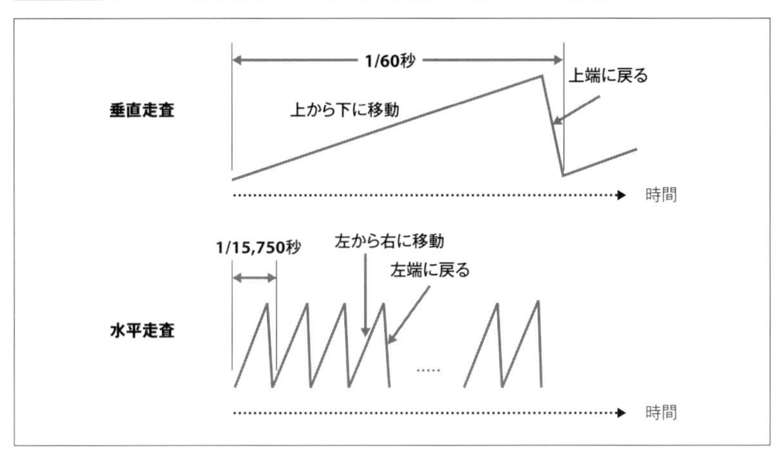

テレビの場合はインターレースを行って30FPSに更新回数を減らしています。

そして、電子ビームをON/OFFではなく、アナログ的に強さを変えられるようにし、**RGB**（*Red/Green/Blue*）の三原色の蛍光体を光らせるための3つの電子ビームを使えば、カラーの画像が表示できることになります。電子ビームは高速で移動するので1点に電子が当たるのは一瞬ですが、蛍光体の発光がある程度の時間持続するのと目の残像効果でちらつきのない表示を実現しています。

そして、電子ビームの位置が下端から上端に戻る間（この間は電子ビームをOFFにしておく）にフレームバッファの内容を次の時点の絵に書き直してやれば、動画を表示することができます。なお、複雑な絵を描く場合はフレームバッファを2つ持ち、一方のフレームバッファの内容を表示中に他方のフレームバッファに描画を行い、次のフレームを表示するタイミングでフレームバッファを切り替えるという方法が用いられます。

液晶ディスプレイ 液晶セル、ピクセル、dpi

液晶ディスプレイは水平方向の行選択線と垂直方法の列選択線を持ち、行と列の選択線がONとなった交点のところにある**液晶セル**を通過させる光の量を短時間記憶させることができるというデバイスです。液晶はブラウン管のように自分では光りませんから、背面から光を当ててやります。この光源を**バックライト**(*Backlight*)と言います。そして、液晶セルは、その状態を1/30秒程度の間、保持することができるようになっています。液晶ディスプレイの構造を**図1.3**に示します。

図1.3 液晶ディスプレイの構造

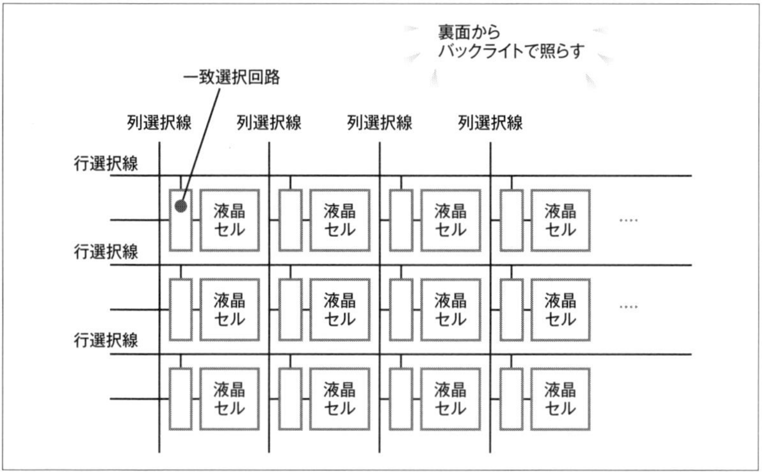

この1つ1つのセル(の表示)がピクチャー(*Picture*)を構成する最低単位ということから、これを**ピクセル**(*Pixel*)と呼びます。液晶セルのピッチが細かく、たくさんのピクセルがある方がより精細な画像を表示できます。この液晶の精細さを表す指標として、画面全体で1M(*Mega*)ピクセルや4Mピクセルといった表現が使われます。また、1インチに何個のピクセルがあるかを示す**dpi**(*Dot Per Inch*)という表現も使われ、96 dpiや300 dpiなどと表されます。

■…………液晶セルのアクセス　互換性が高いスキャン方法

液晶の各セルのアクセスの一般的な方法は、まず一番上の行選択線を選択し、次に列選択線を左の第1列から右へと順に選択して、交点の液晶セルに光の透過量を書き込んで記憶させていきます。一番上の行のセルが終わったら、2番めの行選択線を選択して、列選択線を左から右に順に選択して、透過光量をセルに書き込むという動作を次々と繰り返して全面をカバーします。

液晶ディスプレイ自体はブラウン管のように発光はしないので、裏側に小形の蛍光灯のようなランプを置いたり白色LED(*White Light-Emitting Diode*)で照らしたりして、その光の透過量を制御して画像を表示しています。結果として、ブラウン管ディスプレイと同じ順番で対応する光る点が書き込まれてラスタースキャンと同じことが行われることになります。

このようなスキャン方法とすることでブラウン管ディスプレイと互換性が高く、コンピュータ(細かくいうと、ディスプレイインターフェース)からアナログRGB信号を出しておけば、どちらにも使えるという点で便利です。

Column

プロセッサの構造と動き

プロセッサは命令やデータを記憶するメモリと、命令を実行する部分で構成されています(**図C1.1**)。命令を実行する部分は、命令メモリから順次命令を読み出して命令で指示されている動作を行っていきます。

そして、命令が演算の場合は、レジスタ(*Register*)群から演算するデータ(オペランド/*Operand*)を読み出して演算器で加減乗除などの算術演算やAND、ORなどの論理演算やその他の演算を行い、演算結果をレジスタに書き込みます。命令がデータメモリの内容を読むロード(*Load*)命令の場合は、読み出すメモリアドレスをレジスタ群から読み出して、メモリ上の指定されたアドレスからデータを読み出して、そのデータをレジスタに書き込みます。データをメモリに書き出すストア(*Store*)命令の場合は、レジスタ群からアドレスと書き込むデータを読んで、指定されたアドレスにデータを書き出します。

したがって、どのような命令がどの順番で書かれているかで、どのような動作をするのかをプログラムすることができるので、プロセッサは高い汎用性を持っています。

図C1.1 プロセッサの基本構造

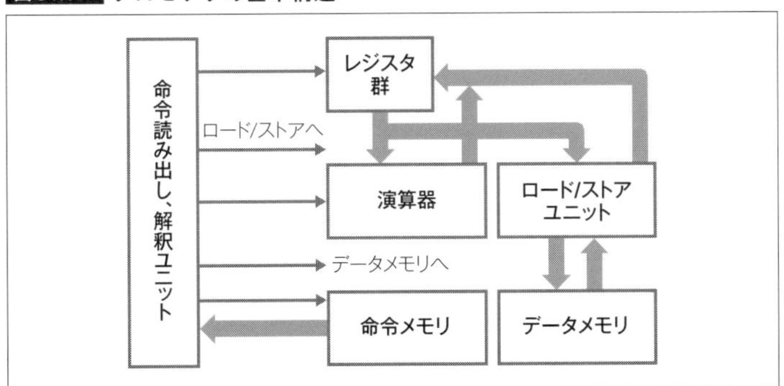

有機ELディスプレイは直接発光するデバイスで、光の透過量をコントロールする液晶よりも表示が綺麗なことから普及が進んでいますが、縦横の選択線の交点のセルの明るさを書き込むという表示制御の原理は同じです。

フレームバッファとディスプレイインターフェース

まず一番上のピクセル行で左から右に順次セルに表示データを与え、1行が終わると次々と下側のピクセル行のセルに表示データを与えるという表示方法を取る場合、フレームバッファには左から右の行方向にセルのデータが並んでいるというデータの格納方法がマッチします。2行めのデータは、1行めのデータに続いて格納されているか、1行めのデータの後に空き領域を置き、2行めのデータの開始アドレスが2の冪(べき)やキリの良い数になるようにするのが一般的です。

各セルのデータが色や明るさを持っている場合は、その情報を表すためには複数のビットが必要です。そして、ディスプレイインターフェースには、RGBそれぞれの明るさをデジタル信号からアナログ信号に変換するDAコンバータ(*Digital to Analog converter*)が必要になります(**図1.4**)。

図1.4 RGB各8ビットのフレームバッファとアナログRGB出力

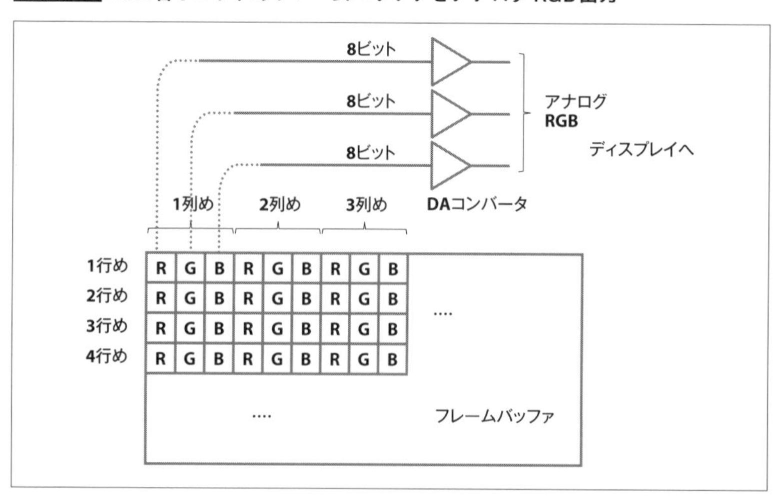

最近は大量のメモリをフレームバッファとして利用できるようになったので、RGB α（αは透明度）に各8ビットを割り当て、32ビットで1ピクセルを表すという方式が一般的になってきています。ただし、透明度を表すαは混色を行う場合には必要ですが、表示データとしては不要なので図1.4では除いてあります。

そして、フレームバッファには、RGBそれぞれ8ビットのデータが1行めの1列めのピクセルから順に並んでいます。そして、ディスプレイコントローラはディスプレイのスキャンのタイミングに合わせてフレームバッファから1ピクセル分のデータを読み出し、DAコンバータでアナログ信号に変換してディスプレイに送ります。

最近ではアナログRGBでなく、信号の劣化の心配のないデジタル信号でディスプレイに送る方が主流になっていますが、この場合はディスプレイの中にDAコンバータがあり、液晶パネルにはアナログの信号が供給されています。

ディスプレイインターフェースの仕事は、ディスプレイ側の各ピクセルのスキャンタイミングに合わせて対応するフレームバッファのデータを読み出して供給することです。また、VRAMを直結するディスプレイインターフェースチップでは表示処理だけでなく、直線や長方形、円などの基本的な図形の描画や、領域の塗りつぶしなどの機能を持つものも作られました。

しかし、最近のGPUはこれらの表示機能、描画機能に加えてビデオのデコードやエンコード機能まで内蔵されており、現在ではディスプレイインターフェース専用のチップは過去のものとなっています。

1.2 3Dグラフィックスの歴史

文字から図、2D、3Dへ。高品質とリアルタイム

文字だけでなく図が加わると、情報の伝達が飛躍的に容易になります。このため、ブラウン管ができたときから図の表示が望まれました。当初は2Dの図面の表示でしたが、パイロットの操縦訓練用シミュレータなど3Dモデルに基づく表示が求められるようになり、3Dグラフィックスが発展してきました。

初期のグラフィックス

現在の液晶などより前のCRTディスプレイができた1960年代は、任意の絵が表示できるディスプレイではなく、80文字×24行というような固定の位置に「文字」が表示できるだけのディスプレイでしたが、文字を宇宙船や月着陸船に見立て、キーボードでロケットの噴射を制御して画面上で表示位置を動かしてプレイする『Spacewar!』というゲームが作られました。

1970年代になると固定の背景の前で、比較的小さなパターンを動かすピンポンを模した『Pong』などのゲームが出現しました。当初はコインを入れて遊ぶアーケードゲームでしたが、LSI(*Large-Scale Integration*)の集積度の向上によるコストダウンと相まって、家庭向けにもゲーム機が販売されるようになっていきました。

LSIの集積度や性能がさらに改善されていくと段々と背景が複雑で綺麗になり、高速で動く小さなパターン(スプライト/*Sprite*、後述)の数が増えていきました。しかし、これらは平面に絵を描いた2Dグラフィックスです。

コンピュータグラフィックスの利用の広がり 高品質画像、リアルタイム描画

汎用コンピュータや専用の画像処理プロセッサの能力が向上するにつれて、より高度な画像表示ができるようになっていきます。それに伴って、コンピュータによって生成される画像を利用する分野も広がってきました。映画などでは、ぬいぐるみの怪獣はコンピュータで生成された絵に変わり、動きや皮の質感などの表現が改善されてきています。

映画の場合はピクセル数が多く、迫真の画像を作るために複雑なデータ処理を行うので、1分の画像を作るのに1時間を掛けるといったことが行われます。また、車や建物などの設計にも、それがどのように見えるかを**コンピュータグラフィックス**(*Computer graphics*、**CG**)で示すということも広く行われています。

このような用途ではリアルタイム性は要求されず、ある程度時間を掛けても品質の高い画像を作ることが要求されます。

一方、飛行機のパイロットの操縦訓練装置の場合は、リアルタイムにパイロットの操作に対応して絵が変わる必要があります。また、ゲームのフライトシミュレータやF1レーシングのゲームでもリアルタイムの応答が要求され

ます。パイロットの操縦訓練装置は億単位の高価な装置ですが、ゲーム機の場合はお金の制約があり、使えるプロセッサの能力の範囲内でいかに良い画像を作るかがゲームデザイナーの腕の見せ所ということになります。

一方、ポータブルのゲーム機などでは、消費電力の大きい、高性能の画像表示用のプロセッサは搭載できないという制約も出てきます。

このように、コンピュータグラフィックスと言ってもさまざまな使い方があり、画像を生成するプロセッサの性能にも大きな幅があります。

3次元物体のモデル化と表示

建物や車、そして人間などを3次元(3D、*Three-Dimensional*)のモデルで表現し、見る位置や角度によって見え方が変わるという表示を行うのが**3Dグラフィックス**です。3次元の機能があれば、1つの次元を固定値にすれば2次元になりますから、現在では3次元の表示機能を持つGPUが一般的になっています。

3次元の物体がどのように見えるかを求めるには膨大な計算が必要になるため、3次元のシーンを表示する装置は当初は億単位の価格で戦闘機のパイロットの操縦訓練装置などお金に糸目をつけない用途に限られていました。

しかし、ムーアの法則(*Moore's low*)の進歩で1999年頃になると、この3Dグラフィックスに必要な機能の大部分をワンチップに収めることができるようになり、NVIDIAの「GeForce 256」などゲーム向けの3DグラフィックスLSIが発売されました。

1.3 3Dモデルの作成

パネル、座標、配置、光

3Dグラフィックスは、我々の周りの3次元空間にある物を眺めているかのように画面を表示する技術です。現実にある物の場合は写真で良いのですが、3Dグラフィックスは現実にはない物を写真に撮ったように表示します。

張りぼてモデルを作る　パネル、ローカル座標とグローバル座標

現実には物がないのですから、物に相当する**モデル**(*Model*、模型)が必要です。3Dグラフィックスの場合は、中身のない張りぼてのようなモデルを作ります[注2]。張りぼてですから、平面の**パネル**を貼って表面の形を作っていきます。と言っても板紙を切って作るのではなく、多角形のパネルの頂点の座標を書き連ねて表現します。

ビルの壁のような平面のところは、大きな1枚のパネルで表すことができます。一方、曲面の場合は**図1.5**のように、小さなパネルに分解して表現できます。

図1.5　平面パネルで曲面を表現するトライアングルストリップとファン

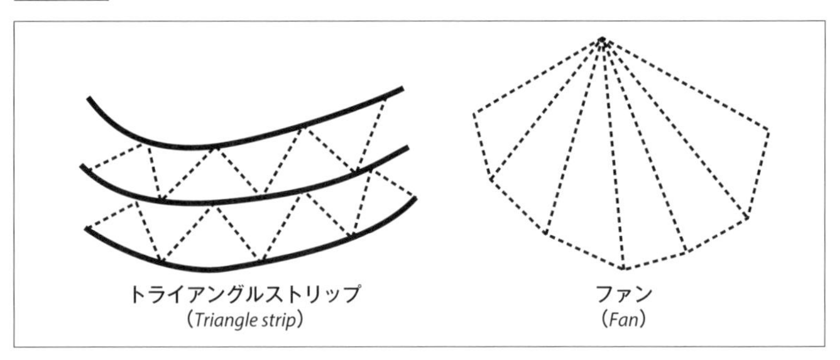

トライアングルストリップは林檎の皮むきのように細い帯に区切って、それを連続した三角形で近似して区切っていきます。また、頂上付近は扇子(**ファン**)のように要(かなめ)のところで三角形を繋いで近似します。そして、三角形パネルの3つの頂点の座標を指定するとパネルの位置が決まります。

パネルは四角形やそれ以上の多角形でも良いのですが、4点以上の場合、平面にならないと計算が面倒です。一方、3点は必ず平面に載るので、三角形のパネルが扱いやすいのです。また、トライアングルストリップやファンは、前の三角形の2点を利用して1つの点を追加するだけで1つの三角形を表現できるので、データ量を減らすという点でも効率的な表現になっています。

図1.6の場合は3つの建物と車がありますから、それぞれを三角形パネルの張りぼてモデルで表現します。なお、この図は一方向から見たものですが、

注2　中身の詰まったソリッドモデル(*Solid modeling*)というのもありますが、本書の範囲外です。

3Dグラフィックスのモデルでは、どの方向から見ても良いように、ジオラマの模型(縮尺立体模型)のようにすべての面を作る必要があります。

この図の建物には壁、屋根、窓、煙突などがありますから、それらをすべて三角パネルに分解し、座標を指定して表現します。また、車はボディーやタイヤなど、トライアングルストリップを使う曲面が多くありますから、滑らかな表面にするためには多数の三角パネルが必要になります。

このとき、**図1.7**に示すように、それぞれの建物や車のモデルはローカル

図1.6 3つの建物と車※

※ 図中に見られるような「影」についての解説は3.3節を参照。

図1.7 ローカル座標とグローバル座標

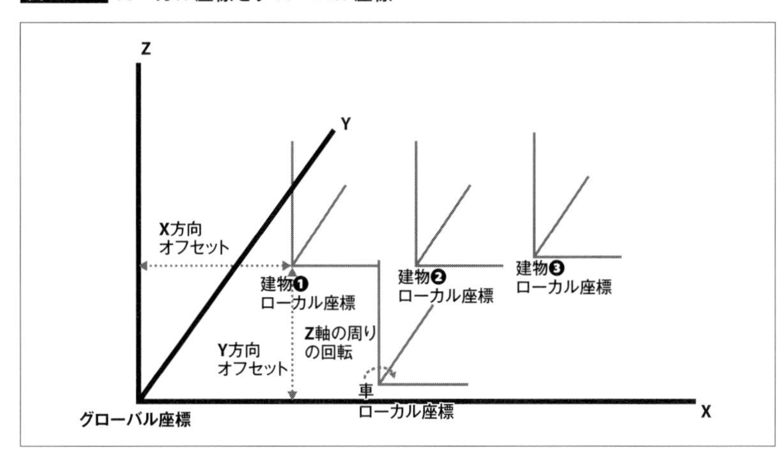

座標というモデルごとに独立の座標で表現して、その後、すべてのモデル要素をまとめる**グローバル座標**の中に、3つの建物と車の**ローカル座標**で表したモデルを配置するというのが便利です。このようにグローバル座標とローカル座標を使うと、建物❶のローカル座標の原点のオフセットを変えれば、建物❶をグローバル座標のXY平面の中で移動させられますし、車のローカル座標をZ軸の周りに回転させると車の向きを変えることができます。

マトリクスを掛けて位置や向きを変えて配置を決める

モデリング変換、視点変換、モデリングビュー変換、トランスフォーム

建物の並びや車の位置を変えるには、モデルに含まれるパネルのすべての頂点座標に**図1.8**に示す**平行移動のマトリクス**（*Matrix*、**行列**）を掛けてやります。また、車の向きを変えるには、車を構成するパネルのすべての頂点座標に**回転のマトリクス**を掛けてやります。

図1.8　平行移動と回転

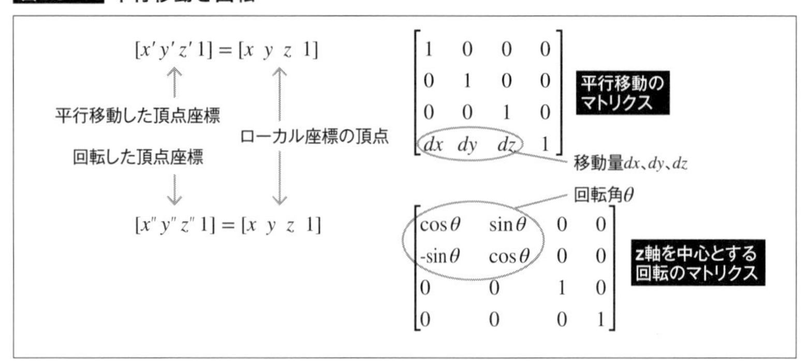

このような平行移動や回転で、グローバル座標の中でそれぞれのモデルの位置や向きを調整して、デジタルデータでジオラマのようなモデルを作ります。これを**モデリング変換**と言います。

ジオラマは見る角度で見え方が違うように、3Dモデルも視点をどこに置くかで見え方が違ってきます。この視点を基準とした座標に変換することを、**視点変換**と言います。

これらの変換は、意味としてはまったく異なる変換ですが、モデリング変換マトリクスと視点変換マトリクスを掛けた変換マトリクスを作っておくと、

両方の変換を一括して行うことができます。この一括した変換を**モデルビュー変換**と言います。

そして、これらの座標変換を**トランスフォーム**(*Transform*)と言います。多くの物体が含まれたモデルには多数のパネルが含まれるので、モデリング変換と視点変換をまとめても、座標変換の計算回数は膨大な数になります。

光の反射を計算する　ライティング

物が見えるのは光源からの光がパネル表面で反射し、その光が目に入るからです(**図1.9**)。反射の強さは、パネル面に垂直な**法線**(*Normal*)に対する光源からの入射角と視点の位置に対する反射角によって変わり、表面が鏡のようにツルツルしていれば、入射角と反射角が等しい方向に強く反射され、それ以外の角度にはあまり反射されません。一方、紙のような表面なら反射角にはあまりよらずに、どの方向にも光が反射されます。

図1.9　パネルの見え方

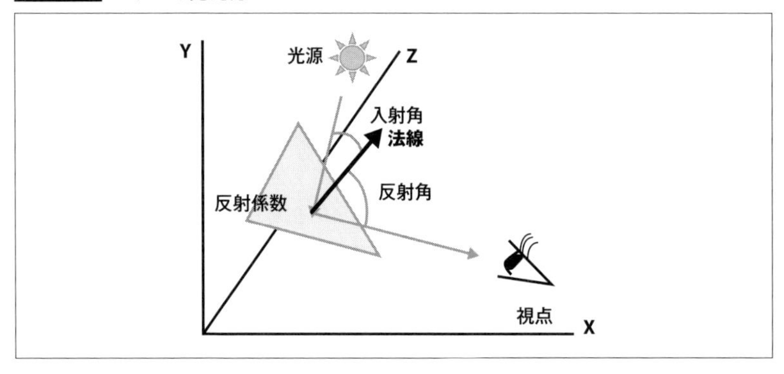

これに色が加わると、光源の波長分布とパネルの反射率の波長依存性によってどのように見えるかが変わってきます。また通常、光源は1つではなく複数あるので、それぞれの光源について計算を行う必要があります。

光源の位置とパネルの位置、向きから入射角を計算し、視点の位置とパネルの位置と方向から反射角を計算し、入射角と反射角を入力として、どの程度の光が反射されるかという式を計算すれば、そのパネル面の明るさや色を求めることができます。入射角や反射角(正確には角度ではなく、角度のコサイン)は、**法線ベクトル**(*Normal vector*)と光源、視点方向のベクトルの内積で計算できます。

この計算をすべてのパネルについて表示画面のピクセルごとに計算していくのが、**ライティング**(*Lighting*)という処理です。反射を計算する式の複雑さにもよりますが、この処理も膨大な計算が必要になります。

なお詳細にいうと、視点を基準とした座標に変換されたパネルの座標から遠近法も考慮して、それが画面上のどの位置に表示されるかを計算し、画面の外に出る部分を切り取り、画面内に入ったパネルをピクセルの集合に変換し、視点から見て他のパネルの後ろになって見えなくなるものを削除するなどの処理が必要ですが、ここでは説明を省略しています。

1.4 CPUとGPUの違い

プロセッサも適材適所

3Dモデルは張りぼてのように小さな平面のパネルを組み合わせて作るのですが、精密に滑らかな表面を作ろうとするとたくさんのパネルが必要になります。パネルが滑らかな場合は、反射した光が別のパネルで再度反射するということが起こります。この効果を考慮すると、より高品質の描画を行うことができます。このような描画を行うには**レイトレーシング**(*Ray tracing*)という技術が使われます(3.3節を参照)。レイトレーシングでは多重反射を計算するので、より多くの計算が必要になります。また、画面はたくさんのピクセルから作られています。

このため、絵を作って表示するのには大量の計算が必要となります。

GPUは並列処理で高い性能を実現する　数十〜数千個の演算器、GDDR DRAM

CPUは汎用の処理を行うためのプロセッサで、いろいろな処理をできるだけ短い時間で実行できるように作られています。一方、3次元の表示処理を行うGPUは、個々の頂点の座標変換やピクセルの色や明るさの計算は遅くても、たくさんの頂点やピクセルの処理を並列に実行することで、全体としての実行時間を短くするという考え方で作られています。

喩(たと)えていうと、CPUはスポーツカーのようなもので1人2人の人間を高速で運ぶように作られています（**図1.10**）。一方、GPUはバスのようなもので、速度はスポーツカーには遠く及びませんが、一度にたくさんの人間を乗せることができるので時間あたりの人数×距離で見るとスポーツカーより性能が高いということになります。

図1.10 GPUはバス、CPUはスポーツカー

しかし、バスの場合は全部の乗客が同じ目的地に行く場合は効率が良いのですが、バラバラの目的地に行きたい人たちが集まってもうまく運べません。これと同じで、GPUの場合も同じ計算を行う処理がたくさんあるという場合でなければ、高い性能は発揮できません。

具体的にいうと、CPUは数個〜数十個の演算器を持っているだけですが、GPUは数十〜数千個もの演算器を持っているので、すべて並列に動作させれば、CPUよりも1〜2桁高い演算性能が得られます。また、演算のためのデータの供給にはGDDR DRAM（*Graphics Double Data Rate Dynamic Random Access Memory*）という普通のDDR（*Double Data Rate*）メモリに比べて1桁高いバンド幅を持つメモリを使っています。しかし、これらの多数の演算器や大きなバンド幅を持つメモリを有効に使うには、たくさんの処理を並列に実行するようなプログラムでなければなりません。

このようにCPUとGPUは性質が違うので、どちらが速いという議論はあまり意味がありません。よく、GPUを使ったら5倍処理が速くなったというような話を聞きますが、それは本来GPU向きの仕事をCPUにやらせていたのを、CPUからオフロードしてGPUにやらせるようにしたら5倍速くなったということで、どのような処理でもGPUを使えば速くなるというわけではありません。

GPUの出現

パネル数が増えると見え方を求める座標変換の計算が増えますし、ピクセルの明るさや色の計算は画面のピクセル数に比例して計算量が増えていきます。この座標変換やライティングの計算はCPUでもできますが、計算量が膨大なので長い時間が掛かってしまいます。静止画の場合は、描き終わるまで待っていれば良いのですが、主人公が動き回って敵を見つけて倒すというようなゲームやF1のレーシングのようなゲームでは、毎秒30画面くらいは描かなければスムーズな動きになりません。つまり、CPUで画面を描いていては間に合わないということになってしまいます。

高速に描画を行う装置には長い歴史がありますが、1999年にNVIDIAが、GeForce 256という**グラフィックチップ**(*Graphics chip*、グラフィックスチップ)を発売しました。このチップはPC用としてははじめて3次元座標変換とピクセルの明るさを計算するライティング機能(*Transform and Lighting*、**T & L**)を備え、大部分の3D描画機能をワンチップに内蔵していました。NVIDIAは、このチップを「**Graphics Processing Unit**」(**GPU**)と名付けました。そして、この用語が広がり、3Dの画像を描画するLSIを「GPU」と呼ぶようになりました。

なお、NVIDIAの対抗馬のATI Technologies(通称ATI。現在はAMDのグラフィックス部門)は、「VDC」(*Video Display Controller*)と呼んでいましたが、GPUの方がスコープの広い命名であったからか、GPUという名前が定着しました。

GPUコンピューティングの出現 浮動小数点演算で広がった活躍の場

GeForce 256の出現から10年くらいは、**グラフィックス計算**は**整数演算**が使われていましたが[注3]、整数演算では表せる数の範囲が狭く、値が飽和してしまうという問題があります。

このため、ムーアの法則の微細化につれてGPUチップに使えるトランジスタ数が増えると、**浮動小数点演算器**を搭載するようになっていきました。そして、2008年のGeForce 8000 GPUでは32ビットの単精度浮動小数点数で演算を行うようになり、それが他社のGPUでも一般的になっていきました。

注3 浮動小数点数(*Floating*)でT&Lの計算を行ったのは2008年のNVIDIAのG80(後述)からで、1999年のGeForce 256登場から約10年は整数演算を使っていました。

32ビットの単精度浮動小数点演算が高速に実行できるGPUの出現は、大量の計算を必要とする科学技術者には魅力的で、一部の人々がGPUをマトリクス(行列)の掛け算などを使う**科学技術計算**[注4]に使用し始めました。そして、これに注目したGPUメーカーは新市場を狙って、科学技術計算では主流の64ビット倍精度浮動小数点演算を実行できる演算器を持つGPUを開発し、科学技術計算用のプログラムを開発するのに適したプログラミング言語やコンパイラなどを開発して提供するようになりました。

注4 前述のとおり、グラフィックスのトランスフォームはマトリクスの掛け算です。マトリクスの掛け算は科学技術計算でもよく使われます。この計算を、OpenGL(後述)で変数は頂点座標、マトリクスは座標変換などとグラフィックス操作として記述してGPUを利用することが行われました。

Column

整数と浮動小数点数

32ビットの**整数**と**浮動小数点数**を例として**図C1.2**に示したとおり、整数は右端のビットの重みが1で、左に行くにつれて重みが倍々で大きくなっていきます。32ビットの整数の場合は表せる数値は0〜2^{32}-1ですが、負の数も表す必要があるので、2の補数表現を使って-2^{31}〜2^{31}-1の範囲の数を表すのが一般的です。この場合、表現できる最小の数は1で最大の数はおおよそ2^{31}ですから、桁でいうと最大と最小の数の比は10億倍です。

これに対して、32ビットの浮動小数点数の場合は、32ビットの内の左端の1ビットを**Sign**(符号)、次の8ビットを**Exponent**(指数、**Exp**)、残りの23ビットを数値を表す**Fraction**(仮数(かすう)、**Frac**)とします。そして、この浮動小数点数が表す数値は$(-1)^S \times 1.Frac \times 2^{(Exp-127)}$となります。Expの最大値は254(255は特別な目的に使われるので、Expの数値としては254が最大)ですが、それでも正規化数の範囲で$2^{127} \approx 1.7 \times 10^{38}$という大きな数や$2^{-126} \approx 1.2 \times 10^{-38}$という小さな数まで表すことができます。このように、浮動小数点数を使えば広い範囲の値を表現することができ、計算中の値が飽和するという問題がなくなります。

図C1.2 32ビット整数と32ビット浮動小数点数

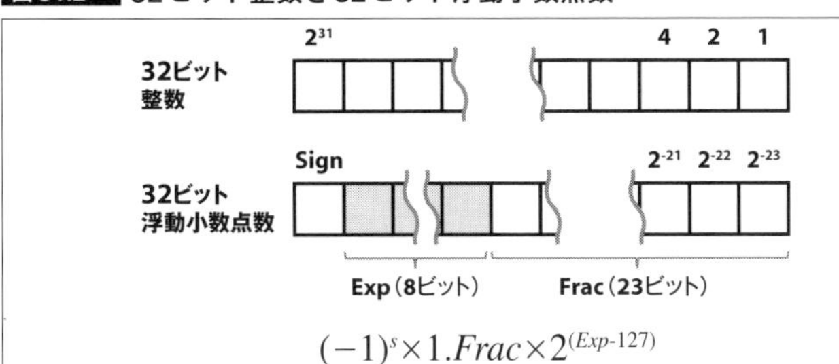

並列度が高く、並列に実行できるタイプの科学技術計算を行う場合は、GPUを使えば、CPUに比べて短時間で計算ができるため、大量の計算を行うスーパーコンピュータでもGPUを使うケースが増えてきています。このような科学技術計算をさせるという使い方は、グラフィックス処理ではなく汎用の計算であるということから、GPGPU（*General Purpose GPU*）と呼ばれたこともありましたが、最近ではGPUの用途が広がってきたこともあり特別に区別せず、単にGPUと呼ぶ方が一般的になってきています。

GPUは超並列プロセッサ デスクトップPC向けCPUとゲーム向けGPUの違い

座標変換はパネルの頂点の座標ごとに独立の計算ですし、ピクセルの色や明るさの計算もピクセルごとに独立の計算で、前の座標やピクセルの計算が終わらないと次の処理を始められないということはなく、どのような順序で計算しても良いという計算です。

これらの計算は並列に実行することができるので、GPUではこれらの計算を行うユニットを多数備えて、並列に処理を行う方式で性能を高めています。

たとえば、デスクトップPC向けのハイエンドCPUであるIntel Core i7-9700KF CPUと、NVIDIAのゲームプレイ向けのハイエンドGPUであるRTX 2080 Tiの仕様を確認すると、**表1.1**のようになります[注5]。

この表を見ると、GPUがプロセッサコア数は8倍強で、同時に実行するスレッド数では500倍と圧倒的に並列度が高いことがわかります。そのため、FP32（32ビットの単精度浮動小数点演算）のピーク演算性能は約6.4倍になっています。一方、クロックを見るとCPUは3.6GHzであるのに比べて、GPUは約1.35GHzとCPUの4割弱に留まっています。消費電力は、CPUが95Wに対してGPUは250Wと約2.6倍ですが、GPUは8チップのGDDR6メモリの消費電力を含んでいるのに対して、CPUはCPUの電力だけでメモリは含んでいません。したがって、フェアな記述にはなっていない点には注意してください（コンポーネントごとの消費電力の情報は公表されていない状況で、カタログ値をそのまま記載しました）。

注5 なお、RTX 2080 Tiはディープラーニング/マシンラーニング用のTensorコア（第8章で後述）を持っており、その中にFP16の演算器が含まれていますが、この表ではTensorコアは除いています。

表1.1 仕様で見るCPUとGPUの違い

	CPU Intel Core i7-9700KF	GPU NVIDIA RTX 2080 Ti	備考
コア数	8	68	GPUはSM※1数
スレッド数	8	4352	同時並列スレッド数
演算器数 (FP64)	4×8(32)	68×2(136)	倍精度
(FP32)	4×16(64)	68×64(4352)	単精度
(FP16)	(非対応)	136×64(8704)	半精度
ピークFP32演算性能	1.8432TFlop/s	11.75TFlop/s	ベースクロック時
オンチップメモリ	12MB	5.632MB	LLC※2容量
オフチップメモリバンド幅	41.6GB/s	616GB/s	
クロック周波数※3	3.6(4.9)GHz	1.350(1.545)GHz	
消費電力	95W	250W	GDDR6※4含む

※1 Streaming Multiprocessor。GPUの中の独立の命令列を実行できるプロセッサを指すNVIDIAの用語。
※2 Last Level Cache。メインメモリの直前のキャッシュ。Core i7の場合はL3キャッシュ(*Level 3 cache memory*、3次キャッシュ)、Turing(後述)のRTX 2080 Tiの場合はL2キャッシュを指す。
※3 ()内はターボ時。
※4 NVIDIA RTX 2080 Tiに使用されているグラフィックスメモリ。

GPUは、並列に実行できない処理は苦手

GPUは、並列に実行することができる処理に対しては高い性能を発揮しますが、1つの仕事を実行する速度はクロック周波数が低いぶん、遅くなります。また、CPUのコアは1つの仕事を速く実行するための機能[注6]が満載されていますが、GPUはそのような工夫はなく命令を順番に実行していきます。このため、GPUが1つの仕事を開始から終了まで実行するのに必要な時間は、CPUの処理時間と比較してクロック周期の比よりも長くなります。実際にする人はいないと思いますが、仮にGCCコンパイラをGPUに移植したら相当遅いと思います。

それから、CPUはOSを実行するために必要な機能をいろいろと搭載していますが、GPUはOSを走らせるための機能の一部が不足しており[注7]、OSを動かすことはできないというのが一般的です。もちろん通常はGPUでOSを動かす必要はないので、これは問題にはなりません。

注6 アウトオブオーダー実行(*Out-of-order execution*)や分岐予測(*Branch prediction*)など。
注7 3.6節内の「CPUとGPUの接続」も合わせて参照。

CPUとGPUのヘテロジニアスシステムと、抱える問題

どちらもプロセッサですがCPUとGPUは以上のように大きな違いがあるので、通常はCPUとGPUという異なるタイプのプロセッサを接続した**ヘテロジニアス**(*Heterogeneous*、異種の)システム(ヘテロシステム)として使用されます。CPUではOSを走らせ、I/Oやネットワークをサポートして、データの入力を行い、そのデータをGPUに供給して大量の計算を行い、その結果をCPUに戻して、ディスクなどのI/Oに書き出したり、ネットワークを経由して外部に送ったりするというように使われます。

このとき、CPUとGPUの間は通常×16のPCI Express(PCIe)で接続されます。GPU側にDMAエンジン(後述)を持たせ、CPUメモリ(**メインメモリ**/*Main memory*)とGPUメモリ(**デバイスメモリ**/*Device memory*)の間のメモリブロックのデータのコピーが行えるようになっています。

図1.11ではメモリバンド幅の値は、前出の表1.1のCPUとGPUのバンド幅を使っています。この値は使用するCPU、GPUによって変わりますが、おおよそのサイズ感を掴むために数字を入れています。

図1.11 CPUとGPUのヘテロジニアスシステム

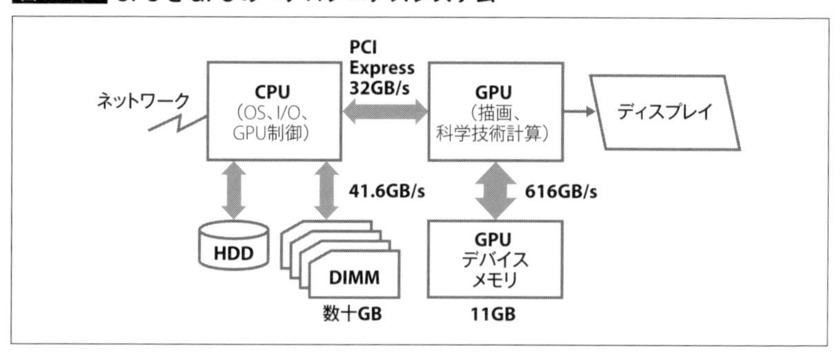

CPUとGPUではFP32のピーク演算性能が約6.4倍違いますが、メモリバンド幅も約15倍違います。一方、CPU側のメモリは使用するDIMM(*Dual Inline Memory Module*)の容量によりますが、数十GB(*Gigabytes*)から100GBを超えるメモリを接続することができます。しかし、GPUのデバイスメモリとして使われるGDDR6メモリはプリント板にはんだ付けされており、RTX 2080 Tiの場合は11GB固定で増減はできません。

GDDRメモリの集積度が向上するにつれて、GPUのデバイスメモリの容量

は大きくなってきましたが、それでもCPU側のメモリと比べるとその容量は数分の1です。このため、規模の大きなデータはCPUのメモリに置いて、必要な部分だけを必要なときだけGPUのデバイスメモリに転送して処理することが必要になる場合があります。

■ヘテロジニアス構成では「データ転送」が必要

ヘテロジニアスなシステムではCPUとGPUが使われ、CPUとGPUは「それぞれメモリを持つ」という構成になっています。そして、ネットワークやHDD(*Hard Disk Drive*)などへの接続はCPUが担っていますから、データを一旦CPUメモリに読み込み、そのデータをGPUに渡すには、CPUメモリからGPUメモリにデータをコピーすることが必要になります。

3D描画処理の場合は、3Dのモデルのデータと視点の情報、光源の情報などをGPUメモリにコピーして、GPUの描画カーネル(GPUで実行される描画を行うプログラム)を起動すればフレームバッファの中に絵を作ることができ、それをディスプレイに転送して表示することができます。このため、CPUとGPUのメモリ間のデータ転送はほとんど一方向で、モデルデータは連続アドレスに格納されているので、転送は比較的容易です。しかし、次のようなケースではそううまくいかず、転送はなかなか大変です。

■ディープコピーの問題

CPUメモリからGPUメモリにコピーするデータが2次元の配列の場合は、C言語の場合は、行方向のアクセスの場合は連続アドレスになりますが、列方向にアクセスする場合は、飛び飛びのメモリアクセスを行う必要があります。もっと難しいのは**図1.12**に示すように、配列の要素が構造体で、その中にポインタが含まれているケースです。ポインタは、そのアドレスにデータが格納されているのではなく、データが格納されているアドレスが書いてあるというものです。

この場合、ポインタは別の領域にあるデータを指していますから❶で配列をコピーするだけではダメで、ポインタが指しているデータの格納場所をGPUメモリに確保して、❷でデータをCPUメモリからコピーして格納し、❸でGPU側にコピーした配列に格納されているポインタを、GPU側にコピーしたデータのアドレスに付け替えるという操作が必要になります。このようにポインタの指しているデータまでコピーする必要があるケースは、**ディープコピー**(*Deep copy*)と呼ばれます。

図1.12 ポインタの先のデータをコピーするディープコピー

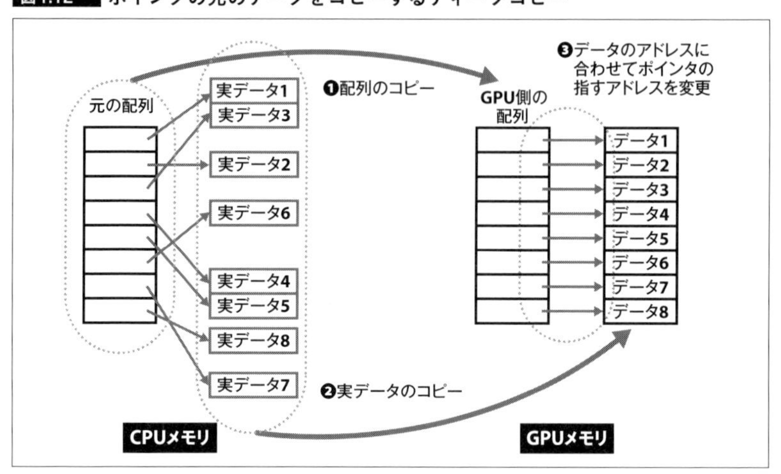

図ではGPU側にコピーする実データはサイズが一定で、その中にはポインタを含まないというように書いてありますが、大規模な科学技術計算プログラムでは実データのサイズがまちまちであったり、実データも構造体でその中にはポインタが含まれていたりするというケースも珍しくありません。このようなケースでは、CPUメモリとGPUメモリの間の配列のコピーはかなり面倒です。

このように、「CPUのメモリとGPUのメモリが分かれている」ことはいろいろと問題があり、GPUメーカーはこの問題の解消に力を入れています(後述)。

1.5 ユーザーの身近にあるGPUのバリエーション

SoC、CPUチップ内蔵、ディスクリートGPU

IoT(*Internet of Things*、モノのインターネット)の機器は簡易なものから複雑なものまで幅が広く、すべての機器で3Dグラフィックスが必要ではありませんが、2Dのグラフィックスはほとんどすべての機器で必要となっています。そして、現代の3Dグラフィックス向けのGPUは2Dのグラフィックスやビデオのエンコード、デコード機能も含んでいるのが一般的なので、ほとんどの機器でGPUが必要という状況になっています。

しかし、機器によって要件が異なるため、各種のGPUが作られています。そして、GPUの使用領域はディープラーニングやVR、ARと広がっています。これらの新しい使い方については第7章で解説しています。

携帯機器向けのGPU　スマートフォンやタブレット向けのSoCに搭載

小型の携帯機器向けに使用されるGPUとしては、CPUとGPU、その他の各種ユニットをワンチップにまとめたスマートフォン用のSoC（*System on Chip*）が代表的です。最近ではスマートフォンのGPUの性能向上が著しいのですが、それでもスマートフォンには冷却ファンは付けられませんし、手で持っているスマートフォンが熱くなってしまって持てなくなっては困ります。また、電気をたくさん喰うとバッテリー消耗が速くなってしまうので、高消費電力で高性能のGPUを搭載することはできません。

このため、スマートフォン向けのGPUはできるだけ消費電力が少ない設計がとられ、許容できる消費電力(通常、ビジーな使用状態でも数W程度)の範囲に納められるものが使われます。

高精細にするためディスプレイのピクセル数が増えると、GPUにはより高い能力が要求されます。このため、スクリーンサイズの大きいタブレット向けや、スマートフォンでも画面解像度の高いディスプレイの場合は、より性能の高いGPUがSoCに組み込まれます。

CPUチップに内蔵されたGPU　Intel Coreシリーズ、AMD APU

スマートフォン向けのGPUもCPUと同じチップに集積されていますが、ノートPCではCPUチップにGPUが内蔵されているものが多く用いられています。IntelのCoreシリーズのプロセッサやAMDのAPU（*Accelerated Processing Unit*）と呼ばれるプロセッサが代表的です。

スマートフォン向けのSoCは平均的には1W以下の消費電力に抑える必要がありますが、ノートPCや多くのデスクトップPC用のGPU内蔵のプロセッサの場合は、数Wから最大100W程度の消費電力のチップが製品化されています。PCなどの機器はスマートフォンに比べると体積が大きく、多くの発熱を冷却することができるようになっています。

PCなどの機器では消費電力が増えたぶん、それだけ高性能なGPUを搭載できますし、GPU側のメモリのバンド幅や容量を増やすことができます。

ディスクリートGPUとグラフィックスワークステーション
消費電力は200W超え(!?)コストの許す範囲で最高の性能を求めるユーザーたち

シューティングゲームなどの3Dグラフィックスゲームをプレイするコアゲーマーと呼ばれる人たちにとって、ゲームの**レスポンスや臨場感は命**です。また、インダストリアルデザインで車の外観をデザインしたり、コンピュータグラフィックスで映画を作ったりするプロのデザイナーは、キーやマウス入力から画面表示までの**時間が生産性に直結**します。

したがって、これらのユーザーは**極限性能のグラフィックス**を求めます。このような用途に対して、コアゲーマー向けのPCやプロのグラフィックデザイナー向けのグラフィックスワークステーションが作られています。

このような用途には、CPUとは独立のPCI Expressカードなどに搭載されたGPUが使われます。CPU内蔵のGPUと対比する場合は、このような独立のGPUは**ディスクリートGPU**(*Discrete GPU*)[注8]と呼ばれます。

独立のGPUの場合はより多くの消費電力が許容され、最高性能のGPUチップを使うことができます。また、GPUのメモリとしても高バンド幅のメモリを使うことができるので、高性能のグラフィックス処理を行うことができます。

このような装置では200Wを超える消費電力のGPUが使われ、さらに高性能を必要とする場合は、複数個のGPUを使って処理を分担させる構成も使われています。

1.6 GPUとおもな処理方式
メモリ空間、描画時のGPUメモリ確保方式、並列処理

以上のように、GPUと言っても数W以下の消費電力のスマートフォンに使われるSoCから、200Wを超えるハイエンドのディスクリートGPUまで幅が広く、その処理方式にもバリエーションがあります。

注8　DiscreteはIntegratedの反対で、GPUがCPUから独立に作られているという形態を意味します。

共通メモリ空間か、別メモリ空間か

複数のCPUを使う場合は1つの「共通メモリ」に全部のCPUが接続され、どのCPUが書き込んだ内容でも、どのCPUでも読めるという**SMP**（*Symmetric Multi Processor*）という構成が一般的です。しかし、CPUとGPUはそれぞれが異なる種類のプロセッサであり、高性能のGPUはCPUのメモリより高いバンド幅を必要とするので、両者が共通のメモリを使うのは難しく、それぞれが自分のメモリを持ち、**メモリ空間は別**という構成になるのが一般的です（**図1.13**）。

図1.13 CPUとGPUは別メモリ空間

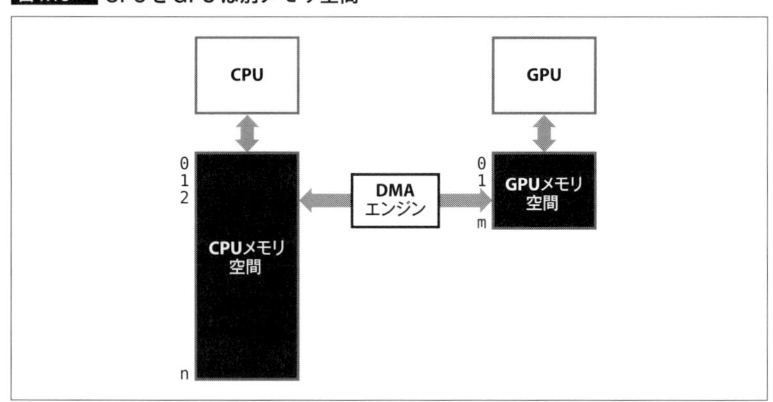

別メモリ空間の場合は、CPUはCPUメモリ空間のメモリにしかアクセスができず、GPUメモリ空間のメモリにはアクセスできません。その逆に、GPUはGPUメモリ空間のメモリにはアクセスできますが、CPUメモリ空間のメモリにはアクセスできません。したがって、CPUメモリ空間にもGPUメモリ空間にも同じ0、1...という番地がありますが、これらは別物で、異なるメモリを指しています。

しかし、CPUメモリから、GPUメモリにデータを渡したりする必要がありますから、両方のメモリの間でデータの転送ができる**DMAエンジン**（*Direct Memory Access engine*）を設ける方法が採られます。なお、PCI Express経由で相手方のメモリの一部をアクセスできる機能もありますが、オーバーヘッドが大きく、大量のデータをアクセスするのには適していません。

別メモリ空間の場合は、メモリ間のデータのコピーが必要になりますし、コピーにあたってはディープコピーのような問題も出てきます。そのため、

GPUの場合でも、CPUと共通のメモリ空間である方が望ましいのですが、

- **CPU⇒大容量メモリが必要**
- **GPU⇒高演算性能を可能にする高バンド幅メモリが必要**

という要件を考えると、物理的に1つのメモリにすることが難しいという事情があります。したがって、ハイエンドGPUとCPUのメモリを共通メモリ空間として扱えるようにするというのがGPUメーカー各社の重要な開発目標となっています(後述)。

■…………CPUとGPUが同一チップ 共用の一つのメモリのバンド幅で我慢

一方、CPUとGPUが同一のチップに集積されているスマートフォン用やノートPC向けのチップでは、共通メモリ空間の実現はCPUとGPUが同一のチップに集積されていない場合と比べてもっと容易で、前出のAMDのAPUやIntelのCoreシリーズプロセッサなどでは共通メモリ空間が実現されています。

これが可能になるということは、これらのチップに搭載されているGPUは、CPUとメモリを共有するという構成で間に合う程度の性能(少ないバンド幅で実現できる範囲)に抑えられていると捉えることもできます。

■…………高いメモリバンドへの要求

ゲーム機などではCPUに使われるDDR3/4メモリではメモリバンド幅が不足するので、MicrosoftのXbox 360やソニー・コンピュータエンタテインメント(現ソニー・インタラクティブエンタテインメント)のPlayStation 4では共通メモリとしてバンド幅の高いGDDR DRAMを採用したり、大容量の組み込みDRAMを内蔵するなどしてメモリバンド幅を改善しています[注9]。

また、Intelは新グラフィックスアーキテクチャのX^e GPUを内蔵するTiger Lakeを発表しています。Tiger LakeはIntelの10nm SuperFinプロセスで製造され、X^e LP GPUコアと4個のWillow Coveプロセッサコアを搭載しています。そして、GPUのL3キャッシュは3.8MBに増強され、メモリ性能を強化しています。

注9 Xbox Series XのSoCはAMD製で3.8GHzクロックのZen2 CPUを8コアと、レイトレーシング(後述)、可変レートシェーディング(レートを可変にして、レンダリング画像内の細かい表現が必要な部分は細かいシェーディングレート、複雑な表現がない部分は粗いレートとすることで、全体の計算量を抑えながら品質の高い画像表現を可能にする機能)、メッシュシェーディングなどをサポートする最新のGPUを搭載しています。GPU部は52CUで、1.825GHzクロックでの演算性能は12TFlopsとなっています。メモリはGDDR6を使い560GB/s(*Second*、秒)という高バンド幅を実現しています。PlayStation 5のSoCは詳しい学会発表はありませんが、AMD製で10.3TFlopsと発表されています。このGPUもレイトレーシングをサポートし、シェーダも改良されているとのことで、同じAMD製のXbox Series XのGPUとほぼ同等の機能レベルと思われます。

フルバッファ方式か、タイリング方式か 描画時のGPUメモリ確保方式

GPUが描画を行う場合、ディスプレイに表示する全画像をGPUメモリ上に生成する**フルバッファ**(*Full buffer*)方式が一般的に用いられます。しかし、3Dグラフィックスでは、画像を記憶するフレームバッファだけでなく、他の図形の後ろに隠れる図形を表示から除くためのZバッファ(後述)などが必要となるので、1ピクセルあたり16バイトかそれ以上のGPUメモリが必要になり、1Mピクセルのディスプレイの場合、16MB(*Megabytes*)かそれ以上のメモリが必要になります。

GB級のメモリを搭載しているディスクリートGPUの場合は問題にならない量ですが、スマートフォンなどでは必要なメモリ容量に加えて、メモリバンド幅が性能を制約することになってしまいます。

このため、スマートフォン向けのGPUでは表示処理を行うディスプレイの領域を、たとえば32ピクセル×32ピクセルのタイルに分割し、表示するトライアングル(三角パネル)をタイルごとに分類し、タイルごとに順に描画処理を行っていく**タイリング**(*Tiling*、後述)という処理方法が用いられます。複数のタイルにまたがるトライアングルはその一部でもかかっているタイルごとに処理を繰り返す必要があり計算量が増えることになりますが、チップに内蔵する小領域のメモリでタイルのピクセル値を計算でき、チップ外へのメモリアクセスを少なく抑えられるため、小規模なスマートフォン向けのGPUではタイリング方式がよく用いられています。

一方、GB級のメモリが使えるGPUでは、表示スクリーン全面のメモリを確保して描画処理を行うフルバッファ方式が使われます。

SIMD方式か、SIMT方式か 座標やピクセル色で、4要素を一まとめに扱うために

3Dグラフィックスでは、X、Y、Zの3つの座標に加え、表示を行う2次元平面への投影などを行うためのWの4要素で各頂点を表します。また、ピクセルの色もR、G、B、α(αは透明度)の4要素で表すのが一般的です。したがって、グラフィックスでは4つの要素を一まとめにして扱うのが便利です。

このため、GPUでは4つの要素に一括して同じ演算を行う**SIMD**(シムディー)(*Single Instruction, Multiple Data*)という処理方式がよく用いられてきました。Intelプロセッサの SSE(*Streaming SIMD Extensions*)やAVX(*Advanced Vector Extensions*)命令

もこのSIMD方式の演算を行う命令です。

しかし、先に少し触れましたがGPUが科学技術計算に使われるようになると、扱うデータは4要素とは限らずいろいろなサイズのデータが出てきます。そうなると4要素固定の処理系では、4つの演算器がフルに使われず余りが出て、実効性能[注10]が下がってしまうというケースが出てきます。

これに対するNVIDIAの解が、**SIMT**（シムティー）(*Single Instruction, Multiple Threading*)という処理方式です。この方式については後で詳しく説明しますが、多数ある演算器のそれぞれが別のスレッドを実行しているように処理が行われます。

つまり、SIMD実行では**図1.14❶**のように、それぞれの命令でX、Y、Z、Wを一まとめに処理し、この図では1つの頂点の処理に4サイクル掛かるという絵になっています。一方、図1.14❷のSIMT実行ではX、Y、Z、Wの各要素を順番に処理するので、1つの頂点の処理に16サイクル掛かります。しかし、4つの演算器がそれぞれ異なる頂点のデータを処理しますから、16サイクルで4頂点のデータが処理できるというのはSIMDもSIMTも同じです。

図1.14 SIMD実行とSIMT実行の違い

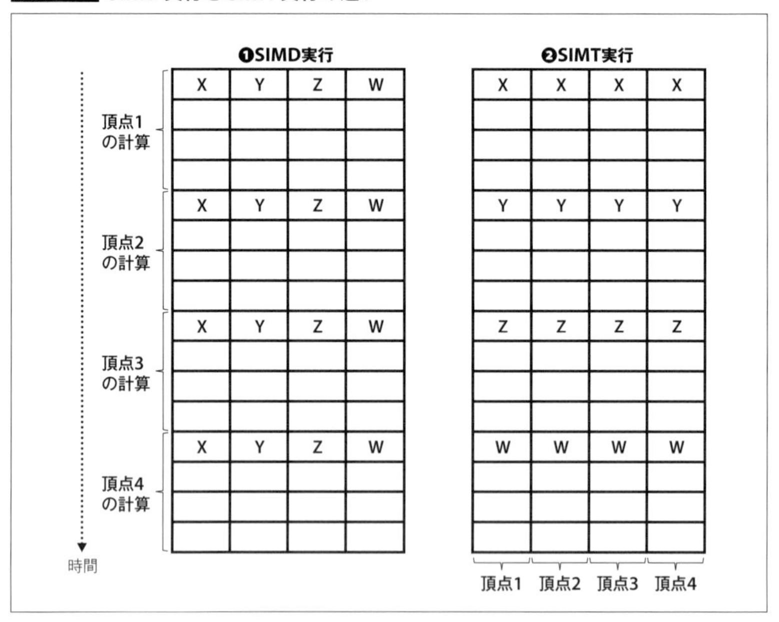

注10　すべての演算器が休みなく動いた場合のピーク演算性能に対して、本当に実行された演算性能。実効性能はどのようなプログラムを実行するかで変わります。

しかし、SIMDではデータのまとまりが4要素か4の倍数の要素の場合は良いのですが、それ以外の場合は半端になった演算器は遊んでしまいます。一方、SIMTの場合は頂点の数さえ十分にあれば、それぞれの要素数がいくらであっても、すべての演算器を無駄なく使えます。

このため、AMD、Intelの内蔵GPU、Imagination TechnologiesのPowerVR、ArmのBifrost(ビーフロスト) GPUなど、SIMT方式に転換するところが多くなっています。

1.7 まとめ

本章の前半は「グラフィックスの基礎」をメインテーマに、どのようにして画面に図形や画像を表示するのかというディスプレイの原理から、3Dモデルを使ってジオラマのようなモデルを作って、それを画像としてディスプレイ画面に表示するにはどうするのかを説明しています。

そして、3Dモデルの画像表示を行うためには、座標変換やライティングに膨大な計算が必要になることから、「Graphics Processing Unit」(GPU)と呼ばれる画像表示に特化したプロセッサが作られてきました。GPUは、大量の計算を並列に実行することで高い処理性能を持つように作られていますので、これを物理現象をシミュレーションする科学技術計算にも利用したいという要望が多く出てきて、NVIDIAは科学技術計算をターゲットにしたGPUを作りました。そして、今ではGPUはスーパーコンピュータにも使用されるようになっています。

また、タブレットやスマートフォンなどの携帯機器でも写真の表示やビデオの再生、そして3Dモデルを使ったゲームをプレイしたいという要望があり、これらの機器のSoCの中にもGPUが搭載されるようになっています。結果として今では、小はスマートフォンから、大は世界でも最大級のスーパーコンピュータまでGPUを使うという時代になっています。本章の後半では、このような状況と、CPUとGPUは何が違い、なぜGPUの演算性能が高いのかなどの基礎知識を解説しました。

Column

プロセッサと半導体の世代　24nm世代、16nm世代……「GxxMxx」表記

半導体の進歩を支えてきたのは、「ムーアの法則」と呼ばれる微細化です（p.52のコラムも合わせて参照）。トランジスタや配線などのすべてのサイズを0.7倍に縮小すれば、同じ面積に2倍のトランジスタを作ることができます。また、より小さなトランジスタは動作速度が高速になり、消費電力も小さくなるというメリットがあります。

これは大きなメリットで、半導体各社は微細化を追求して開発を行ってきました。微細化の開発ですが、前の世代の2倍のトランジスタ密度を達成する0.7倍の寸法という目標設定が一般的で、24nm世代の次は16nm世代、その次は10nm世代、7nm世代、5nm世代というターゲットが設けられています。

昔は、半導体の世代はゲートピッチの1/2を表す数字と一致していましたが、最近はこのゲートのハーフピッチと世代を表す数字の間にズレが出てきています。このため、IEEEの規格委員会が策定する半導体技術のロードマップであるIRDS（*International Roadmap for Devices and Systems*）では「GxxMxx」という表記を使っています。ここでGxxはコンタクト付きのポリピッチで、概ねトランジスタのゲートのピッチです。Mxxはメタルピッチで一番微細な配線のピッチです。

この表記を使うと2022年の先端プロセスはG45M20となりますが、業界では3nm世代などと呼ばれるものがこれに相当しています。そして、2025年にはG42M20となり、2028年にはG40M16というロードマップとなっています。

次世代の微細な半導体プロセスを開発するのは、より微細なパターンを露光できる露光機から、それを解像できるフォトレジスト（*Photoresist*）、微細な穴を開けられるエッチングマシン（*Etching machine*）に始まって半導体プロセス全般で開発が必要であり、業界全体では何兆円もかかることになると思われます。

このため、半導体プロセスの世代はCPUでもGPUでも、その他のASIC（*Application Specific Integrated Circuit*、特定の用途向けに専用設計したLSI、後述）などでも同じですが、多少の味付けの違いはあり、CPU向けのプロセスは高速のトランジスタを作ったり、配線本数が多いGPUでは微細な配線層を追加したりというようなプロセスが使われることもあります。

本書原稿執筆時点で最先端のGPUは7nmという半導体プロセスで作られており、その次の5nm世代の製品も出始めています。ムーアの法則は終わりに近づいていますが、それでも5nmプロセスの製造は始まっています。3次元実装なども組み合わせてIRDSのロードマップが実現し、2028年には1.5nmプロセス相当のトランジスタを使うGPUの実現も視野に入ってきます。

また、複数のチップを積層して接続する技術も、使えるトランジスタを増やしてくれます（後述）。

第2章
GPUと計算処理の変遷

1999年にNVIDIAが発売したGeForce 256という表示処理チップはT＆L機能を内蔵した最初のチップですが、その処理能力は480Mピクセル/sと高性能CPUに負ける程度の性能でした。

しかし、GPUの演算コアは汎用CPUのコアと比べると少ない数のトランジスタで作れることもあって、微細化に伴って急速に演算器の個数を増加させて性能を向上させ、CPUを凌ぐようになっていきました(**図2.A～図2.C**)。こうなると、GPUを科学技術計算にも使用したいという人たちが増えてきて、GPUメーカーも科学技術計算を意識した製品を作り始めます。

そして、現在ではスーパーコンピュータの性能をランキングするTOP500リストの中で、2020年11月時点では147システムがGPUを中心とする計算アクセラレータ(計算加速機構)を使っています[注A]。

注A 2020年11月版。URL https://www.top500.org/lists/2020/11/

図2.A NVIDIAのハイエンドGPU❶[※1]

※1 NVIDIA Tesla V100 GPU。サーバー用SMX2モデル。
画像提供：NVIDIA
URL https://nvidia.com

図2.B NVIDIAのハイエンドGPU❷[※2]

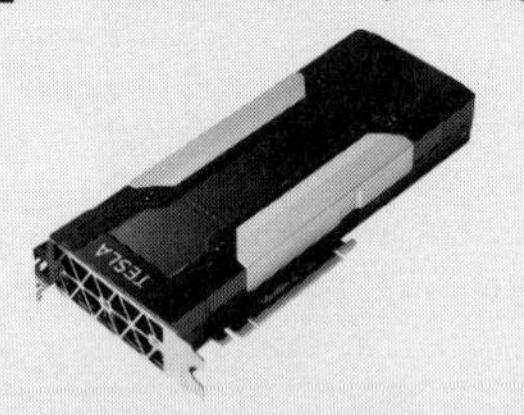

※2 NVIDIA Tesla V100 GPU。PCI Expressカードモデル。
画像提供：NVIDIA
URL https://nvidia.com

図2.C AMDのハイエンドGPU[※3]

※3 AMD Radeon Instinct MI60。PCI Expressカードモデル。
画像提供：Advanced Micro Devices, Inc. URL https://www.amd.com

2.1 グラフィックスとアクセラレータの歴史

ゲーム機、PCグラフィックス

百聞は一見に如かずという言葉がありますが、文字での説明に比べて、図や画像で見る方がずっとわかりやすいということは良くあります。このため、画像表示が求められてきました。しかし、画像を表示するのは文字表示よりも複雑で、ゲームなどではダイナミックな画像表示も要求されます。第1章で見たように、とくに3Dモデルに基づく画像表示には膨大な計算処理が必要です。このため、グラフィック処理を高速化するアクセラレータが作られ、その性能を引き上げるという努力が続けられてきています。

一方、アクセラレータの性能が向上するにつれて、その利用範囲も広がってきています。現在では、新しい用途がより高い性能を必要としたり、今までにない機能を要求したりするということで、アクセラレータが進歩するという状況になっています[注1]。

グラフィックス処理ハードウェアの歴史 ゲーム、ハイエンドシュミレータ、科学技術計算

コンピュータゲームの歴史はコンピュータの歴史と同じくらい古く、1940年代にブラウン管のディスプレイ上の輝点を可変抵抗器を廻して操作し、ターゲットに当てるというゲームが特許出願されています。また、コンピュータのキャラクタディスプレイ(後述)を使って、文字を宇宙船に見立てて遊ぶ『Spacewar!』などのゲームが作られました。

それ以降、グラフィックスは遊び(ゲーム)の分野と、設計図を描くCAD(*Computer Aided Design*)の分野や戦闘機のパイロットなどの操縦訓練用のハイエンドのシミュレータなどの分野に広がっていきました。

次ページの**表2.1**にグラフィックス処理ハードウェアの歴史を大まかに示します。

注1 本節参考文献:「知識の森」の第6群 I 編4章の4.2「家庭用ゲーム機」(山崎 剛、電子情報処理学会)
URL http://ieice-hbkb.org/files/06/06gun_01hen_04.pdf#page=16

表2.1 グラフィックス処理ハードウェアの歴史※

時期	製品など	技術	備考
1960年代	研究室のコンピュータで遊ぶ時代		『Spacewar!』など
1970年代後半	アーケードゲームの時代	ビットマップとスプライトグラフィックス	『Spacewar!』の商品化など
1977年	Atari VCS2600		初期の家庭用ゲーム機
1978年	『スペースインベーダー』		大流行のアーケードゲーム
1980年代	家庭用ゲーム機時代の幕開け		Atariなどのゲーム機が家庭市場を開拓
1983年	任天堂ファミリーコンピュータ		家庭用ゲーム機の普及
1990年代	アーケードゲームの3D化		レーシングゲームやシューティングゲーム
1994年	PlayStation	座標変換チップ搭載	
1999年	NVIDIA GeForce 256	ハードウェアT&L	「GPU」と命名
2007年	GeForce 8300/8400	浮動小数点演算とSIMT実行	
2008年	NVIDIA Fermi GPU	倍精度浮動小数点とエラー訂正	GPUによる本格科学技術計算
2017年	NVIDIA Volta Tensorコア	FP16演算によるディープラーニング性能向上	画像認識、音声認識、機械翻訳など
2019年	NVIDIA Turing Ray Tracing RTコア	レイトレーシング	多重反射による映り込みの処理

※ CADに関してはブラウン管を使い、点Aと点Bの間に直線を引くベクターグラフィックスディスプレイが使われていた。昔はピクセル方式のディスプレイでは、複雑な図面を表示するだけの解像度が得られなかったためである。しかし、ピクセルディスプレイの解像度が上がるにつれて廃れ、2000年頃にはなくなってしまった。現在に続いていないため、上記歴史には含めていない。

アーケードゲーム機

初期のコンピュータゲームは高価なコンピュータやCRTディスプレイを使っていましたので、一般の人が買えるものではありませんでした。そこで、ゲームのプレイに課金するアーケード(日本でいうゲームセンター)に設置するゲーム機が作られました。機械式や電気機械式のアーケードゲームは古くからありましたが、1971年に最初の**ビデオゲーム機**が登場しました(**図2.1**)。これは、Galaxy Gameが『Spacewar!』を商用化したものです。この写真に見られるようにジョイスティックで操作する対戦型のゲームで、両端にコインの投入スロットが見えます。

そして、1972年にはAtariがピンポンのように球を打ち合うゲームの『Pong』を出しました。これらのゲーム機はモノクロ表示で、専用の回路で実現されていました。

図2.1 Galaxy Gameのアーケードゲーム機(筆者撮影)※

※ 斜め上からの撮影なので、高さがわかりづらいが、ゲーム機の前に立っているプレーヤーの手の高さにジョイスティック、目の高さにスクリーンが位置するようになっている。

1970年代を通してビデオゲームが増えていき、1978年には『スペースインベーダー』(タイトー)が発売され、1980年には『パックマン』(ナムコ、現バンダイナムコエンターテインメント)が出ました。

この時代はアーケードゲームの黄金時代で数多くのタイトルが発売されましたが、1980年代になると家庭向けのビデオゲーム機の普及が始まり、アーケードゲームはより高度な3Dグラフィックスに向かい、1988年にはナムコ(Namco)のSYSTEM21、タイトーのAir Systemと言った最初の3Dグラフィックスゲーム機が登場しました。しかし、安価に遊べる家庭向けのゲーム機に押されて、当時のアーケードゲームの勢いは衰えていきました。

家庭用ゲーム機

1970年代中頃には、アーケードゲームを簡素化したPongマシン(*Home Pong*)などが家庭用に販売されましたが、大きくヒット[注2]したのはアーケードゲームの大手のAtariのAtari VCS(*Video Computer System*)でした。カラーテレビに接

注2 初年度はあまり売れなかったのですが、その後爆発的に売れ行きが増加しました。

続して160ドット×200ラインの画像を表示し、それに5つのスプライトを重ねて表示することができ、各ドットの色は8色から選択することができました。そして、ROMカートリッジを差し替えると、いろいろなゲームを遊ぶことができました。

1983年になると、日本の任天堂からファミリーコンピュータが発売されました。当時は米国でも学校でほとんどの子どもたちがファミリーコンピュータ(NES/*Nintendo Entertainment System*)を持っているくらいの状況で、任天堂という古風な名前が米国の子どもたちに浸透しました。ファミリーコンピュータは、256ドット×224ライン(表示画素数)で、ピクセルは52色のパレットから25色を同時に使えるという仕様でした。そして、8×8ドットのスプライトを64枚使うことができました。

これらのマシンは、2次元のディスプレイ面に絵を描くというものでしたが、1994年に発売されたソニー・コンピュータエンタテイメント(当時)のPlayStationは、3Dグラフィックスによる画面作成を採用した初期の家庭用ゲームマシンで、グラフィックス処理用のGPUチップを使用していました。また、同じ1994年に発売されたセガサターンはスプライト処理を行うVDP(*Video Display Processor*)1チップとポリゴン(*Polygon*、多角形)ベースの描画を行うVDP2というチップを搭載し、両者を併用していました。

これ以降、家庭用ゲームマシンも2Dグラフィックス(2Dの背景)+スプライトの制約を離れて、3Dモデルから自由に画像を作るという方向に移行していきました。

グラフィックス

最初のPCのディスプレイは、80字×25行(アルファベットの場合)の文字だけの表示機能しかなかったのですが、1983年にIntelがiSBX 275 Video Graphics Controller Multimoduleというボードを発売しました。このボードは256×256ピクセルの解像度を持ち、各ピクセルは8色のカラーパレットから色を選択して表示することができました。また、直線や円、長方形などを描画する機能を持っていました。

しかし、これだけでは綺麗なゲーム画面の描画には不十分で、解像度の向上と長方形の領域の塗りつぶしやコピーなどの2D描画機能を持つ、グラフィックボードがいろいろと作られました。

そして、ムーアの法則で使用できるトランジスタ数が増えコストが安くなるにつれて、アーケードゲームの後を追って、3Dグラフィックス化が行われるようになりました。

1996年には3dfx Interactiveから3Dグラフィックスをサポートする Voodoo シリーズ(グラフィックスチップ)が発売されました(3.3節を参照)。

そして、1999年にはNVIDIAはT＆Lを含む3D表示処理機能の大部分をワンチップに納めた「GeForce 256」を発表しました(**図2.2**)。しかし、頂点のトランスフォームの性能は毎秒10Mポリゴンと小さく、高速のCPUには負けるという程度でした。

また、同時期にATI Technologies(前述のとおり、AMDが買収)が発売したRadeon[注3]も、ハードウェアによるT＆L機能を持っていました。

図2.2 NVIDIA GeForce 256

※ 画像提供：NVIDIA URL https://nvidia.com
左側はチップで、右端がグラフィックボード。

なお、Voodooチップセット/Voodoo2を開発した3DグラフィックスPCボードのパイオニアである3dfx Interactiveは、2002年に会社としてはなくなってしまいましたが、2000年にNVIDIAに買収されており、その技術は受け継がれています。

注3 日本では「ラデオン」と呼ばれています。英語の発音だと「レイディオン」が近いでしょう。

2.2 グラフィックスボードの技術

2Dの背景+スプライト、BitBLT、2D/2.5D/3Dグラフィックアクセラレータ

初期のグラフィックスボードでも256×256ピクセルの解像度を持ち、64Kのピクセルがあります。当時の1~2MHzクロックの8ビットプロセッサにとっては、『Pong』のパドルやボールのピクセルを1/30秒で書き換えるのは荷が重い作業でした。そこで考案されたのが「2Dの背景+スプライト」という技術です。

2Dの背景+スプライト

前述のとおり、1983年にIntelが出したiSBX 275ボードの場合は、2Dの背景は256×256ピクセルの解像度で、各ピクセルに3ビット(8色のカラーパレットから選択)を必要とするので約200Kビットのメモリを必要とします。メモリチップの集積度が低かった当時としては、このビデオメモリがコストの大きな部分を占めていました。

スプライトは、8×8ピクセルなどの小さなパターンを2Dの背景に重ねて表示する技術です。高速で移動するピンポン玉やそれを打ち返すラケットなどのパターンは、スプライトという小容量のメモリに記憶され、そのメモリの読み出しタイミングをずらすことにより画面上の表示位置が動くので、非力なプロセッサでもスプライトを高速に移動するのは容易です。

また、**図2.3**のように表示画面より大きなビデオメモリがあれば、2Dの背景の位置の読み出しアドレスを変えることにより表示する場所が変わるので、読み出し位置を順次変えていくことにより背景をスクロールすることができます。背景のスクロールとスプライトを組み合わせて使えば、『スーパーマリオブラザーズ』のようなゲームが、大量のメモリの書き換えを必要とせず少ないCPUパワーで実現できることが理解できるでしょう。

図2.4に示すように、ブラウン管では輝点をX方向に速く移動させ、それをゆっくりとY方向に移動することで画面全体をスキャンしています。そして、移動する輝点をON/OFFあるいは明暗を制御することで図形を表示しています。図2.4のT1のタイミングでスプライトメモリの左上を読み出して表示すると、Xは画面の右端に近い位置で、Yは(軸の正負を反転すると)画面

の上端の近傍ですから、画面の右上に点が表示されます。

引き続き、スプライトメモリを矢印に沿ってX方向に読んでいくと、上端の行が順に表示されます。そして、図の矢印で示した次の山の同じタイミングで2行めを読み出すと、X方向は1行めと同じ位置でY方向は、少し下がった位置に表示されます。これを繰り返すと、スプライトメモリに記憶されたパターンが画面の右上付近に表示されます。

図2.3 大きなビデオメモリの表示位置を変える

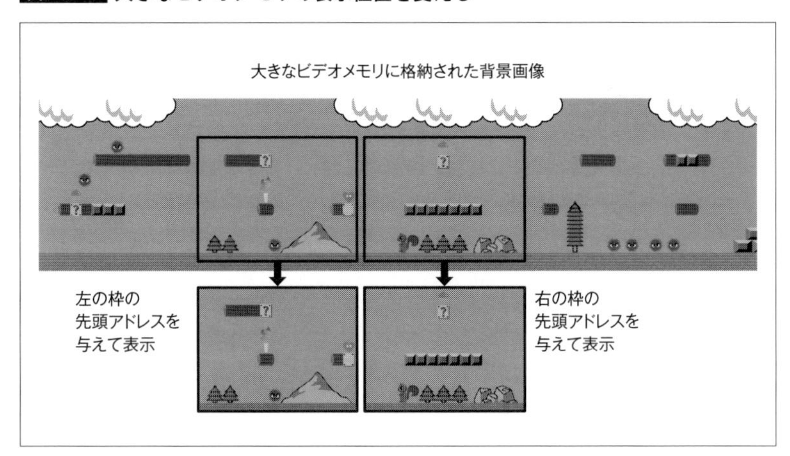

図2.4 スプライトの原理

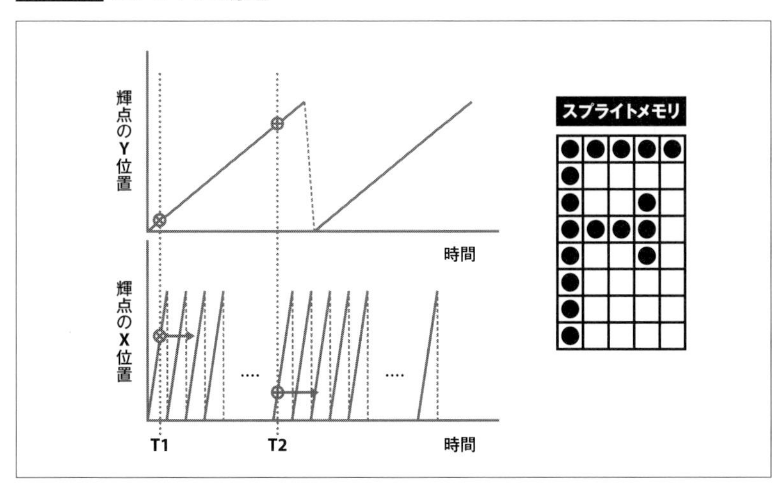

一方、読み出し開始のタイミングをT2に変更すると、表示位置はY方向は下端に近い位置で、X方向は画面の左側に寄った位置に表示されることになります。このように、表示タイミングを切り替えるだけで、スプライトメモリのパターンが一瞬で画面の右上から左下に近い位置に移動することになります。

このようにスプライトの表示位置をシフトする機能を持つ、富士通製のMB14241などの専用のLSIが作られました。

当時のマイクロプロセッサは性能が低く、現在のGPUのように大きなビデオメモリの領域の内容を高速に書き換えることはできませんでしたが、スプライトを使えば画面上を高速で動き回る小さな図形を作ることができました。その点では、スプライトは画面表示を加速するアクセラレータと言えます。

1980年代に入りLSIが進化すると、同時に表示できるスプライトの数が増加し、面積も大きくなり、カラーの使用などができるようになっていきました[注4]。

BitBLT

当初のディスプレイは、文字だけを表示するキャラクタ(*Character*)ディスプレイでしたが、XeroxのPalo Alto Research Centerで1973年に開発されたAltoという実験用のワークステーションは、スクリーン全体にわたってピクセルごとに明るさを制御できるビットマップ(*Bitmap*)ディスプレイを備えていました[注5]。

キャラクタディスプレイは、80文字×25行の決まった位置に決まったサイズとフォントの文字を表示することしかできませんでしたが、ビットマップディスプレイは任意の位置に任意のサイズ、フォントの文字が書けるだけでなく、図や写真も混ぜることができ、完成したページのイメージを画面で確認することができます。このため、当時はWYSWYG(ウィジウィグ)(*What You See is What You Get*)と言ってその優位性が強調されましたが、今やそちらの方が普通になってしまいWYSWYGという言い方も廃れてしまいました。しかし、そちらが普通になるというのは究極の普及ですから考えてみればすごいことです。

このビットマップディスプレイの基本的な表示機能として開発されたのが「Bit-boundary block transfer」で、ライブラリ名はBitBLTです。BitBLTは「ビットブリット」と発音するのが一般的です。このBitBLTはその名のとおり、複

注4　カラーパレットは共用の場合とスプライト用のパレットを持つ場合があります。ファミリーコンピュータの場合はスプライト用の4色のパレットを持っていました。

注5　補足しておくとビットマップディスプレイだけでなく、マウスやEthernetもAltoでの発明でした。

数の長方形の領域のビットマップ[注6]を入力として、演算した結果の長方形の領域のビットマップを出力します。

図2.5に示すようにBitBLTの演算としては、2つの入力領域の対応するビットのどちらかを選択する、AND、OR、XORなどの論理演算を行うなどの機能を持っています。ここでは横棒と縦棒の入力をORしています。そして、3つめの入力はマスクであり、その領域の1のビットをマスクとして、マスクされている部分だけを出力領域に書き出すという機能を持っています。

図2.5 BitBLT処理

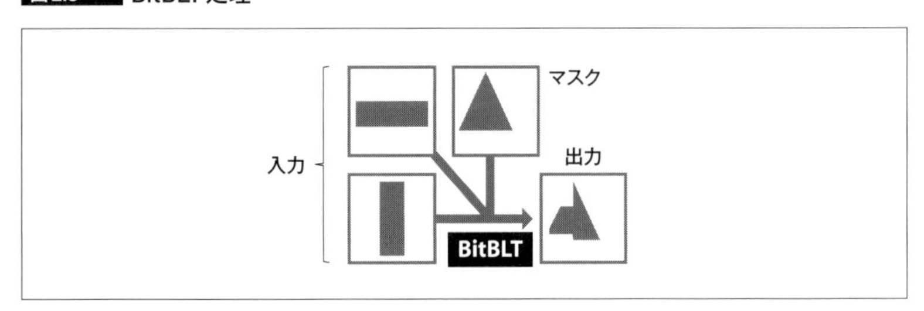

このBitBLTは、Altoではメインのプロセッサのマイクロコードで実装されていましたが、ゲーム機などでは性能を上げるため、専用のハードウェアで実装されることになりました。BitBLTの性能が高くなると、背景のスクロールにも使えますし、スプライトの表示にも使うことができます。

BitBLTを使ってスプライトを実現する場合は、論理的にはサイズや数に制約がありませんが、1フレームに許容される時間以内に描画を行う必要があり、BitBLTハードウェアの描画性能でスプライトの面積や数が制限されます。一方、前述したハードウェアスプライトは、プロセッサの負荷は小さいのですが、スプライトのサイズや数はハードウェアで決まってしまいます[注7]。

2Dグラフィックアクセラレータ

1980年代には、直線や円弧などの2Dの図形を高速に描画する機能と、BitBLT

注6 文字単位でなく、ビット単位で境界を指定できます。

注7 BitBLTを使う場合は、1フレームの表示時間にどれだけのメモリを書き換えられるかで制限されます。一方、ハードウェアのスプライトの場合は、ハードウェアが何個のスプライトを扱えるように作られているかで決まります。

で画面上の長方形の領域をビットマップを塗りつぶしたり、コピーしたり、論理演算を行って新たなビットマップを書き出したりする機能を持つ2Dグラフィックス用のアクセラレータが作られました。とくにアーケードゲーム機では、ゲームを魅力的にするため、スプライトや背景はカラー化され、スプライトのサイズの拡大や、大面積の背景のスクロールを可能にするグラフィックスユニットの高性能化が行われました。

一方、現在のPCのディスプレイ画面を見ると、多数のウィンドウが表示され、新たなウィンドウが作られたり、ウィンドウがドラッグされて、下のウィンドウが見えるようになったりということが起こります。Windows(OS)などのウィンドウの基本的な動作は、新たに見えるようになったウィンドウに表示を行っているプログラムに信号が送られ、そのプログラムがウィンドウに表示すべきビットマップを再描画して書き直すことになります。

文字データだけが表示されているウィンドウを書き直すのは容易ですが、複雑な図形が描かれているウィンドウが現れた場合は書き直すのは大変です。このため、重なって見えないものも含めて、現在存在しているすべてのウィンドウのウィンドウ全体のデータをビットマップとしてデバイスメモリに書き込んで保持しておくという方法が使われるようになりました。この場合、ウィンドウ用のグラフィックアクセラレータは、ウィンドウの重なりを理解してユーザーから見えるウィンドウのビットマップだけを選択してスクリーンに表示する機能を持っています。このようにすれば、ウィンドウがドラッグされて下にあったウィンドウが見えてきても、そのウィンドウの内容を書き直す必要はありません。

この動作は、ウィンドウが重なっている状態を扱うので、2.5Dのグラフィックアクセラレータと言われることがあります。

3Dグラフィックアクセラレータ

前述のとおり3Dグラフィックスでは、T&L(*Transform and Lighting*)処理が必要になります。画面の内容にもよりますが、1画面の頂点の数は数千から数万あり、ピクセルの数は100万を超えます。これらの頂点やピクセルの処理は数値計算で行われるので、強力な演算ユニットが必要になります。当初の3dfx InteractiveのVoodooやNVIDIAのGeForce 256などのLSIに搭載された演算機能はハイエンドCPUに負ける程度の性能でしたが、ムーアの法則によるLSIの集積度の向上で、次々と演算器の数を増やして高性能化が行われていきました。

また、3D表示の場合は近くにある三角パネルの後ろになるパネルは隠れて見えなくなるので、後ろのものは描画しないという処理が必要になります。この処理を行うZバッファや、画像を綺麗にするために壁紙のようにパターンを貼り付けるテクスチャマッピングなどの機能が必要となり、これらのメカニズムが付け加えられてきています(いずれも後述)。

そしてディスプレイが高精細化してピクセル数が増えると、そのぶん必要となる性能も上がっていきますし、VR(*Virtual Reality*)に対応するには両眼に対する2つの画面の描画が必要になり、さらにVR酔いを起こさないように画面の表示回数を毎秒100フレームや毎秒120フレーム等に上げる必要があります。

このように、より高い性能が要求される使い方が出てきており、3D GPUの進化は続いています。

2.3 GPUの科学技術計算への応用

ユニファイドシェーダ、倍精度浮動小数点演算、プログラミング環境

3DグラフィックアクセラレータのT&L処理を行う演算器群の性能が上がってくると、それを科学技術計算に使いたいという人が出てきます。GPUメーカーも販路を拡大したいということから、科学技術計算向きの倍精度浮動小数点演算をサポートする、科学技術計算向きのプログラミング環境を提供するなどの対応を行っており、GPUの科学技術計算への適用が広がっています。

ユニファイドシェーダ

初期のGPUは、グラフィックスの処理を行うため、座標変換(**トランスフォーム**、*Transform*)計算を行うパイプラインとピクセルの明るさや色を決める(**ライティング**、*Lighting*)計算を行うパイプラインが、それぞれ独立に作られていました(**図2.6**)。この構造はトランスフォーム処理のパイプラインの出力をライティング処理のパイプラインの入力に接続すれば、トランスフォー

ムに続いてライティングが行われるのでグラフィックス処理の流れと一致した構造になっています。

しかし、変換する座標の数が多く、色を計算するピクセルの数が少ない場合は、頂点シェーダ(トランスフォーム)のパイプラインの性能が制約になって、ピクセルシェーダ(ライティング)のパイプラインが遊んでしまいます。一方、頂点の数が少なく、ピクセルの数が多い画面では、その逆にピクセルシェーダのパイプラインの性能が制約になって頂点シェーダのパイプラインからの出力を待たせる必要が出てくるということが起こります。

これでは無駄が多いので、汎用の計算が行える多数のブロックを一まとめにして作る**ユニファイドシェーダ**(*Unified shader*)という構造が用いられるようになりました(**図2.7**)。そして、頂点シェーダに使う計算モジュールの数と

図2.6 グラフィックスパイプライン※に沿ったシェーダ配置

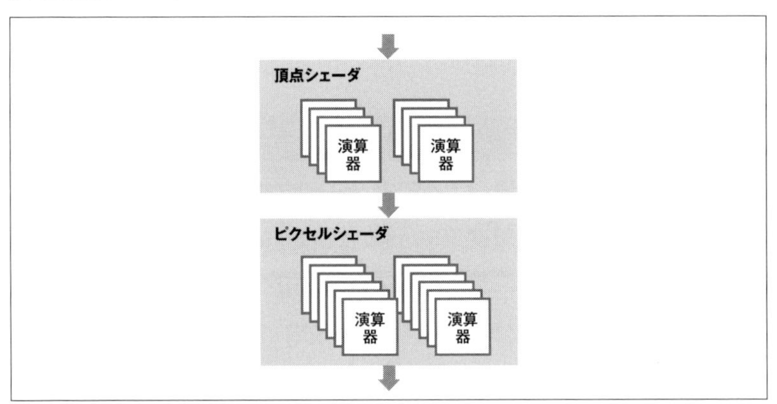

※ 本書解説では原則、計算処理を対象としている場合は「グラフィックスパイプライン」、描画処理を対象としている場合は「レンダリングパイプライン」(3.1節)としている。

図2.7 ユニファイドシェーダ

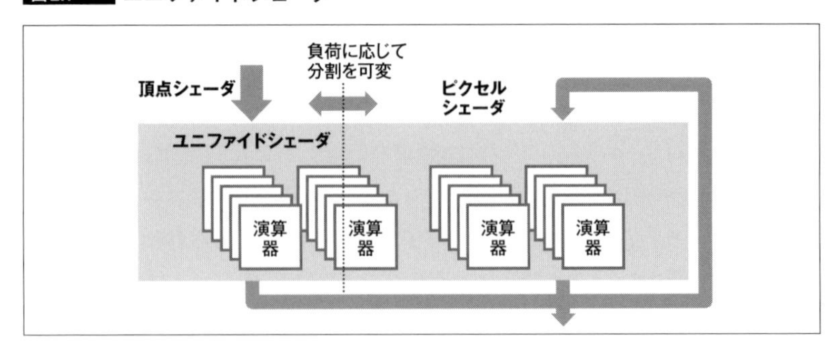

ピクセルシェーダに使う計算モジュールの数を必要に応じて変えることができるようにすれば、トランスフォームとピクセルの処理負荷のバランスが変わっても、無駄なく計算モジュールを使うことができます[注8]。

また、頂点シェーダの出力をデバイスメモリに格納して、ピクセルシェーダはデバイスメモリから入力データを読むというように処理を行えば、最初はユニファイドシェーダの全部の計算モジュールを頂点シェーダに使い、その後、全部の計算モジュールをピクセルシェーダに割り当てるという使い方ができます。このようにデバイスメモリを間に入れると、無駄なく計算モジュールを使うことができます。

ユニファイドシェーダは、科学技術計算を行う場合は分割せずに一まとめで使うこともできますし、処理に応じて複数に分割してそれぞれが異なる計算を行うといった使い方もできます。

GPUで科学技術計算 G80アーキテクチャ

初期のGPUであるGeForce 256のT＆L演算能力はハイエンドCPUでやった方が速いという程度で、3DグラフィックスTの性能を高めるにはT＆L計算の性能を高める必要があるのは明らかです。また、初期のGPUは使えるトランジスタ数が少ないため、少ないトランジスタ数で作れる整数演算器を使っていましたが、整数では表せる数値の範囲が狭く、計算した数値が飽和してしまうという問題がありました。このため、使えるトランジスタ数が増えると、32ビット長の単精度浮動小数点数でT＆L計算を行うGPUに移行していきました。そして、ムーアの法則で増加する大量のトランジスタをつぎ込んで、搭載する演算器の数を増やしていきました。

CPUに比べてGPUは多数の演算器を搭載しているので、合計の演算性能が高く、そのぶん計算が速く実行できることから、CPUではなくGPUを使って計算しようという科学技術者が出てきました。

しかし、GPUはグラフィックス処理のために開発された「OpenGL」という言語で、頂点座標と座標変換マトリクスを掛けるというような操作を記述するプログラムを書いて使われていました。OpenGLで科学技術計算を行うに

注8　ライティングは光を当てたときの反射を計算するので「Shade」（影）というのは良いのですが、トランスフォームを「Shade」というのは変な感じがするかもしれません。ともあれ、現在は頂点シェーダとピクセルシェーダと呼ばれています。

は、それぞれの変数を頂点座標とし、それにいろいろな変数を座標変換マトリクスの形にして掛けるという演算を行う必要があり、汎用の計算を行うには適していないプログラミング環境しかありませんでした。

このような状況で、NVIDIAは2006年11月にG80アーキテクチャのGPU(製品名はGeForce 8xxx GPU、GeForce 8800シリーズ)を発表しました。G80はそれまでのGPUとは大きく異なる野心的なGPUで、ユニファイドシェーダ構造を取るだけでなく、SIMT方式の実行を行い、CUDA(*Compute Unified Device Architecture*、後述)と称するC言語を拡張した科学技術計算に使えるプログラミング環境を提供しました。

図2.8に示すように、G80アーキテクチャの最上位のGeForce 8800 GTX GPUは、**SM**(*Streaming Multiprocessor*、ストリーミングマルチプロセッサ)と呼ぶ独立のプログラムを実行することができるプロセッサを8個集積していました。

図2.8 G80 GPUの構造

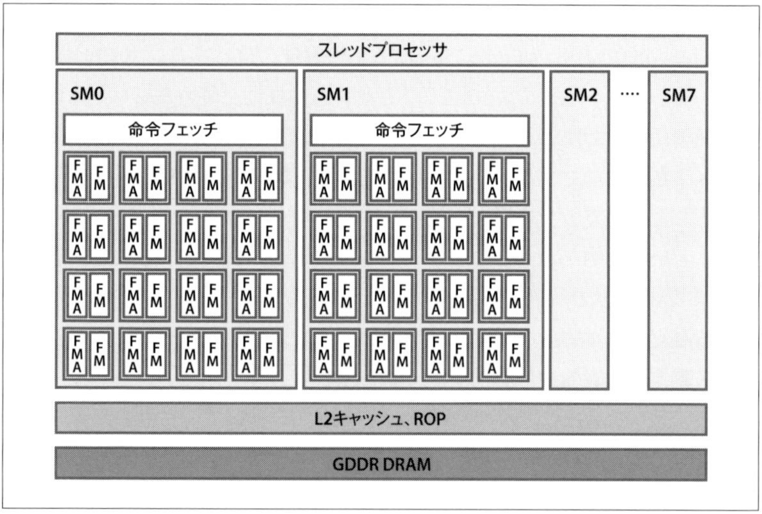

そして、1つのSMには基本的には同じ命令を実行する16個の演算ユニットを備えています。それぞれの演算ユニットは、32ビット単精度浮動小数点の積和演算を行う演算器(*Floating point Multiply Add*、FMA)と32ビット浮動小数点乗算(*Floating point Multiply*、FM)を行う演算器を持っていました。なお、ROPは「Render Output Unit」の略で、ピクセルシェーダで計算されたピクセル値をGDDR DRAMで作られたデバイスメモリに書き込むユニットです。

これらが1.35GHzクロックで動作するので、すべての演算が有効に利用されれば、3演算(積和は積と和の2演算と数える)× 1.35GHz × 16 × 8 = 518.4GFlopsという高い演算性能を持っていました。同時期のハイエンドのサーバープロセッサは最大でも50GFlops(単精度)程度の演算性能でしたから、これに比べるとGeForce 8800 GTX GPUは10倍程度の浮動小数点演算性能を持っていたことになります。

科学技術計算は32ビットでは精度不足 GT200のアーキテクチャ、GF100 Fermi GPU

しかし、グラフィックスの演算は32ビットの単精度浮動小数点演算で十分であるのに対して、多くの科学技術計算では計算誤差を小さくするため、64ビットの倍精度浮動小数点演算を使っていました。このため、単精度浮動小数点演算しかできないGPUが使えるのは、32ビット精度でも良いという一部の科学技術計算に限定されました。

G80アーキテクチャのGPUはグラフィックスで使われる32ビットの単精度浮動小数点演算だけのサポートで、64ビットの倍精度浮動小数点演算を実行する機能は持っていませんでしたが、2008年にNVIDIAが発表したGT200アーキテクチャのGPUでは倍精度の演算器が装備されました[注9]。しかし、単精度の演算器8個に対して倍精度演算器1個という比率で、倍精度浮動小数点演算の性能は単精度の1/8という性能でした。

しかし、ムーアの法則が健在の時代は使えるトランジスタ数は1.5〜2年で倍増していましたから、しばらくするとさらに多くのトランジスタを必要とする64ビットの倍精度浮動小数点演算器を多数、集積することが可能になってきます。このような状況で、2010年にNVIDIAが発表したGF100 Fermi GPUは16個のSMを搭載し、各SMには32個のCUDAコアと呼ぶ演算モジュールを搭載していました。

各CUDAコアは、32ビットの整数演算器と32ビットの単精度浮動小数点演算器を備えています。したがって、1個のSMは毎サイクル32個の単精度浮動小数点の積和演算を行うことができました。また、CUDAコアは、2サイク

注9　G80やGT200のアーキテクチャのコードネームはTeslaです。この時代はまだFP64サポートもなく(ただし、本文にあるようにGT200は少数ですがFP64演算器を持っていました)、科学技術計算用という位置付けもそれほど強調されていませんでした。後述のGF100のFermiアーキテクチャから前面に出てくるようになりました。

ルを掛けて倍精度浮動小数点演算を実行することができるようになっていました。このため、SMは倍精度(64ビット)の積和演算も毎サイクル16回実行することができました。そして、GF100チップは16個のSMを集積していますから、単精度積和演算なら毎サイクル1,024演算、倍精度積和演算なら毎サイクル512回の演算という非常に高い演算能力を持っていました。

これは単精度浮動小数点演算では、GeForce 8800[注10]と比べてサイクルあたり2倍の演算を実行できることになります。そして、倍精度浮動小数点演算では、GT200アーキテクチャのGTX 280と比べてサイクルあたり4倍の演算を実行できることになります。

CUDAプログラミング環境

GT200やFermi GPUのように、32ビット/64ビットの浮動小数点演算器を多数詰め込んだ3Dグラフィックス向けのチップが安価に出回るようになってきても、科学技術計算をグラフィックス用の**OpenGL**言語でプログラムするのでは生産性が上がりません。このため、NVIDIAはGPU向けに、科学技術計算プログラムを記述する**CUDA**言語とそのコンパイラの提供を開始します。

CUDAは、C言語をベースにして、GPUでの並列度の高い実行をサポートするための最低限の機能拡張を行ったというものです。その詳細は後の章で説明しますが、大きな拡張は次のようなものです。

C言語ではfunc(a, b, c);のように関数名funcの後に( )で囲んだ引数のリストを置いて関数呼び出しを行いますが、CUDA言語ではfunc<<<スレッド数>>>(a, b, c);のように関数名と引数リストの間に<<< >>>で囲んで、この関数を何個並列に実行するかを指定します。そして、この関数呼び出しを行うと指定された数のスレッドが作られ、各CUDAコアで並列に実行が行われます。

すべてのスレッドで同じfuncの文が実行されますが、それぞれの実行で認識番号(blockIdxとthreadIdx)が異なるので必要に応じ、認識番号に応じて読み込む変数を変えたり処理の流れを変えたりして処理分散を行うことができます。また、グラフィックス処理にも対応できるよう、変数はスカラーだ

注10　ここではアーキテクチャレベルの比較ですから、製品の区別はしていませんが、GeForce 8800はGT、GTS、GTX、GT Ultraなどの製品があり、同じアーキテクチャのGPUです。なお、GTはCUDAコア数は112ですが、Ultraは612で、これだけでも5倍程度の性能の違いがあります。

けではなく最大4要素のベクトルとすることができるように言語仕様が拡張されています。

そして、NVIDIAは、CUDAで書かれたプログラムをGPUの命令に変換するCUDAコンパイラやデバッガなどのツールを提供しています。

CUDAはNVIDIAが開発した独自の言語で他社が使うことはできないので、業界標準として**OpenCL**というGPU向きの汎用計算用の言語が作られています。NVIDIAのCUDAと業界標準のOpenCLの比較は後で取り上げますが、両者は多くの点で似通っており、並列スレッドの呼び出しや変数のベクトル拡張などの基本的な機能は共通しています。

エラー検出、訂正

グラフィックス表示の場合は一瞬1ピクセルの色が誤っても、多くの場合は見逃されてしまい問題にならないので、通常GPUシステムではエラーの検出は行われていません。しかし、科学技術計算の場合は、1回の計算エラーでも最後の結果が間違ってしまうということが起こります。計算が終わっても答えが正しいかどうかに信頼が置けないのでは、計算を行う意味がなくなってしまいます。

エラーが起こる頻度は、使用するGPUの数と計算時間の長さに比例すると考えられ、多数のGPU使って長時間の計算を行う科学技術計算ではエラーの起こる確率が高くなります。そして、1回でもエラーが起こると結果が間違ってしまうことが多いので、計算エラーに対するシビアさはグラフィックスの場合とは比べものになりません。

このためFermi GPUでは、GPUメモリに64ビットのデータの中に発生した1ビット誤りを訂正できる機能を持たせました。また、GPUチップ内部のL2キャッシュ(*Level 2 cache memory*、2次キャッシュ)、L1キャッシュ(*Level 1 cache memory*、1次キャッシュ)、シェアードメモリ(*Shared memory*)などの比較的多数のビットから成る構造にも1ビット誤り訂正機能を持たせています。

しかし、このエラー訂正を行うためには、64ビットのデータに8ビットのチェックビットを付ける必要があり、実質的に使用できるGPUメモリの容量が8/9に減少し、メモリバンド幅も8/9に低下してしまいます。このため、Fermi GPUにはエラー訂正を使用しないモードも設けられています。

Fermi以降の科学技術計算をターゲットとするNVIDIAのGPUは、ECCを付けて1ビットエラーの訂正、2ビットエラーの検出を行っています。このためには64ビットのデータに8ビットのチェックビットを付加する必要があります。

HBMメモリでは、チェックビット分のメモリが付加されている仕様のものを使えば良いのですが、GDDRメモリの場合はチェックビット用のメモリがありません。最近のQuadro RTX 8000などは48GBのメモリを持ち、ECCと書かれていますが、GDDR6メモリを使っているので後出の図4.33（p.187）のような方法でチェックビットを補っていると考えられます。

Column

ムーアの法則と並列プロセッサ

Intelの創立者の一人であるGordon Moore氏が1965年にElectronics誌に発表した論文では、1つの半導体チップに搭載される回路素子の数は毎年倍増するという指摘がなされていました。これがムーアの法則の原型です。この論文では2倍/年のペースでしたが、その後状況に合わせてムーア氏は2倍/2年にペースを修正しました。

1965年当時は数個の素子しか集積されていませんでしたが、現在の最大規模のプロセッサやGPUチップは5〜50Bトランジスタを集積していますから、実際は2年で2倍より若干速いペースで集積度が向上してきました。

半導体チップのサイズも多少は大きくなっていますが、この集積度の向上の大部分は素子を小さくすることで実現されてきました。そして、チップサイズが同じなら、個々の素子を小さくしてもチップの製造コストはあまり変りません。これは逆にいうと、2年ごとにトランジスタの単価が半分になるということです。

どこかの半導体メーカーが微細化に先行するとトランジスタ単価を安くできます。逆に他社に2年遅れると他社と比べてトランジスタ単価が2倍ですから、これでは競争にならなくなってしまいます。そのため、半導体各社は微細化に凌ぎを削っています。

これが微細化がロードマップに沿って進んだ原動力で、その意味でムーアの法則は自己実現型の予言であると言われます。

プロセッサはかなり複雑なアウトオブオーダー実行方式のものでも、ロジック部は10Mトランジスタ程度あれば十分で、後はレジスタファイルやキャッシュを大きくすればトランジスタ数が増えるという状況になっています。

しかし、キャッシュの容量増大も性能改善効果は飽和してくるので、限界があります。そうなると、プロセッサとしては、複数のプロセッサコアをワンチップに集積して性能を上げる以外に手がありません。このため、マルチコアのCPUや、多数のスレッドを並列実行するGPUが作られています。

しかし、プロセッサコア数を増やすことは性能を高めるためには必要条件ではありますが、多数のコアを有効に利用できなければ性能は上がりません。いかにして、すべてのコアを並列に動かすかが重要になります。

2.4

並列処理のパラダイム
基本、MIMD/SIMD/SIMTの違い

GPUは並列に計算を行うことで性能を高めていますが、どのようにして並列に計算をさせるかにはMIMD、SIMD、SIMTなどいろいろな方式があります。本節では座標計算を例に取り、これらの方法は何が違っていて、計算効率はどうなるのかを見ていきましょう。

GPUの座標変換計算を並列化する 並列計算のための基礎知識

グラフィックスでは座標はX、Y、Z、Wで表します。これに4行4列の座標変換行列を掛ける場合は❶のように、各要素は❷のように計算されます。

❶

$$\begin{pmatrix} X' & Y' & Z' & W' \end{pmatrix} = \begin{pmatrix} X & Y & Z & W \end{pmatrix} \times \begin{pmatrix} m00 & m01 & m02 & m03 \\ m10 & m11 & m12 & m13 \\ m20 & m21 & m22 & m23 \\ m30 & m31 & m32 & m33 \end{pmatrix}$$

❷

$$\begin{aligned} X' &= X \times m00 + Y \times m10 + Z \times m20 + W \times m30 \\ Y' &= X \times m01 + Y \times m11 + Z \times m21 + W \times m31 \\ Z' &= X \times m02 + Y \times m12 + Z \times m22 + W \times m32 \\ W' &= X \times m03 + Y \times m13 + Z \times m23 + W \times m33 \end{aligned}$$

普通のCPUで順番に計算する場合は$X \times m00$を計算し、それに積和演算命令を使って$Y \times m10$を計算して、前の結果に加えるという計算を順番にやっていきます。この場合、それぞれの変数は1つの数ですから、スカラー演算を実行することになります。

図2.9は縦方向が時間で書かれており、縦方向に並んでいる演算器はすべて同じもので、一番上の時点では命令1を実行し、次の時点では命令2、その次の時点では命令3、その次は命令4を実行していることを表します。つまり、普通のCPUでは演算器は1つのプログラムの命令を、各時点で1つずつ順番に実行していきます。なお、レジスタファイルも同じように時点ごとに

書いても良いのですが、とくにどの時点でのアクセスであるのかを明確にする必要がないので1つの大きな箱で書いています。

図2.9 通常のCPUによる計算

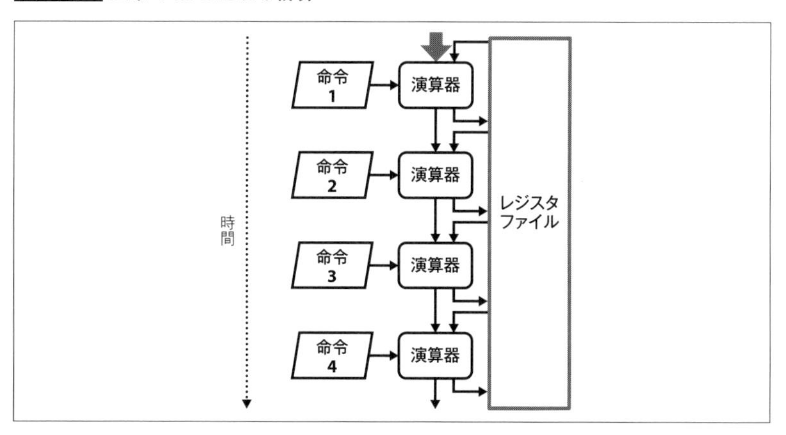

MIMD型プロセッサ

しかし、この計算を見ると、X' の計算と Y' 、Z' 、W' の計算は共通の入力はありますが、X' の計算結果を使って Y' を求めるというような依存関係はありません。したがって、複数のプロセッサコアがあれば、**図2.10**のように1つのコアで X' 、2番めのコアで Y' 、3番めのコアで Z' のように計算を並列に実行させることができます[注11]。図2.10では紙幅の都合で3個のプロセッサコアしか描かれていませんが、4要素のベクトルを並列に計算する場合は、4個のプロセッサコアが必要になります。

このように、複数のプロセッサコアがそれぞれ独立のプログラム(命令列)を実行し、それぞれ異なるデータを処理するプロセッサを「Multiple Instruction, Multiple Data」(**MIMD**)型のプロセッサと呼びます。MIMD型プロセッサは、各コアが実行するプログラムを自由に選べますから、次に述べるSIMD型よりも自由度の高い構成です。MIMD型の実行は、それぞれのプログラムについて見ればスカラーの変数を処理しているのでスカラー型の実行で、複数の

注11 コアの定義は、演算器に加えて独立の命令フェッチ、デコード部を持っていることです。その点で、MIMDは1つの演算器がコアですが、SIMDの場合は同じ命令を実行する複数の演算器が1つのコアに含まれることになります。

図2.10　MIMD型プロセッサによる並列計算

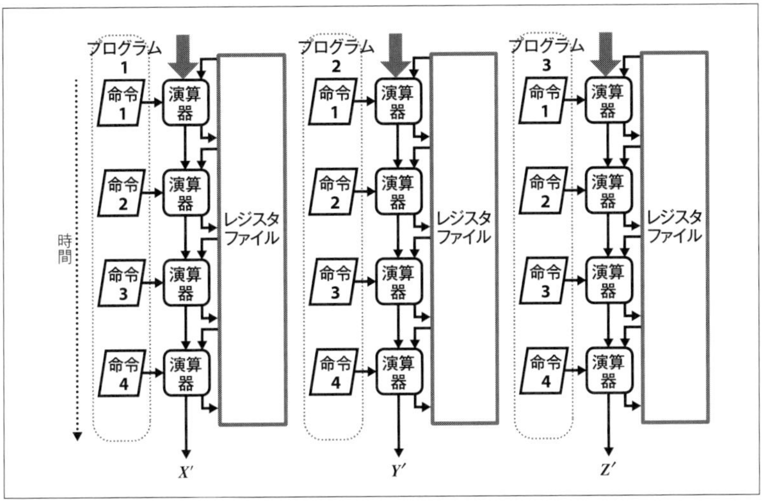

スカラー型の実行が並列に行われているということになっています。

MIMD型プロセッサは、メモリアクセスなどの共通部分が制約にならないとすると、コアの数に比例して性能を高めていくことができるという望ましい性質を持っています。なお、現在は、サーバー用プロセッサでは32コアとか、それを超える数のコアを集積し、スマートフォンやPC用のプロセッサでも4コアは普通で、その点ではこれらのプロセッサも並列処理のスキームはMIMD型となっています。

SIMD型プロセッサ

X'、Y'、Z'、W'を求める計算に4つの演算器を使い、X'演算器には$m00$、Y'演算器には$m01$、...をレジスタファイルから入力して、全部の演算器でXを掛けてやれば、これらの4つの式の最初の積項が並列に計算されます。次にX'演算器には$m10$ ...、Y'演算器には$m11$ ...として、全部の演算器にYを掛けて足し込んでやれば、最初の積項と2番めの積項の和が計算できます。これをZ、Wについても繰り返してやれば、各演算器に与える命令はまったく同じで、X'、Y'、Z'、W'が並列に計算できます。

このような計算は、1つの命令で複数のデータを加工するので「Single

Instruction, Multiple Data」(**SIMD**)方式の演算と呼ばれます。

もちろん、前述のMIMD方式のプロセッサで4つのプロセッサコアで同じプログラムを実行させて計算しても良いのですが、MIMD型は図2.10に示したように、それぞれのプロセッサコアに命令を供給する機構が必要です。一方、すべての演算器に同じ命令を供給するので良ければ、**図2.11**のようにすることができます。このSIMD構成は命令供給部は全体で1つで各演算器には命令供給部を必要としないので、必要なトランジスタ数が少なく小さな面積で作れるという利点があります。

図2.11 SIMD型プロセッサによる並列計算

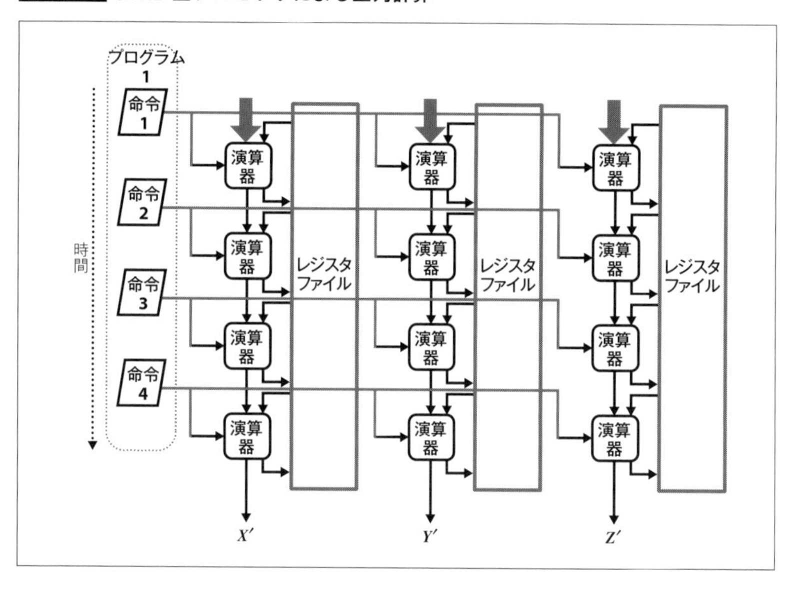

SIMDプロセッサで同じ命令で4つの演算器を動かせばX'、Y'、Z'、W'の4つの値を並列に4命令で計算することができます。現在のGPUはSIMD型の場合、同じ命令を実行する4個〜16個の演算器を持っています。

SIMD実行の問題

そして、GPUではSIMD方式を使うのが主流となったのですが、SIMD方式の実行には問題もあります。

■演算器の数とベクトル長のマッチング

前出の座標変換を行う次の計算は、スカラー型のプログラムではまずX'を計算し、次にY'、その次のZ'という具合に計算していくことになります。

$$X' = X \times m00 + Y \times m10 + Z \times m20 + W \times m30$$
$$Y' = X \times m01 + Y \times m11 + Z \times m21 + W \times m31$$
$$Z' = X \times m02 + Y \times m12 + Z \times m22 + W \times m32$$
$$W' = X \times m03 + Y \times m13 + Z \times m23 + W \times m33$$

これを4要素のSIMDプロセッサで計算する場合、まず、$(X\ Y\ Z\ W)$という4要素のベクトルをメモリから読み込みます。しかし、これではXは第1の演算器のレジスタ、Yは第2の演算器のレジスタ、Zは第3、Wは第4の演算器のレジスタに入ってしまいます。これでは第2以降の演算器ではXが使えないので、**図2.12**の左側のようにX、Y、Z、Wを他の演算器にブロードキャスト[注12]することが必要になります。

注12 Broadcast。放送のように、同じデータをすべての演算器に送ること。

図2.12 SIMD演算器を使う並列計算

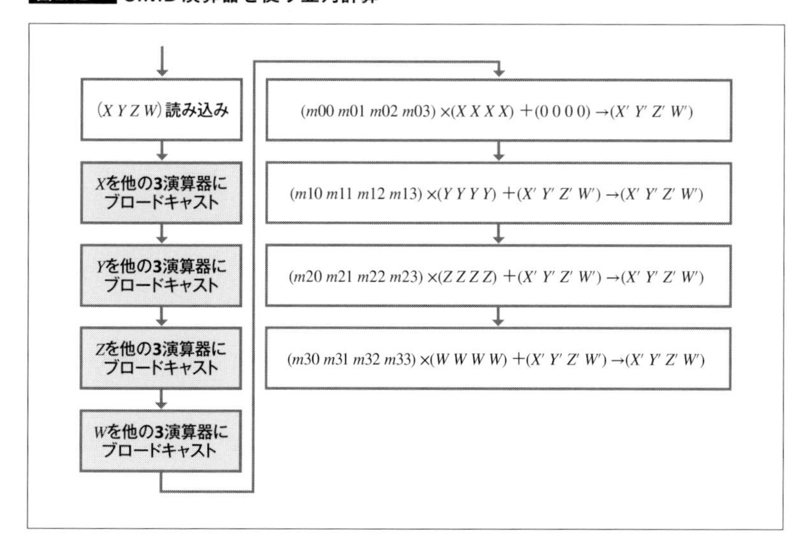

そして、($m00\ m01\ m02\ m03$)という4要素のベクトルとXを要素ごとに掛けて、X'の第1項、Y'の第1項、Z'の第1項、W'の第1項を並列に計算します。

次の時点には、($m10\ m11\ m12\ m13$)にYを掛けてX'、Y'、Z'、W'の第2項を並列に計算することになります。これは係数行列の1つの列をまとめたベクトルを対象にした計算と考えることができるので、ベクトル型の計算を行っていることになります。

SIMDプロセッサで並列に計算を行うためには、図2.12に示したようにX、Y、Z、Wをブロードキャストすることが必要となるので、その時間は演算器が遊び、演算器の利用率が下がってしまいます。そして、もう一つSIMD演算器の利用率を下げる問題があります。グラフィックス処理では4要素のベクトルを扱うので4つの演算器を一まとめにして同じ命令で動かすという方法が効率が良いのですが、科学技術計算の場合は扱うデータは4要素とは限らず、いろいろな長さのベクトルが出てきます。最悪1要素だけのデータの場合は、4つの演算器の内の1つしか使えません。そうなるとピーク演算能力の25%しか利用できません。また、5要素の場合は4要素と1要素に分解して計算することになり、本来8演算分ある計算能力の内の5演算、つまり62.5%しか利用できません。

演算器の個数が8個、16個と多い場合は、処理すべき頂点のデータが多数ある場合は2個の頂点、あるいは4個の頂点を並列に処理していけば、1頂点ずつの処理と比べて2倍、4倍の性能が得られますが、頂点の数が少なくなってしまうと空いてしまう演算器が出てきて実質の演算性能が低下するという問題が出てきます。

■……メモリアクセスと分岐命令の処理

また、科学技術計算の場合は、中間の計算結果が正の場合と負の場合で条件分岐して、その後に実行する命令が異なってくるという処理は珍しくありませんが、前出の図2.11からわかるようにプログラムは1つしかないので、このように演算器ごとに分岐方向を変えることはできません。

このような場合はマスクレジスタを設けて、マスク＝1の演算器では演算を実行し、マスク＝0の演算器では命令を無視して演算を実行しないというようにして条件分岐を処理する必要があります。

そして、SIMDのロード/ストア命令は、命令に記述された1つのメモリアドレスから、並列に処理される長さ(たとえば4要素)のデータを読み書きするという命令となります。データがメモリの中で必要な順に並んでいない場合や、飛び飛びのアドレスに存在する場合は、複数回のメモリアクセスやデータの並べ替えが必要となり、SIMDだけではうまく処理できません。この問題に対して、Intelの第2世代Xeon Phi(ジーオン ファイ)プロセッサのように「スキャッタ/ギャザー」(*Scatter/Gather*)と呼ぶ、飛び飛びのメモリアドレスのデータをアクセスする機能を装備するSIMDプロセッサも出てきています。

GPUは、CPUに接続するアクセラレータという形で使われるのが一般的で、条件分岐や飛び飛びのメモリアクセスのようなケースはCPUで処理して、SIMDでうまく処理することができる部分だけを切り出してGPUで実行させるという方法が採用されます。

SIMT実行

条件分岐がなく、ロード/ストアは連続アドレスというSIMDが得意な部分だけを切り出してGPUに実行させることも可能ですが、GPU上のプログラム(**カーネル**/*Kernel*と呼ばれる)を起動するには、必要なデータをGPUメモリに書き込んでやるなどの手続きが必要なので、ある程度の処理オーバーヘッドが入ってしまいます[注13]。

これに対して、NVIDIAはG80 GPUで**SIMT**(*Single Instruction, Multiple Thread*)という実行方式を採用しました。SIMTは1つの命令で(NVIDIAのGPUの場合)32本のスレッドを並列に実行するという方式です。命令ストリームが1つで、命令の連なりであるスレッドが32本というのは戸惑うかもしれませんが、それは**図2.13**に示すように実行されています。

■SIMT実行では条件分岐が実現できる プレディケート機構

図2.13のとおり、命令はSIMDの場合と同様に32コアで共通ですが、「P」と書かれた箱があります。これが**プレディケート**(*Predicate*)機構です。この中には前の比較命令の条件コードを記憶するレジスタがあり、各命令に付けられたプレディケートビットと条件コードの一致/不一致で、演算器にその命令を実行させるか、命令を無視させるかを制御できるようになっています。

注13 後述しますがSIMDの良いところは、SIMTより回路が簡単なことです。したがって、チップに搭載できる演算器を多少増やすことができます。しかし、スキャッタ/ギャザーがないと、CPUでデータの並べ替えを行って連続アドレスに変換してデバイスメモリにコピーしてから起動する必要があります。

図2.13 SIMT方式のプロセッサの構成

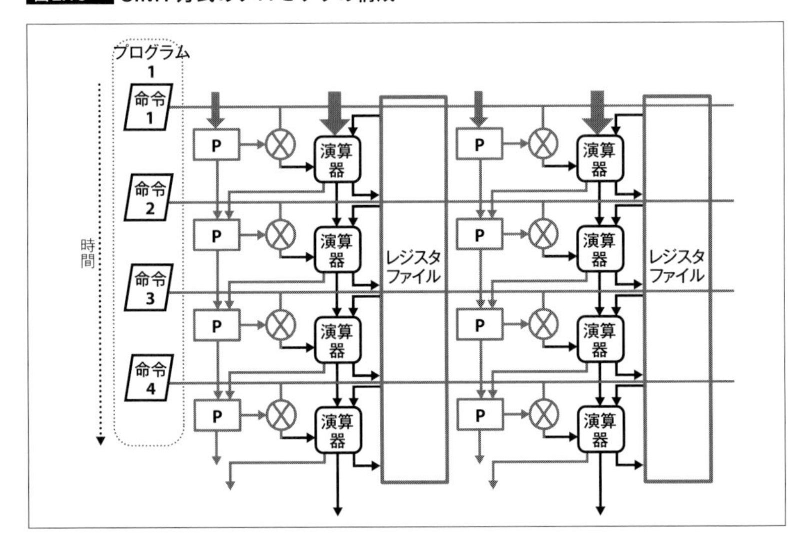

SIMT型のプロセッサは図2.11のSIMD型プロセッサと似ていますが、このプレディケート機構があることにより、一部の命令を無視して実行しないということができます。

`if(条件) then {statements};`のような構文の場合、条件がTRUEの場合は`statements`が実行されますが、条件がFALSEの場合は`statements`は実行されません。このような命令列の場合、`{statements}`の命令にはTRUEのプレディケートを付けておけば、条件がFALSEの場合は`{statements}`の命令は無視し、条件がTRUEの場合は`{statements}`の命令を実行するのでGPU側で条件分岐が実現できるようになります。

このように、SIMT実行ではスレッドごとにある程度異なる命令列を実行させることができますが、元になるプログラムの一部の命令を無視して実行しないというだけの自由度であり、MIMDプロセッサのようにコアごとにまったく異なる命令を実行できるわけではありません。

しかし、必要なハードウェア量の点ではSIMDよりは多いものの、MIMDよりは少なく、実行の自由度の点ではSIMDより自由度が高く、MIMDよりは自由度が少ないということになります。グラフィックスの処理や多くの科学技術計算の場合はSIMDの自由度では足りないが、MIMDの自由度は必要としないという処理が多く、SIMT方式は良い解になっていると思われます。

なお、プレディケート実行はGPUの専売特許ではなく、CPUでも用いられており、32ビットアーキテクチャのARMv7命令では、プレディケート実行の機能を持っていました(以下のコラムを参照)。しかし、64ビットアーキテクチャのARMv8では、プレディケート命令は削除されてしまいました。

このプレディケート実行を行えば、条件が成立しないスレッドの命令を実行しないということができますが、プレディケートで命令の実行を抑えても演算を行ったのと同じ時間が掛かり、演算器は無駄に遊ぶことになります。

Column

ARMv7のプレディケート実行機能

元々の32ビットのARMv7命令セットでは3つのプレディケートがサポートされており、各命令を実行するか否かを3ビットのプレディケートの値で制御することができました。これは条件分岐を使わず条件に応じて処理を変えることができ、分岐予測ミスは発生しないので実行性能を改善することができますが、一方、32ビット長のARMv7命令の中で3ビットがプレディケートの値を指定するために使われてしまいます。

すべての命令を32ビットで表現するというのは実はかなりきつく、ARMv7命令ではソースとディスティネーションのレジスタ指定は4ビットで、使用できるレジスタは16個としていました。

POWERやMIPS、SPARCなどのRISCプロセッサ(p.152のコラムを参照)は32レジスタを使うことができましたので、ARMv7ではそれらの半分の数のレジスタしか使えなかったわけです。

レジスタが足りなくなると、レジスタのデータをメモリ(実際にはシェアードメモリやL1キャッシュ)に退避し、その後退避したデータをメモリから読み出してレジスタを復元する必要があり、使えるレジスタが少ないとレジスタへの退避、復元に余計な時間が掛かり性能が低下していました。

64ビットアーキテクチャのARMv8では、プレディケートを持つことで条件分岐のオーバーヘッドを減らす性能向上効果よりもレジスタ数を32個に増やす方が性能向上に効くと判断したと思われます。

しかし、GPUの場合は少し事情が違います。RISC CPUの場合は命令の長さは32ビットが一般的で、命令を長くするのはいろいろと問題があります。しかし、GPUでは命令の種類が多く、昔から64ビット長の命令を使っており、プレディケートに多少のビットを使っても十分に命令のビットは残っています。

このため、GPUワールドでは多数のレジスタ使用とプレディケートを使うSIMT実行の両立ができます。このような事情も、GPUではプレディケートを使うSIMT実行が標準になりつつあるということに影響していると考えられます。

■…………SIMTプロセッサのロード/ストア命令の実行

SIMTプロセッサでのもう一つの大きな問題は、メモリを読み書きするロード/ストア命令をどう実行するかです。プログラムの中にメモリアドレスが定数として書かれている場合は、全スレッドが同じアドレスをアクセスするので少なくともロードの場合は問題はありませんが、レジスタの内容をアドレスとしてメモリをアクセスする場合は、スレッドごとに異なるアドレスをアクセスすることが起こり得ます。しかし、メモリは一時には1つのアドレスしかアクセスすることができません。

グラフィックスデータは連続アドレスに格納されている場合が多いのであまり問題ではありませんが、科学技術計算では、たとえば行列要素の行方向は連続アドレスでも、列方向に要素をアクセスすると飛び飛びのアドレスになってしまいます。これ以外にも、科学技術計算ではバラバラなアドレスのアクセスが必要になるケースが多くあります。

これに対して、NVIDIAの最近のGPUはメモリからのロード/ストアは128バイト単位で行い、**図2.14**に示すようにスレッドごとに4バイト幅で32入力のセレクタが設けられています。したがって、アドレスが異なっても、この128バイトの範囲内であればアクセスが可能で、1回にまとめて実行することができるようになっています。つまり、アクセスするアドレスが全スレッドで同じという場合、またアクセスするアドレスが128バイト単位で整列している連続した32個の4バイトデータである場合も、32スレッドのメモリアクセスを同時並列的に処理することができます。

図2.14 SIMT方式のメモリ読み出し部の構造

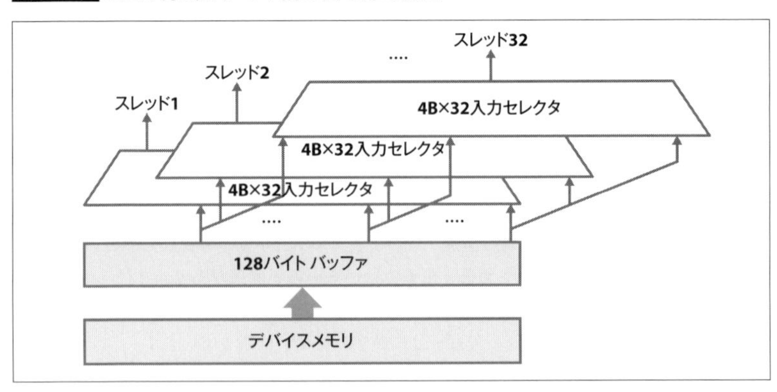

一方、この128バイトに入らないアドレスがある場合は、そのアドレスを含む整列した128バイトをバッファに読み込んで、残っているスレッドのアクセスを処理するということを、すべてのスレッドのメモリアクセス要求を処理し終わるまで繰り返します。このときの、2回め以降のメモリアクセスをNVIDIAはリプレイ(*Replay*、4.2節で後述)と呼んでいます。各アクセスが異なる128バイトにばらけている場合は最大31回のリプレイが必要になり、1つのロード/ストア命令の実行に長い時間が掛かるということが起こり得ます。

■SIMT実行のプログラミング上のメリット

このようなSIMT命令の実行は、プレディケート実行で命令を実行しない場合に実行ユニットを遊ばせたり、メモリアクセスではリプレイが発生したりして効率を下げる可能性がありますが、スレッドごとにレジスタファイルの内容が異なっていても、条件分岐命令や、プログラム上は32のスレッドのアドレスの異なるメモリアクセスが使えるという点で、通常のマルチプロセッサの場合と類似のプログラムが動かせるというメリットがあります。

SIMDプロセッサの場合は、同じサイクルに並列に実行できる命令を集めて実行させる必要があるので、通常の順次実行とは異なるベクトル演算ができる命令列のプログラムを作る必要があります。しかし、SIMT実行の場合は、1つの演算器では通常の逐次実行のプロセッサと同じ命令列でX'を計算し、2番めの演算器ではY'、3番めの演算器ではZ'、4番めの演算器ではW'を計算させることができ、プログラムを作るという観点ではこちらの方が順次実行のプログラムと近くわかりやすいと思います。

SIMT実行はNVIDIAが最初に採用し、その後AMDのGPU、IntelのCoreプロセッサの内蔵GPUやImagination TechnologiesのPowerVR GPUが採用しています。また、ArmのMidgardアーキテクチャのGPUはSIMDでしたが、BifrostアーキテクチャでSIMTになりました。このように、主要GPUはSIMD実行からSIMT実行に切り替わってきています。

なお、CUDAやOpenCLでプログラムを書く場合は、SIMD用のベクトル化や細かい命令の実行順序などはコンパイラが考えてくれるので、プログラマーが考える必要はありません。しかし、コンパイラが全部のSIMD演算器を使い切るコードを生成できるとは限らず、演算器が余ってしまうと性能が低下してしまいます。

2.5 まとめ

第2章ではグラフィックスとアクセラレータの歴史を振り返り、グラフィックス表示をより綺麗に見せるために表示の精細化やカラー化などが行われ、さらにより表現力を高めるために高速で移動できるスプライトのサポートや背景スクロールなどの技法が開発されてきたことを見てきました。

そして、究極の表現力とも言える、3Dグラフィックスの張りぼてモデルから、ジオラマを見るようにいろいろな視点から見たイメージを表示する3Dグラフィックス機能のサポートへと進んできたことを説明しました。

3Dグラフィックスをサポートするためには、座標変換(トランスフォーム)とピクセルの色を計算するライティングの演算性能が重要であり、3DグラフィックスLSIはムーアの法則で増加するトランジスタを使って、搭載する演算器の数を増やしてきました。その結果、現在のGPUは汎用CPUと比較すると、10倍かそれ以上の浮動小数点演算性能を持つようになってきています。また、高い演算性能に見合うように、高バンド幅のGDDR DRAMを使用し、メモリバンド幅も汎用CPUの10倍程度の性能を持つようになってきています。

このような高性能の演算能力を持つGPUを科学技術計算に使用したいという要求が出てくるのは当然で、NVIDIAはいち早くこの要求に応えて、科学技術計算向きの倍精度浮動小数点演算をサポートするGF100 GPUと科学技術計算用のCUDA言語の提供を行いました。これが今日の多くのスーパーコンピュータでのGPUの採用と普及に繋がっています。

そして2.4節では、GPUはどのようにして多数の演算器を並列に動作させて高性能を実現しているかについて基本的な考え方を解説しています。

第3章
[基礎知識]GPUと計算処理

昔のコンピュータの出力は文字ばかりでしたが、現在のコンピュータやスマートフォンの画面は、カラフルな絵が溢れています。また、静止画だけでなく、アクションゲームのように絵が動いたりビデオのような動画も表示されたりします。これらの表示を行っているのがGPUです。そして、GPUを使う科学技術計算や、最近ではGPUを使うディープラーニングが盛んになってきており、GPUの高性能化が続いています。

本章では、GPUが担う3次元の画像表示とはどのような処理であるかを説明し、高性能の表示を行うためには、高速に32ビット浮動小数点演算を行い、同時に大量のメモリの読み書きが必要となることを説明します。

また、ゲームに関しても、より迫真の画面を作るためテクスチャマッピング、さらに法線マッピングなどの処理が多用されてきています。普通のライティング処理では影はできませんが、影がないと不自然なので比較的簡単な方法で影を作る方法が開発されてきています(3.3節を参照)。

そして、高性能の浮動小数点演算能力と高バンド幅のメモリがあるならそれを科学技術計算に使いたいというニーズが出てきて、GPUに科学技術計算をサポートする機能が取り入れられていき、遂にはグラフィックス機能をサポートしない科学技術計算用のGPUも出てきています。NVIDIAの最初のGPUサーバであるDGX-1はP100 GPUを使いました(**図3.A**)。新しい科学技術向けGPUができるとV100に替わり、さらにA100になりました。DGX A100はA100 GPUを8個搭載しています。本章後半では科学技術計算用GPUを中心に、どのような機能がサポートされているかを見ていきます。

図3.A NVIDIA Tesla P100 GPUを8台搭載するディープラーニングの学習用の初代のDGX-1(筆者撮影)※

※ 向かって左側に、マークの付いた8台のTesla P100 GPUが見える。なお、本書原稿執筆時点で、DGX-1、後出のDGX-2ともに現行製品である。

3.1

3Dグラフィックスの基本

OpenGLのレンダリングパイプラインを例に

画面上に3次元(3D)のモデルを表示するプログラム言語として、OpenGL(GLはGraphics Languageの意味)とDirectXが標準的に用いられています。

OpenGLは業界団体であるKhronos Groupが管理しており、規格の審議メンバーとして3Dlabs、Apple、ATI Technologies、Dell、IBM、Intel、NVIDIA、SGI、Oracleなどが参加して設立されました。なお、現在では3DlabsとSGIはグラフィックスから撤退、ATI TechnologiesはAMDに買収されてAMDのGPU部門となっています。一方、**DirectX**は、MicrosoftがWindowsのゲームなどを開発するために作った規格です。

OpenGLもDirectXも改版を繰り返し、現在では両者ともにほぼ同じレベルの機能を実現しています。

[基礎知識]OpenGLのレンダリングパイプライン

OpenGLでは、表示の基となる入力は頂点データです。そして、1つの頂点だけのデータは点、2つの頂点のデータは直線、3つの頂点のデータは三角形のように解釈して、最終的に画面に表示するすべてのデータを定義するのですが、その頂点データから3D画像を作る標準の処理パイプラインが定義されています。

OpenGLの**レンダリングパイプライン**(*Rendering pipeline*)を**図3.1**に示します。この図で破線で描かれた処理はオプションで、規格上必須ではありません。

■…………頂点シェーダ　頂点データの入力と出力

頂点シェーダ(*Vertex shader*)は、入力プリミティブ(入力の最小単位。点、直線、トライアングル、トライアングルストリップ、ポリゴンなど)の頂点データを受け取り、座標変換を行って統一されたグローバル座標(Global)にプリミティブを配置します。

しかし、規格上は、頂点シェーダは1つの入力頂点データに対して、ユーザー定義のプログラムが行う処理を施して、1つの頂点データを出力するとだけ

図3.1 OpenGLのレンダリングパイプラインの概要

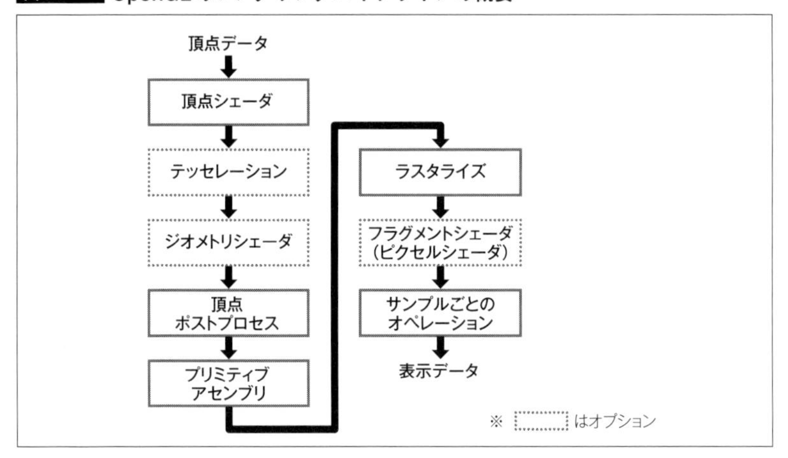

書かれています。したがって、入出力が一対一であれば、規格上はどのように頂点データを扱うシェーダプログラムでも良いことになっています。

■………… テッセレーション　細かく分解して、多数のプリミティブを生成

次の**テッセレーション**(*Tessellation*)は、トライアングルなどのプリミティブを細かく分解して、多数のプリミティブを生成する機能です。三角形のパネルが少ないと板紙で作った張りぼてのようにカクカクした形になりますが、細分化してやると滑らかな曲面に近づきます。最初から小さい三角形にしておいても良いのですが、入力する頂点の数が増えてしまいデータ量が大きくなってしまいます。テッセレーションを使えば、入力データの量を抑えて、滑らかな曲面に近づけることができます。

通常、どう分割するかを決めるTCS(*Tessellation Control Shader*)とプリミティブの分割を行う固定機能のテッセレータ、滑らかな曲面にするため補間などの方法でデータを加工するTES(*Tessellation Evaluation Shader*)で構成されます。

テッセレーションはオプション機能で、規格上必須ではありません。

■………… ジオメトリシェーダ　プリミティブの全頂点データが入力され、面の法線の計算などに使える

頂点シェーダは、1つの頂点データを入力とし、1つの頂点データを出力します。これに対して、**ジオメトリシェーダ**(*Geometry shader*)はトライアングルやトライアングルストリップのような描画プリミティブを入力として、0個

以上のプリミティブを出力するシェーダです。頂点シェーダと違って、プリミティブの全頂点のデータが入力されるので、それらのデータを使って面の法線を計算する、トライアングル数を倍増するなどの操作が行えます。

ジオメトリシェーダはオプションで、規格上必須ではありません。

■………頂点ポストプロセスとプリミティブアセンブリ　ビューボリューム、クリッピング

3Dモデルを見たときに表示されるのは**図3.2**に示すように、視点を頂点とした四角錐の近クリップ平面と遠クリップ平面に挟まれた部分で、これをビューボリューム(*View volume*)と言います。近クリップ平面より手前、遠クリップ平面より遠くの図形(プリミティブ)は表示の対象となりません。

少々面倒なのは、プリミティブの一部はビューボリュームに入っているがはみ出している部分もあるというケースで、この場合はビューボリュームに入っている部分だけを表すプリミティブデータを作ってやる必要があります。これがクリッピング(*Clipping*)という操作で、頂点ポストプロセス(*Vertex post-processing*)の主要な仕事です。

図3.2 ビューボリューム

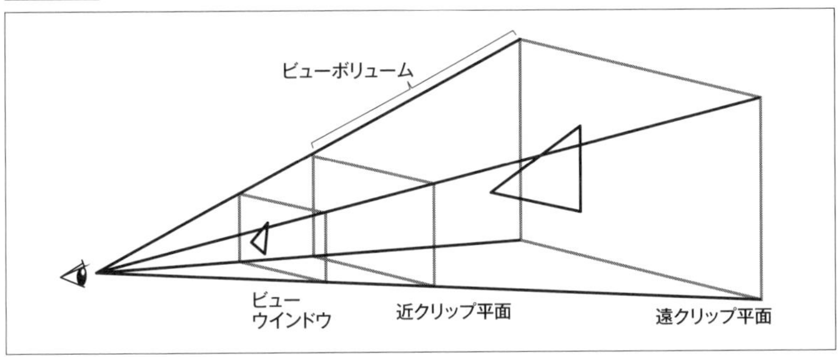

プリミティブアセンブリ(*Primitive assembly*)は、パイプラインの前の段からの出力を集めて、後の段に出力するプリミティブの列を作ります。張りぼての面で閉じた箱を作ると、一部のプリミティブの表面は視点の方向を向きますが、裏面が視点の方向を向くプリミティブも出てきます。この視点から見て裏側を向いたプリミティブは、他のプリミティブの後ろ側になって見えない面ですから、この後の表示処理に廻す必要はありません。プリミティブアセンブリでは、この裏面の除去も行います。

■…………**ラスタライズ** フラグメント(ピクセル)への変換

ここまでは、頂点やトライアングルという単位で扱われてきましたが、続いては**ラスタライズ**(*Rasterization*)で**フラグメント**(*Fragment*)に変換します。フラグメントは端的にいうと「画面に表示されるピクセル」です。

図3.3に示した三角形の場合は頂点1、2を結ぶ辺の傾きから、1列、ピクセル列を下がると左端のピクセルがどの位置になり、頂点1、3を結ぶ辺の傾きから右端のピクセルがどの位置になるかが計算できますから、その間をピクセルで埋めれば良いわけです。これを繰り返して、三角形の内部をピクセルで埋めるのがラスタライズです。

図3.3 ラスタライズは三角形の内側をピクセルで埋める

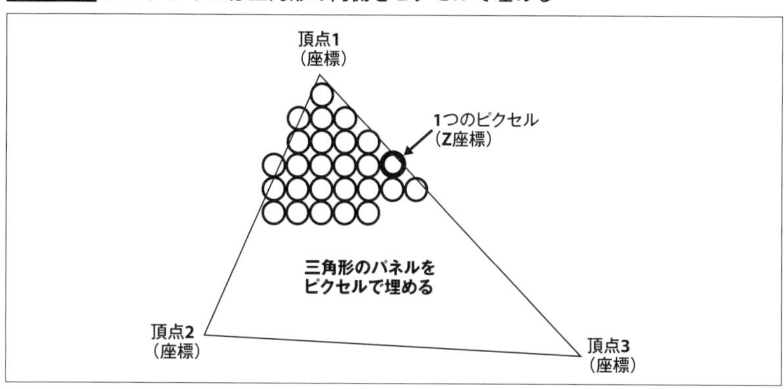

なお、図3.3のケースでは頂点1、2を結ぶ辺の処理が終わりになると、頂点2、3を結ぶ辺を左端として使うように切り替えます。

しかし、エッジの斜めの線がギザギザに見えてしまうのを避けるために、1つのピクセルの値を決めるのにエッジの近傍に位置する複数の点をサンプルして平均の明るさで表示する方法(*Multi Sample Anti- Aliasing*、MSAA)が使われたりします。このように、各点は直接ピクセルに対応しない処理を行う場合もあるので、規格としてはピクセルではなく、より一般的に「フラグメント」という用語が使われています。

フラグメントシェーダ　フラグメントの色と奥行き方向の位置を計算

フラグメントシェーダ(*Fragment shader*)は、フラグメントの色と奥行き方向の位置を計算するシェーダです。奥行き方向の位置の計算は座標計算で比較的簡単ですが、色の計算はいろいろな要素があり複雑です。OpenGLの規格ではフラグメントシェーダはオプションでその機能はユーザー定義となっており、何をやるべきかは決まっていません。

一般的には、フラグメントシェーダはテクスチャマッピングを行い、壁紙の模様のどの位置が来るかを見て、各フラグメントの色を計算します。そして、光源の位置と方向を計算し、ライティングモデルを使って、視線方向に反射される光の色と強さを計算してフラグメントごとの色と明るさを求めます。

そして、フラグメントの奥行き方向の位置(Z座標)は、次のZバッファの処理に使われます。

■……Zバッファ　多数のプリミティブの重なりを処理するための機構

3Dグラフィックスの場合は、多数のプリミティブが重なっているのが普通です。その場合は、一番手前のプリミティブが見えて、後ろのプリミティブは隠れてしまいます。しかし、事情はそれほど単純ではなく、プリミティブの一部は見えるけれど、他の部分は別のプリミティブに隠れて見えないというように、プリミティブ単位では前後を決めることができない場合もあります。

このため、フラグメントの位置ごとに、その時点で一番手前に来るフラグメントの奥行き方向の座標(Z座標)を記憶する**Zバッファ**(*Z-buffer*)という機構が使われます。そして、ラスタライズで作られた各フラグメントの処理にあたって、そのフラグメントのZ座標とZバッファに記憶された座標を比較します。

新たに書き込むフラグメントの方がZ座標が小さい場合は、そのピクセルは手前にあり視点から見えることがわかります。この場合はフラグメントの書き込み処理を行い、Zバッファの内容を新しいフラグメントのZ座標に更新します。一方、新しいピクセルの方がZ座標が大きい場合は、すでに書き込んだフラグメントの後ろの位置になるので、新しいフラグメントは見えないと判断して、その後の処理を打ち切ります。

ただし、前方にあるのが半透明なフラグメントの場合は、後ろのフラグメントも透けて見えるので、後ろのフラグメントとの混色をする**ブレンディング**(*Blending*)という処理を行います。

■ **テクスチャマッピング** 壁紙を立体の表面に貼り付ける

トライアングルなどのプリミティブは各頂点の色を指定でき、頂点以外の場所の色は、頂点の色の補間で計算するというのが一般的な方法ですが、これでは複雑な模様の付いた面を表現することはできません。そこで、使われるのが**テクスチャ**(*Texture*)と呼ぶ壁紙を立体の表面に貼り付けるという方法です。実際の壁紙の場合は複雑な形状の対象にぴったり貼り付けるのは難しいのですが、**テクスチャマッピング**(*Texture mapping*)の場合は、原理的にはテクスチャの座標と3次元物体の表面の座標の対応が定義できれば、ぴったり貼り付けることができて、たとえば、メルカトル図法(*Mercator projection*)の世界地図を球体に貼り付けて地球儀を作るということが可能です。

ファンとトライアングルストリップで球体を覆うのは難しくありませんが、各トライアングルの色の指定だけで地球儀を作るのは原理的には可能でも、非常に細かいトライアングルにする必要があり、実際にやってみる気にはなれません。

ということで、3Dゲームなどでは壁紙を貼り付けるテクスチャマッピングが多用され、レーシングカーの塗装された模様やロゴ、軍用車両の迷彩はもちろん、海や遠くの草原などもテクスチャマッピングで表現します。

図3.4は左端の人形に3種の異なるテクスチャをマッピングした例で、リアリスティックな表現を実現する上での、テクスチャマッピングの威力がよく

図3.4 **テクスチャマッピングの例**※

※ 左端の人形にいろいろなテクスチャをマッピングして外見の異なる人物を作っている。

わかります。

テクスチャは平面の状態のビットマップの絵で格納されますが、その見え方は貼り付ける平面までの距離で変わります。また、貼り付ける面が傾いていれば、歪(ゆが)んで見えます。GPUのテクスチャユニットは、単にテクスチャをキャッシュしてアクセス時間を短縮するだけでなく、このようなテクスチャパターンの変形も行います。

テクスチャの貼り付けはデータ量が大きく、高速で行う必要があるので、変形を1点ごとに座標計算するのでは間に合いません。テクスチャユニットは、テクスチャキャッシュを飛び飛びにアクセスする機能を持っており、たとえば1ピクセルおきにテクスチャキャッシュを読めば、半分の大きさに縮小したことになります。対角線方向に読んでいけば45度回転した絵が得られます。また、倍率を順次変えていけば、奥行き方向に傾いた遠近法のような表現ができます。

しかし、1ピクセルおきに白黒というテクスチャパターンを1ピクセルおきにサンプルすると、真っ黒か真っ白になってしまいます。というように、1種類のテクスチャパターンをあまり小さく縮小すると問題が出てきます。このため、1つのテクスチャに対して、何種類もの倍率(*Level of Detail*、**LOD**)のテクスチャパターンが用意されます。

加えて、4K[注1]画面のサポートのように高精細化が進むことにより、テクスチャの格納に必要なメモリ量は増加しており、デバイスメモリに入り切らず、CPUのメインメモリも利用するということも発生しています。

■…………**ライティング** 光の当たり具合、反射、光源

それぞれのピクセルがどのように見えるかは、光の当たり具合と、それぞれの面がどのように光を反射するかで変わってきます。

光源ですが、全般にぼやっと光が当たっている環境光(*Ambient light*)、点光源、点光源の広がり角を制限したスポットライトなどが使われます。そして、各光源はRGBの色を持っています。点光源やスポットライトの場合は光源の位置を指定し、スポットライトの場合は方向や広がり角も指定します。

注1　画面の精細さを画面の横方向のピクセル数で表す方法で、X方向に4,000ピクセルがあるという表示を意味する言葉です。しかし、4Kテレビというと3,860×2,160ピクセルの表示で、これは縦横ともにフルHDの2倍のピクセルとなっています。また、映画館用のデジタルシネマは4,096×2,160ピクセルで本物の4Kです。

そして、一般には複数の光源が使われますから光源ごとに指定を行います。

■……………光の反射を計算するフラグメントシェーディング

光の反射の仕方には、いろいろなモデルが開発されています。まず、反射する面(正確には面を定義している頂点に与えられた法線ベクトル)に色が付いていれば、RGBの各コンポーネントで反射率が異なってきます。そして、面の法線ベクトルに対する入射角と反射角などで反射の強度が変ってきます。このような関係を考慮して、各ピクセルの明るさや色を計算するのが**フラグメントシェーディング**(*Fragment shading*)です。

反射量の計算の基になる法線ベクトルの求め方には各種の方法があります。一番簡単なのは、トライアングル平面の法線方向と入射角、反射角で決まる強度で反射するという方法です。平面の法線ベクトルは、平面を定義する頂点の法線ベクトルの平均値を使います。

この方法では1つの平面は同じ明るさになるので、**フラットシェーディング**(*Flat shading*)と呼ばれます。この方法は面の境界がはっきり見えるので、いかにも板紙で作ったという感じの見え方になります。モデルに忠実とも言えますが、継ぎ目が目立って本物らしさは出ません。

面の継ぎ目が目立たないように改良したのが**グーローシェーディング**(*Gouraud shading*)という方法で、頂点の法線ベクトルとして頂点に集まっている複数の面の頂点の法線ベクトルを平均したものを使います。この頂点ベクトルを使って各頂点の反射を計算し、これを頂点の色とします。そして、面の中のピクセルは、面を定義する頂点の色を補間して計算します。グーローシェーディングでは、継ぎ目のところで急に明るさや色が変わるということがなく、**図3.5**に示すように滑らかな曲面のように見えます。

各頂点の法線ベクトルを、集まっている頂点の法線ベクトルの平均値で求めるのはグーローシェーディングと同じですが、平面パネルの中の各ピクセルの法線ベクトルを、平面を定義する頂点の法線ベクトルを補間して求めるのが**図3.6**に示すフォン(*Phong*)補間という方法です。そして、以下の式で各フラグメントの値Iを計算する方法をフォンシェーディング(*Phong shading*)と言います。

$$I = k_a I_a + \sum_{\text{光源}} \{k_d (L \bullet N) I_d + k_s (R \bullet V)^{\alpha} I_s\}$$

図3.5 フラットシェーディングとグーローシェーディング

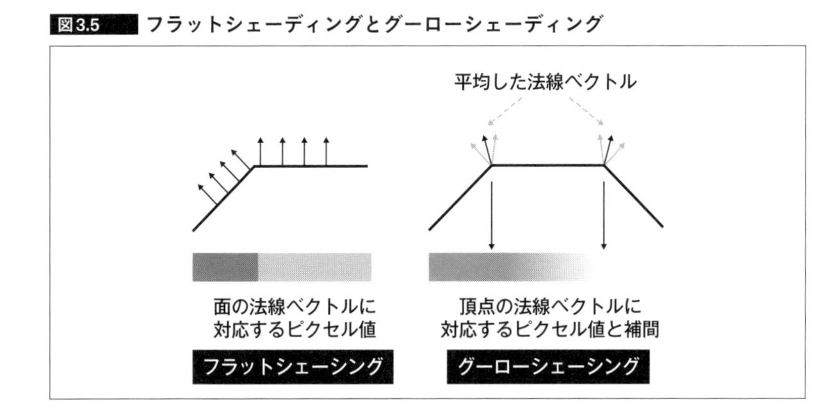

図3.6 フォン補間※

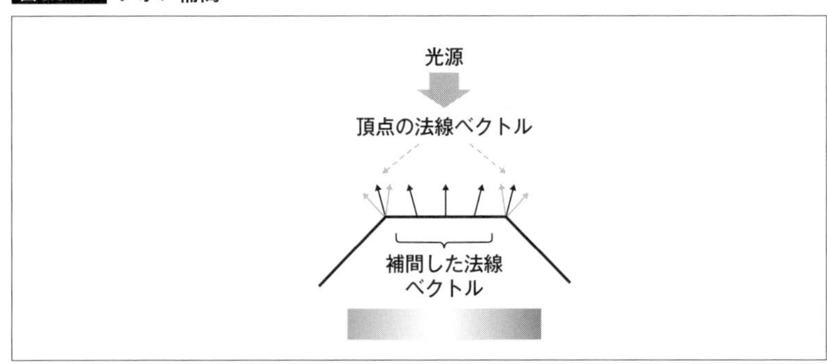

※ フォンシェーディングでは法線ベクトルを補間する。

ここでIaは情景に一様にある環境光の強度、kaはパネルの環境光の反射係数、Idは光源の拡散成分の強度、kdは拡散成分の反射係数、Isは光源の鏡面反射成分の強度、ksはその反射係数です。そして、ベクトルLは光源の方向、ベクトルNは法線ベクトル、ベクトルRは完全反射する方向のベクトル、ベクトルVは視点方向のベクトルで、・はベクトルの内積を意味します。

つまり、環境光に対しては、面の方向とは無関係にある程度の明るさを持ち、光源に対する拡散成分は光線の方向と面の向きだけに依存し、視点の方向とは無関係な紙の表面のような反射、そして、鏡面反射は入射角と反射角が等しい方向に視点がある場合に最大になり、R・V項のα乗になっているので、αが大きい場合は視線の方向がずれると急激に低下する反射を表します。

滑らかに法線ベクトルが変化するフォン補間と、鏡面反射の項を加えたことにより、フォンシェーディングでは球体の一部が強く光るハイライト効果をうまく表現できます。しかし、フラグメントごとに光の入射角、反射角を計算して明るさや色を求めるのですから、グーローシェーディングより計算量はずっと多くなります。

しかし、ここまでやっても、まだ写真と見まごう品質にはなりません。滑らかな面への反射による映り込みを表現するには、反射した光の光路を計算する**レイトレーシング**(*Ray tracing*)という計算をする必要があります。また、人の肌は多層の半透明の皮膚が重なっており、各層の境界での多重の反射を考慮しないと肌の質感は出せません。さらに、風になびく髪の表現も難物です。髪の毛を1本1本、円柱としてモデル化し、それぞれの髪の毛が風でどのように動くのかをモデル化して描画するのが正しいのでしょうが、それではモデルも計算量も膨大になってしまいます。ということで現実的な処理コストで、それらしく見えるような描画方法の開発が続いています。

また、モデルでうまく表現できない部分はテクスチャマッピングを使うことになり、ゲームなどで使用されるテクスチャの量が増えています。

サンプルごとのオペレーション　レンダリングパイプラインの最後

レンダリングパイプラインの最後は、**サンプルごとのオペレーション**(*Per-sample operation*)処理です。マルチウィンドウの環境に対応して、ピクセルの描画位置が自分のウィンドウの内側にあるかなどのチェックを行います。

そして、これらのチェックがパスすると、画面表示のためのフレームバッファにピクセルデータが書き込まれることになります。

3.2 グラフィックス処理を行うハードウェアの構造
Intel HD Graphics Gen 9 GPUの例

IntelのCore iシリーズプロセッサに内蔵されているHD Graphics Gen 9 GPUの図に、グラフィックス処理とハードウェアの関係がわかりやすく描かれています。最新のGen 11ではグラフィックス処理が描かれた同様の図は原稿執筆時点で公開されてないため、グラフィックス処理とハードウェアの関係を理解しやすいように本節ではIntelのHD Graphics Gen 9の図を例として説明を行っていきます。このIntel GPUのグラフィックスパイプラインの記述はOpenGLではなくDirectXのパイプラインの図ですが、このレベルで見ると、OpenGLの「TCS」が「ハル(殻)シェーダ」、OpenGLの「TES」が「ドメインシェーダ」と書かれているというだけの違いです。

Intel HD Graphics Gen 9 GPUコア　強力なGPUを搭載したPC用プロセッサ

IntelのPC用プロセッサであるCore iシリーズプロセッサは、CPUチップの中にGPUコアを内蔵しています。とはいうものの、CPUコア数が少なく、強力なGPUを搭載している製品ではCPUよりもGPUに使われているチップ面積の方が大きくなってきており、CPUチップにGPUが同居させてもらっているのか、GPUチップにCPUが同居させてもらっているのかは微妙なところです。

図3.7は2015年のIntel Developer's Forumで発表された図です。左側にグラ

図3.7 IntelのHD Graphics Gen 9コアの構造※

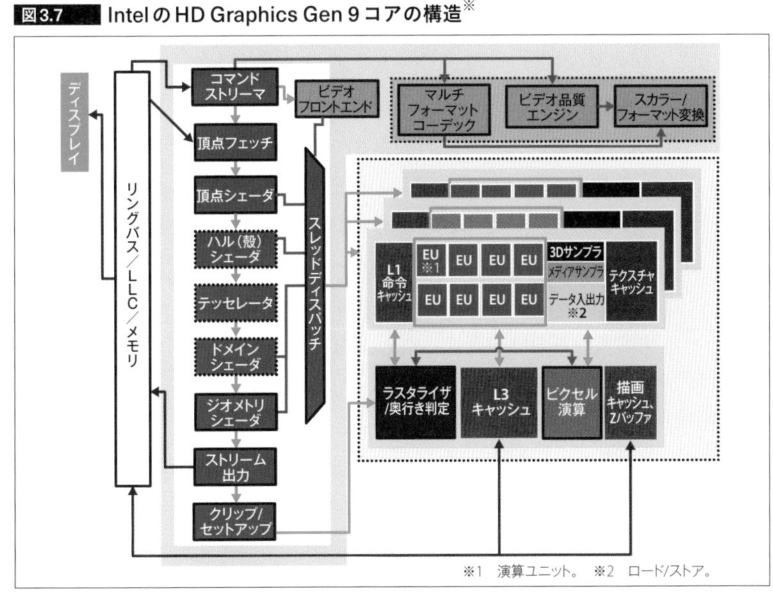

※ 出典：David Blythe「Technology Insight: Next Generation Intel Processor Graphics Architecture Code Name Skylake」(IDF 2015)

フィックス処理のパイプラインが描かれており、右側の中央には8個の「EU」(*Execution Unit*)という計算コアを持つ3つのブロックが描かれています。この図ではEUの個数は24個ですが、最大構成のGT4モデルでは72EUを搭載しています。なお、IntelのEUは毎サイクル8個の積和演算を行うことができるので、おおよそNVIDIAのCUDAコア8個分に相当し、72EUは576CUDAコア相当の演算能力を持っています。

HD Graphics Gen 9コアの左側に描かれたパイプラインは、CPUから送られてくる命令を解釈するCS(*Command Streamer*)と頂点の読み込みに続いて頂点シェーダというステージが描かれています。

そして、テッセレーションを行うハルシェーダ(*Hull shader*、OpenGLではTCS)、テッセレータ、ドメインシェーダ(*Domain shader*、OpenGLではTES)があり、ジオメトリシェーダが続いています。その後にはストリーム出力(*Stream out*)、クリップ/セットアップ(*Clip/Setup*)というステージがあり、ラスタライザ/奥行き判定(*Rasterizer/Depth*)というステージに繋がっています。

このパイプラインがどのように動くのかについてIntelの発表はありませんが、シェーダから右側のEUのブロックに矢印が描かれており、シェーダの計算はシェーダプログラムを呼び出す形でEUに実行させていると考えられます。

そして、この機構を使って、グラフィックスとしてはDirectX 12/11.3とOpenGL 4.4をサポートしています。また、科学技術計算向けにはOpenCL 2.0をサポートしています。

このパイプラインのシェーダ以外のステージは、専用のロジックやマイクロコントローラで作られていると考えられます。シェーダは、実行すべきシェーダプログラムの先頭番地を、右側の計算ブロックに指定して実行を開始させ、終了すると次に進むというコントローラであると考えられます。

計算ブロックには、命令キャッシュ(L1IC$)とテクスチャキャッシュ(Tex$)、アンチエイリアスやその他の画像品質の改善のための3Dサンプラ、メディアサンプラが含まれています。その下には、先ほどのラスタライザ/奥行き判定の計算ユニットのほか、L3キャッシュ(L3$)、ピクセル演算を行うユニット、フレームバッファ(Render$)、Zバッファ(Depth$)が描かれています。

また、Gen 9コアは、図の右上に描かれたマルチフォーマットのコーデックやビデオの画像品質を改善するエンジンを搭載しています。

3.3 [速習]ゲームグラフィックスとGPU

ハードウェアとソフトウェア、進化の軌跡

特別寄稿：西川 善司

コンピュータグラフィックスは長らく、業務用や専門業者のための技術分野でした。どの技術分野でもそうですが、先端技術の進化が一気に加速するのはその技術が民生分野に降りてきてからです。その意味ではリアルタイムコンピュータグラフィックスの進化は、これがゲームという民生分野に降りてきてから加速したと言えます。

本節では、コンピュータグラフィックスという技術分野のうち、リアルタイムコンピュータグラフィックスがゲームによって進化を促されてきた経緯について見ていきたいと思います。本節の前半はハードウェア面の進化、後半はソフトウェア面の進化にスポットを当てていきます。

[ハードウェア面の進化]先端3Dゲームグラフィックスはアーケードから

独自のシステム、独自の3Dグラフィックス

スーパーコンピュータや業務用のグラフィックスワークステーションを除けば、現在最も先進的なリアルタイム3Dグラフィックス環境が利用できる民生向けハードウェアはハイエンドスペックなWindows PCです。

しかし、1980年代後半から1990年代前半にかけては、むしろWindows PCは、今では想像できないくらいグラフィックスシステムが遅れていました。この時代、我々に最も身近で、最も先進的なリアルタイム3Dグラフィックスを実現していたのはアーケードゲームでした。

現在は、アーケードゲームの筐体の多くは組み込み向けWindowsを搭載したPCがベースとなっています。具体的にはWindows Embeddedのことを指しています。現在このようになっている背景は、ゲームの開発環境がWindowsベースで行えること、既存の安価で性能の高いハードウェアを利用できるからです。

しかし、この時代は、各アーケードゲームメーカーが独自に3Dグラフィッ

クシステムのハードウェアを設計して、その上で独自の3Dゲームグラフィックスを動かしていました。

当時、最も技術力的に先端を行っていたのはナムコ(現バンダイナムコゲームス)とセガで、ナムコは『ウイニングラン』(1988)、『スターブレード』(1991)、セガは『バーチャレーシング』(1992)、『バーチャファイター』(1993)などを出していました。この時代の3Dグラフィックシステムはおもに汎用CPUやDSP(*Digital Signal Processor*)などがグラフィックスレンダリングを担当しており、ライティングはポリゴン単位にしか行われず、テクスチャマッピング(3.1節を参照)の機能も持っていませんでした。

テクスチャマッピングが3Dゲームグラフィックスに採用されて、それが広く一般ユーザーの目に触れることになったのはナムコの『リッジレーサー』(1993)がアーケードに登場したときです。それまでゲーム向けの3Dグラフィックスと言えば、カクカクとした積み木チックなオブジェクトがシーンに展開しているだけの表現が主流で、プレイヤー側は「これは車」「これは人」という風に、ある程度の想像力を働かせてゲーム内画面を認識して楽しんでいたのですが、『リッジレーサー』のゲーム画面では、そのまま「それ」とわかるオブジェクトがそのまま縦横無尽に動き回っていたため、多くのゲームファンはカルチャーショックを受けたものでした(**図3.8**)。

PlayStationとセガサターンが呼び込んだ3Dゲームグラフィックス・デモクラシー

PCの3Dグラフィックスの黎明期

1990年代中期には3Dゲームグラフィックスがさらに身近な存在となる大事件が起きます。それは、PlayStationとセガサターンの発売です。1994年に発売されたこの2つのゲーム機は、映像解像度はそれほど高くはなかったものの、当時のアーケードゲームシステムにとっても最先端技術であったテクスチャマッピングに対応していただけでなく、隣接するポリゴン同士の陰影をグラデーションで塗るグーローシェーディング[注2]にも対応していました。

この1年後の1995年にWindows 95が発売され、これに同期する形で**DirectX**も提供されましたが、当時のWindows PC向けのグラフィックスハードウェア(当時は「GPU」という呼び名はなかった)はかなり機能が低く、さらにDirectX

注2 3.1節で取り上げています。本節内のグラフィックス関連用語は3.1節も合わせて参考にしてください。

図3.8 テクスチャマッピングの採用事例※

©BANDAI NAMCO Entertainment Inc.

※ アーケード版の『リッジレーサー』(当時ナムコ、1993)より。
アーケード版の『リッジレーサー』はテクスチャマッピングの威力を世に見せしめた作品。当時、この作品ではグローシェーディングが使われていると話題になったが、実際にはテクスチャにそれっぽいグラデーション陰影を焼き付けていただけだったらしい。

の完成度も今一歩だったために、PlayStationやセガサターンの表現力に近づくのは1997年にリリースされたDirectX 5の頃になってからです。

ただ、この時代のPC向けのハードウェアメーカーの情熱は凄まじいものがあり、今でこそNVIDIAとAMD(当時はATI Technologies)の二強状態ですが、当時は数十社のメーカーがPC向けの独自のグラフィックスハードウェア製品をリリースしていたものです。なかでも一時代を築いたのが3dfx Interactiveで、Voodooシリーズと呼ばれるグラフィックスハードウェア製品は当時のPCゲームファンの間で絶大な人気を博しました(**図3.9**)。

今考えれば驚くべきことですが、Voodooシリーズを使って美しい3Dゲームグラフィックスを描画させるにはDirectXではなく、3dfx Interactive独自のAPI「Glide」を用いる必要がありました。当時のPCゲームファンの間ではDirectXは「二流扱い」で、ゲームスタジオ側も最上位グラフィックスはGlideベースで開発してゲームを提供することが多かったのです。今でも人気シリーズとして知られる『トゥームレイダー』の第一作(**図3.10**)などはその典型例で、Voodooでなければ美しいゲームグラフィックスが楽しめないタイトルでした。

図3.9 **3dfx Interactiveの初代Voodooボード(筆者撮影)**※

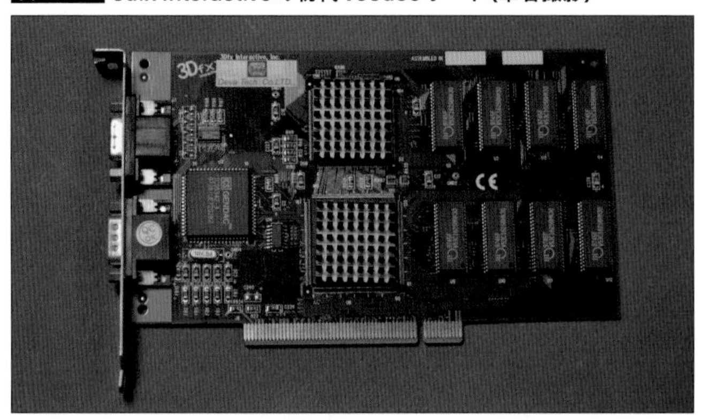

※ 2枚のVoodooボードをPCに搭載して倍速レンダリングを実践するSLI (*Scan-Line Interleave*)モードは3dfx Interactiveの発明だった。3dfx Interactiveは2000年に経営破綻してNVIDIAに買収されている。

図3.10 **Glideベースで美しいゲームグラフィックスが生み出された**※

※ 初代『トゥームレイダー』(当時Eidos Interactive Ltd.、1996)より。
当時、最上位グラフィックスはDirectXではなくGlide向けに提供された。

DirectX 7時代 本当の意味での「GPU」が台頭し始めた

「DirectX」は、Microsoftが開発したWindows環境下向けのマルチメディアコンポーネントAPIです。

本来はWindows環境下の用語ですが、最近では3Dグラフィックスの世代を語る上での指標用語的に使われつつあります。元々はDirectX自体は3Dグラフィックスだけを司るものではなく、3Dグラフィックスを司るのはDirectXのサブコンポーネントである**Direct3D**です。しかし、Direct3Dの進化に対し、他のDirectXサブコンポーネントの進化が緩やかだったことから、業界ではDirectXとDirect3Dを一緒くたに取り扱う風潮が強まり、いつの間にかDirectX世代で3Dグラフィックス世代を語ることが浸透してしまいました。このあたりの経緯は踏まえた上で、本節以降ではDirectX世代でゲームグラフィックス世代を語ることにしたいと思います。

DirectXが転機を迎えたのは、1999年に発表されたDirectX 7になったときです。DirectX 6世代以前のグラフィックスハードウェアは、ポリゴンとピクセルの対応付けを計算するラスタライズ処理や、画像テクスチャをポリゴン面に沿う形で適用しながらピクセルを描画するピクセル描画処理だけを担当していました。ポリゴン単位の座標変換処理やポリゴン単位のライティング処理といったジオメトリ処理は、CPUが担当していたのです。

DirectX 7では、3Dグラフィックス描画の全工程をグラフィックスハードウェアが受け持つことができるようにアーキテクチャが拡張され、CPUはジオメトリ処理を受け持つ必要がなくなりました。今ではグラフィックスハードウェアを「GPU」と呼ぶことが定着していますが、この呼び名が定着し始めたのもこの頃からです。なお、DirectX 7対応GPUとしてはNVIDIAが初代GeForceである「GeForce 256」を、ATI Technologiesが初代Radeon（Original Radeon）をリリースしており、現在のGPUの二強が頭角を現してきたのもこのタイミングからになります。それまでソニー・コンピュータエンタテイメント（現ソニー・インタラクティブエンタテインメント）の初代PlayStationやセガサターンといった家庭用ゲーム機とどっこいどっこいだったPCゲームグラフィックスの表現も、DirectX 7時代以降からはそれらを上回るようなタイトルが出始めています（**図3.11**）。

図3.11 進化を遂げたDirectX 7時代のゲームグラフィックス表現※

※ 『GIANTS:CITIZEN KABUTO』(Interplay Entertainment Corp.、2000)より。
画面はDirectX 7時代の代表作『GIANTS:CITIZEN KABUTO』。巨大モンスターの皮膚の微細凹凸表現は法線マッピング(後述)によるもの。プログラマブルシェーダ世代(後述)の表現を先取りして実装していた。

プログラマブルシェーダ時代の幕開け Shader Model(SM)仕様

家庭用ゲーム機は1998年にセガ・エンタープライゼス(現セガ)のドリームキャストが、2000年にソニー・コンピュータエンタテインメント(当時)のPlayStation 2が発売になっていますが、3Dグラフィックス技術的には、同時代のPC向け最新GPUと同程度に留まっていました。5～7年サイクルで進化する家庭用ゲーム機の3Dグラフィックス技術に対し、PC向けGPUはそれこそ毎年進化していたため、この頃からPC向けGPUは怒濤の進化を遂げていきます。しかし、このまま各GPUメーカーが好き勝手に機能を拡張していっては互換性の問題も出てきますし、誰も使わない盲腸的な機能も増殖していってしまいます。

これを危惧した業界は、新しいグラフィックス技術をハードウェアではなく「GPUで実行するソフトウェア」の形で実装していける新技術**プログラマブ**

ルシェーダ(*Programmable shader*)アーキテクチャを提唱します。このときのプログラマブルシェーダは、

- **頂点シェーダ**➡**ジオメトリ処理を担当する(3.1節を参照)**
- **ピクセルシェーダ**➡**ピクセル単位の陰影処理やテクスチャの適用や実際の描画を行う(3.1節を参照)**

の2シェーダ構成となっていました。

2000年末、プログラマブルシェーダアーキテクチャに対応したDirectX 8が登場し、PC向けゲームグラフィックスはプログラマブルシェーダ時代へと突入します。なお、このDirectX 8時代には、NVIDIAはGeForce3、ATI TechnologiesはRadeon 8500をリリースしています。また、DirectX 8のリリースから1年後の2001年末には、Microsoftが自社開発の家庭用ゲーム機としてDirectX 8搭載の初代**Xbox**を発売します。この初代XboxのGPUにはNVIDIA GeForce3のカスタム版が採用されていました。

以降、GPUの進化は事実上、プログラマブルシェーダ技術の進化とほぼ等価となっていき、DirectXナンバーとは別にプログラマブルシェーダのバージョン番号が規定されることとなります。たとえば、DirectX 8時代の初代プログラマブルシェーダ仕様はShader Model(SM) 1.xと規定されました。

革新をもたらしたプログラマブルシェーダ技術ではありましたが、DirectX 8時代のSM 1.xは、使用できる命令の組み合わせやシェーダプログラムの長さに制限が多く、使い勝手があまり良くありませんでした。2002年には、そうした制限を大幅に低減させたSM 2.0が発表され、同時にDirectX 9がリリースされます。2004年には、シェーダプログラム長制限をさらに低減し、頂点シェーダとピクセルシェーダの命令セットをほぼ共通化してシェーダプログラムの作りやすさを大幅に改善したSM 3.0が発表されます。このとき、DirectXは新版DirectX 9の提供という形での対応をとり、バージョン番号は更新されずDirectX 9のままに据え置かれています。翌2005年にはMicrosoftがXbox 360を、2006年にはソニー・コンピュータエンタテインメント(当時)がPlayStation 3を発売しました。いずれもSM 3.0世代のプログラマブルシェーダアーキテクチャを採用したGPUを搭載していました。

長らく頂点シェーダとピクセルシェーダの2段構成だったプログラマブルシェーダアーキテクチャは、2007年に登場したSM 4.0でポリゴンの増減を自在に行える「**ジオメトリシェーダ**」を新たに迎え入れます。このとき、これに

対応したDirectX 10がリリースされ、5年にわたった長いDirectX 9時代が終わることとなるのでした。ちなみに、任天堂Wii UのGPUはこの世代に相当します。

2009年には、ポリゴンを自在に分割したり変移させたりすることができる「テッセレーションステージ」が追加されたSM 5.0が発表されました。これが同年リリースされたDirectX 11で使用可能となります。北米では2013年(日本では2014年)に登場したPlayStation 4、Xbox OneのGPUはこの世代のものになります。

DirectX 11/12世代の**グラフィックスレンダリングパイプライン**の概要について**図3.12**に示します。

図3.12 DirectX 11/12世代のグラフィックスレンダリングパイプライン概要※

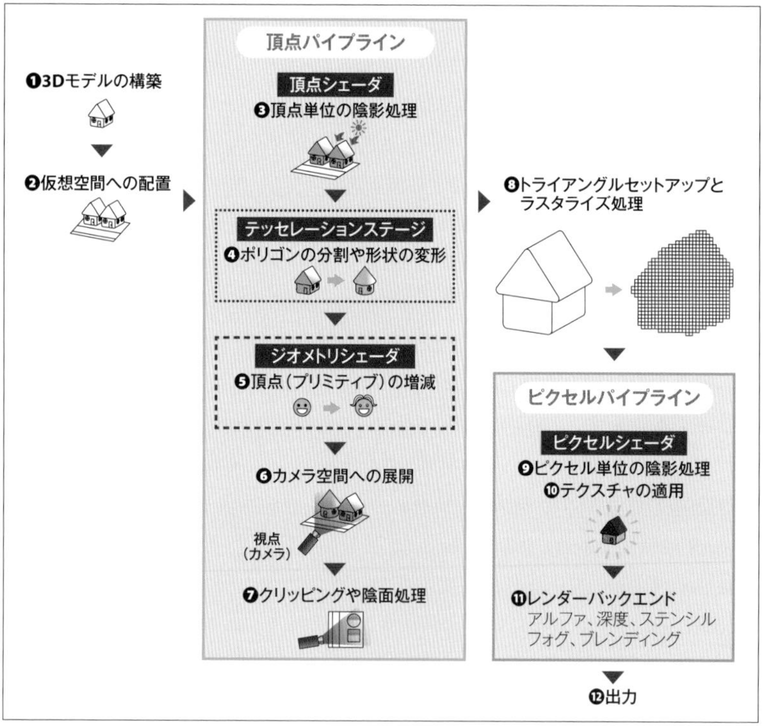

※ 上記はDirectX 11/12世代(PlayStation 4、Xbox One、Nintendo Switch)。
なお、本文で述べたとおり、DirectX 8/9世代(初代Xbox、PlayStation 3、Xbox 360)は、上記❹テッセレーションステージおよび❺ジオメトリシェーダにあたる部分はなく、❸➡❻へと処理が進む。
また、DirectX 10世代(Wii U)では、DirectX 8/9世代に❺ジオメトリシェーダが加わった形となった。一方、上記DirectX 11/12世代にある❹テッセレーションステージに相当する部分はまだなかった。

[ソフトウェア面の進化]近代ゲームグラフィックスにおける「三種の神器」
表現要素で見る近代ゲームグラフィックス

プログラマブルシェーダ技術を搭載したゲーム機と言えば初代Xboxが最初ですが、この技術が完全に浸透したのはPlayStation 3やXbox 360の時代になってからです。前述したようにプログラマブルシェーダ技術とは、グラフィックス表現をGPUの機能としてではなく、GPU上で走るプログラム(ソフトウェア)の形で実装できるアーキテクチャです。今やゲーム機だけでなく、スマートフォンにまで普及した現代グラフィックスの根幹技術的な存在となっています。

この機能を得たPlayStation 3、Xbox 360には、さまざまなゲームが開発され、その各タイトルたちには多様なグラフィックス表現が実装されていたわけですが、結果論的に見て、この時代では3つほどの流行的なグラフィックス表現要素が存在しました。それはPlayStation 3、Xbox 360時代のゲームグラフィックスにおける「三種の神器」とも言えるもので、その3つとは「法線マッピング」「高品位な動的影生成」「HDRレンダリング」です。

[光の表現]法線マッピング HDゲームグラフィックス時代だからこそ求められたハイディテール表現

PlayStation 3、Xbox 360時代になってゲームグラフィックスはハイビジョン(*High Definition*、**HD**)になりました。この時代以降、ゲームグラフィックスはディテール表現が求められるようになりました。それも、ただ単に画像としてのテクスチャ解像度を上げただけでなく、質感的なものまでを表現することが求められたのでした。

たとえば、木の皮の凹凸を表現したいとして、画像テクスチャの解像度を上げて木の皮の模様を高解像度に描いて木の幹に適用したところで、描き込まれたステッカー(シール)が貼り付けられたようにしか見えません。HDゲームグラフィックス時代になって、むしろ描き込んだ画像テクスチャはよりシールっぽく見えてしまいます。木の皮の凹凸までをモデリングするのが短絡的な解決策ですが、木だけに何万ポリゴンも割くことはできませんし、その木が遠方にあって小さく描かれるときは無駄にGPU負荷が掛かるだけです。つまり、求められたのは「1ポリゴン未満のディテール表現を1ポリゴンも使わずに再現したい」という無理難題にも思える要望でした。

しかし、まさしくそういうことを実現するための技術……と言いますか、プログラマブルシェーダテクニックがすでに考案されていたのです。それが**法線マッピング**(*Normal mapping*)です。

GPUを使って描かれる3Dグラフィックスが「ポリゴンでできている」ということはよく知られています。しかし、現実世界の真っ暗な部屋の中では何も見えないのと同じで、3Dモデルにも光を当てないと見えるように描かれません。当たり前のことをいうようですが、ゲームの世界の3Dグラフィックスも、光をポリゴンでできた3Dモデルに当てて(ライティングして)、それを見る人がいて(視点があって)はじめて映像として成り立ちます。

逆説的かつ単純明快に考えれば、光を当ててその反射光が視点に見えるように処理すれば「そこに何かが存在する」ということを表現できることになります。そもそも光が当たって反射光が発生するには、当たり前ですが光が必要です。そして、光を反射する「面」も必要です。光が反射する面の最低限の情報としては、法線ベクトル(面の向きを表すベクトル)があればライティング計算は行えます。そのようなわけでここで、ある極論に到達するのです。

「ピクセル単位に法線ベクトルだけでも持つことができれば、
1ポリゴン未満のディテールの光の反射を再現できるではないか」

PlayStation 2時代以前、一般にテクスチャと言えば画像を指していたのでRGBの三原色値を入れ込んでおき、ピクセルシェーダがピクセルを描画する際には、そのテクスチャからRGB値を読み出してそのまま「色」としてポリゴンに適用することで画像を貼り付けるようなテクスチャマッピングが行われていました。そうではなく、テクスチャにはX、Y、Zから成る3次元の法線ベクトル値を入れ込んでおき、ピクセル描画の際、ピクセルシェーダはテクスチャから読み出した法線ベクトル、それと光源情報と視点情報を引っ張り出してライティング計算をしてその結果をポリゴンに適用するようにすれば、ピクセル単位の凹凸の陰影を表現できるはずです。これが「法線マッピング」の原理にあたる概念になります(**図3.13**)。

こうして1ポリゴン未満のディテール表現を可能にした法線マッピングは、近代ゲームグラフィックスではありとあらゆる表現に使われることになります。**図3.14**に示したような事例のほか、砂利道の表現、車、宇宙船といったメカ類のパネルの継ぎ目やネジやボタンといったディテール表現、動物やモンスターの皮膚のウロコ表現、人の顔面や衣服のシワ表現など……例を挙げ

図3.13 法線マッピング(＝法線マップベースのバンプマッピング)の動作概念

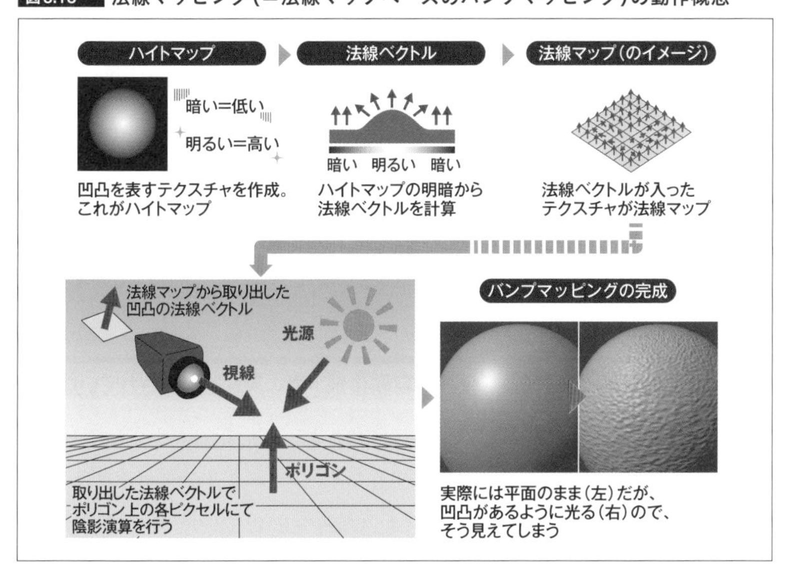

図3.14 法線マッピングによる表現の事例※

法線マッピング適用なし。

法線マッピング適用あり。

※ 『Half-Life 2』(Valve Software、2004)より。

ればキリがありません。意外なところでは、水面のさざ波表現や波紋表現なども法線マッピングの応用事例の典型です。

ただ、法線マッピングはそこに実際に凹凸があるわけではなく「凹凸があったときの陰影が貼り付けられている」だけですから、表現された微細凹凸をよく見ると、実際に凹凸がないことがばれてそのニセモノっぷりが露呈します。しかし最近では、この問題に対処する新技術として、微細凹凸同士が互いに遮蔽し合って本当に凹凸があるように表現できる「視差遮蔽マッピング」も実用化され、ゲーム機のPlayStation 4、Xbox Oneでは広く活用されています。

[影の表現]最新のGPUでも影生成の自動生成メカニズムは搭載されていない

現実世界では、物に光を当てれば影が出ます。当たり前です。しかし、ゲーム機やPCのグラフィックスを描画するしくみ(レンダリングパイプライン)では、「3Dモデルに光を当てたときにどう見えるか」の照明計算は普通に行えても、影を生成するメカニズムは組み込まれていません。もちろん、光が当たっていない箇所に、陰影として暗くなる部分「陰」は照明計算の結果としてタダで出てくれますが、他者に遮蔽されてできる「影」はタダで出すことができないのです。

この理由は単純です。実は、現在のGPUの標準のレンダリングパイプラインでは、「直接光を3Dモデルに当てたとき」の照明計算は行えても、第三者からの遮蔽を知る術が与えられていないのです。

■…………「丸影」と「シルエット影」 前世代までの影表現

たしかに初代PlayStation時代のゲームは影が描かれないものが多数存在しました。ただ、影がないとキャラクターたちの位置感覚というか接地感がわかりにくいです。たとえば、キャラクターがジャンプするゲームだと、どのくらいの高さを飛んでいるのかが影がないとわかりにくいでしょう。

そこで、初代PlayStation時代に大流行したのはキャラクターの足元に「丸いシルエット」を描画する表現です。これは「丸影」と呼ばれ、思い返せばファミリーコンピュータやスーパーファミコン時代の2D時代のゲームにもしばしば利用された表現でした。あの簡易的な影表現を初代PlayStation時代になっても使われていたのです。

PlayStation 2時代になると丸影よりも進歩した表現が台頭します。それはキャラクター形状のシルエットを足元に描くという表現です(**図3.15**)。初代PlayStation時代では、人間キャラも動物キャラもモンスターでさえも足元に丸影が描かれていましたが、PlayStation 2時代にはそれぞれのシルエット形状が描かれるようになったのです。

これの生成方法は余計な描画パスが介入しますが、着想としては単純です。物に光を当てたときにできる影の形(シルエット)とは、光の位置から見た物の形状(シルエット)です。普通ゲーム画面は視点(カメラ)位置からレンダリング(描画)しますが、敢(あ)えて視点を光源位置に持っていって、そこから見たキャラクターの形状を単色(たとえば黒色)でテクスチャにレンダリングしてやるのです。できたシルエットが描画されたテクスチャを、キャラクターの足元に光源位置からプロジェクタで投射するみたいにテクスチャマッピングすれば、足元に光が当たって作られたような影が描画されます。これは、負荷が低い割には丸影よりは大分見栄えも良いので大流行したのです。

図3.15　キャラクター形状のシルエット影※

※『The Godfather: The Game』(Electronic Arts、2006)より。
足元に3Dモデルのシルエットを描画するタイプの簡易的な影生成の事例。

[現在主流の影表現]デプスシャドウ技法　あらゆる影が出せるようになった

このシルエット影は、やはりその場凌ぎ的な簡易手法に過ぎませんでした。基本的には足元に影を描画するだけなので、現実世界のそこかしこで見られる影よりも、見た目的に何かが足りませんでした。では、何が足りないかったのでしょうか。

たとえば、太陽輝く屋外で腕を突き上げてみましょう。このとき、足元にできる自分の影はシルエット影法でできますが、現実世界だと、それ以外の影もたくさんできています。たとえば、突き上げた腕の影は自身の胸元あたりに掛かりますし、頭や首の影は自身の肩口に掛かるはずです。こうした3Dモデルの影がそれ自身に投射される影を「セルフシャドウ」(*Self-shadowing*)と呼ばれ、これはシルエット影法で実現することはできません。

そこで、このシルエット影法の概念を拡張するテクニックが出現し、PlayStation 3、Xbox 360時代に広く普及しました。それが**デプスシャドウ**技法(*Depth shadow*、シャドウマップ/*Shadow mapping*)です(**図3.16**、**図3.17**)。

シルエット影法では光源位置から3Dモデルたちのシルエットをテクスチャに描画しましたが、デプスシャドウ技法では、光源位置からゲーム世界全体をレンダリングします。太陽だったら太陽の位置から、ゲーム世界を見下ろすようにテクスチャに描画するわけです。と言っても、衛星写真のような太陽の位置からの映像をレンダリングするのではなく、ゲーム世界に存在する

図3.16　デプスシャドウ技法

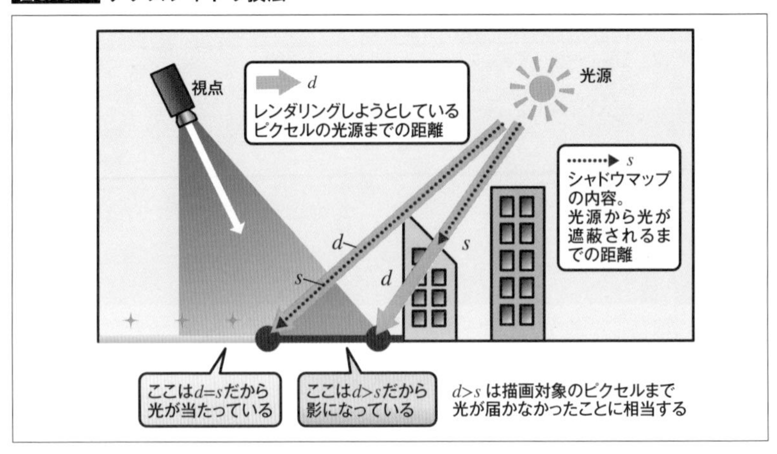

3Dモデルたちまでの距離の値をテクスチャにレンダリングします。これは、光源から発せられた光が進んでいって、誰かに遮られるまでの到達距離を記録していることになります。

実際にプレイヤー視点から普通にゲーム世界を描画する際には、このシャドウマップの情報を元に、ピクセルシェーダでピクセルを描画する前に「このピクセルに光は届いたのか(影じゃない)、届かなかったのか(影になる)」を判断すれば的確な影描画が行えることになります。先ほどの屋外で腕を突き上げるという例でいけば、頭や首が光を遮って肩口上のピクセルには光が到達できていないことがわかるので、ここをちゃんと影と判断して描画できるし、地面上のピクセルもキャラクタの身体が光を遮っていることがわかるので地

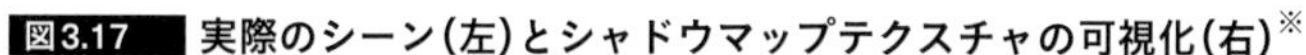

図3.17 実際のシーン(左)とシャドウマップテクスチャの可視化(右)※

※ 『GRAVITY DAZE/重力的眩暈：上層への帰還において、彼女の内宇宙に生じた摂動』(PlayStation®Vita用ソフト。2012発売)より。

(上) 最終映像。

(下) このシーンのシャドウマップテクスチャを可視化したもの。光源位置から見た、ゲーム世界の遮蔽物までの距離を記録した内容だ。光源に近い位置にある遮蔽物ほど数値が低い(距離が近い)ため黒く表されることになる。

面にも影が出せることになるのです。このあたりを図解したのが図3.16です。

このデプスシャドウ技法は、シルエット影法の影もセルフシャドウの区別もなくアルゴリズム的に半ば自動的に実現できてしまうため、PlayStation 3、Xbox 360時代以降、ゲームグラフィックスの影生成の標準的な技法として広く活用されています。

HDRレンダリング　現実世界の輝度をできるだけ正確に表現するために

現実世界に存在する材質はさまざまな反射率を有しています。スキーなどに出かけたとき、昼間の雪山は眩(まぶ)しくてサングラスが欲しくなります。かたやシックな雰囲気のレストランやバーは間接照明でとても暗いです。我々の住む現実世界は暗い情景から明るい情景までが存在しており、我々の眼はこれを知覚しやすいように眼球内の瞳を絞ったり広げたりして光量を調整して見ています。

ゲーム世界はRGBの3色のピクセルで表現されますが、初代PlayStationからPlayStation 2時代までは、これらRGBはそれぞれ8ビットの0〜255の値でしか持てませんでした。この世界では、真っ暗闇は「0」で良いとして、電球によって照らされたキャラクターの顔も太陽によって照らされたキャラクターの顔も「255」の明るさで打ち止めとなってしまいます。最終的な表示はそれで良いとしても、陰影の計算をこの範囲でしか行えないのは制限が大きいと言えます。

たとえば現実世界の道路のアスファルト。物理特性として反射率は約7%しかないと言われています。255の7%を計算すれば、わずか約18という答えが導き出されます。これはほとんど黒です。だからアスファルトは黒く見えるわけですが、そうは言っても夏の昼間、アスファルトの路面が炎天下を受けて鈍く光って見えたこと、ありますよね。これは太陽がとてつもなく明るいからで、とてつもなく明るい陽光に照らされたからこそ、反射率7%のアスファルトも鈍く光って見えるわけなのです。

1ピクセルのRGBを各8ビットでしか表現できなかったPlayStation 2時代以前のゲームグラフィックスでは、太陽も電球も同じ輝度で取り扱うしかなかったため、物の陰影をそれらしく表現するのが難しかったのです。

ちなみに、現実世界において夜空の星に照らされる地面は輝度値を表すルミナンス値で0.000001nit、陽光下の雪原は1,000,000nitと言われます。この明るさを数値で表現しようとすると10^{12}の数値表現範囲(ダイナミックレンジ/*Dynamic-range*)が必要になります。高々8ビットの0〜255の表現体系では$10^{2.4}$

の数値表現範囲しか表現ができません。これではまったくダイナミックレンジが足りていないことはどう考えても明らかでしょう。

PlayStation 3、Xbox 360時代のGPUになって、1ピクセルを浮動小数点の実数や16ビットや32ビットの整数が取り扱えるようになりました。つまり、より高いダイナミックレンジでレンダリングが行えるようになったのです。このように現実世界の暗さや明るさをそれなりに正確に表現、再現できるようにレンダリングするしくみは「**HDRレンダリング**」(*High-Dynamic-Range rendering*)と呼ばれ、PlayStation 3、Xbox 360の世代から積極的にこの概念が導入されることとなりました。

HDRレンダリングがもたらした3つの効能

HDRレンダリングの第一の効能は前述したように、シーンの明暗に左右されず、その材質の陰影を現実に近い形で出せるようになることです。たとえば光源の輝度を65,535という値にしたとき、反射率7%のアスファルトの陰影も4,587という値で得られるようになります。数値で表現できる陰影の幅が広がるのです。

ただ、最新のHDR表示対応のテレビやPC用のディスプレイ(モニタ)でも、HDRレンダリングされたシーンをそのまま表示することはできません。いくら雪原をHDRレンダリングしても、サングラスが欲しくなるような明るさで表示できるテレビはないからです。最新のHDR対応テレビ/モニタでも最大輝度は2,000nit未満ですし、民生向けのHDR映像信号の最大輝度値は10,000nit以下で規定されていますから、前出の例で挙げた眩しい1,000,000nitの雪原はそのまま表示できません。これでは、せっかくHDRレンダリングしても表示できないのでは無意味のように思えます。

いえ、でもそれは違います。冒頭で「我々の眼はこれを知覚しやすいように眼球内の瞳を絞ったり広げたりして光量を調整して見ている」と述べましたが、この概念をゲームグラフィックスにも適用してやれば良いのです。

具体的には、漆黒に始まり、遥かに高輝度なシーンまでをHDRレンダリングした結果に対して平均の輝度を求めて、その平均輝度値を基準にしてHDRレンダリング結果をそのテレビ/モニタで表示できる最大輝度、ビット数の表現系に丸め込んでやるのです。この処理系は「トーンマッピング」(*Tone mapping*)と呼ばれます。

せっかくHDRレンダリングしたのにそれを丸め込んでしまっては意味がないように思えますが、この処理こそが人間でいうところの「眼球内の瞳を絞ったり広げたりして光量を調整する」行為に相当します。これを敢えてリアルタイムにやらずに、わざと数フレーム遅らせて段階的に実践すると「最初は眩しすぎて何も見えない」「最初は真っ暗で何も見えない」といった「明順応」や「暗順応」と言った表現ができることになります。これがHDRレンダリング第二の効能です。

さて、せっかくHDRレンダリングをしたのにテレビ/モニタで表示できる最大輝度、ビット数の表現系に丸め込んでしまっては、元々得ていた高輝度情報は損失してしまうことになります。しかし、その損失してしまう高輝度な箇所だけを抽出しておき、ピンぼけのような見映えにボカしてから合成してやれば、光が溢れ出てくるような眩しい表現が行えます。これがHDRレンダリングの第三の効能です。

この3つの効能を、現実世界風ではなく、アーティスティックなセンスで制御することで印象派風の画作りも行えます。**図3.18**に例を示します。多くのゲームグラフィックスでは、このHDRレンダリングテクニックはリアル派、アート派の双方にも歓迎されて浸透しています。

図3.18 HDRレンダリングによる表現の事例※

※ 『Half-Life 2』(Valve Software、2004)より。
(上左) HDRレンダリングを行ってトーンマッピングした後の映像。このままだと何の変哲もないレンダリング結果だが……。
(上右) トーンマッピングの際に高輝度部分を別バッファに抽出し、さらにこれをピクセルシェーダを駆使してぼかしてしまう。
(下) 元の映像にこれを合成すれば、このように高輝度な箇所から光が溢れる眩しい表現が実践できる。

ジオメトリパイプラインに改良の兆し

先ほど示したレンダリングパイプラインの概要図(p.86の図3.12)ですが、この中の「ジオメトリシェーダ」「テッセレーションステージ」は鳴りもの入りで登場したものの、実際のゲームグラフィックス開発においてはあまり積極的に活用されていないという実態があります。このあたりに関して、業界は2017年頃から改善していこうという取り組みを始めています。

■……レンダリングパイプラインの変遷と問題点　DirectX 9まで、DirectX 10、DirectX 11

まずは、p.86の図3.12を見ながら、**レンダリングパイプライン**について整理してみましょう。DirectX 9までは以下のような構成でした。

```
頂点シェーダ (Vertex shader) ➡ピクセルシェーダ (Pixel shader)
```

DirectX 10時代になると、頂点シェーダ側に**ジオメトリシェーダ**(*Geometry shader*)が加わって、以下のようになりました。

```
(頂点シェーダ➡ジオメトリシェーダ) ➡ピクセルシェーダ
```

そしてDirectX 11時代になると、頂点シェーダとジオメトリシェーダの間に**テッセレーションステージ**(*Tessellation stage*)が加わりました。テッセレーションステージは**ハルシェーダ**(*Hull shader*)と**テッセレータ**(*Tessellator*)、そして**ドメインシェーダ**(*Domain shader*)の3ブロックからなるため、構成としては以下のようになります。

```
{頂点シェーダ➡ (ハルシェーダ➡テッセレータ➡ドメインシェーダ)
 ➡ジオメトリシェーダ} ➡ピクセルシェーダ
```

こうして並べてみると、頂点シェーダからジオメトリシェーダまでのジオメトリパイプラインが煩雑だとわかります。

実際、ゲーム開発者の間でも、「テッセレーションステージとジオメトリシェーダは使いにくい」「GPU世代によって性能にばらつきがある」といわれており、最近では高度なジオメトリ処理を行う場合は、汎用性の高い「**Cumpute shader**」(**GPGPU**)に「外注」する実装のほうが主流になりつつあるほどです。

プログラマブルシェーダアーキテクチャの進化が2009年リリースのDirectX 11で停滞している背景には、煩雑になりすぎてしまったジオメトリパイプラインに原因があるのではないか、という指摘もあります。

こうした声を受けて、GPUメーカーのAMDやNVIDIAが、このジオメトリパイプラインの再構成案を提唱し始めました。

■…………**プリミティブシェーダ** AMDによる新ジオメトリパイプラインの提案

まず、この新ジオメトリパイプライン提案に最初に乗り出したのは、AMDでした（**図3.19**）。

図3.19 プリミティブシェーダ

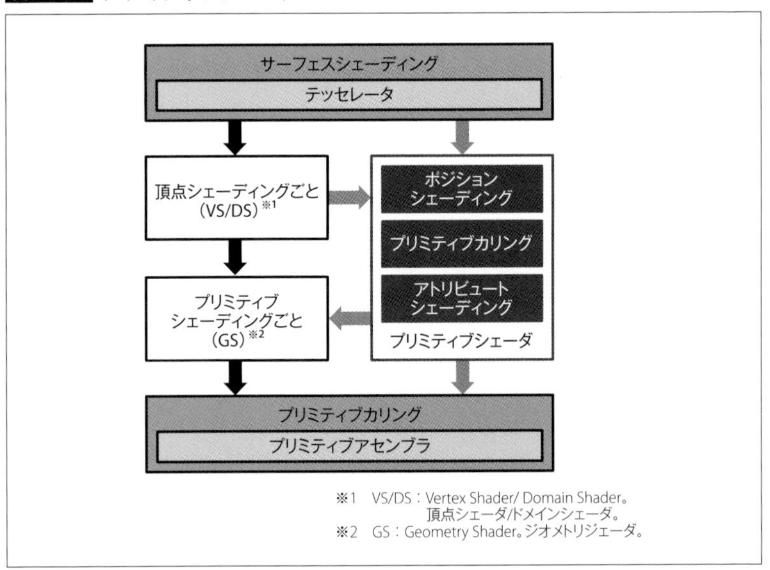

AMDが2017年7月に発表した**Radeon RX Vega**では、新しいシェーダステージである**プリミティブシェーダ**（*Primitive shader*）を提唱し、実質的にこれが「新ジオメトリパイプラインそのもの」ということになります。

まず、機能面で重複する頂点シェーダとドメインシェーダをプリミティブシェーダに統合し、**ポジションシェーディング**（*Position shading*）という機能ブロックとして扱います。ドメインシェーダは「テッセレータ実行後の頂点シェーダ」みたいなものなので、まとめることには合理性があります。

次に、「ジオメトリパイプラインの後段に行けば行くほど、頂点データと、付随する属性パラメータが爆発的に増えていく」ことを防ぐため、ジオメトリパイプラインの上流で早期カリングを行う機能ブロックとして**プリミティブカリング**（*Primitive culling*）を置いています。

加えて、複数ビューポートへ向けた投射のような、ジオメトリシェーダが持つ特殊なジオメトリパイプライン機能は、**アトリビュートシェーディング**(*Attribute shading*)という機能ブロックが担当するようにしました。最終的にピクセルパイプラインに入れるプリミティブ(ポリゴンなど)をまとめるのがプリミティブアセンブラです。ここでは、カメラ範囲外や、視線方向からは見えていないプリミティブなどを排除する最後の高精度なカリング処理、いわゆるポストカリング処理を行うプリミティブカリングも行われます。

以上の3ブロックが、プリミティブシェーダという新シェーダステージを司るプログラマブルシェーダとなります。

さらに付け加えると、従来はジオメトリパイプライン中段に位置し、ジオメトリシェーダと一部機能がダブる部分もあったテッセレーションステージは、最上流に再配置となり、頂点(≒ポリゴン)分割機構であるテッセレータを制御するハルシェーダとともに、**サーフェスシェーディング**(*Surface shading*)という機能ブロックとして再構成を果たしています。

全体として、これまでの「無計画な違法建築」然としていたジオメトリパイプラインが、リフォームされて美しい構造となった印象を受けます。

■…………メッシュシェーダ　NVIDIAによる新ジオメトリパイプラインの案

AMDに続き、NVIDIAも2018年8月に新ジオメトリパイプライン案として**メッシュシェーダ**(*Mesh shader*)を提唱し、これをGeForce RTX/Qaudro RTXシリーズに実装しました(**図3.20**)。

図3.20　メッシュシェーダ※

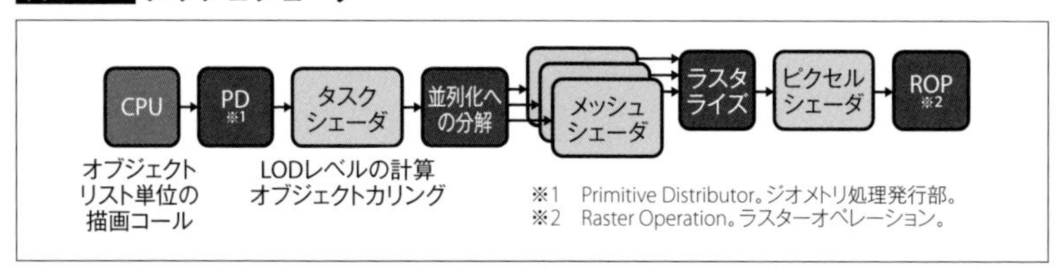

※ メッシュシェーダは、テッセレーションステージを使いやすくすることに重きを置いている。タスクシェーダは複数のメッシュシェーダを並列駆動できるメカニズムになっているのが特徴的である。

ゲームグラフィックスには、視点からの距離に応じて、描画対象となる3Dモデルの詳細度を適宜、切り換えていく**LOD**(*Level Of Detail*)システムをCPU

プログラム側で構築することがしばしばあります。NVIDIAのメッシュシェーダは、このLODシステムをジオメトリパイプラインで高効率に面倒を見ていこうという動機で開発されたものになります(**図3.21**)。

図3.21 NVIDIAが発表したメッシュシェーダ活用事例デモ※

最終描画結果。

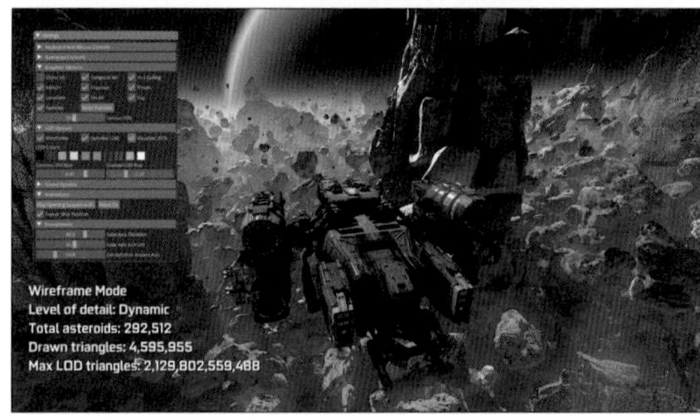

ワイヤーフレーム表示。色分けはLODレベルを表している。白が最もLODレベルが低く(多ポリゴンモデル)、白-青-緑-黄-色-赤という具合に高LODレベル(低ポリゴンモデル)として描画されていることを表している。

※ 画像提供:NVIDIA URL https://www.nvidia.com

メッシュシェーダを制御する上層のプログラマブルシェーダとしてNVIDIAは**タスクシェーダ**(*Task shader*)も新設しています。パイプライン構造としては、あらかじめ複数のLODレベルに分かれた3Dモデルをタスクシェーダの管轄下に置いておいて、タスクシェーダが適宜メッシュシェーダを活用するという流れになります。

タスクシェーダの仕事は、これから描画する3Dモデルと視点との距離、視点との向きに応じて、適切なLODレベルの計算などになります。たとえばLODレベルが「2.5」だった場合、LODレベル2の3DモデルとLODレベル3の3Dモデル、この両者の中間となる(すなわちLODレベル=2.5の)ディテールを持った3Dモデルをメッシュシェーダで生成することになります。

この説明だと、タスクシェーダとメッシュシェーダの処理系が3Dモデル単位のように思えるかもしれませんが、実際の処理系は3Dモデルを構成する複数のポリゴングループ単位となります。なお、NVIDIAではこのポリゴングループを**Meshlet**と呼んでいます。

要するに、異なるLODレベルの3Dモデル同士に対してMeshletがどう対応するか、トポロジーの事前の定義が不可欠ということです。したがって、「従来型の離散的なLODシステムを採用したグラフィックスエンジンがGeForce RTX/Qaudro RTXシリーズで実行された場合、自動的に無段階LODシステムに変身してしまう」ような万能システムというわけではありません。

NVIDIAによれば、パフォーマンス面では従来のテッセレーションステージを活用して動的なLODシステムを実装するよりは、かなり優位になると説明していますが、3Dモデルのデータ構造は、タスクシェーダやメッシュシェーダで実装したシェーダプログラムの仕様に合わせて手を加える必要があり、ここが少々面倒な点にはなりそうです。

いずれにせよ、AMDのプリミティブシェーダとNVIDIAのメッシュシェーダには互換性がないところには留意が必要です。

なお、2020年3月に発表された新DirectXの「DirectX 12 Ultimate」に含まれるDirect3D 12に対し、NVIDIAが発表していたメッシュシェーダを搭載すると発表しました。この採用に当たってタスクシェーダは「Amplification shader」と改名しています。

このパイプラインの刷新は、DirectX 12 Ultimateへの採用により「NVIDIA案が業界標準として採用されていく」目処が立ったことになりますが、今後これが開発者にどう受け止められていくか、注視していく必要がありそうです。

DirectX Raytracing(DXR) DirectXにレイトレーシングが統合される

さて、新しい「流れ」としてはもう一つ、GPUにレイトレーシングのポテンシャルを持たせようとする動きも出てきています。

2018年3月、マイクロソフトがDirectXにレイトレーシングパイプラインを統合することを発表しました。その名もずばり「**DirectX Raytracing**」(**DXR**)となっています。

「DirectXにレイトレーシングパイプラインが統合される」ということは、今後のゲームグラフィックスにレイトレーシング技術が利用されるようになる……という方針が打ち立てられたことにも相当します。

さて、そもそもレイトレーシングとはどういった技術なのでしょうか。これを簡単に解説しておくことにしましょう(**図3.22**)。

図3.22 想定される3Dシーン事例

■………… **ラスタライズ法のおさらい** 現在の3Dグラフィックスの描画法

現在のPC、携帯電話、ゲーム機などに搭載されているすべてのGPUは**ラスタライズ法**という手法で3Dグラフィックスを描画しています。

「ラスタライズ」というキーワード自体はp.86の図3.12に登場していますが、これはポリゴン(三角形)で構築された3Dシーンを、ポリゴン単位に描画していくプロセスにおいて、ポリゴンを画面上のピクセルに分解(ラスタライズ)する工程に相当します。分解されたピクセルは、ライティング演算やシェーディング処理をピクセルシェーダで行うことで色が決定されて画面へと出力されます。

この際、画面の外にある3Dオブジェクトたちは処理対象外なので、存在しないものとして扱われます。そして、たとえば画面内に正面を向いている戦士がいた場合、その戦士の正面は存在していて描画されるのですが、その背中は描画対象外なのでないものとして処理されます(**図3.23**)。もっといえば、この戦士の背後に重なっている魔道師の身体の一部もないものとして処理されます。

また、ラスタライズ法では、直接光からのライティングしか行えず(間接光の概念がない)、その直接光の当たり加減としての「陰影」は自動で出ますが、

図3.23　ラスタライズ法の概念

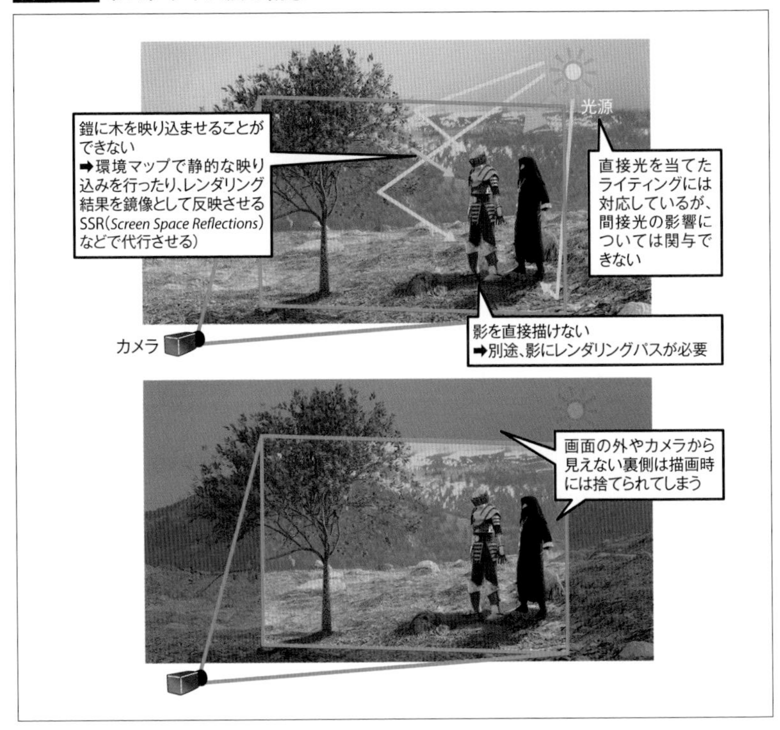

第三者に遮蔽されてできる「影」を出すことができません。基本的に「第三者からの関与」を処理するしくみが存在しないので、戦士の鎧(よろい)に直接光としての照り返しのハイライトは表現できても、鎧に木々が映り込んでいるような「鏡像」表現も行えません。

しかし、ちょっと待ってください。最近のゲームグラフィックスは「影」も「間接光」も「鏡像」も出せていますよね。実は、現在のゲームグラフィックスで見る「影」「間接光」「鏡像」は、それらを生成するためにその都度、GPUを別途駆動して描画しているのです。

■…………レイトレーシング法のしくみ　影、鏡像、間接光を一気に処理

対する**レイトレーシング法**では、画面上のピクセルからレイを放ち(キャストするともいう)、このレイが3Dシーン内を突き進み、必要な情報を回収してくるというしくみを採用しています(**図3.24**)。

図3.24 レイトレーシング法の概念図

3Dシーン内を突き進んで、第三者の3Dオブジェクトに衝突したとしたら、そこは第三者に遮蔽されていると判断できます。その遮蔽の度合いを判断すれば「影」を生成することができます。

また、その今回着目しているピクセルがツルツルとした材質だったとしたら、このピクセルにはこの第三者の3Dオブジェクトが映り込むはず……と想定できます。だとしたら、今衝突した第三者の3Dオブジェクトの色をとってきて、そこに適用すれば「鏡像」が表現できます。

この第三者の3Dオブジェクトがすでに光に照らされているのだとすれば、その影響を回収して今着目しているピクセルに反映することで「間接光」の影響を反映できます。

つまり、ラスタライズ法で自動では得られない「影」「鏡像」「間接光」の処理をレイトレーシング法では一度の描画で容易に得ることができるのです。

また、ラスタライズ法では捨ててしまっている、画面外の3Dオブジェクトや目に見えていない3Dオブジェクトの背面側の情報をも、レイトレーシング法では正確に処理できます。したがって、画面外の3Dオブジェクトが映り込む鏡像も表現できますし、その影を画面内に投写することもできます。また、3Dオブジェクトの背面からの間接光の影響も描画に反映できます。

かなり凄そうなレイトレーシング法ですが、上記概説をさらっと読んだだけでもその演算量がラスタライズ法に比べて大きいことが想像できるでしょう。

これまでGPUの標準レンダリングパイプラインとして用いられてきたラスタライズ法とレイトレーシング法とでは、かなりしくみが異なることがわかってきたと思います。この複雑なレイトレーシングのしくみを実際のGPUでどう処理するのかについては次項でお話しすることにしましょう。

ところで、DXRによるレイトレーシングでも、陰影計算やテクスチャの適用などの処理系においては、ラスタライズと同様のプログラマブルシェーダによって行われます。

DirectX Raytracingのパイプライン

DirectXにレイトレーシングパイプラインを統合させたDirectX Raytracing(DXR)は、前項でも触れたように、2018年3月に発表され、同年10月より提供が始まりました。基本的にDXRはDirectX 12上で動作するような構造になっており、基本的にDirectX11からの利用は考慮されていません。

レイトレーシングの概念自体は前項で解説しているので、本項では、実際にDXRがどのようなパイプライン構造になっているのかを見ていくことにしましょう(**図3.25**)。

図3.25 レイトレーシングとレイ※

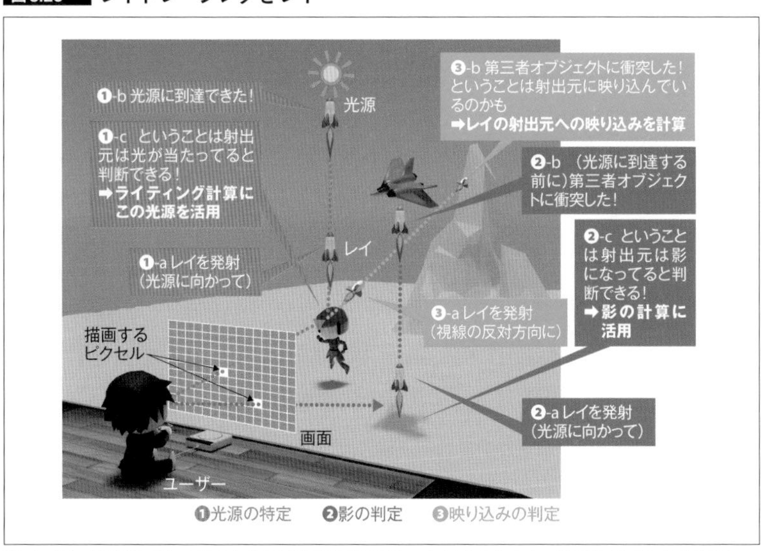

※ レイは、情報を回収してくるために飛び立つ「調査ロケット」のようなイメージで考えるとわかりやすい。

■……… レイトレーシングと光の情報

「レイトレーシング」という言葉自体は、あるピクセルの色を計算するとき、当該ピクセルが受け取っているはずの光の情報を探るために光線(*Ray*)を射出して辿る(*Trace*)処理のことを指します。

光線の射出方向と角度は回収したい情報の種類によって決まります。たとえば、近くの光源に向かって光線を射出して光源に到達できれば、そのピクセルはその光源に照らされていることがわかります(図3.25❶)。光源に達する前にほかの3Dオブジェクトと衝突すれば、そのピクセルは3Dオブジェクトによって影になっていることがわかります(図3.25❷)。さらに、当該ピクセルを見つめるユーザーの目線の反射方向に光線を射出して、他の3Dオブジェクトに衝突したとしたら、そのピクセルには「衝突した3Dオブジェクトが映り込んでいる」と判断できます(図3.25❸)。

DXR対応のGPUでは、そんなレイトレーシングにおける光線の**生成**(*Generation*)処理と、光線を動かす**トラバース**(*Traverse*、横断)処理、衝突判定を行う**インターセクション**(*Intersection*、交差)判定を行うしくみが備わっているのです。

以上のことを踏まえた上で、パイプラインを見ていくことにしましょう。

■……… DXRのレイトレーシングの基本的なメカニズム

前項で解説したように、レイトレーシング法では描画起点となるカメラ位置から見えている光景、すなわち画面内情景に描かれる3Dオブジェクト以外についても処理対象となります。ここが従来のラスタライズ法とは大きく異なる部分であることを前項でも触れていますが、DXRでは、効率良くレイトレーシング法で処理するために、描画対象となる3Dシーンの表現/管理手法を規定しています。

さて、射出されたレイが、3Dシーン内の3Dオブジェクトに衝突しているかどうかの判定を行う際の最もシンプルな手法は、レイを一定距離分だけ進めて、その先で何らかの3Dオブジェクトに衝突していないかを判定するという処理系です。しかし、何も考えずにこの処理系を実装した場合、光線が一定距離進むたびに「その3Dシーンを構成するすべてのポリゴン」に対して総当たりで衝突判定を行わなければならなくなります。いうまでもありませんが、これはとんでもなく重い処理になってしまって現実的ではありません。

そこで近代レイトレーシングのアルゴリズムでは、3Dシーンに存在する3D

オブジェクトを囲うようなXYZ各軸に平行な直方体(＝箱)の階層構造で表現しておき「ポリゴン単位の衝突を突き止める前階処理」として「直方体との衝突判定を行う」ような実装になっていることが多いです。

DXRでは、この「直方体による階層構造」の管理手法に「Bounding Volume Hierarchy」(バウンディングボリューム階層構造、BVH)を利用します。その際に「ボトム」(＝下位)と「トップ」(＝上位)という概念を導入しています。

たとえば、3Dシーンにおいてウサギがいたとして、このウサギをちょうど取り囲める大きさの箱(直方体)を考えます(**図3.26**)。この箱はボトムと見なします。そして、ここにウサギが複数いたとして、そのウサギのすべてを取り囲める大きさの箱(直方体)を考える。こちらの箱はトップと見なします。

図3.26 トップとボトムの概念

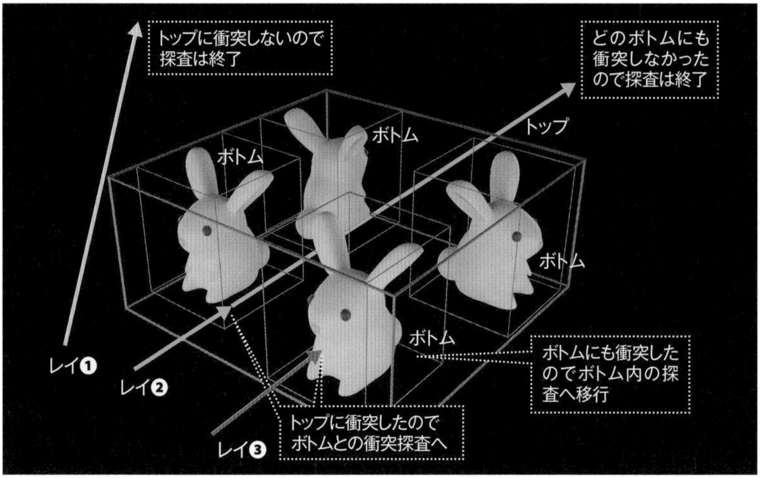

この概念を導入すると、3Dシーン内にたくさんのウサギがいたとしても、放ったレイは3Dシーン内をチマチマと進むことなく、その射線上に「たくさんのウサギを1グループとして囲ったトップの直方体」があるかないかだけで、レイの初期衝突判定を行うことができるようになります。もし、放ったレイの射線上に「たくさんのウサギを1グループとして囲ったトップの直方体」がなければ、今回放ったレイは、どのウサギにも衝突しないことは明白と判断できます。

一方、放ったレイの射線上に「たくさんのウサギを1グループとして囲ったトップの直方体」があった場合は、レイはトップの直方体に突入して、その射線上に、どのボトムの箱があるかの判定に移ります。その結果、「あるウサギに対応するボトムの箱」に衝突したことがわかったとすると、今度はそのボトムの箱内にあるウサギのどのポリゴンにレイが衝突するのかを突き止める処理に移行します。

ボトムの箱自体も管理上は細かい直方体の階層構造として表せるので、もっとも最下層の直方体に到達するまで、この「レイと直方体の衝突判定」を繰り返していくことになります(**図3.27**)。最下層の直方体に到達したら、その中に含まれるポリゴンたちとの総当たり衝突判定をすることになります。

図3.27 ボトム内探査のイメージ※

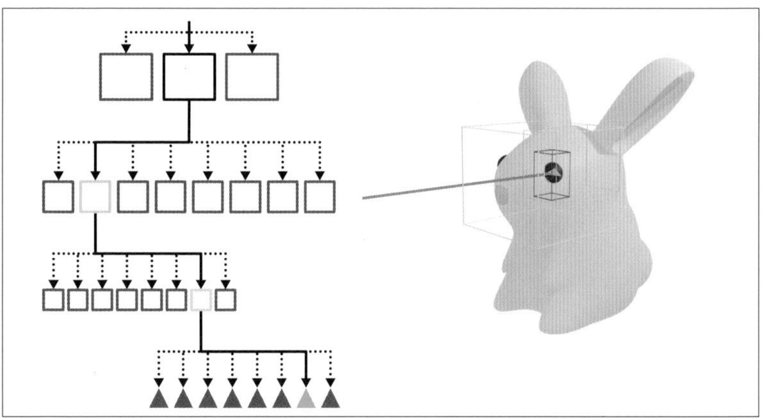

※ レイがボトムの箱(直方体)に衝突したと判定できた場合、その一段下に相当する階層の「より小さな直方体」への当たり判定フェーズへと移行する。「より小さな直方体における当たり判定」を、最下層の直方体に到達するまで繰り返し、最下層の直方体に到達したら、その最下層の直方体に含まれるポリゴンとの総当たり衝突判定を行う。

衝突判定の計算はどれほど複雑なのかという話ですが、レイと直方体との衝突判定は難しくありません。直方体は8つの頂点を持っているので、レイの通過する座標が8頂点の内部に入り込んでいるか否かを計算するだけでいいのです。高級言語でいうところの「IF A＜B」の組み合わせだけで判定できてしまいます。

■……… DXRの実行パイプライン

上記がDXRにおけるレイトレーシングの基本的な実行メカニズムですが、実際のDXRパイプラインは**図3.28**のようになっています。

図3.28の中の薄いグレーの囲みで描かれているのが、DXRにおけるレイトレーシングを実践するためのプログラマブルシェーダに相当します。各囲みを1つ1つ見ていくことにしましょう。

図3.28 DXRの実行パイプライン

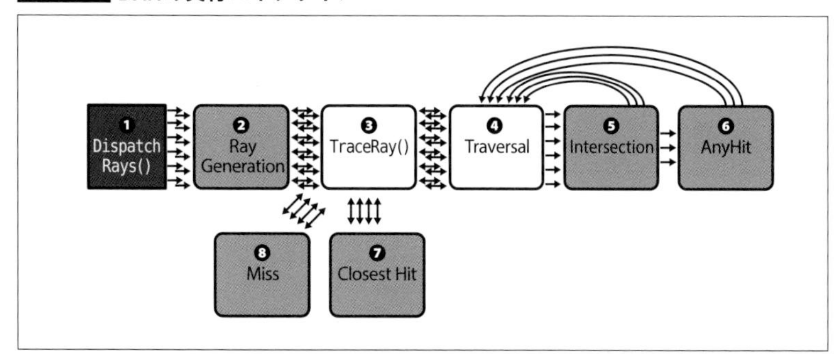

- ❶ Dispatch Rays() ➡従来のラスタライズ法でいうところの「描画コール」(*DrawCall*)フェーズに相当する。GPUに対して「GO」サインを送るようなイメージである
- ❷ Ray Generation ➡これから放つレイの定義を行い、初期化処理を行う
- ❸ TraceRay() ➡「Ray Generation」で定義されたレイを放つ実務を担当する
- ❹ Traversal(推進する) ➡前述したトップやボトムといった直方体で定義された3D空間の中を実際にレイを推進させるような処理系に相当する
- ❺ Intersection(衝突) ➡放たれたレイが何者かに衝突した際に呼び出されるプログラマブルシェーダ。なお、DXR発表時は「Hit」という名称で呼ばれていた
- ❻ Any Hit ➡何者かに衝突したレイをそのまま飛ばし続けるか、あるいは推進を終了させるかといった処理系を担当するプログラマブルシェーダになる
- ❼ Closest Hit ➡レイは推進していく過程で、複数のオブジェクトに衝突することがあるが、レイの射出元から最も近い場所で衝突した際に一度だけ呼び出されるプログラマブルシェーダ
- ❽ Miss ➡放たれたレイが何者にも衝突しなかった際に呼び出されるプログラマブルシェーダがこのMiss

ところで、このパイプラインを表す図3.28中に描かれている矢印に着目すると、❷Ray Generation、❸TraceRay()、❹Traversal、❽Miss、❼Closest Hit間のものは双方向の矢印になっていることがわかります。これはRay GenerationはプログラムによってはTraceRay()を何度も呼び出すことができることを意味しており、同様にMiss、Closest HitはTraceRay()を呼び出すことができるということです。

また、❺Intersectionや❻Any Hitからの矢印が❹Traversalに戻っていますが、これは、一度、レイが何ものかに衝突したとしてもレイの推進(*Traversal*)を継続することがあることを意味しています。

ラスタライズ法のパイプラインと違い、複雑な条件分岐と、再帰的なプログラム実行が起こり得るため、プログラムの作り/仕方によっては相当に複雑で負荷の高い処理系になり得ることが想像できるでしょう。

■…………レイトレーシングの今後

では、ゲームグラフィックが一気にレイトレーシングベースになっていくのでしょうか。

これに対して、業界関係者の多くは「NO」と明言しています。それは、やはりレイトレーシングは処理として現在のGPUをもってしてもまだまだ処理負荷が高いからです。

前述したようにレイトレーシングでは、描画対象となるピクセルからレイをキャスト(投げる)しますが、たとえば鏡面反射表現をレイトレーシングで実践する際、レイは視線ベクトルの反射方向に投げるだけである程度の品質の鏡像を得ることができると思います。しかし、拡散反射に関しては、なにしろ「拡散」なので、広範囲にレイをキャストして、このピクセルにやってくる光の情報を回収してこなくてはならなくなります。つまり、たくさんのレイをキャストする必要があるのです。表現する材質の反射特性や、求めるグラフィックスの品質にも依存するでしょうが、映画用の非リアルタイムCGでは数十本から数百本のレイを投げてレンダリングします。

投げたレイは3Dシーンの中を進んでいき、何かに衝突すればその対象物の材質パラメータの色を回収します。もし、その衝突先の対象物の色がわかっていない場合は、そこから再帰的にさらにレイを投げる必要も出てきます。

現行3Dゲームグラフィックスで主流のラスタライズ法では、画面の描画に関わらないポリゴン(≒3Dモデル)は、存在しないものとしてそのタイミングでの描画では破棄されてしまいますが、レイトレーシングの場合はそうはいきません。キャストしたレイは画面外にも飛んでいくので、いわば画面外の3Dモデルなどにもレイの探査が及ぶように3Dシーンをメモリ上に管理しておく必要があります。

フルHDのフレームを得るためには、毎フレーム200万画素分、このレイをキャストして3Dシーン内の光の情報を取ってくる必要があるため、その処理の複雑さというか、重さは相当なものになります。

このため、ゲームグラフィックスのすべてをレイトレーシング法で描画することは現状は現実的でないと目されており、当面のゲームグラフィックス用途においては、メインは従来とおりにラスタライズ法で描画し、ラスタライズ法では実現が困難な表現をワンポイントリリーフ的にレイトレーシング法で実践するという、「ハイブリッドレンダリング法」が"当面の"主流になると見られています(**図3.29**)。

図3.29　レイトレーシング法の事例※

レイトレーシング法を用いない画面座標系のテクニックSSR(*Screen Space Reflections*)で生成した鏡像。床下に映るキャラクターの鏡像が歪んで見える。本来なら床下から見上げるような情景になるはずだが、レンダリング結果フレームをベースにして作るSSRではこのように不自然な鏡像となる場合がある。

同一シーンの鏡像をレイトレーシングで生成した場合。床下に映る鏡像は歪んでいない。床に「面の粗さ」が存在するため、影と同じく投影距離の短い鏡像はくっきりと、投影距離の長い鏡像はぼやけている。それに加えて、画面外にある天井の情景が、オブジェクトに映り込んでいる点にも注目したい。

※　画像提供：NVIDIA　URL https://www.nvidia.com

ちなみに「ラスタライズ法では実現が困難な表現」とは、そのゲームグラフィックスが「何を重要視するか」によって変わってきますが、概ね「映り込みなどの鏡像表現」、「間接照明」(大局照明)、「影生成」あたりが定番になる見込みです。

3.4 科学技術計算、ニューラルネットワークとGPU

高い演算性能で用途が拡大

GPUの3Dグラフィックス処理では4要素の頂点データに4×4の座標変換行列を掛ける頂点シェーダや、各ピクセルに対して色や明るさを求めるフラグメントシェーダ処理には多くの積和演算が必要であり[注3]、汎用CPUに比べて多くの浮動小数点演算器を搭載しています。これだけの演算能力があるなら、科学技術計算にも使いたいというニーズが出てきて、次第にGPUを科学技術計算に使うという流れができてきました。

また、近年のニューラルネットワークの利用の発展は目覚ましく、GPUの高い計算能力はニューラルネットワークの計算にも使われてきています。

科学技術計算の対象は非常に範囲が広い

科学技術計算といってもその範囲は非常に広く、いろいろな計算が行われます。それらに共通していることは解析しようとする現象の物理モデルを作り、そのモデルを使って現象がどのように変化していくかを計算で求めるという点です。たとえば、気象計算では空間を格子に区切り、各格子の空気の温度、湿度、気圧、風向風速などの初期値を与え、それが時間につれてどう変化していくかを計算でシミュレーションします。この計算で、湿度が上がれば雲ができて、飽和して水滴ができれば雨が降るなどの予報ができるという具合です。

スーパーコンピュータ「京(けい)」の後継のスーパーコンピュータ「富岳(ふがく)」の開発で、重点課題として文部科学省の資料に挙げられていたのは次の9課題です[注4]。

- ❶生体分子システムの機能制御による革新的創薬基盤の構築
- ❷個別化/予防医療を支援する統合計算生命科学
- ❸地震/津波による複合災害の統合的予測システムの構築
- ❹観測ビッグデータを活用した気象と地球環境の予測の高度化

注3 4要素は、座標の場合はXYZとW、ピクセルの場合はRGBとαです。

注4 URL https://www.r-ccs.riken.jp/jp/post-k/target/

❺エネルギーの高効率な創出、変換/貯蔵、利用の新規基盤技術の開発
❻革新的クリーンエネルギーシステムの実用化
❼次世代の産業を支える新機能デバイス/高性能材料の創成
❽近未来型ものづくりを先導する革新的設計/製造プロセスの開発
❾宇宙の基本法則と進化の解明

たとえば❶は、生体の組織などを分子、原子レベルでモデル化して、薬剤との相互作用がどうなるかをシミュレーションで求めて、副作用が少なく良く効く薬を作るための基盤を開発するという課題です。原子レベルで働く力を計算することになりますが、原子の数は多いので膨大な計算が必要です。

図3.30は水の中にDNAがある状況をシミュレーションした結果の1画面です。なお、背景に散らばっている針のようなものは水分子です。巨大分子であるDNAと大量の水分子が周りに存在する状況の解析は従来はできませんでしたが、物質・材料研究機構とUniversity College Londonなどのチームは、従来の100倍以上の原子を含む大規模な第1原理(第1原理計算は、原子の間に働く力を物理原理に基づいて計算する方法)シミュレーション手法の開発に成功し、このような系のシミュレーションが可能となりました。

図3.30 水溶媒中のDNAのシミュレーション※

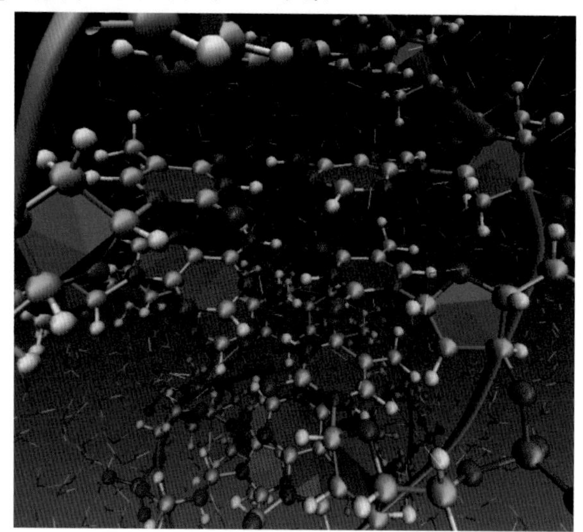

※ 画像提供:国立研究開発法人物質・材料研究機構および理研QBiC

❸は地震の揺れやそれによって引き起こされる津波や建物の倒壊などをシミュレーションし、被害の状況を求め防災に役立てようというもので、地震波の伝わり方から個々の建物の揺れ方や津波の侵入の様子などを求めるには、これも膨大な計算が必要になります。

図3.31は理研AICS(現 理研R-CCS)のスーパーコンピュータ「京」を用いて、東北大、富士通研究所が行った高解像度の津波シミュレーションの結果で、震源の解析を含めても10分以内にシミュレーション結果を出力できるとのことです。東日本大震災のときに仙台に津波が到着したのは地震発生の約1時間後ですから、かなり早い時期に被害の予想ができ、避難計画を立て避難を開始することができるようになります。この高解像度のシミュレーションでは東日本大震災の津波の際に実際に見られた、仙台東部道路の盛土が津波をせき止める様子や、道路下の通路を津波が通り抜ける様子などを再現しているとのことです。

図3.31 東北大震災の津波の到達時間シミュレーションの結果※

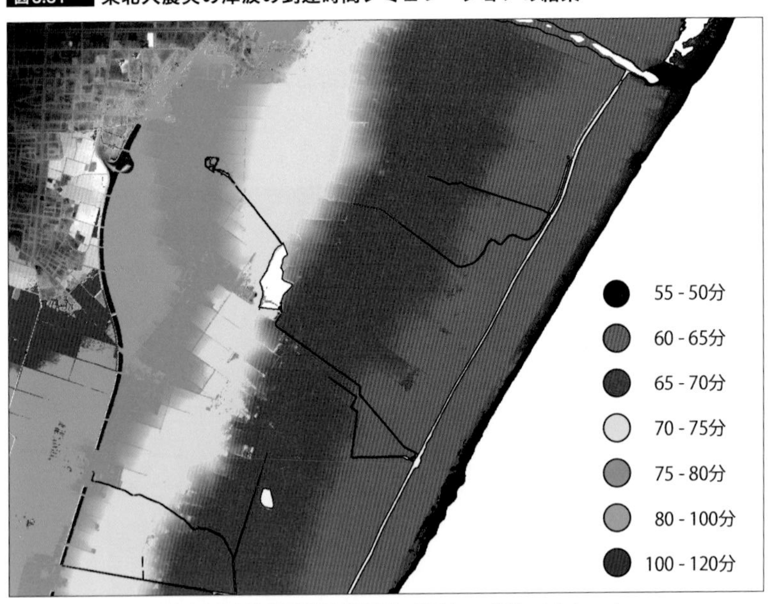

※ 画像提供：国立大学法人東北大学 災害科学国際研究所 URL https://irides.tohoku.ac.jp

また、この9課題には含まれませんが、GoogleのAlphaGoがトップレベルのプロ棋士に勝ったこともあり、ディープラーニングが注目されています。また、ディープラーニングは効きそうな薬を原子レベルのシミュレーションより早く見つけ出したり、X線写真を読影して病変を見つけたりといろいろな分野で使われ始めてきています。このディープラーニングの学習には膨大な計算が必要なことから、GPUを使って学習時間を短縮するというアプローチが盛んになってきています。このように、GPUによる科学技術計算やニューラルネットワーク計算の地平線は広がり続けています。

「京」の後継のコンピュータは、スーパーコンピュータ「富岳」と命名されています(第7章)。そして、先ほどの9項目の目標も2020年度から次の4領域のスーパーコンピュータ「富岳」成果創出加速プログラム[注5]が選定されています。

- **領域①人類の普遍的課題への挑戦と未来開拓**
- **領域②国民の生命・財産を守る取組の強化**
- **領域③産業競争力の強化**
- **領域④研究基盤**

科学技術計算と浮動小数点演算　極めて大きい数や極めて小さい数を同時に扱うために

1円単位のお金の計算や在庫の品物の個数を数えるなら整数が良いのですが、科学技術計算では非常に大きい数や非常に小さい数が出てきます。たとえば、光の速度は2.99792458×10^{8}m/s、電子の質量は$9.1093897 \times 10^{-31}$kgです。単位は違いますが、これらの数字の間には40桁の違いがあります。

このような数字を表すために作られたのが**浮動小数点数**(*Floating point number*)です。初期のコンピュータでは各社が独自に浮動小数点数の形式を決めていましたが、現在ではIEEE(*Institute of Electrical and Electronics Engineers*)という団体の規格検討部門が決めたIEEE 754-2008という規格が使われています。

図3.32に示すようにIEEE 754-2008規格では、16ビット長の半精度、32ビット長の単精度、64ビット長の倍精度、128ビット長の4倍精度という形式が定義されています[注6]。図3.32のとおり、浮動小数点数は、Sign(符号、**S**)、Exponent(指数、**Exp**)、Fraction(仮数、**Frac**)[注7]とBiasから成っています。Sign(符号)は普通のプラス/マイナスで、Sビットが0の場合はプラス、1の場合はマイナスを意味します。そして、IEEE 754の浮動小数点数は、

注5　URL https://www.r-ccs.riken.jp/jp/fugaku/promoting-researches
注6　IEEE 754-2008規格にはお金の計算などに使う10進浮動小数点数も定義されています。
注7　仮数を示す用語としてはFractionのほか、Mantissaもあります。Mantissaの方がFractionより概念の範囲が広い用語です。

図3.32 IEEE 754-2008規格の浮動小数点数の形式

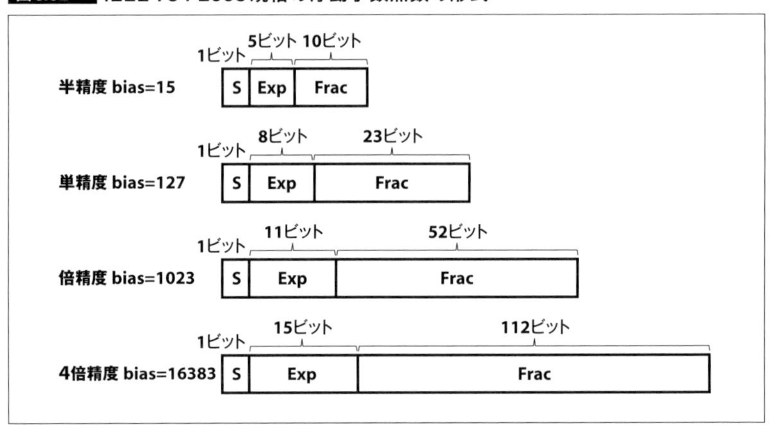

$$(-1)^S \times 2^{Exp-Bias} \times 1.Frac$$

という数を表しています。Biasは表現できる最大値と最小値がバランスが取れた数になるようにするもので、形式によって値が決められています。ここで1.Fracは小数点の左隣の桁のビットは常に1なので記憶は省略し、小数点以下にFracのビットが並ぶことを意味しています。

IEEE 754規格は全体のビット数が長くなるにつれて、Expのビット数とFracのビット数の両方が長くなっており、精度の高い形式の方が表せる数値の精度(有効数字の桁数)が高くなるだけでなく、表現できる数値の範囲も広くなるという表現形式になっています。

浮動小数点演算の精度の使い分け グラフィックス、スマートフォン、科学技術計算

図3.33は、模式的に4ビット長のFracの場合を使って**精度の重要性**を説明しています。この図では2進の1.1001から1.1000を引くという計算を行っていて当然答えは0.0001で、これが1.000×2^{-4}と正規化されて出力されます。しかし、1.1001はその下の桁が四捨五入されているので、本当は1.10001から1.1001011111 ...までのどれかの数であるかもしれません。同様に1.1000は1.01111から1.1000011111 ...までのどれかの数である可能性があります。

もしFracのビット数が無限に長いとすると、この計算の答えはほぼ0(ゼロ)から0.001111 ...(4ビットFracの計算結果のほぼ2倍)のどれかということになります。

図3.33 4ビットFracの計算と真の数の範囲

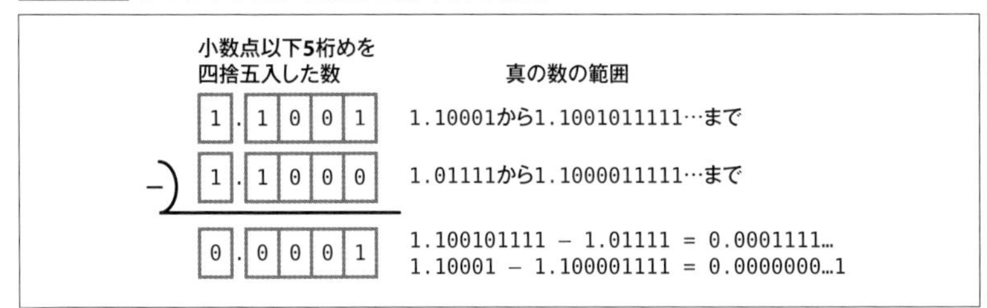

この図に示すように、ほぼ同じ大きさの数値同士の引き算を行うと、上位の桁が0の連続となって引き算結果の有効数字が大きく減少してしまいます。つまり、浮動小数点計算は近似計算なので、誤差を小さくするためには精度の高い数値表現を使う必要があります。

グラフィックスでは、一般に**32ビット長の単精度**の数値が使用されます。座標計算が16ビット精度だと、きわどいピクセルの前後関係が計算誤差と有効数字の減少で逆転して、本来見えないはずのピクセルが顔を出してしまうことが起こったりしますが、**スマートフォン**用などでは、回路のトランジスタ数を抑え消費電力を減らすために**16ビット長の半精度浮動小数点数**で計算するGPUもあります。

科学技術計算では、一般に答えを得るまでの計算量が多いので、**計算誤差**が蓄積して大きな誤差になる恐れがあります。このため、科学技術計算では、**64ビット長の倍精度計算**を用いるのが一般的です。しかし、32ビット長の単精度でも問題ないという計算もあり、その場合には単精度演算が使われます。また、計算方法によっては、同程度の大きさの数の引き算が出てきて有効な精度のビットが大きく減少してしまうので、そのような部分の計算では4倍精度が必要という計算もあります。

科学技術計算で倍精度より高い精度の演算を必要とする場合は、倍精度の数を2つ使って上半分と下半分を表して精度をほぼ2倍に改善する**Double-Double**形式を使うライブラリが使われています。ただし、Double-DoubleではFracのビット数が4倍精度より少なく、多少精度が劣ります。また、Expのビット数は増えないので、表せる数の範囲は倍精度の範囲に留まります。

なお、4倍精度の計算を行う演算器は、倍精度演算器の2倍よりもかなり大きくなってしまいます。このため、汎用のCPUやGPUで4倍精度演算器を装備するものはありませんでしたが、IBMのPOWER9 CPUが4倍精度浮動小数点演算をサポートすることが2016年のHot Chips 28で発表されました[注8]。

■……………**脚光を浴びる16ビット長の半精度浮動小数点演算** ディープラーニングでの使用

これまで、**16ビット長の半精度浮動小数点演算**はスマートフォン用のGPUや組み込み機器の画像処理に用いられるだけでしたが、最近になって**ディープラーニング**での使用が脚光を浴びています。ディープラーニングでは神経細胞を模したニューラルネットワークが使われます(7.1節で後述)。個々のニューロンは数十から多い場合は数千の入力を持ち、入力信号に個々の重みを掛け、全入力の信号の総和を取ります。多数の入力の総和を取るので、個々の入力に多少の誤差があっても総和には大きな影響はありません。このため、16ビット長の半精度で計算しても32ビット長の単精度の計算と比べて認識率の低下はわずかで、多くの場合、半精度で十分と言われています。

このため、NVIDIAのPascal GPU以降のGPUでは半精度の浮動小数点演算をサポートするようになりました。また、AMDもPolaris以降のGPU、IntelのSkylake CPUに搭載のHD Graphics Gen 9以降のGPUでは、半精度浮動小数点演算をサポートしています。

ディープラーニングに最適化された低精度浮動小数点数

詳しく第8章で取り上げますが、浮動小数点数の基本事項と合わせて、各社の方針の特徴が見られる最新動向についても先に少し取り上げておきます。

図3.34は32ビットの単精度浮動小数点数(**FP32**)と16ビットの半精度浮動小数点数(**FP16**)と新たに提案された**BF16**という浮動小数点数のフォーマットを比較する図です。

前述のように、ディープラーニングの計算ではFracは10ビットでほぼ十分な精度が得られますが、5ビットのExpでは数値範囲が足りないということが発生します。そこで、数値範囲を決めるExpはFP32と同じ8ビットとし、そのぶんはFracを削って7ビットとした「BF16」という数値が使いやすいという声が出てきています。

注8　本書原稿執筆時点で、ハードウェアでサポートしているのはIBMのzシリーズフレームメインフレームだけで状況は変わっていません。

図3.34 浮動小数点数FP16、BF16、FP32のExpとFrac

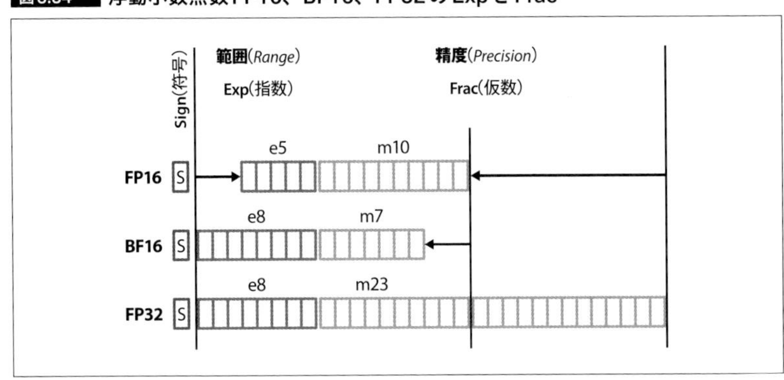

図3.34を元に念のため確認しておくと、浮動小数点数は1.23×10^{45}のように表現すると、10^{45}が**数の大きさ**、1.23が**数の細かさ**のように捉えることができます。**Exp**が「大きさ」(範囲)、**Frac**が「細かさ」(精度)を表します。

■推論計算は8ビット整数での計算が主力

すでに学習済みの重みを使って、この画像に写っているのは何であるかというような認識を行う場合は、32ビットの浮動小数点数を使う必要はなく、16ビットの浮動小数点数で十分で、多くの場合、若干認識率は低下しますが、8ビットの整数でもうまく認識ができることがわかってきました。

32ビット浮動小数点数の積和演算に比べると、8ビット整数の積和演算は1/10以下のトランジスタで実現でき、重みを記憶するメモリも32ビットから8ビットに減らすことができます。

より少ないビット数で推論計算ができるようになれば、同じサイズのチップに、より規模の大きなニューラルネットワークを処理させることができます。このため、低精度演算のニューラルネットワーク計算が研究されています。

LeapMind[注9]はニューロンの入出力は2ビット、重みは1ビットで推論計算を行う「Efficiera」という推論エンジンを開発しています。このような超低精度演算を使う場合は、高精度の演算を使って学習を行って得た重みの下位のビットを切り捨てるという方法ではうまくいかず、低精度用の学習法を使い、

注9 URL https://leapmind.io

それでも認識精度の低下が大きい場合は、ニューラルネットワークの構造を変えるなどのチューニングが必要になるとのことですが、標準的な8ビット整数を使う場合と比べると、ハードウェアが小さくなり、消費電力も少なくできるというメリットがあります。

これらの点についても、改めて第8章で取り上げます。

3.5 並列計算処理

プロセッサのコア数の増加と、計算/プログラムの関係

ムーアの法則華やかなりし頃は、プロセッサのクロックが微細化に伴って向上し、同じプログラムを使っていても、新しいプロセッサを使えば性能が上がりましたが、2005年頃から消費電力の問題からクロックは上がらなくなってしまいました。

このため、プロセッサ業界では、プロセッサコア数を増やして性能を上げる方向に舵(かじ)を切りました。

GPUのデータ並列とスレッド並列

コア数が2倍になれば性能を2倍に上げられる可能性はありますが、そのためには2倍のコアがうまく並列に動作して、単位時間のうちに2倍の仕事ができるプログラムが必要です。並列計算を行うには、いろいろな方法があります。

一つの方法は、演算器を複数置いて1つの命令で並列に計算をしてしまうという方法です。この方法は複数のデータを並列に処理するので、データ並列と呼ばれます。計算方式でいうと、1つの命令で複数のデータを処理するので、「Single Instruction, Multiple Data」(**SIMD**)と呼ばれます。

もう一つの方法はスレッド並列です。スレッド並列では複数の演算器を置き、各演算器は1つのスレッドを実行します。つまり、各スレッドが1つの仕事を担当し、複数のスレッドを並列に実行するという方法です。現在の多くのGPUが採用している**SIMT**(*Single Instruction, Multiple Thread*)方式は、スレッド並列の実行を行います。なお、p.30の図1.14でSIMDとSIMT方式の基本的な違いを図示していますので、必要に応じて参照してください。

スレッド並列のSIMT方式の実行は、マスゲームに似ています(**図3.35**)。マスゲームの個々のメンバーは、自分が指示されたことをやっているだけで、全体として何が表示されているのかはわかりません。しかし、この図のように、メンバー全員を見ればリンゴの絵が表示されるようになっています。各メンバーが演算器で、メンバー全員で並列処理を実行しているわけです。

たとえば、GPUのスレッド並列の実行で2つの行列AとBの和を計算する場合、それぞれのスレッドは`C[i, j]=A[i, j]+B[i, j]`を計算するだけで、これで行列全体の和が計算できるということはわかりません。しかし、`C[0, 0]`から`C[N-1, N-1]`まで1要素ごとの足し算を行うスレッドが作られて実行されることにより、行列全体の和が求められます。要素ごとにスレッドを作るという考え方に馴れるまで少し時間が必要かもしれませんが、非常に大きな並列性が利用できる処理方式であることは理解してもらえるでしょう。

図3.35 マスゲームに似ているスレッド並列のSIMT方式※

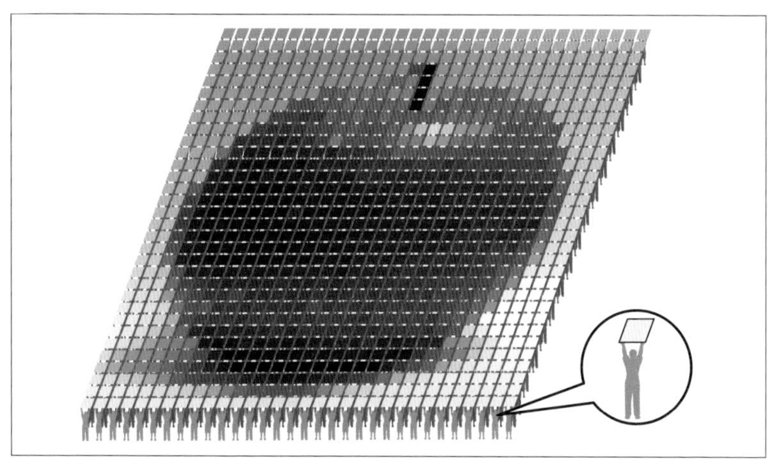

※ リンゴの絵を表示している。ピクセル間の連絡なしに、ピクセルごとに事前に決められたプログラムで動いて、全体として調和のとれた動きになっている。

3Dグラフィックスの並列性 頂点の座標変換、ピクセルのシェーディング

これまで見てきたように、3Dグラフィックスでは「頂点の座標変換」と「ピクセルのシェーディング」が必須の二大計算処理です。頂点の座標変換は入力である頂点座標と1つのローカル座標のモデルの中では一定の座標変換行列の積であり、この計算には他の頂点の座標変換結果へのデータ依存性はない

ので、どのような順番で頂点を処理しても結果は同じです。つまり、頂点処理の計算はハードウェアさえ許せば、すべて並列に実行しても良いわけです。

このため、NVIDIAのGPUでは32頂点を1ワープに詰め込んで、座標変換行列を掛けるという処理を並列に実行させます。TuringのTU102チップ(後述)では、1つのSMに64個のCUDAコア(単精度の積和演算を行う)があり、チップには72個のSMがあるので、チップ全体では4,608の頂点への座標変換が並列に実行されることになり、クロックあたり1演算しか実行できないプロセッサと比べると4,608倍(クロック周波数は同じと仮定して)の性能が得られます。

また、ピクセルのシェーディングもピクセル同士は無関係で、すべて並列に実行しても問題はありません。これも4,608個のCUDAコアで並列に計算することができますので、4,608倍の性能となります。

科学技術計算の並列計算　並列化をどのように活かすか

科学技術計算のいろいろな分野の計算のうち、わかりやすい流体計算と重力多体計算を取り上げて、どのように並列計算ができるかを説明します[注10]。

■流体計算

水や空気の流れがどのように振る舞うかを計算する流体計算は、代表的な科学技術計算の一つです。天気予報に使われる気象計算は大気圏を格子で区切り、**図3.36**に示すように格子で区切られたセルの中の空気の温度、密度、湿度や空気の動きなどの状態と、隣接するセルの空気の状態から、計算の時間間隔であるΔt後のすべてのセルの空気の状態を計算していきます。

しかし、この計算では、空気の拡散や移動などで伝わる隣のセルの影響が、中心のセルを通り抜けて他のセルに影響を与えてしまうような大きな変化を正しく記述することはできませんので、そのような状態にならないようにΔtを小さくとる必要があります。

シミュレーションの精度を上げようとすれば、格子を小さくする必要があります。50kmの格子では台風の渦を十分な精度では表せません。5kmの格子なら台風には十分ですが、局地的な豪雨の予測には使えません。局地的な気

注10　物理シミュレーションはモデルの元となる物理現象が並列なので、程度の差はありますが、多くの場合並列化は可能です。一方、並列に計算した結果を全部まとめることが必要というケースはいろいろとあり、注意が必要です。たとえば、ディープラーニングの学習では、全部の勾配データを集めてフィードバックを掛ける必要があります。この作業の比率が大きくなると、並列化による実行時間の短縮の効果は小さくなり、並列度を増してもあまり性能が改善しないということになります。

象シミュレーションには500mの格子が必要と言われています。しかし、X、Y、Zの各方向で格子を1/100のサイズにすると、計算を行うセルの数は100^3で100万倍になります。それに加えてセルのサイズが各方向1/100になると、影響が伝わる時間が1/100になるのでΔtも1/100にする必要があります。

一方、明日の天気を予想するのに与えられた時間は変わりませんから、50km格子の予報を500m格子の予報にアップグレードするためには、1億倍の能力を持つスーパーコンピュータが必要になります。現実には、地球全体を500m格子で計算しないで済む方法があると思いますが、格子を小さくするためには大幅なコンピュータ能力アップが必要になることは理解できるでしょう。

各セルの$t+\Delta t$の状態を隣接するセルの時間tの状態から計算するのですから、この計算は並列に実行することができます。また、格子のサイズを小さくすれば並列度は上がり、格子を1/100にすれば最大100万倍のスレッド数で並列に計算することができます。

なお、流体計算は、飛行機の翼の周りの気流の計算や車のボディーの周りの気流の計算などにも用いられます。このような計算では、変化の激しい部分の格子だけを細かくするというような工夫がされています。

■……… 重力多体計算

物体は重力で引き合う力を及ぼします。この力を計算すれば、多数の星にどのような力が働いて、星がどのように動いて、銀河が形成されてきたかをシミュレーションすることができます。計算の原理は簡単ですが、仮に

図3.36 流体計算では、上下、左右、前後の隣接セルからの影響を計算する

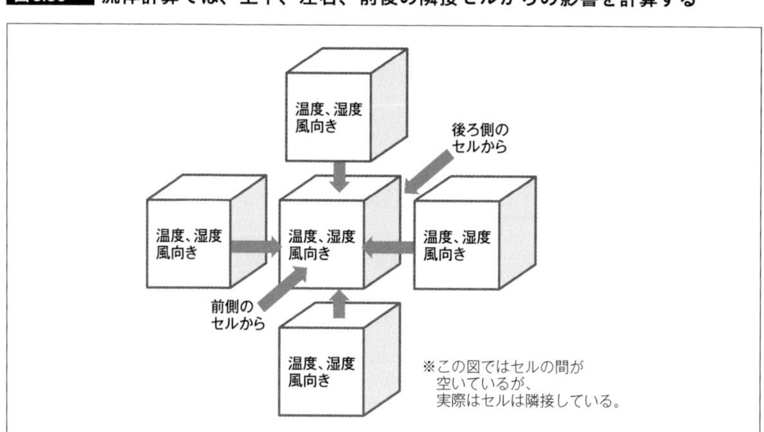

1,000億を超える星を含む系があったとして1,000億を超える星を、すべてのペアの重力相互作用を計算して、それぞれの星に働く力の方向と強さを求めるには膨大な計算が必要です注11。そして、力が求まったらΔt後の各星の位置をアップデートして、計算を繰り返します。この計算も星ペアの間に働く重力を算出して、1つの星に働く力の総和を求め、それによりΔt後の星の位置を求めるという処理は、星ごとに独立で並列に実行することができます。

また、星による銀河の形成だけでなく、ダークマター（*Dark matter*、暗黒物質）の粒子を仮定して、銀河団などの宇宙の大規模構造がどのように作られたか、あるいは太陽の周りの惑星がどのようにしてガスと塵（ちり）の円盤から作られたかなどのシミュレーションも行われています。

3.6 GPUの関連ハードウェア

メモリ容量、バンド幅、CPUとの接続、エラーと対策

本節では、GPUメモリである「デバイスメモリ」のメモリ容量と、CPUとの接続やバンド幅、エラーと対策について解説を行います。

デバイスメモリに関する基礎知識

GPUは、ディスプレイに表示する画像を記憶するフレームバッファやZバッファを**デバイスメモリ**に保持します。また、入力となる頂点データや表面に貼り付けるテクスチャパターンもデバイスメモリに記憶されます。どれだけのメモリ容量が必要となるかは、どれだけのピクセル数の精細な表示を行うか、どれだけ細かいテクスチャを使うかなどに依存しますが、デバイスメモリの量は、ハイエンドのGPUでは12〜24GB程度の容量で、メインストリーム注12の

注11　実際は、非常に遠方の星はまとめて一つとして重心にすべての質量があると近似して、ペアの数を減らして計算します。

注12　一般向けのPC用GPUは高価なものは2〜3万円で、AmpereアーキテクチャのGeForce RTX 3080は109,800円です。しかし、これほど高価なGPUを買うのは一部のコアゲーマーで、多くのゲームユーザーは数万円のGPUを使うことが多いようです。念のため補足しておくと、アクションゲームをプレイする、Photoshopの負荷の重いイメージ処理を行うなどしないのであれば、ディスクリートGPUを付けなくてもIntel等のCPU内蔵のGPUで十分です。

GPUでは4〜8GB程度が標準的です。高性能のGPUの方がより精細な描画を行ったり複数画面を描画したりするので、より多くのデバイスメモリ容量を必要とするのは確かですが、このメモリ容量は必要なメモリ容量よりメモリバンド幅の要請から決まっているのが現状です。

NVIDIAのMaxwell GPUを使うTesla M40のメモリは広帯域のGDDR5 DRAMを使っていますが、それでもピークメモリバンド幅は288GB/sです。単精度浮動小数点数は4バイトですから、これは72G変数/sのアクセス速度です。そして、M40の演算性能はブースト時で6.8TFlopsです。つまり、平均的には1回メモリから変数を読んだら、そのデータを94.4回以上演算に使わないとメモリアクセスがネックになってしまいます。

Voltaアーキテクチャの V100 GPUでは、**HBM2**（後述）という3D積層のDRAMを4個使い、メモリバンド幅を1133GB/sに向上させているので、演算性能は16.35TFlopsに上がっていますが、必要な利用回数は17.32回と大幅に改善されています[注13]。

平均でこれだけ多数回、同じデータを使い回すというのはプログラミング上は大きなチャレンジで、現実には多くのGPUプログラムは演算器ネックではなくメモリアクセスネックになっています。

CPUとGPUの接続

通常、GPUでOSを動かすということは行いません。割り込みのハンドリングやセキュリティ機能が不足しているため、OSを動作させることが難しいということもありますが、第1章で挙げたスポーツカーとバスの違いで、GPUはOSという並列処理のやりにくい仕事を高速で実行するのに向いていないからです。

しかし、OSが動かないと、デバイスドライバを動かしてストレージやネットワークにアクセスすることができません。このため、3Dグラフィックスの入力データや科学技術計算の入力データはCPUに読んでもらう必要があり、科学技術計算の結果の出力もCPUに頼む必要があります。したがって、GPUはCPUと接続して使われます。

注13 Ampere A100ではメモリバンド幅は1555GB/sに向上し、これはV100と比べて1.73倍です。FP64の演算性能は9.7TFlopsで、これはV100の7.8TFlopsの1.25倍ですからByte/Flops比は1.376倍に改善しています。しかし、A100ではTensorコアを使えば、より高い演算性能を出せます。どのような処理を行うかによって、どの演算を分母に持ってくるのが適切かは考える必要があります。

この接続ですが、現在ではPCI Expressを用いるのが一般的です。PCI Express 3.0の16レーン(*Lane*、後述)を使うと、1方向で15.75GB/s、双方向の合計では31.5GB/sの伝送能力が得られます。しかし、大量のデータを送ろうとすると、PCI Expressのバンド幅がネックになります。

そこで、NVIDIAは**NVLink**という独自のリンクを採用しました。NVLinkは1本の信号線で20Gbit/sと、PCI Express 3.0の2.5倍の伝送速度を持っています。そして、1リンクは片方向8本の信号線から成っており、片方向25GB/s、双方向の合計は50GB/sのバンド幅となります。しかし、サポートが始まっているPCI Express 4.0では通信速度が2倍となるので、NVLinkの優位は目立たなくなってきます。

当然、NVIDIAはそれに対応する方法を考えており、2018年3月に**NVSwitch**を発表しました。NVSwitchは20ポートのクロスバースイッチで、宛先ポートの衝突がなければ、すべてのポート間で同時に25GB/s × 2の通信を行うことができます。**図3.37**はNVSwitchチップの写真です。左右に8ポートずつの回路があり、中央の上側に2ポートの回路があります。中央のポート回路の付近にクロスバーと制御ロジックが置かれています。

図3.37 NVIDIA NVSwitchチップ※

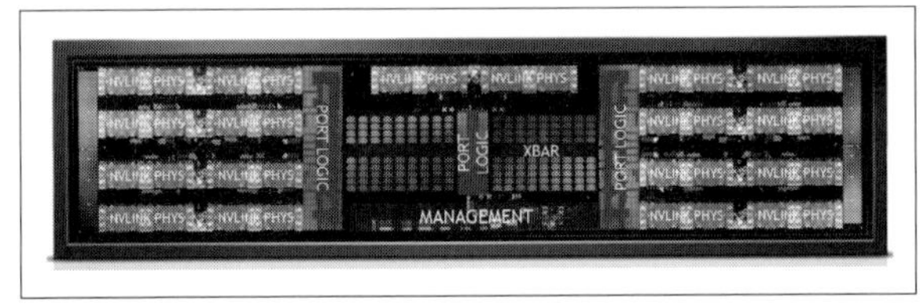

NVLINK Phys：NVLINKインタフェース、XBAR：クロスバー、PORT LOGIC：ポート論理回路、MANAGEMENT：制御回路。

※ 画像提供：NVIDIA URL https://nvidia.com
参考：URL https://www.slideshare.net/ReneeYao/building-the-worlds-largest-gpu-126589114

NVIDIAは、このNVSwitchを使ってDGX-2というGPUサーバを作っています[注14]。**図3.38**はDGX-2 GPUサーバのブロックダイヤです。このサーバは12個のNVSwitchチップを使って16個のV100 GPUを接続しています。そして、この接続はどのV100 GPUからでも他のV100 GPUのメモリをアクセスできるようになっており、16倍の容量の巨大なメモリを16台のGPUで共用するというフレキシビリティーの高い構成となっています。

注14 NVIDIAは、A100 GPUではNVLinkとNVswitchの伝送速度を倍増し、片方向50GB/sのバンド幅のNVLink3としました。そして、A100を使用するDGX A100というサーバーを作りました。DGX A100は8個のA100 GPUを6個のNVSwitchで接続した構造で、後出の図3.38の半分の構成となっています。

図3.38 NVSwitchを使って16台のV100 GPUを接続するNVIDIAのDGX-2システム※

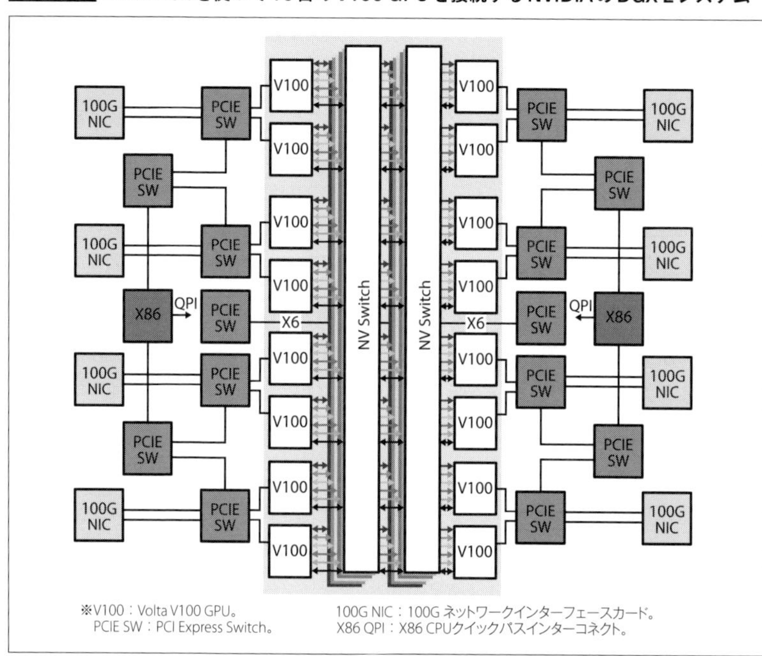

※ 出典：Alex Ishii and Denis Foley with Eric Anderson, Bill Dally, Glenn Dearth Larry Dennison, Mark Hummel and John Schafer「NVSWITCH AND DGX-2：NVLINK-SWITCHING CHIP AND SCALE-UP COMPUTE SERVER」(Hot Chips 30、2018、p.19)

スイッチを使う構成はPCI Express接続では実現できず、NVLinkを開発したことで可能になったものです。

なお、x86 CPUからのV100 GPUへのコマンドの伝達などはPCI Expressを使う構造になっているので、PCIe Switchを使う接続が使われています。また、PCIe SWから合計8台の100G NICが出ており、高速のEthernet接続が可能になっています。

電子回路のエラーメカニズムと対策

グラフィックスの場合は1ピクセルが一瞬誤っても問題になりませんが、1つのエラーが最終結果のエラーに繋がる**科学技術計算**では**エラー検出**や**エラー訂正**が必須になります。CPUやGPUのエラーは、その大部分が宇宙線によりCMOS(*Complementary MOS*)回路が誤動作するのが原因と言われています。

宇宙の彼方から飛んでくる超高エネルギーの粒子が、大気に当たると高エネルギーの2次、3次粒子のシャワーが発生します。この中にはいろいろな粒子がありますが、電荷を帯びている粒子は地球の磁場で曲げられてしまうので、真っすぐ地表に降ってくるのは中性の粒子で、その中では中性子が主要なものです。この中性子は貫通力が強く、トンネルを掘って地下100mなどに置けば別ですが、LSIパッケージや、サーバーなどの筐体の鉄板程度では、ほとんどの中性子は通り抜けてしまいます。

したがって、シリコンのLSIも通り抜けてしまう中性子が大部分ですが、運の悪い一部の中性子はシリコンの原子核と衝突します。衝突が起こると**図3.39**に示すように、シリコンから電子が叩き出され、電子と正孔(*Electron-hole pair*)が大量に生成されます。そして、発生した電子は、付近の電圧の高いドレインに吸い寄せられて吸収されます[注15]。

負の電荷を持つ電子が流れ込むということは、そのノードから電流が流れ出したということですから、たとえば+1Vだった回路の電圧が+0.3Vに下がるというようなことが起こります。そうなると論理値が1であったものが0に化けてしまいます。しかし、そのノードがインバータ(否定回路)や2入力NAND回路のような組み合わせ論理回路の出力の場合は、ONしているP型トランジスタを通して充電されるので、+0.3Vから徐々に電圧が上がり、しばらくすると+1.0Vに戻ります。したがって、エラーになるのは、電圧がまだ回復せず、0.5V以下になっているタイミングで次の段のフリップフロップ(*Flip-flop*、ビットの状態を記憶する回路)が、入力を読んでしまった場合と次に述べるフリップフロップ自体が反転してしまった場合です。

フリップフロップやメモリセル(*Memory cell*)などの記憶回路は、

注15　大量の電子と中性子を発生するのは、中性子とシリコン原子との衝突ではなく、中性子とシリコン原子の衝突で作られたベリリウムなどの軽い原子のシリコン原子との衝突であるとも言われます。

図3.39　中性子の飛跡に沿って電離が発生し、発生した電子がドレインに吸収される

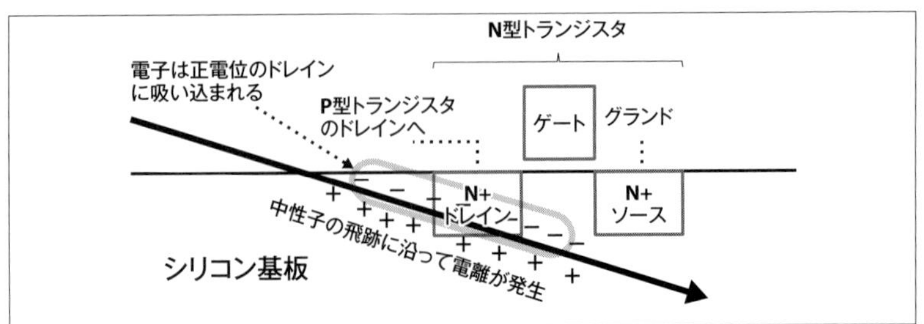

図3.40に示すように、中性子ヒットで発生した負の電荷を吸い込んで❶で電圧が低下すると、それが❷で右側のインバータに伝わり、❸で出力電圧を上昇させます。これが左側のインバータの入力となるので、❹でドレインの電圧はさらに低下することになり、状態が反転してしまいます。

そして、一度状態が反転するとその値が残ってしまうので、フリップフロップがエラーになる確率は組み合わせ回路よりずっと高くなります。

記憶回路1ビットあたりの中性子ヒットによるエラー率は、設計や製造プロセスによって変わりますが、オーダーとして10^{-13}/ビット時(後述)程度です。これは1MBのキャッシュを持つプロセッサの場合、100万時間に1回という頻度になります。しかし、現在ではこの10倍以上のビットを持つプロセッサは珍しくありませんし、それを10万個使うスーパーコンピュータも出てきています。そうなると、1時間に1回エラーが起こることになります。

スーパーコンピュータで何時間あるいは何日も掛けて計算した結果も、計算の過程でエラーが起こっていると計算結果は間違っていることになります。そんな結果に基づいて新薬を作っても効かない、津波の伝わり方が違っていて被害を防げないなどの大問題を引き起こす恐れがあります。したがって、「エラーが起こっていない」=「エラーが起これば検出できる」という機能を持つことは極めて重要です。

エラーの検出にはパリティーチェック(後述)がよく用いられます。パリティーチェックはデータにもう1ビットのチェックビットを追加し、全部のビットに含まれる1の数が偶数になるようにチェックビットの値を決めます。

このチェックビットを含めてメモリに記憶させると、エラーがなければ、読み出したデータ全体の1の数は偶数のはずです。これが奇数になっていれば、どこかのビットが反転したことがわかります。ただし、2ビットのエラーが起こった場合は、全体の1の数は偶数になってしまうのでパリティーチェックではエラーを検出できません。2ビットエラーを検出する方法につい

図3.40 フリップフロップは、中性子ヒットで状態が反転してしまう

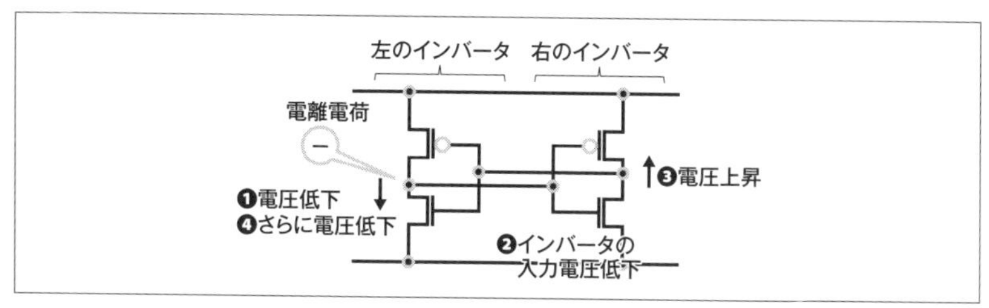

ては、第4章で後述します。

エラー検出は、間違った結果を正しいとして扱ってしまうことは防げますが、エラーが起こると実行中の計算は打ち切りになってしまいます。これが、エラーが起こっても自動的に訂正ができて計算を継続できればより便利です。このため、ビジネス用の大型サーバーやスーパーコンピュータではECC(*Error Correction Code*、後述)が使われ、72ビットの中に1ビットのエラーであれば、自動的に訂正するという方式が採られています。GPUも科学技術計算に使われ、大規模なスーパーコンピュータなどに使われるようになっており、ECCをサポートするものが作られています。

3.7 まとめ

第3章では、3次元のオブジェクトをどのように記述して、それを画面に表示するかという3Dグラフィックスの原理から、3Dグラフィックスの処理を行うハードウェアの概要の構造を説明しました。

3.3節ではゲームの世界がどのように発展してきたかという歴史と、バンプマッピング、影生成、多重反射による映り込みを処理できるレイトレーシングなど迫真の画像を作る技術の開発が続いており、HDRレンダリングでは現実を超える画像生成が行われているという最新のゲーム事情を取り上げています。

さらに、GPUがグラフィックス処理だけではなく、汎用の科学技術計算にも使われるようになってきています。TOP500にランキングされる世界の主要なスーパーコンピュータでもGPUをメインの計算エンジンとして使うものが多く出てきているという状況になっており、気象予報、防災、航空宇宙関係の設計、医療、創薬、ディープラーニングなど広い範囲の科学技術計算を担ってきていることを説明しています。近年、ディープラーニングの使用が盛んになり、その計算エンジンとしてGPUが使われることが増えています。しかし、計算精度に対する要件は科学技術計算では厳しく、ディープラーニングでは緩く、GPUに対する要求の分化が見られることを述べました。

また、どのようにしてGPUを使って並列に計算を行わせて高い性能を得るのかなど、第3章はGPUの広範な話題をカバーしています。

第4章 [詳説]GPUの超並列処理

第4章はGPUについて、ハードウェアの観点から解説を行います。

GPUは、元々はグラフィックス処理を高速に実行することを目的として作られました。グラフィックス処理の頂点の座標変換にはたくさんの頂点があり、ピクセル処理にはたくさんのピクセルがあります。GPUは、ムーアの法則で増加するトランジスタを使って多数の演算器を作り、これらの計算を並列に実行するということで性能を引き上げてきました。

すべての科学技術計算が並列に計算できるわけではありませんが、並列に計算することによって計算時間を短縮できる問題も多く、現在では超並列計算を行うGPUが科学技術計算に多く使われています。また、ディープラーニングも大量の計算を必要とする仕事で、とくにFP32やFP16での計算を必要とする学習処理にはGPUがよく使われています。

図4.AはNVIDIA Turing GPUの図です。下がGPUモジュールの写真、上の左側がGPUチップのブロックダイアグラム(p.141の図4.5を参照)、上の右側が1個のSM(*Streaming Multiprocessor*)のブロックダイアグラム(p.147の図4.9を参照)です。

図4.A NVIDIA Turing GPU※

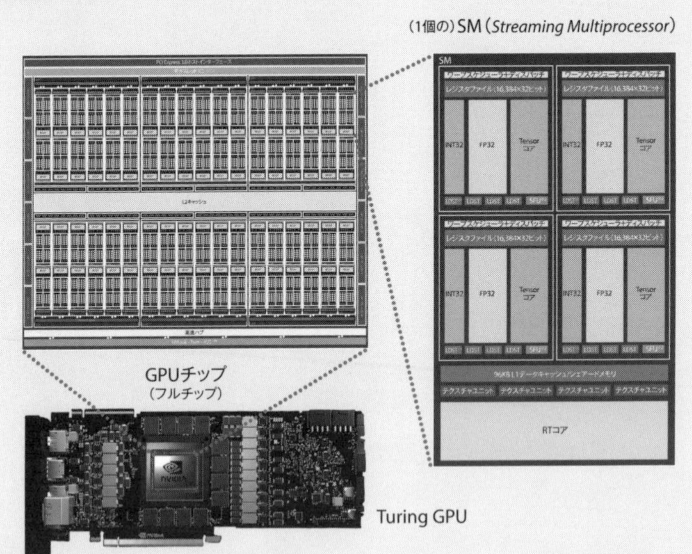

※ 画像提供：NVIDIA URL https://nvidia.com
(下)GPUモジュール。(上左)GPUチップのブロックダイアグラム。(上右)SMのブロックダイアグラム。

4.1 GPUの並列処理方式

SIMDとSIMT

GPUは並列に処理を行うことにより、順番に計算を行うより高い性能を実現しているわけですが、その方式には2つの大きな流儀があります。

4つの演算器とそれぞれに接続されたレジスタというハードウェアがある場合、1つの流儀では、4つの座標値$(X\ Y\ Z\ W)$を持つ頂点をひとまとまりのデータと考え、4つの演算器を使って頂点単位で演算を行う方式です。

もう一つの流儀は、スカラー演算でX、Y、Z、Wの計算は順番に実行するのですが、4つの演算器が使えるので4つの頂点の計算を並列に実行するという方式です。

SIMD方式 4つの座標値をひとまとまりのデータとして扱う

図4.1に示す頂点$(X_1\ Y_1\ Z_1\ W_1)$から第2の頂点$(X_2\ Y_2\ Z_2\ W_2)$へのベクトルは、$(X_2\text{-}X_1\ Y_2\text{-}Y_1\ Z_2\text{-}Z_1\ W_2\text{-}W_1)$で表されます。

図4.1 2つの頂点を結ぶベクトルを求める

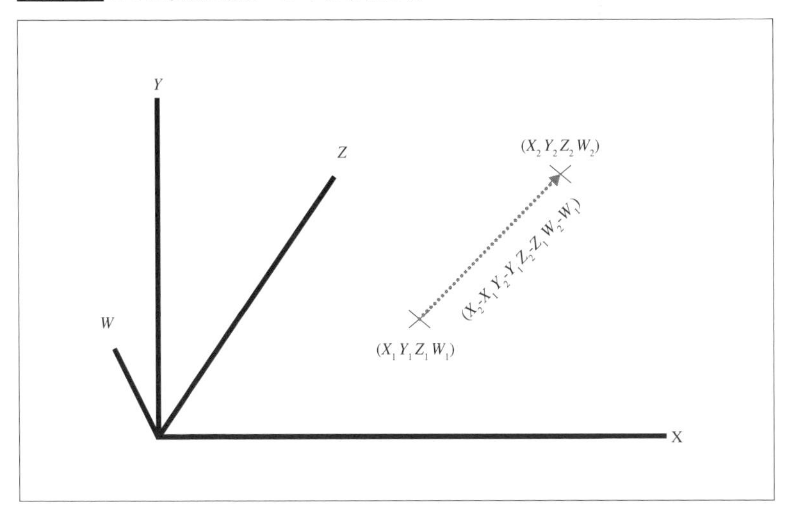

この計算を行う場合、まずロード命令で$(X_2\ Y_2\ Z_2\ W_2)$と$(X_1\ Y_1\ Z_1\ W_1)$をそれぞれのレジスタに入れ、引き算を行えば$(X_2\text{-}X_1\ Y_2\text{-}Y_1\ Z_2\text{-}Z_1\ W_2\text{-}W_1)$が並列に計算できます。この計算は1つの命令で4つのデータをまとめて処理するので「Single Instruction, Multiple Data」(**SIMD**)方式の処理と呼ばれます。

4つの演算器を使って4倍の性能が得られることになるので、初期のGPUではSIMD方式の演算器がよく使われていました。なお、このような演算はGPUだけではなくCPUでも使われており、前述のとおりx86 CPUのSSE命令やAVX命令もSIMD方式の演算を行う命令です。

■SIMD演算での座標変換

$(X\ Y\ Z\ W)$という値を持つ頂点に、

$$\begin{bmatrix} a00 & a10 & a20 & a30 \\ a01 & a11 & a21 & a31 \\ a02 & a12 & a22 & a32 \\ a03 & a13 & a23 & a33 \end{bmatrix}$$

という変換行列を掛けて座標変換を行う場合、X'、Y'、...を求めるには、$X' = X*a00 + Y*a01 + Z*a02 + W*a03$、$Y' = X*a10 + Y*a11 + Z*a21 + W*a31$、...を計算することになります。

(X Y Z W)と(a00 a01 a02 a03)をSIMD演算で掛けると、X*a00、Y*a01、Z*a02、W*a03ができますが、それぞれ異なる演算器のレジスタに入ってしまいます。これらの4つの積項を加算するには、たとえばシェアードメモリに一旦格納して、再度読み出して加算する必要があり、全体としてはちっとも速くなりません。

この計算を、まずXを4個の演算器のレジスタにブロードキャスト[注1]し、続いてY、Z、Wもブロードキャストします。そして、(X X X X)と(a00 a10 a20 a30)との掛け算を行います。次に、(Y Y Y Y)と(a01 a11 a21 a31)を掛け算して、前の結果に足し込みます。これをZとWについて繰り返せば、第1の演算器のレジスタにはX'、第2の演算器のレジスタにはY'、第3にはZ'、第4にはW'が入ることになります。この計算を図示すると**図4.2**のようになります。

注1　ここでは、他のすべての演算器のXを格納するレジスタに入れること。

図4.2 SIMD演算による座標変換計算

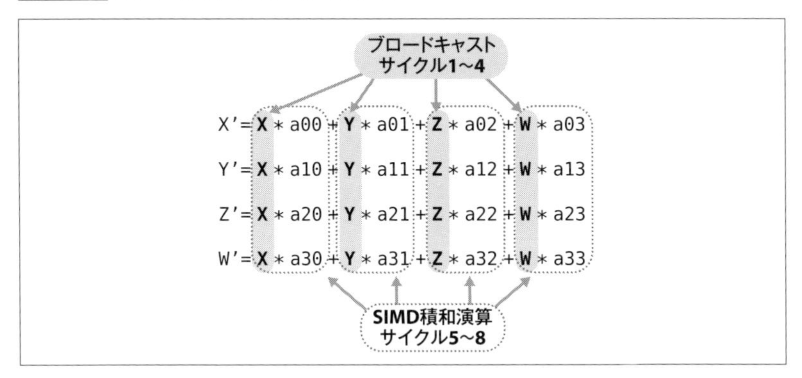

全部のSIMD演算器が使えない場合がある

図4.2の例でもブロードキャストの間は演算器は使われません。また、$C = A*X + B$、$D = A*Y + C$、$E = A*Z + D$のような演算の場合は、2番めのDを求める計算の入力に1番めの式で求めるCが使われているので、1番めの式の計算が終わらないと、2番めの式の計算は行えません。同様に、3番めの式は、2番めの式の計算が終わらないと計算を始められません。このように、依存関係がある計算の場合は本質的に順番に計算しなければならないので、たくさんのSIMD演算器があっても並列に演算することはできません。

頂点の座標変換の場合は頂点同士には依存関係がないので、並列に計算することができますが、一般的な科学技術計算の場合は依存関係のある計算も出てきて演算器が遊んでしまい、フルの演算性能が発揮できないケースが出てきます。

さらに、10個演算器がある場合は、2つの頂点の座標変換計算を並列に実行すれば8個の演算器は使えますが2個の演算器が余ってしまい、80％の性能しか発揮できません。このように、ハードウェアの構成と実行する仕事が一致していないと、ハードウェアの能力をフルに発揮できないという問題があります。

SIMT方式 1つ1つ計算する

これに対して、シングルスレッドの普通のプロセッサのように計算を行うのがSIMT（*Single Instruction, Multiple Thread*）方式です。

前出の図4.1のような計算では、SIMD方式は4個の演算器でサイクルごとに1頂点の全座標を処理していきますが、SIMT方式では、各演算器は4サイクルを使ってX、Y、Z、Wを処理します。しかし、4つの演算器がありますから、1サイクルで4個の頂点間のベクトルの計算を並列に行うことができます。つまり、SIMD方式では、4個の演算器を使って1サイクルに1頂点を処理するのに対して、SIMT方式では4サイクルで1頂点を処理するという計算を4つの演算器で並列に実行します。

これを図示すると**図4.3**のようになります。なお、V1.Xは頂点V1のX座標を意味し、数字が頂点の番号、最後のX、Y、Z、Wが各座標を示します。

図4.3 SIMDとSIMT方式の計算順序の違い※

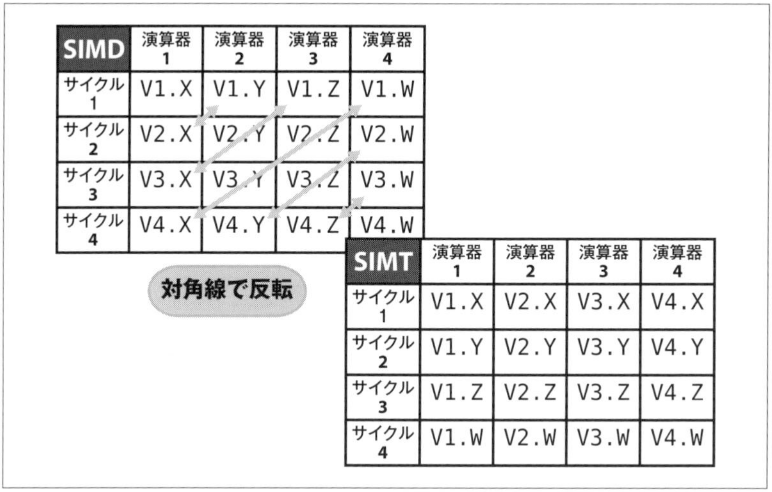

SIMD	演算器 1	演算器 2	演算器 3	演算器 4
サイクル 1	V1.X	V1.Y	V1.Z	V1.W
サイクル 2	V2.X	V2.Y	V2.Z	V2.W
サイクル 3	V3.X	V3.Y	V3.Z	V3.W
サイクル 4	V4.X	V4.Y	V4.Z	V4.W

対角線で反転

SIMT	演算器 1	演算器 2	演算器 3	演算器 4
サイクル 1	V1.X	V2.X	V3.X	V4.X
サイクル 2	V1.Y	V2.Y	V3.Y	V4.Y
サイクル 3	V1.Z	V2.Z	V3.Z	V4.Z
サイクル 4	V1.W	V2.W	V3.W	V4.W

※ 対角線で反転。

図4.3のようにSIMT方式では、演算器1は頂点1のデータ、演算器2は頂点2のデータだけを処理します。これは1つの演算器しか持っていないスカラープロセッサの処理とまったく同じ動きです。つまり、命令は全部の演算器で同じですが、多数のスレッドを並列に実行しているのと同じ動きになりますからSIMTと呼ばれます。SIMTの場合は、各頂点の計算は独立で、各サイクルに4つの演算器が実行する計算の間には依存関係はないので、SIMDのように依存関係があって並列に演算ができないということは起こりません。

SIMT方式の場合は、スレッド(この場合は、頂点の処理)がたくさんあれば、たくさんの並列度が利用できます。SIMD方式は1つのスレッドを実行し、その中でのデータ並列度を利用していますが、SIMT方式は計算処理のスレッド並列度を利用し、スレッドの中のデータ並列度は使っていません[注2]。このため、SIMDのように依存性のない並列に実行できる命令を集めるということは必要なく、並列に実行できる命令が不足して演算器が遊んでしまうということがありません。

また、データ並列度を利用していないので、データのまとまりのサイズと演算器の数が一致、あるいは整数倍の関係になくても、演算器が半端になって余ってしまうということがなく、演算器の利用効率を高めやすいという利点があります。

■SIMT方式GPUの広がり

NVIDIAは2006年11月にG80 GPUを発表し、このGPUでSIMT実行方式を採用しました。科学技術計算を行うにはSIMT方式の方が効率が良いことから、他のGPUメーカーも追従し、前述のとおり現在ではAMDのGCN(*Graphics Core Next*)アーキテクチャやRDNAアーキテクチャのGPU、IntelのCPU内蔵のHD Graphics Gen 9以降やX^eアーキテクチャのGPU、Imagination TechnologiesのPowerVR Series 6 GPU、ArmのBifrost GPUなど主要なGPUはSIMT方式に変ってきています。

SIMT方式の場合、1つの命令列でいくつのスレッドを実行するかは、メーカーによって違っていて、NVIDIAは32スレッドを一まとめにして同じ命令を実行させています。NVIDIAはこれを**ワープ**[注3]と呼んでいます。

AMDは64スレッドを一まとめにして、これを**ウェーブフロント**[注4]と呼んでいます。しかし、RDNAアーキテクチャではNVIDIAと同様に32スレッドを単位とする方法が主流になるように見受けられます。一方、ArmのBifrost GPUでは、クワッド(*Quad*)と呼ぶ4スレッドを単位として実行していましたが、最近では8スレッドや16スレッド単位に移行しているように見受けられます。

注2　データ並列とスレッド並列については3.5節でも説明を行っています。合わせて参照してください。

注3　Warp。宇宙船のワープではなく、元々は織物の横糸という意味です。縦糸のスレッド(*Thread*)と対になる洒落た命名です。ただし、ここでいう「ワープ」は32スレッドのまとまりを指していて、横糸本来の意味合いとは異なります。

注4　Wavefront。64スレッドの命令実行が同時に進むのを、波が打ち寄せるさまに見立てています。

■…………SIMT方式の実行の問題点

ワープやウェーブフロントのすべてのスレッド位置が埋まっていれば、全部の演算器が有効に利用されますが、たとえば80スレッドの処理しかない場合は、NVIDIA GPUの場合は、2つのフルのワープの実行で64スレッドを処理すると16スレッドが残ります。この場合、3つめのワープでは、不足している16スレッド分はダミーのスレッドで埋めて実行することになり、全体では96スレッドの実行ができますが、その内の80スレッド分しか利用できません。利用率は83.3％です。

AMDのGCNアーキテクチャのGPUの場合は、ウェーブフロントが64スレッドですから128スレッド分の実行ができますが、その内の80スレッドしか利用しておらず、利用率は62.5％に下がってしまいます。一方、ArmのBifrost GPUの場合は、単位が4スレッドと小さいので80スレッドでも100％利用できます。

利用率の点からは、並列実行するスレッド数は小さい方が良いのですが、単位が小さいということはそれだけ長い命令列が必要になり、命令の読み出しからデコードなどの機構が多く必要になり、ハードウェアが増えてしまうという問題があります。利用率のロスとハードウェア量のオーバーヘッドのトレードオフで、並列に実行するスレッド数を決めることになりますが、大量のスレッドを実行するハイエンドのGPUでは並列実行するスレッド数は多め、実行するスレッド数が少ないスマートフォン用のGPUなどでは並列実行スレッド数は少なめに選ばれます。

■…………SIMT方式での条件分岐の実現

科学技術計算では、計算の中間結果の値でその後の処理を変える、条件分岐命令が欠かせません。しかし、ワープやウェーブフロントの全スレッドは同じ命令を実行するのですから、一部のスレッドだけが条件が成立して分岐を行い、条件が不成立のスレッドは分岐を行わずに次の命令を実行するということはできません。

SIMT方式の実行エンジンでは条件分岐を実現するため、**プレディケート**（*Predicate*）実行という方法を用います。条件分岐命令では判定した結果を分岐を行うかどうかに使いますが、プレディケート実行の場合は、プレディケート用の比較命令の結果が命令に付けられたプレディケート選択と合致する場合は命令を実行し、そうでない場合は命令を無視するという制御を行います（詳細は後述）。

このプレディケート付きの命令を使って**図4.4**のようにして、then句の中では条件が成立したスレッドはthen句の中の命令を実行し、else句の命令は条件が不成立になるようにします。そして、then句の中では条件が不成立のスレッドは、else句では条件が成立して命令が実行されるようにすれば、すべてのスレッドが同じ命令を実行していても`if〜then〜else〜`構文の実行ができます。

ただし、条件が不成立で実行されない命令も実行される命令と同じだけの実行時間が掛かりますから、全部のスレッドがthen句もelse句も実行するのと同じだけの処理時間が掛かってしまいます。

このため、できるだけ条件分岐は使わないプログラミングを心掛けるとともに、then句、else句の中の命令をできるため少なくするプログラミングが望ましいということになります。

図4.4 プレディケート実行を使って条件分岐を実現する※

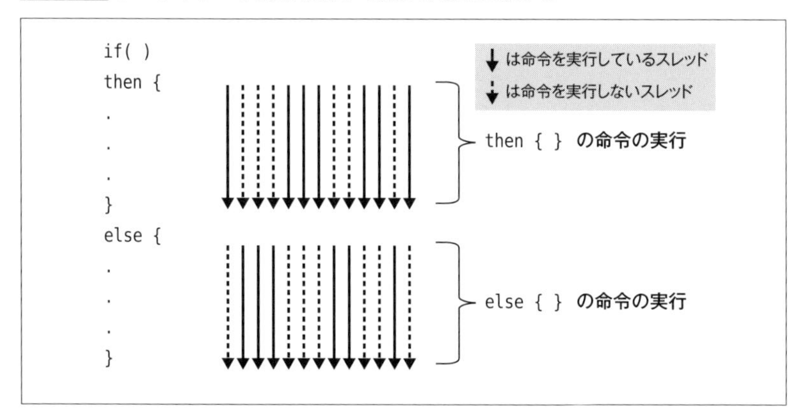

4.2

GPUの構造

NVIDIA Turing GPU

GPUと言っても、300Wも電気を消費するハイエンドGPUと、せいぜい消費電力が数WのスマートフォンSoCに内蔵されているGPUでは作りが違います。ハイエンドのGPU市場を二分するのはNVIDIAとAMDです。しかし、市場に出回っているGPUの個数という点では、年間1億個以上が使われるスマートフォン用SoCに内蔵されるGPUの方がずっと数が多いという状況になっています。このようにGPUと言っても幅が広いのが実情です。

本節では、代表的なGPUの一つであるNVIDIA Turing GPUを取り上げて詳しく説明していきます。

NVIDIA Turing GPUの基礎知識

GPUチップへのシェーダ用の演算機能の内蔵から、ユニファイドシェーダ化(2.3節)、CUDAプログラミング言語(第5章)の開発と、科学技術計算へのGPUの適用の先頭を走ってきたのはNVIDIAです。そして、NVIDIAは最近では、ディープラーニングへのGPUの適用、自動運転車へのGPUの適用という新しい分野でも先頭を走っています。

最近では、NVIDIAはGPUアーキテクチャに高名な科学者の名前を付けており、最初がFermi、その後はKepler、Maxwell、Pascal、Volta と続き、Turingアーキテクチャが登場しました。さらにAmpereが登場しています[注5]。

Turingアーキテクチャの GPUチップは、TU102やTU104などとTUの後に数字が続く名前が付けられます。そして、伝統的に「100」(番)が科学技術計算用の高性能チップとなっています。なお、TU102やTU104などはGPUチップ自体に付けられた名前で、販売されるGPUに付けられる製品名とは異なりますが、TuringではTU102が一番性能が高いチップで、TU100という伝統的なエースナンバーのチップはありません。

図4.5はTU102チップ全体のブロック図で、細かい箱が詰まった中程度の大きさの箱が横方向に18個並んでいます。そして、これが4段、縦方向に並んでいます。この中程度の大きさの箱がSM(*Streaming Multiprocessor*)で、細かい箱が演算器やロード/ストアユニットなどの実行ユニットとなっています。

注5　Ampereについては第8章で後述します。なお、AmpereもGA104、GA102という下位のチップが出ました。

図4.5 NVIDIA TU102の全体図※

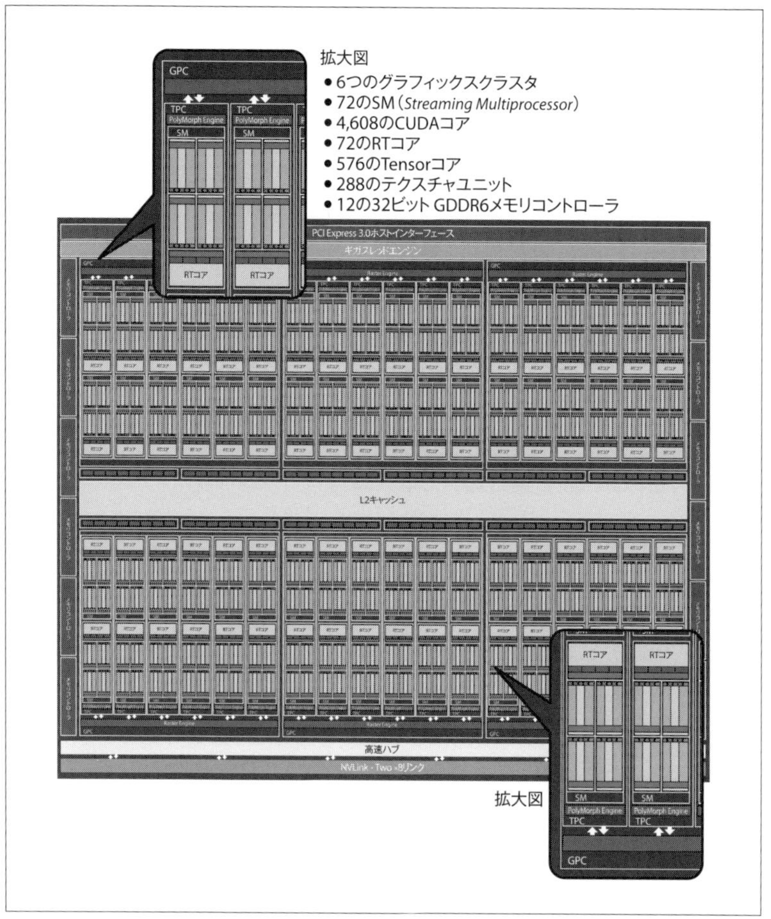

※ 出典：「NVIDIA Turing GPU Architecture」(2018)

そして、図4.5の（上側の拡大図を除いて）一番上にあるのがホストCPUと接続するPCI Express 3.0、その下がホストCPUから実行を依頼された多数のスレッドを管理するギガスレッドエンジン（*Gigathread engine*）です。

演算ユニットをまとめたSMが2個でTPC（*Texture Processing Cluster*）を構成しています。

チップ上には72個のSMが搭載されていますが、製品としてのTU102は68個のSMという仕様になっています。巨大なチップなので、このうち4個までのSMの製造不良があっても良品とすることができるようにして良品チップの歩留まりを高め、製造コストを下げるための方策でNVIDIAに限らず、ハイエンドGPUではこれは常套(じょうとう)手段です。

チップの中央を横に貫いている帯はL2キャッシュ(L2$)です。そして、チップの両側の辺に合計で12個のメモリコントローラが描かれ、下側の辺には高速ハブ(*High-speed hub*)を経由して2チャネルのNVLink2インターフェースが置かれています。これらのコンポーネントについては、これから説明していきますので、ここではこのような名前のコンポーネントがあるということを覚えておいてください。

なお、この図はTU102チップの構造を示すもので、実際のチップの作りを示すものではありません。

NVIDIA GPUの命令実行のメカニズム [ハードウェア観点]プログラムの構造と実行

ここでは、GPUで実行されるプログラムはどのようになっており、図4.5に示したようなハードウェアで、どのようにプログラムが実行されていくのかを見ていきます。

なお、第4章はハードウェア中心の章なので、ハードウェアの観点からプログラムの構造と実行のメカニズムを見ています。一方、第5章はプログラミングの章で、ソフトウェア的にどのような記述になるかを見ていきます。

GPUを使うプログラムの構造

GPUを使うプログラムは、

- **ホストプログラム➡ホストCPUで実行されるプログラム**
- **カーネル/カーネルプログラム➡GPUで実行されるプログラム**

で構成されます(**図4.6**)。なお、先に述べたとおり本章ではハードウェアの観点からどのようにプログラムが実行されるかを説明しており、プログラミングの観点での説明は次章を参照してください。

ホストで実行されるプログラムには、C言語のプログラムの場合は最初に実行が開始される`main( );`が含まれます。そして、カーネルはホストで実行されるmainプログラムや、図4.6の例ではfunc2関数から起動され、終了するとホストに復帰するという形になっています。また、NVIDIAのダイナミッ

図4.6 GPUを使うプログラムの構造

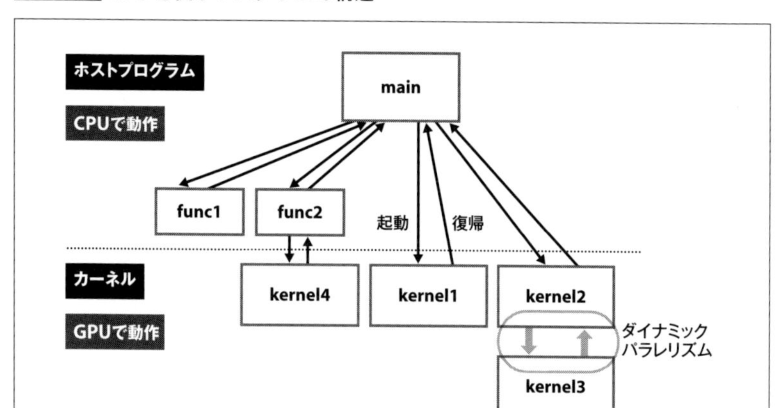

クパラレリズム(*Dynamic parallelism*、後述)という機能を使うと、図中グレーの矢印で描いたようにGPUで実行しているカーネルから他のカーネルを起動することができます。

ホストCPUとGPUはPCI Expressで繋がっており、相互に通信用のレジスタやメモリ領域を読み書きしたり、DMAを使って大量のデータを転送したりすることができるようになっています。GPUを使うプログラムでは、実行の最初にGPUで動作させるカーネルプログラムをGPUのデバイスメモリに転送しておき、CPUからはカーネルプログラムの先頭アドレスをGPUに通知して実行を開始させます。

多数のスレッドの実行

CPUで`kernel1<<<Nb, Nt>>>(a, b, c);`という文を実行してカーネルプログラムを起動すると**図4.7**のように、Nt個のスレッドを含む**スレッドブロック**をNb個集めたグリッド(*Grid*)が実行されます。紙幅の都合でこの図では、Nbは(4, 2)、Ntは(6, 4)として描かれていますが、Nb、Ntは最大3次元のベクトル数で指定することができます。

この文では8 × 24 = 192スレッドが並列に起動されますが、実行されるコードは、どのスレッドでも`kernel1(a, b, c)`です。しかし、blockIdx.x、blockIdx.y、blockIdx.zやthreadIdx.x、threadIdx.y、threadIdx.zという組み込み

図4.7 グリッド数とスレッドブロック数を指定して起動

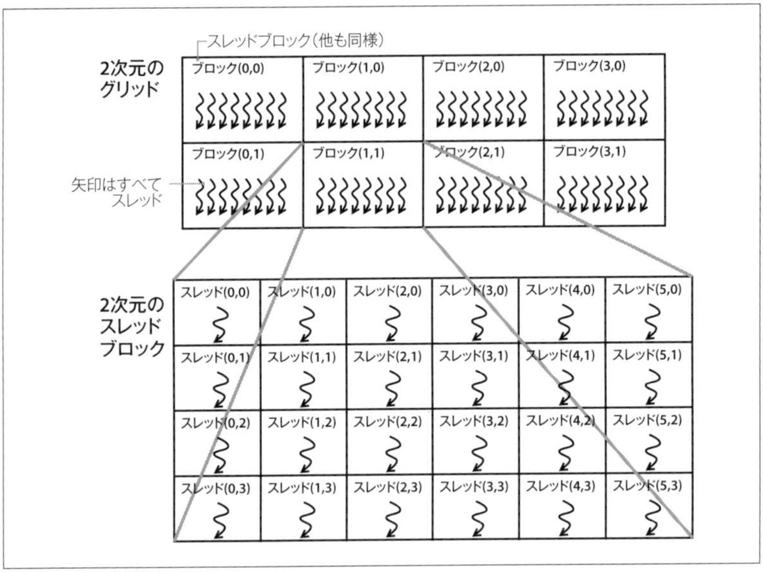

変数があり、実行されている各スレッドが自分のグリッド内位置やスレッドブロック内位置を知ることができるので、その情報を使って自分が分担すべき処理を判断します。ただし、スレッドの位置情報を見て、その情報をどう使い、全体として意図した動作をどう行わせるかはプログラマーの責任です。

なお、NVIDIAのPascal以降のGPUではスレッドブロックのx、y方向のサイズは最大1,024、z方向のサイズは最大64で、Turingでも同じです。1つのスレッドブロックに含まれるスレッドの数は最大1,024となっています。一方、グリッドのx方向のサイズは最大2^{31}-1、y、z方向のサイズは最大65,535となっています。

■………グリッドとスレッドブロックの管理　ギガスレッドエンジン

これらのグリッドとスレッドブロックを管理するのは、ギガスレッドエンジンです。**図4.8**の❶グリッドに含まれる❸スレッドブロックは、使用する❷SMに1つずつ割り当てられます。スレッドブロックの個数がSMの個数より多い場合は2回め、3回めとSMに割り当てていきます。ただし、スレッドブロックの割り当てはSMの混み具合を見て行われるようで、負荷がバランスするようになっています。

図4.8 スレッドの実行メカニズム

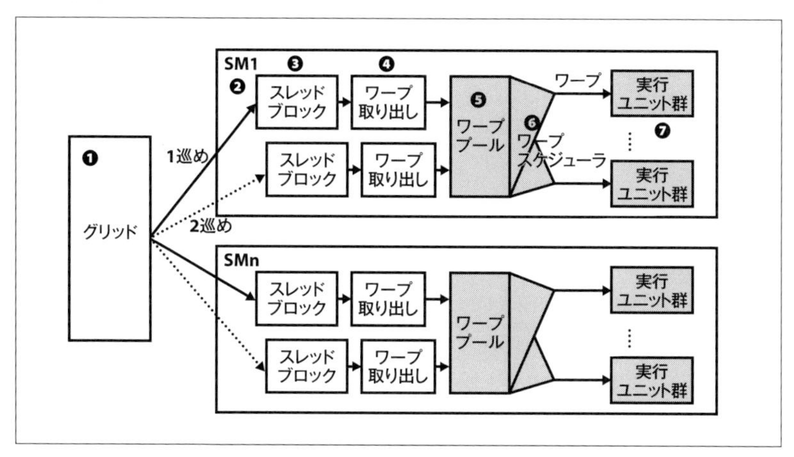

スレッドブロック単位でSMに割り当てるので、1つのスレッドブロックに含まれる全部のスレッドは同じSMで実行されることになります。

前述のとおり、NVIDIAのGPUはワープと呼ぶ、32スレッドを一まとめにして同時並列に実行を行います。スレッドブロックに含まれるスレッドには一連の番号が付けられ、スレッド数が32を超えている場合は、最初の32スレッドを1つのワープ、次の32スレッドを2番めのワープというように、スレッドブロックを複数のワープに分解して❺ワーププール(*Warp pool*、ワープのバッファ)に格納します。

Turingアーキテクチャのは最大32ワープを格納できるワーププールを持っており、ギガスレッドエンジンは、❸スレッドブロックからワープを取り出して(❹)、❺ワーププールの中に入れていきます。

各SMは2つのワープスケジューラを持ち、❻ワープスケジューラはワーププールの中にある32ワープの中から入力オペランドが揃い、演算器も使用できる実行可能なワープを選択します。そして、命令バッファから連続する2命令を読み出して、❼実行ユニット群に発行します。2命令の内の後側の命令が前の命令の結果を入力として使っているという依存関係がある場合や、実行ユニットが不足しているために後の命令が実行できない場合は、前側の命令だけを発行します。

そして、1つのワープの実行が終わると、ギガスレッドエンジンは次に実行すべきワープを❸スレッドブロックから取り出してワーププールに入れて処理を続けます。グリッド全体のすべてのワープの実行が終わるとそのカーネルの処理は終わりで、呼び出し元のホストプログラムに復帰します。

■………… NVIDIAのダイナミックパラレリズム　カーネルプログラムを直接起動

NVIDIA Fermi GPUでは、GPUで動作するカーネルプログラムはホストCPUで走行するプログラムからしか起動できなかったのですが、Kepler GPUではGPUで実行しているカーネルプログラムから別のカーネルプログラムを直接起動する機能をサポートしました。これは命令レベルのアーキテクチャの変更で、Kepler以降のNVIDIA GPUで使えます。NVIDIAは、この機能を「ダイナミックパラレリズム」と呼んでいます。

シミュレーションなどの科学技術計算では、注目すべき現象が起こっている領域だけをさらに細分化して計算したいという場合がありますが、計算を細分化するためには一旦そのカーネルを終わってホストプログラムに戻り、改めて細かい計算を行うカーネルを呼び出すことが必要です。

ダイナミックパラレリズムを使うと、細分化の要否をカーネルプログラムの中で判定し、細分化計算を必要とする場合はカーネルから直接その計算を行うカーネルを呼び出し、必要がない領域では細分化した計算を行うカーネルの呼び出しを行わずにホストプログラムに戻るということができます。このため、一旦ホストに戻って、再度カーネルを起動するというオーバーヘッドを削減することができます。また、プログラムがすっきりして書きやすくなるというメリットもあります。

しかし、1,000スレッドのそれぞれが、1,000スレッドを生成して実行するカーネルを呼び出すと、実行すべきスレッドは1,000,000スレッドに増えてしまいますので、ダイナミックパラレリズムを使う場合は実行するスレッドが増え過ぎないように注意が必要です。

SMの実行ユニット

実はNVIDIAのGPUのSMに含まれる演算器の数やその詳細な構成は、毎世代変わってきています。**図4.9**はTuring GPUの1つのSMだけを拡大した図で、Turing SMは大まかにいうと4つの同一のブロックから作られており、それにSM全体で共用の命令キャッシュ(*Instruction cache*)、テクスチャとL1データで共用の96KiBのキャッシュ(テクスチャ/L1キャッシュ、*Texture/L1 cache*)注6、それと4個のテクスチャユニットが付いています。

図4.9 Turing SMの構造※

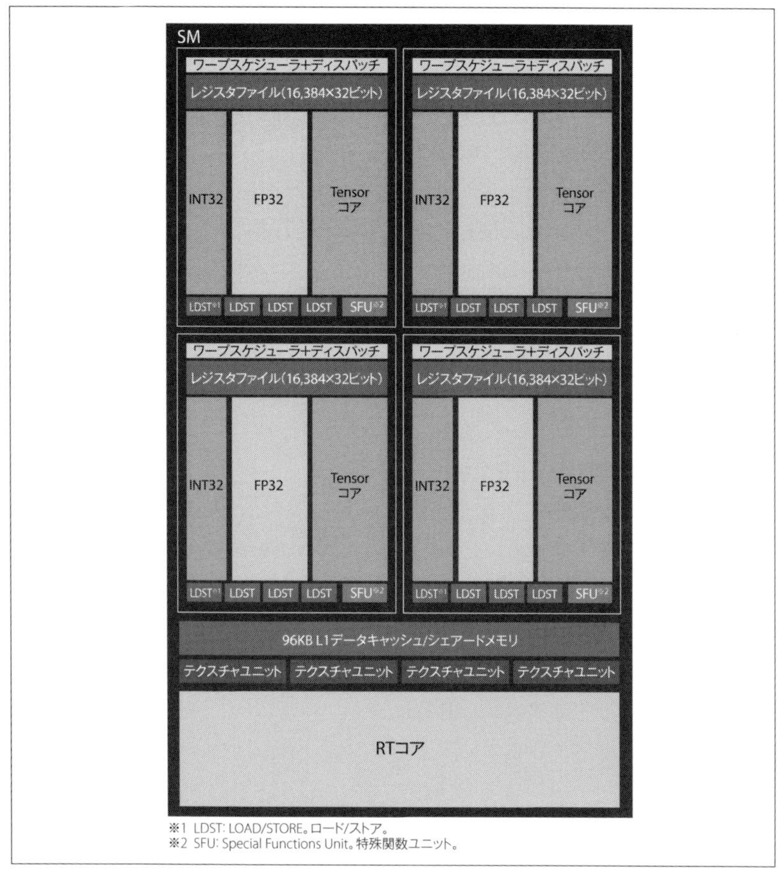

※ 出典:「NVIDIA Turing GPU Architecture」(2018)

そして、演算器は整数演算(INT32)を行うユニットが64個、浮動小数点演算(FP32)を行うユニットが64個あります。倍精度浮動小数点演算(FP64)を行うユニットは、PascalのSMでは32個でしたが、Turingは科学技術計算はメインターゲットではないので、FP64演算を行うユニットは2個に減らしています(図中にはない)。そして、「LDST」と書かれたロード/ストアユニットが

注6 1KiBは1,024バイト。

16個、逆数、三角関数などを計算するSFU(*Special Function Unit*)が4個存在します。コアはA × B + CというFP32の積和演算を実行するので積と和が各1演算で、ピーク演算性能は2演算/クロックということになります。なお、Turing GPUではINT32とFP32の演算器が独立に動作できるようになりました。FP32の積和演算が連続しているときでも、整数のインデックス計算が混ざるのは一般的で、そのぶん、30%あまりのサイクルが整数命令の発行に使われていましたが、Turingでは、連続してFP32命令が発行ができるようになり、SMの性能が向上しています。

TU102チップには68個のSMがあり、それぞれが64個のCUDAコアを含んでいますから、全部で64 × 68=4,352の32ビット単精度(FP32、32ビットの浮動小数点数)の積和演算器があることになります。GPUのクロック周波数は1,545MHz(ターボブースト時)なので、FP32演算のピーク演算性能は13.4TFlopsとなります。なお、ベースクロックは1,350MHzで、この場合のピーク演算性能は11.75TFlopsとなります。

■………… FP32に加えてFP16をサポートする演算器

GPUの演算系は32ビットのデータを扱うというのが一般的で、NVIDIAのCUDAコアは32ビット幅のレジスタファイルを持ち、単精度浮動小数点(FP32)の積和演算と32ビットの整数演算を行えるようになっています。なお、AMDのGPUも基本は32ビットで、CUDAコアに相当する演算器は浮動小数点演算はFP32をサポートしていますが、整数演算は24ビットしかサポートしておらず、条件分岐などのアドレス計算はスカラーユニット(*Scalar unit*)という部分で行うようになっています。

GPUは32ビットのデータを扱うのが基本で、データの供給や結果を格納するレジスタファイルのデータ幅は32ビットという構造で作られており、64ビットのデータを扱う場合は、32ビットずつ2回に分けて処理をしています。

そして、2016年のPascal以降のGPUでは32ビットFP演算器を半分にして2つの半精度浮動小数点数の演算(FP16)をサポートしました。最近流行のディープラーニングでは個々の演算の精度はあまり必要なく(p.150のコラムを参照)、16ビット浮動小数点数で計算してもほとんど結果が変わりません。FP16を使うと、FP32と比べて単位時間あたりの演算数を2倍に向上できますし、データを格納するメモリも半分、必要なメモリバンド幅も半分で済み、実質上処理性能を2倍に向上できます。その次のVoltaでは、TensorコアでFP16の行列積の計算と加算をサポートしました。そして、TuringではTensor

コアでFP16だけでなく、INT8、INT4の行列積和のサポートが加わりました。

なお、GPUの基本構造は32ビットですから、FP16は2つのFP16演算器で計算を並列に実行するSIMD命令として、レジスタファイルの読み書きは32ビット幅で行うようになっています。

このような実装になっているので、TU102 GPUの半精度のFP16のピーク演算性能は107.6TFlops（加算がFP16の場合）、INT8のピーク演算性能は215.2TOPS、INT4ではその2倍の430.3TOPSとなります。

NVIDIAのTensorコア

GoogleがTPU（後述）を自社開発し、ディープラーニング演算の性能を高めたのと時を同じくして、NVIDIAはVolta GPUの行列乗算用の演算ユニットである**Tensorコア**を搭載しました。Tensorコアは4×4の行列の積和（積を計算し、それを足し込んでいく）を計算するユニットとして示されています（**図4.10**）。

図4.10 Tensorコアの演算※

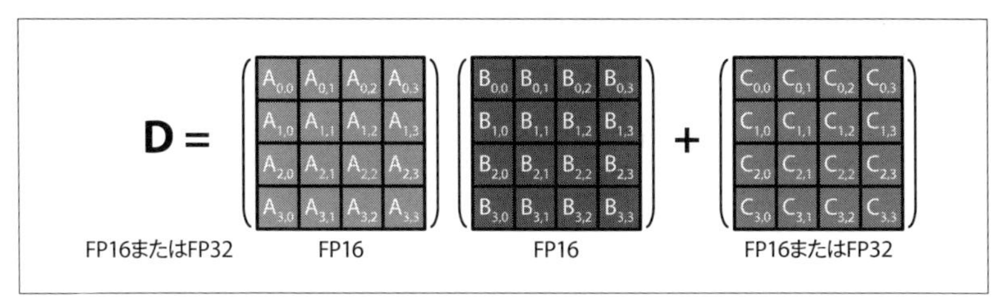

※ 出典：「NVIDIA Tesla V100 GPU Architecture」(2017)

しかし、Citadel Securitiesの調査（Zhe Jia氏ほか）[注7]では8×8の行列積の計算を行っていると報告されており、4×4は図を1ページに収めて説明をわかりやすくするためにサイズを小さくしたもののようです。

8×8の行列の積の計算の入力は、重み8個、入力8個ですが、重みがメモリに格納されていれば8個の入力だけを読めば、8×8×8＝512回の乗算と加算ができます。この場合、一度読んだ値を64回の演算で使うことができ、GPUの演算器のフルの性能を発揮することができます。

個々の計算は**図4.11**のように行われ、Tensorコアでの行列積の計算では114 TOPSという高い性能を発揮します（Tensorコアについては8.2節で改めて解説）。

注7 「Dissecting the NVIDIA Volta GPU Architecture via Microbenchmarking」(2018)

図4.11 個々の演算※

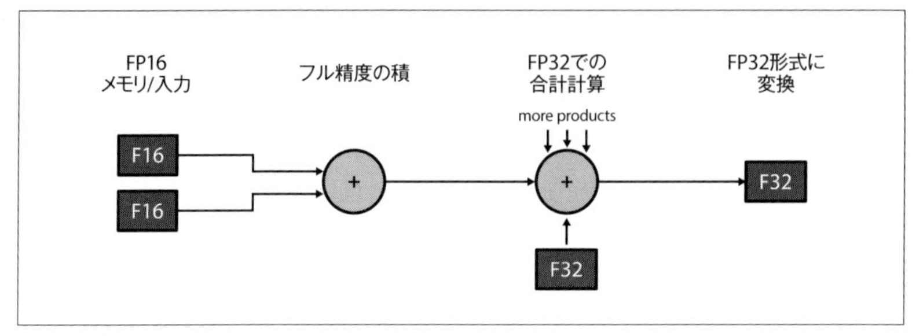

※ 出典:「NVIDIA Tesla V100 GPU Architecture」(2017)
Tensorコアの演算はFP16で精度低下なしに掛け算を行い、FP32で足し込みを行う。そして、出力はFP32、またはFP16に変換して出力する。

Column

ディープラーニングの計算と演算精度

ディープラーニングでは、多層の模擬的なニューロン回路を作って計算を行います(第7章で後述)。各ニューロンは、数十~数千個の、直前の層のニューロンからの信号にそれぞれの入力の重みを掛けて全入力信号の総和を計算します。これはGPUの得意な積和演算です。

ニューラルネットワークは元々ノイズに強い性質があり、個々の入力に多少の誤差があっても誤差に偏りがなければ両方向の誤差が打ち消し合うので、結果はあまり変わりません。また、トレーニング用データをあまり学習させると、トレーニングデータの識別はよりうまくできるようになりますが、テスト用の大量のデータを認識させると逆に正解率が落ちてしまうという「過学習」が起こります。

このため、学習の過程ではわざとランダムに入力をゼロにするというノイズを入れて学習させたりしています。このように、ディープラーニングの計算では数値計算のような高い精度は重要ではなく、FP32でなくてもFP16で大丈夫と言われています[注a]。そして、オーバーフローの問題があるのでスケーリングが必要ですが、Googleのディープラーニング用のフレークワークであるTensorFlowでは8ビット整数でも計算を行うことができるようになっており[注b]、Googleが開発した推論用のカスタムASICのTPU(*Tensor Processing Unit*、後述)は8ビットで演算を行っています。このため、NVIDIAもTuringのTensorコアではINT8とINT4をサポートしています。

注a Kaiyun Guo et. al.「From Model to FPGA:Software-Hardware Co-Design for Efficient Neural Network Acceleration」(Hot Chips 28、2016)が参考になります。

注b URL https://petewarden.com/2016/05/03/how-to-quantize-neural-networks-with-tensorflow/

GPUのメモリシステム 演算器に直結した高速な最上位の記憶レジスタファイルから

GPUの記憶階層はCPUとほぼ同じで、演算器に直結した高速のレジスタファイルが最上位の階層で、その下にL1キャッシュとL2キャッシュの階層を持っています。そして、その下がGDDR5/6 DRAMなどで作られる大容量のデバイスメモリという階層になっています。また、CPUとは異なる点は、L1キャッシュと同レベルの独立メモリである**シェアードメモリ**を持っていることです。

NVIDIA GPUはRISCプロセッサ（p.152のコラムを参照）と同じで、演算の入力オペランドも出力オペランドもレジスタを使うという形式の命令になっています。そして、Turing GPUはSMあたり65,536個の32ビットレジスタを持っています。こう聞くと膨大にレジスタがあると思うかもしれませんが、これは1ワープ32スレッド分ですから1スレッド分[注8]は2,048エントリのレジスタで、**図4.12**に示すようにこれが32スレッド分並んでいるわけです。

図4.12 64K × 32ビットのレジスタファイルはレーンごとに分割されている

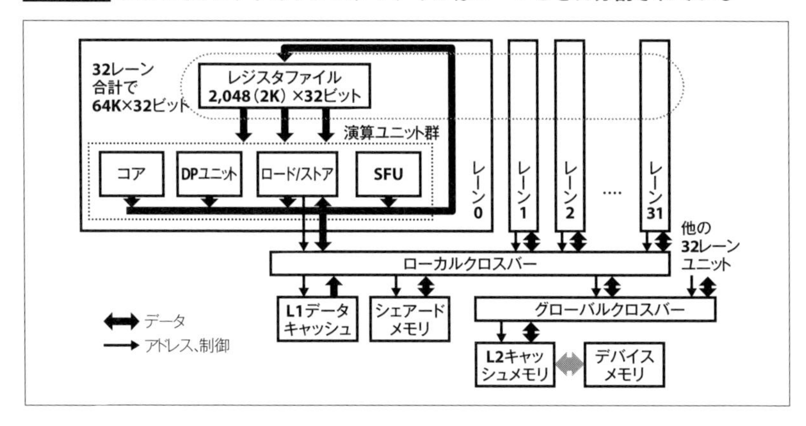

1つのワープの中でもスレッドごとに論理的には別のプロセッサですから、レジスタファイルがこのように分割されていて良いのですが、隣のスレッドのレジスタファイルをアクセスすることはできず、スレッド間でデータのやり取りを行う場合は次に述べるシェアードメモリを使う必要があります。

しかし、別スレッドとのデータ交換が必要な場合もあり、NVIDIAのGPU

注8　ハードウェアを指す場合は1レーン（*Lane*）と呼びます。

はシャッフル命令（shuffle/shfl）という命令を持っています。シャッフル命令はいろいろな順番にスレッド番号を入れ替えて他のスレッドのレジスタを読むことができるという命令で、この命令を使えばシェアードメモリを使うよりも少ないオーバーヘッドで別スレッドのレジスタを読むことができます。

そして、この65,536個のレジスタは、SMで並列に実行されるすべてのワープで共用され、ワープの実行開始から終了まで使っているエントリが確保されます。SMが並列に実行できるワープ数はプールサイズの64ワープですから、この最大数のワープを同時に実行する場合はスレッドあたりのレジスタ数は平均32個ということになり、一般的なRISCプロセッサ（たとえばARMv8）と同じレジスタ数です。

Column

RISCとCISC

Intelのx86プロセッサは、メモリのアドレスを指定して、そのアドレスのデータを演算の入力データとしたり、演算結果をそのアドレスに格納したりすることができる命令アーキテクチャになっています。レジスタ番号の指定は数ビットで済みますが、メモリアドレスの指定には長いビット列が必要になりますから、Intel x86アーキテクチャのプロセッサは、最低は8ビットから最大は128ビットまでの可変長の命令を使っています。

可変長の命令は機能は豊富なのですが、ハードウェアが複雑になってしまうという問題があります。このアンチテーゼとして『Computer Architecture』（通称ヘネパタ本）[注a]の著者であるJohn L. HennessyやDavid A. Patterson等が提唱したのが、オペランドはレジスタだけに限定し、命令の長さを固定長にするというアーキテクチャです。構造が簡単でクロック周波数も高くしやすいというメリットもあります。

Patterson等は、このアーキテクチャを「Reduced Instruction Set Computer」（**RISC**）と呼び、可変長命令の従来のアーキテクチャを「Complex Instruction Set Computer」（**CISC**）と呼びました。

GPUはオペランドはレジスタに限定し、命令は32ビット長と64ビット長を混在させるものもありますが、どちらかというと固定長的な命令で、RISCの流れを汲んでいるプロセッサです。

なお、ハードウェアの作りとしてはRISCの方が簡素で、クロックを高めて性能を上げやすいこともあり、現在ではx86プロセッサも内部でCISC命令をRISC命令に変換して実行するという方法が採られています。

注a　本書原稿執筆時点で、『Computer Architecture, Sixth Edition: A Quantitative Approach』（The Morgan Kaufmann Series in Computer Architecture and Design、2017）が最新版。

しかし、マルチスレッドのRISCプロセッサの場合は、スレッドあたり32レジスタ固定ですが、NVIDIAのGPUの場合は1つのスレッドで最大255個のレジスタを使用することができます。多くのレジスタを使えばレジスタの内容をメモリに退避、復元する手間を減らせるので、性能を改善することができます。なお、使用レジスタ数は、コンパイル時にオプションのパラメータで指定することができます。

しかし、平均的には32レジスタしかないので、たくさんのレジスタを使うスレッドを作ると他のスレッドは8個のレジスタしか使えないというようなことが起こります。それでも、頻繁に実行されるスレッド(ワープ。プログラミング的には関数)にはたくさんのレジスタを割り当て、実行頻度の低いスレッド(ワープ)は性能が低くても問題にならないので割り当てるレジスタ数を少なくするチューニング(これらの関数で使用レジスタ数を調整するように指定してコンパイルする)は、全体の性能を改善するという観点では有効です。

■…………シェアードメモリ

シェアードメモリ(*Shared memory*)はGPUに特有のメモリで、Turing GPUの場合はSMごとに96KiBのデータキャッシュと共用のメモリがあります。32レーンで共用されるSMごとのメモリですから、そのSMで実行されるどのスレッドからもシェアードメモリのアドレスを指定してアクセスすることができます。一方、このメモリは、他のSMで実行されるスレッドからはアクセスできません。

前に述べたように、`func<<<Nb,Nt>>>(a, b, c);`で実行されるスレッドの内のブロック番号が同じスレッドは同じSMで実行されるので、それらのスレッドの間ではシェアードメモリ経由でデータのやり取りができます。一方、ブロック番号の異なるスレッドは同じSMで実行されるとは限りませんので、シェアードメモリ経由ではデータのやり取りはできません。異なるブロック番号のスレッドの間でデータのやり取りを行う場合は、デバイスメモリを経由する必要があります。

■…………ロード/ストアユニットとリプレイ

一般に、レジスタの内容を使って計算されるメモリアドレスはスレッドごとに異なり、メモリアクセス命令は最大32の異なるアドレスへのアクセスを発生します。

ロード/ストアユニットは、メモリとの間で128バイト境界にアライン(*aline*、整列、調整)された128バイト単位でデータのやり取りをし、そのデータを格納する128バイトのバッファを持っています。そして、アクセスする32個のアドレスがこの128バイトの中に入っていれば、同時に読み出しを行うことができるようになっています(**図4.13**)。32スレッドが128バイトの境界から始まって連続した4バイトデータをアクセスする場合や、32スレッドが同じアドレスをアクセスする場合などが、並列に処理できる典型的なケースです。

図4.13 **32個すべてのアクセスがアラインされた128バイトに収まるケース**

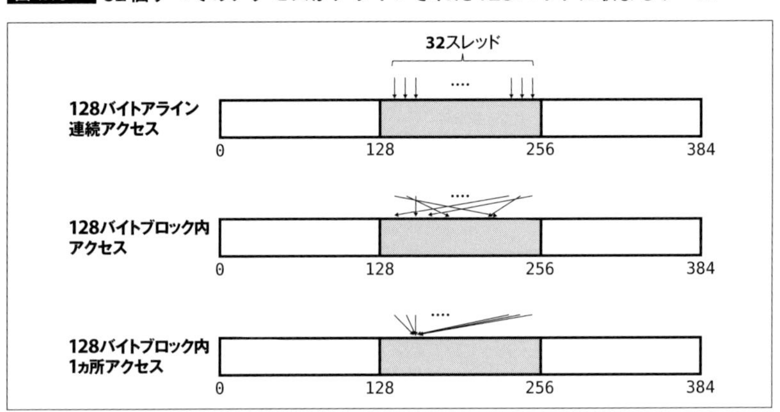

一方、128バイトに収まらないアドレスへのアクセスがある場合には、そのアドレスを含む128バイトをメモリからバッファに読み出して、そのアドレスをアクセスするスレッドのメモリアクセスを処理します。この追加のメモリからの128バイトのバッファへの読み出しをNVIDIAは**リプレイ**(*Replay*)と呼んでいます。**図4.14**の上側の「非アライン128バイト連続アクセス」は、連続128バイトのアクセスですが、128バイト境界にアラインされていないため、リプレイが必要になっています。図4.14の下側の「複数ブロックアクセス」のケースはバラバラのアクセスで、3つの128バイトブロックへのアクセスが必要となっています。

リプレイを行ってもまだカバーできないアドレスへのアクセスが残っている場合は、再度リプレイを行います。32個のアクセスのアドレスがすべて異なる128バイトブロックに分かれている場合は、最初のアクセスと31回のリプレイが必要になり、ロード命令の処理時間が非常に長くなってしまいます。どうしてもこのようなアクセスが必要な場合は仕方がありませんが、できるだけリプレイの回数を減らすようにプログラムを作ることが望ましいと言えます。

なお、同一のアドレスへの書き込みが重なった場合は順番に書き込みが行われ、最後に書き込まれたデータが残ることになりますが、どのような順序で書き込まれるかは不定です。

図4.14 リプレイが必要となる例

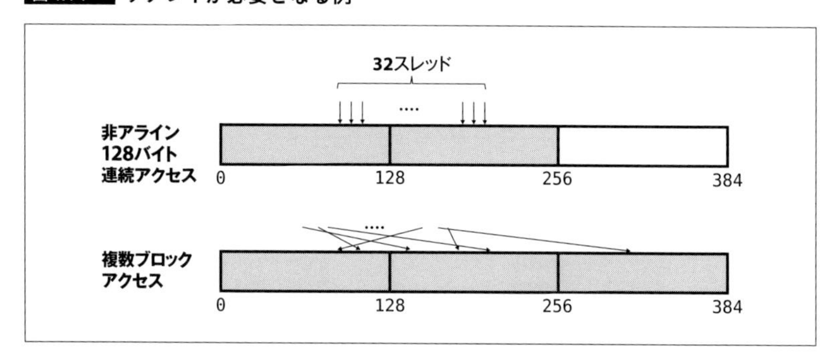

■……L1データキャッシュ

NVIDIAのGPUのL1データキャッシュの構造はFermi、Maxwell、Pascalと世代ごとに変わってきています。Turing GPUでは、L1データキャッシュはテクスチャキャッシュと一体に作られた96KiBのメモリとなっています。

なお、SMはL1命令キャッシュを持っていますが、命令キャッシュはRead-onlyなので、書き込みアクセスはなく、スヌープの必要はありません。

■……L2キャッシュとデバイスメモリの関係

図4.15に示すように、CPUのL2(あるいはL3)キャッシュとメインメモリの間にはクロスバー(*Crossbar*)があり、L2、L3キャッシュはDRAMメモリのどのアドレスのデータでも格納しますが、GPUのL2キャッシュのスライス(L2キャッシュを分割した1つの部分)は、デバイスメモリを構成するGDDRメモリと一対一に作られ、対応するGDDRメモリのデータだけをキャッシュするという造りになっています。この構造は、キャッシュ(L2)がプロセッサ側ではなくメモリ側にあるので**メモリサイドキャッシュ**(*Memory-side cache*)と呼ばれます。

デバイスメモリにはユニークなアドレスが付けられていますから、別々の

図4.15 CPUとGPUのメモリ構造の違い

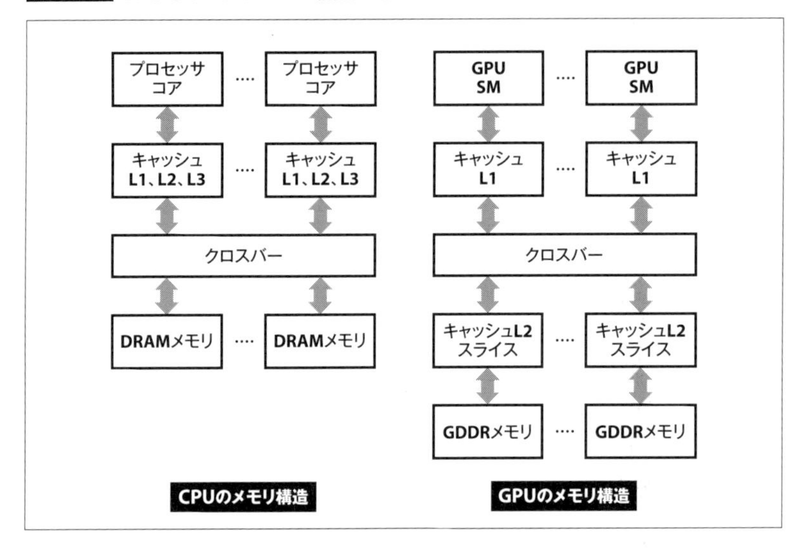

L2キャッシュスライスがデバイスメモリ上の同じアドレスのデータをキャッシュするということは起こりません。したがって、他のキャッシュスライスとの間で同じアドレスのはずのデータの値が異なっているというコヒーレンスの問題は、原理的に発生しない構造です。

問題はデバイスメモリのアドレスと使われるGDDRメモリ、それに対応するL2キャッシュスライスが固定されているため、プログラムが使用するアドレスが1つのGDDRメモリにかたまってしまうと、1つのGDDRメモリとL2キャッシュスライスのペアだけが動作して、他のGDDRメモリとL2キャッシュスライスが遊んでしまうことです。これについては、通常、8～16個程度のGDDRメモリが使われますが、アドレスをハッシュして、プログラムからは連続アドレスをアクセスしても、メモリチップに振られた物理アドレスではすべてのメモリチップにアクセスがばらまかれるようになっています。

デバイスメモリのテクノロジー

GPUで処理されるデータはデバイスメモリに格納されます。GPUのデバイスメモリは、描画プリミティブの頂点データ、テクスチャ、後ろに隠れるピクセルを判定して除去するZバッファ、表示するピクセルを格納するフレームバッファと描画計算の中間結果などを格納するのに使われます。また、デバイスメモリは科学技術計算のデータ、ニューラルネットワークの重みやデータを格納するためにも使われます。

ハイエンドのGPUの場合、デバイスメモリには12〜16個のGDDR5/6メモリを使っています。4バイト(32ビット)×12個×14GHzの場合は、ピークバンド幅は672GB/sとなります。

本当にどれだけのメモリバンド幅が必要かは、どのような描画を行うか、どのような科学技術計算やニューラルネットワークの計算を行うかに依存します。

単純に、4K×4Kピクセルの画像の書き込みと表示のための読み出しだけであれば、16Mピクセル×3バイト(RGB)×60FPS×2(WriteとRead)=5.76GB/sで済みますが、Zバッファのアクセスも必要です。実は最近の3Dゲームなどでは、描画した画面の品質を向上させるために大量のテクスチャデータを使っており、デバイスメモリのバンド幅の半分以上がテクスチャデータのアクセスに使われることも珍しくないようです。

そして、解像度の向上や、ヘッドマウントディスプレイ(*Head Mount Display*、HMD)で見るAR(*Augmented Reality*、補助現実)やVR(*Virtual Reality*、仮想現実)などでは、左右の眼に対応する2つの絵を描画する必要があり、これを100FPS程度の速度で描画を行わないと違和感があって酔ってしまうなど、より高速の描画が必要となり、それに応じてメモリバンド幅もより多く必要になります。

また、AR/VRではユーザーが頭の向きを変えると別の景色が見えるのですから、テクスチャを含む表示データの量も多く必要になるという状況になっています。

科学技術計算では4Byte/DP Flop[注9]のメモリバンド幅が必要と言われた時代もありましたが、ムーアの法則で演算性能が上がるほどにはメモリバンド幅は向上せず、スーパーコンピュータ「京」ではメモリバンド幅とピーク演算能力の比は0.5Byte/Flop程度、「富岳」では0.33Byte/Flop程度になっています。これと同じ比率を保とうとすると、14TFlops(FP32)のTuringアーキテクチャのTU102 GPUでは3.5TB/sのメモリバンド幅が必要ということになります。

ハイエンドGPUに使われているGDDR6 DRAMは、1チップから32ビット幅のデータを読み書きできるようになっており、データ伝送速度も12Gbps

注9 倍精度(*Double Precision*、**DP**)浮動小数点演算1回あたり4バイト。最近では倍精度、単精度、半精度の浮動小数点演算が使われており、どの精度のFlopかを明確にするためにDP Flopのように書く場合があります。ただし、精度の記述のない単なるFlopと書かれる場合も多いです。

(*Giga bit per second*)や14Gbpsという高速です。CPUに使用されるDDR4 DRAMが8ビット程度の幅の読み書きで、データ伝送速度が3.3Gbps程度であるのと比べると、GDDR5メモリはビット幅で4倍、伝送速度でも4倍ですから、DRAMチップあたりでは16倍のバンド幅を持っています。しかし、それでもメモリバンド幅は700GB/sに届いておらず、3.5TB/sの要求とは大きな差があります。

GDDR5やGDDR6メモリは6〜14Gbpsという非常に高速の信号伝送を使っているので、GPUとGDDRメモリは短い配線で一対一に接続する必要があります。このため、容量が16Gビット(2GB)のGDDR6メモリを12個搭載した場合、デバイスメモリは24GB固定となり、メモリ容量を増やすには搭載するGDDRメモリを大容量のものにするか、あるいは搭載チップ数を増やす必要があります。しかし、これは普通のユーザーにはできません。

これに対して、メモリチップを薄く研磨して4枚や8枚ほど積層し、その間をTSV(*Through Silicon Via*)で接続する3D実装テクノロジーを使う**HBM**(*High Bandwidth Memory*)というものが出てきました。TSVは微細なので多数の信号線を接続できます。また、寄生容量[注10]が小さく、消費電力を抑えて高いバンド幅が得られます。このHBMを最初に商用GPUに使用したのはAMDのRadeon FuryX R9というGPUです。そして、NVIDIAの科学技術計算向けのTesla P100 GPUでは、DRAMチップを4枚積層した**HBM2**というメモリを4個使っています。

なお、性能的にはTitan RTX GPUでもHBM2を使った方が良いのですが、3次元実装のHBM2はGDDR6に比べるとかなりコストが高いので、$7,000〜8,000と言われるTesla V100には使えても、PC用としては破格に高いと言っても$1,000くらいのRTX 2080 Tiでは使えなかったようです。HBMおよびHBM2について詳しくは第6章で取り上げます。

ワープスケジューラ 演算レイテンシを隠す

CPUの場合は高速の演算器を使い、リザルトバイパス[注11]などの手法を使って直前の命令の演算結果を直後の命令で使えるようにしていますが、GPU

注10 ピンに付いている静電容量。ピンの信号をスイッチすると充放電されエネルギーを消費します。
注11 Result bypass。演算器の出力をレジスタをバイパスして、次の演算に使用する手法。

の場合はレジスタから入力オペランドを読み出して、演算して結果をレジスタファイルに書き込むには5～10サイクル程度掛かります。これが演算レイテンシです。たとえばA＋B➡Cを計算する命令とC×D➡Eという命令はこのレイテンシ以上離れていないと、前の命令の結果のCの計算が終わっておらず結果が使えないために待ち時間が発生してしまいます。

図4.16のワープ8の命令12の結果を使う命令は、一番早い場合でもワープ8の命令13です。したがって、ワープ8の命令13の発行までに、ワープ8の命令12の結果が使用可能になっていれば無駄な待ち時間は発生しません。このためワープスケジューラはワープ8の命令11、12を発行した後はワーププールの中からできるだけワープ8以外のワープの命令を発行しようとします。

図4.16 ワープスケジューラの命令の発行の状況の例※

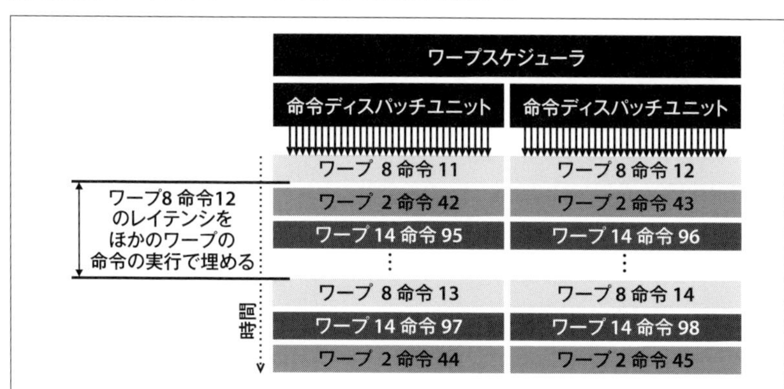

※ 出典：「Whitepaper NVIDIA's Next Generation CUDATM Compute Architecture：Kepler GK110」(2012)

Turing GPUの場合は32ワープ分のプールがあるので、その中から実行可能な10個の他のワープの命令を選び出して実行していくことは難しくありませんが、ワーププールに残っているワープが少なくなってくると演算レイテンシを隠しきれなくなるケースが出てきます。

なお、ワープ8の命令13、14は、ワープ8の命令11、12の結果を使わないで、命令15、16が命令11、12の結果を使う場合は、より少ないワープで間に合います。したがって、ワーププールに10個のワープが残っていなくても必ず待ちが発生するとは限りません。つまり、普通のCPUのプログラムでも使われる、演算命令とその結果を使う命令を引き離すというプログラミングは

GPUでも効果があります。

メモリアクセスレイテンシを隠すには?

GPUのデバイスメモリを読み出すには、数百サイクルを必要とします。このため、メモリを読むロード命令の結果を使う命令の実行までには数百サイクルの時間が必要です。このため、ロード命令の結果を使うワープの実行はしばらく止まってしまいます。

しかし、ワープスケジューラは、32ワープ分のプールから実行可能なワープを見つけて実行ユニットに発行するという動作を続けていますから、実行可能な他のワープが十分に残っていれば、演算ユニットは遊んでしまうことなく働き続けられます。

また、事前にプリフェッチを行ってデータをキャッシュやレジスタに入れておく、あるいはロード命令とその結果の読み出しデータを使う命令をできるだけ引き離すというプログラミングはロード命令の待ち時間を減らすのに有効です。

NVIDIA GPUは、できるだけ32の倍数のスレッドで実行する

4.1節で説明したように、NVIDIAのGPUはワープと呼ぶ32スレッドを一まとめにして実行します。そのため、実行するスレッド数が足りない場合には、ダミーのスレッドを加えて32スレッドにして実行します。この場合、ダミーのスレッドは役に立つ演算は行わないので、演算器が遊んでいる状態になります。したがって、スレッドブロックに含まれるスレッドの数は32の倍数とすると無駄を減らすことができます。

プレディケート実行 条件分岐を実現する

4.1節のSIMT方式での条件分岐の実現で述べたように、SIMT GPUは命令に付けた**プレディケート**で、その命令を実行したり無視したりするという方法で条件分岐を実現しています。

条件分岐の場合は、演算結果の正負などを条件コードレジスタに記憶させますが、プレディケート実行を行う場合は、setp命令を使用して2つのデータを比較して、その結果を**プレディケートレジスタ**に記憶させます。たとえば、setp命令の比較演算がLT(*Less Than*)で比較するデータがA<Bであれば、プレ

ディケートレジスタには1が記憶されます。一方、比較するデータがA>=Bの場合はプレディケートレジスタには0が記憶されます。

物理的なプレディケートレジスタの個数は公開されていませんが、NVIDIAの仮想アセンブラであるPTX（*Parallel Thread Execution*）のマニュアルにはプレディケートレジスタは「仮想的」と書かれており、何個でも定義することができるようです。

実行命令にはプレディケートレジスタを選択するビットと指定されたプレディケートレジスタの値をそのまま使う、プレディケートの値を反転して使う、プレディケートの値を無視するといった選択を指定するビットを付けることができます。そして、それぞれの命令の実行にあたって、選択されたプレディケートの値が1の場合は命令は普通に実行されますが、0の場合は命令の実行によって引き起こされるすべての状態変更は行われないという動作を行います。つまり、演算結果のレジスタファイルへの書き込みは行われませんし、実行する演算がオーバーフローなどの異常を引き起こしてもその異常も通知されません。

なお、プレディケートを無視する場合はプレディケートレジスタの値にかかわらず、命令は実行されることになります。

このような動作を行う回路は、論理的には**図4.17**のようになっていると考えられます。しかし、どのようにプレディケートレジスタを仮想化しているかについては公開された情報はありません。

図4.17 **1スレッド分のプレディケート実行を行う回路**

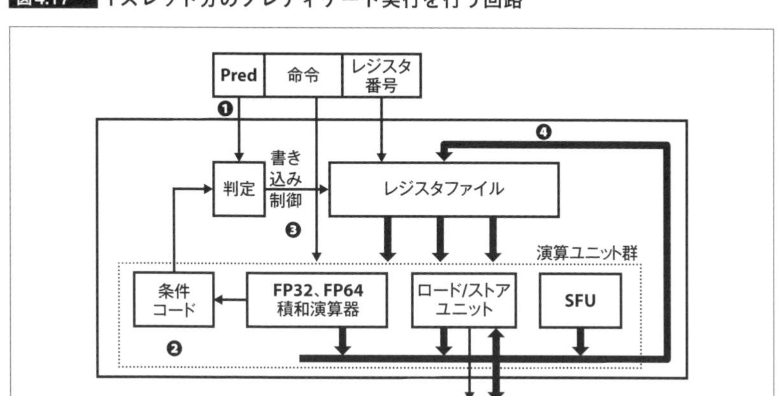

図4.17の回路は、まずsetp命令での❷条件比較の結果をプレディケートレジスタに記憶させます。そして、以降の命令を実行するときには、命令に付けられた❶プレディケート選択指定に従ってプレディケートの値を選択し、❸で❹演算結果をレジスタファイルに書き込むかどうかを決定します。

演算結果をレジスタファイルに書き込めば命令は実行されたことになりますが、演算結果をレジスタファイルに書き込まず捨ててしまえば命令を実行しなかったのと同じことになります。図4.17の回路では命令を無視する場合、演算結果のレジスタファイルへの書き込みを禁止するだけですが、結果を使わないなら入力オペランドの読み込みも演算の実行も無駄な電力を消費するだけですから、実際の回路ではこれらの動作も止めています。

4.1節で説明したように、`if(条件) then～else～`の場合、then句の中の命令には条件が成立した場合には実行するというプレディケートを付けておきます。そして、else句の中の命令には条件が不成立の場合に実行するというプレディケートを付けておきます。CUDAなどの高級言語でプログラムを書いた場合はもちろん、これはコンパイラがやってくれます。

そうすると、条件が成立したスレッドではthen句の中の命令が実行され、else句の中の命令は実行されません。一方、条件が不成立のスレッドではthen句の中の命令は実行されず、else句の中の命令だけが実行されます。ということで、ワープの中のスレッドはすべて同じ命令を実行していますが、条件分岐を使う`if(条件) then～else～`と同じ処理を行うことができます。

このように、ワープの中のスレッドの動きが揃っていない実行を**スレッド**

図4.B(再掲) **プレディケート実行を使ったif～then～elseの実行**

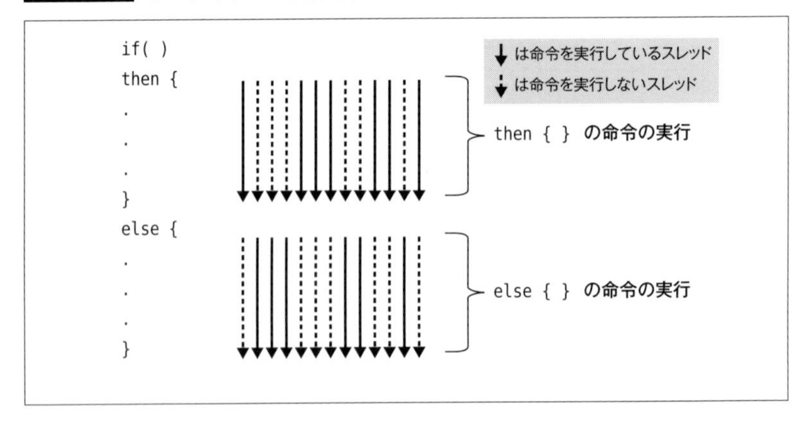

ダイバージェンス（*Thread divergence*）と言います。しかし、前ページの**図4.B**（図4.4の再掲）からわかるように、どのスレッドもthen句とelse句の両方の命令を実行するのと同じ時間が掛かります。このように、スレッドダイバージェンスが起こると演算器などの利用効率が下がるので、ワープ内で分岐方向の異なるような条件分岐はできるだけ使わない、やむを得ず使う場合でもthen句やelse句の部分はできるだけ短くすることが重要です。

4.3 AMDとArmのSIMT方式のGPU

AMD RDNAアーキテクチャとArm Bifrost GPU

ここまでは、NVIDIAのGPUを取り上げていろいろな機能や構造を説明してきました。他社のGPUも超並列のSIMTアーキテクチャであり似ている点が多いのですが、当然それぞれに特徴があり異なっている点があります。本節では、AMDのRDNAアーキテクチャのGPUとArmのBifrost GPUを取り上げて説明をしていきます。

AMD RDNAアーキテクチャGPU

AMDのGPUは2012年に発表されたGCN（*Graphics Core Next*）というアーキテクチャを使ってきましたが、2019年11月に新アーキテクチャ「RDNA」（一説にはRadeon DNAの略）を発表しました。AMDはGCNから新しいRDNAに移行することにより、性能/電力を50%改善したと述べています。なお、RDNAはゲーミング向けのGPUチップのアーキテクチャで、スーパーコンピュータなど向けにはCDNA（*Compute DNA*）というアーキテクチャを使うと発表しました。CDNAアーキテクチャやInstinct MI100 GPUについては8.4節で後述します。

図4.18はRDNAアーキテクチャのGPUであるRadeon RX 5700 XTのブロックダイアグラムです。これまでウェーブフロントは64スレッドのまとまりでしたが、32スレッドのWave32を作った点がRDNAでの大きな変更です。そして、この図で注目したい点はGCNでは64個の演算器を持っていたシェーダエンジンが「Dual Compute Unit」という区切りになったことです。Dual Compute Unitは、

32個の演算器を持つSIMDユニット4個で構成されています(**図4.19**)。

GCNでは1つのSIMDは16演算器で4サイクル同じ命令を実行するという方法で、64個のウェーブフロントを実行していました。これに対して、RDNAは各SIMDに32個の演算器を置き、32スレッドのWave32を1サイクルで実行できるという構成になりました(**図4.20**)。なお、CUは32個のレジスタを持ち、並列に演算を行うので、これを32要素のベクトルと記述している場合があります。また、RDNAではL1キャッシュが追加されるという大きなキャッシュ階層の変更が行われています(**図4.21**)。

図4.18 RDNAアーキテクチャのRT 5700 XTのブロックダイアグラム※

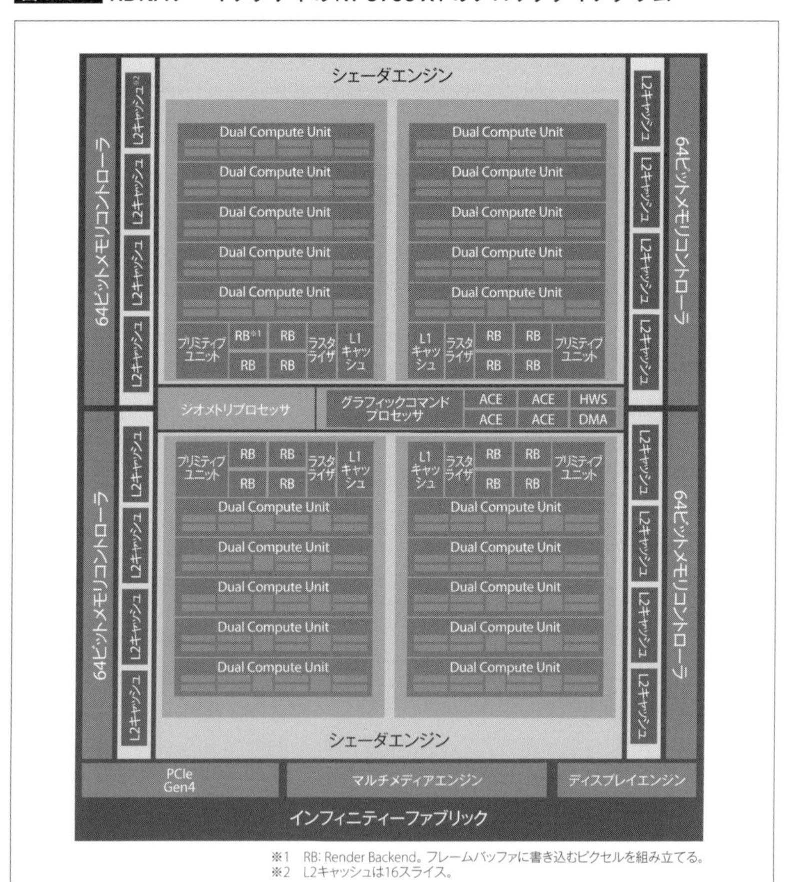

※ 出典:「Introducing RDNA Architecture」(2019)
演算ブロックの単位がDual Compute Unitとなった。

そして、2020年にリリースされたRDNA 2では性能/電力をさらに50%改善し、レイトレーシングや可変レートシェーディングの機能もサポートしました。一方、データセンターやスーパーコンピュータ向けのアーキテクチャであるCDNAでは、グラフィック機能は削除してそのチップ面積を科学技術計算やAI演算の強化に振り向けています。

図4.19 Dual Compute Unit※

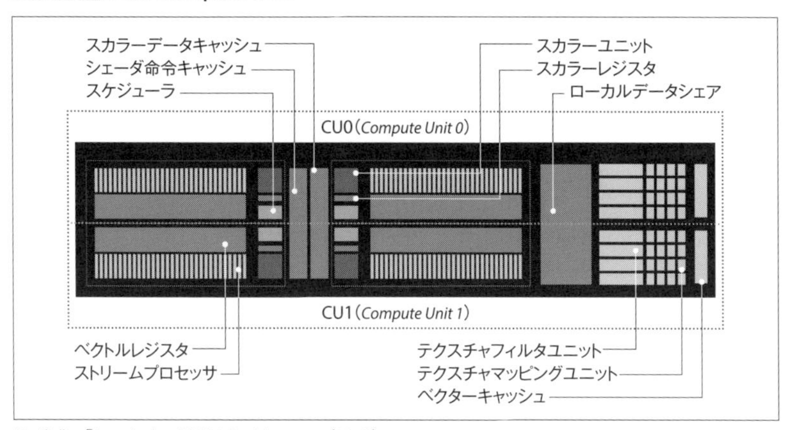

※ 出典:「Introducing RDNA Architecture」(2019)
2CUの図で、上半分がCU0、下半分がCU1。4つのSIMDがそれぞれ32個の演算器を持ち、32スレッドのWave32を1サイクルで実行可能。また、演算器はディープラーニング向けに混合精度の演算に対応。

図4.20 ベクトル実行エンジンの構成※

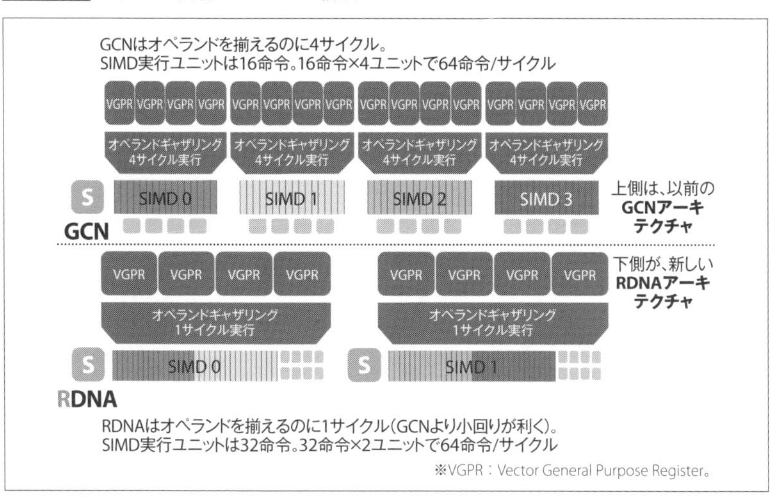

※ 出典:「Introducing RDNA Architecture」(2019)
上段がGCNの構成で、下段がRDNAの構成。RDNAでは32スレッドを1サイクルで処理できるので、レイテンシが1/4になり、性能が上がった。

図4.21 RDNAのキャッシュ階層※

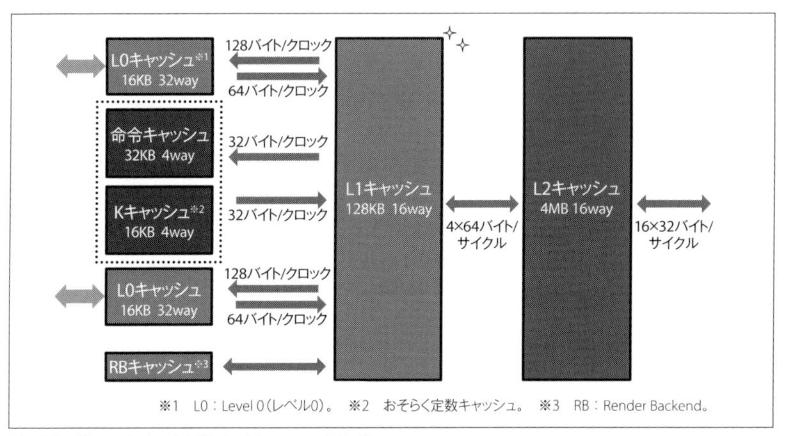

※ 出典：「Introducing RDNA Architecture」(2019)
L2キャッシュの手前にすべてのメモリアクセスをまとめるL1キャッシュが追加された。

スマートフォン用SoC

NVIDIA TU102 GPUは12nmプロセスで作られ、チップサイズは754mm^{2}と巨大です。トランジスタ数は18.6B(*Billion*)注12、消費電力はGDDR6メモリを含めて最大で260Wというモンスター級ですが、電池で駆動するスマートフォン用のSoCチップはこれほど電力を使うことはできません。

■…………スマートフォン用SoCは省電力

スマートフォンの電池は比較的大型のものでもバッテリー容量は3,000mAH程度で、電圧は3.7V程度ですから、11.1WH（*Watt Hour*、ワット時）のエネルギーしか蓄えられません。この電池で10時間スマートフォンが使えるためには、平均的な消費電力は1.11W以下に抑える必要があります。

スマートフォンは、この電力で液晶のバックライトを点灯させ、通話する場合は無線機を動かす必要があります。また、位置情報を得るGPS受信機も比較的大きい電力を必要とします。

Qualcommの Snapdragon 865 SoC（後述）は、CPUはKryo（クライオ）と呼ぶ64ビットArmアーキテクチャの自社開発のKryo 585 Silverを4コアとKryo 585 Goldを4コア

注12 Kが1,000、Mが100万を表すように、Bは10億を表します。

使うbig.LITTLE[注13]構成で、Kryo585 Goldは1コアは最大2.84GHzクロック、3コアは2.45GHzクロックで動作し、Kryo585 Silverは1.8GHzクロックで動作させています。GPUも自社開発であるAdreno 650を搭載しています。さらに、LPDDR4(*Low Power DDR4*)メモリ、NANDフラッシュメモリ(高密度の不揮発性半導体メモリ)、液晶ディスプレイ、カメラ、タッチパネル、加速度センサー、5G通信用のモデム、無線機能(GPS機能を含む)なども含めて、使える電力は平均1.11W、3時間の電池寿命という使い方でも4W以下ですから、GPUが使える電力はフル稼働時でも3〜4W程度がせいぜいではないかと思われます[注14]。

Adreno 650 GPUは32ビットのFP32の演算性能が1250GFlops程度ですからNVIDIAのTU102 GPUと比較すると1/10程度のハードウェア性能です。Adreno 650のクロックは600MHzとTU102の40%程度で、これで消費電力は10W程度という計算になります。そして、TU102が12nmプロセスを使っているのに対してAdreno 650は7nmプロセスですから12nmプロセスで作ったら5〜8W程度の消費電力になるという見積もりになるでしょう。この程度の消費電力であれば、スマートフォンの消費電力枠に収まると考えられます。

なお、スマートフォン用SoCは使用状態で大幅に消費電力が変化するので、ハイエンドGPUのように消費電力は発表されていません。

Arm Bifrost GPU

2016年8月にArm(当時ARM)はBifrostアーキテクチャを発表しました。これまでのMidgardアーキテクチャのGPUはSIMD方式の実行を行っていましたが、BifrostではSIMT方式の実行に変更されました。ハイエンドGPUコアであるMali-G71、Mali-G72に続いて2018年6月にMali-G76が登場し、ArmによるとG76は第3世代のBifrostアーキテクチャとのことです。

Arm Mali-G76 GPUの全体構造は**図4.22**のとおりです。シェーダコアはメッセージファブリック(*Message fabric*)[注15]、ロード/ストアユニットを経由してL2キャッシュのスライスに接続されています。そこから、L2キャッシュスライスを経由してメモリが接続されます。図4.22の上側には、CPUとのインタ

注13　big.LITTLEは高性能が必要なときは大型コアを使い、高性能が必要でないときは高性能コアを止めて小型、低電力コアを使い、消費電力を減らす手法で、スマートフォンなどではよく使用されています。

注14　補足しておくと、実際には使い方に依存しますが、ビデオデコードなどではGPUの演算器はあまり使われませんが、3Dのアクションゲームなどではフル稼働になると思われます。ピーク電力は10Wくらいになるようですが、最高に忙しい状態でも40%程度の使用率と見て3〜4Wとしています。

注15　Arm GPUの主要な実行ユニット間のデータ通信を行う通信路。

ーフェースとなるドライバソフトウェアと描画や計算処理などを行わせるタスクマネージャがあります。そして、下側の部分はタイリング方式(タイル方式、後述)の描画を行うユニット注16とMMU(*Memory Management Unit*、メモリ管理ユニット)が描かれています。

第3世代のBifrostアーキテクチャの大きな特徴は、実行レーンが4レーンから8レーンに増えたという点です注17。これで演算能力は倍増しました。

図4.22 Arm Mali-G76 GPUの全体構造※

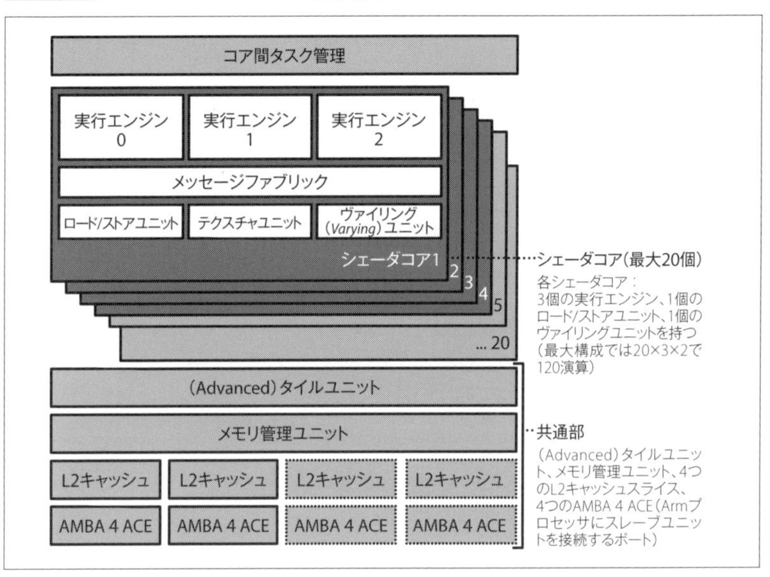

※ 出典：「Mali-G76」 URL https://developer.arm.com/ip-products/graphics-and-multimedia/mali-gpus/mali-g76-gpu

G76の各コアは3個の実行エンジンを持ち、G76の場合は最大20個のコアを接続できますから、最大60個の実行エンジンを持つGPUを作ることができるようになっています。

なお、ArmはCPUやGPUの設計をライセンスする会社で、自社ではCPUやGPUを含むSoCチップは作っていません。したがって、何個のシェーダコアを搭載するかは、ライセンスを受けた会社が自分の製品で必要な性能や許

注16 携帯電話などに使用されるSoCではメモリ容量やバンド幅の点でフルバッファにはできないので、タイリング方式を使っています。

注17 ということで8レーンであるのに、次に紹介する図4.23のQuadクリエータやQuadマネージャは違和感があるかもしれませんが、参考にした図に合わせる形でQuadと書いています。

容できる消費電力などを考えて判断することになります。

それぞれのシェーダコアは**図4.23**のようになっています。シェーダコアには3つの実行エンジンがあり、それぞれの実行エンジンは8レーン分の8個のFP32の積和演算器を備えています。

図4.23 シェーダコア※

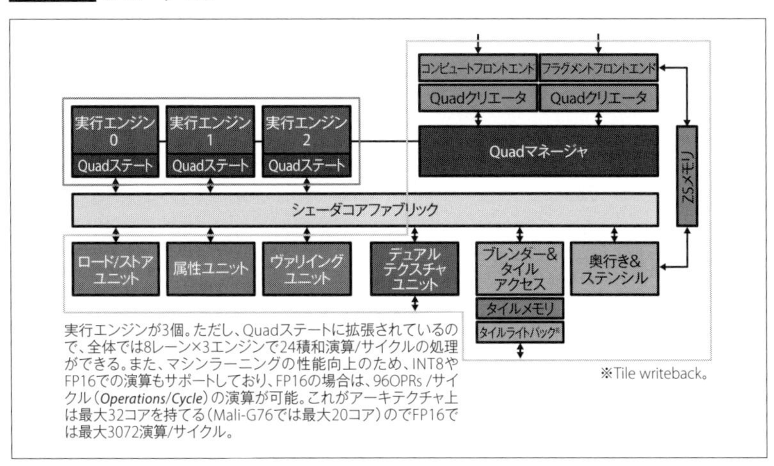

※ 参考:「The Bifrost GPU architecture and the ARM Mali-G71 GPU」(Hot Chips 28、2016)

単純化していうと、各シェーダコアはNVIDIAのCUDAコア24個分に相当し、20個のシェーダコアを搭載するとCUDAコア480個に相当します。そして、演算を行う実行エンジン以外に、メモリをアクセスするロード/ストアユニット、描画の属性を処理する属性(*Attribute*)ユニット、フラグメントシェーディングで使われるバリイング(*Varying*)ユニット、テクスチャを処理するテクスチャユニット、タイル方式の描画ユニット(図中のブレンダ/タイルアクセス、*Blender and tile access*)、Zバッファやステンシル(*Stencil*)の処理を行うユニット(図中の奥行き&ステンシル)と、それに必要なZSメモリを持っています。第3世代Bifrostでは、実行ユニットが倍増されているのに合わせてテクスチャユニットも倍増されています。

なお、ArmはMali-G77 GPUからは**Valhall**(ヴァルホール)という新しいアーキテクチャになり、ワープは16スレッドとなり、Mali-G77では実行エンジンは1つにまとめられていますが、2つの16スレッド演算クラスタが作られました。この構造は第3世代Bifrostと比べると無駄なスレッドは多くなる方向ですが、制御構造が簡単で性能が出しやすい構造で、Armによると40%性能が上がったとのことです。そして、2020年11月には第2世代Valhallアーキテクチャの Mali-G78 GPUを発表しました。Mali-G78はシェーダコアが最大24コアまで拡張が可能になった以外、ブロックダイアグラムレベルではG77と同じに見えますが、これらのシェーダコアとその他のジョブマネージャ、タイリングユニットなどの部分を異なるクロックで動せるようになった点が大きな違いです。これで、それぞれの動作状態に最適なクロック周波数で動かし、消費電力を減らせます。また、シェーダコアの積和演算器の設計を全面的に見直し、演算器の動作速度の向上や消費電力の削減を行っています。これらにより、G78は25%性能を上げ、10%エネルギー効率を改善したとのことです。

■タイリングで画面を分割して描画を処理

ディスクリートGPUの場合は、少なくとも数GBのGDDRメモリを持っていますから、このメモリにフレームバッファやZバッファを置くことができます。また、大量のテクスチャもデバイスメモリに格納されます。しかし、携帯機器の場合は、GDDRメモリのような消費電力の大きなメモリは使えません。LPDDR4/5メモリは搭載していますが、通常1チップだけで容量が1～4GiB程度と小さく、それもCPUと分け合って使う必要があります。また、メモリバンド幅も不足です。

このため、ArmのGPUのように、スマートフォンなどのSoCに内蔵されるGPUはタイリング(*Tiling*)という描画方法を使っています。タイリングは、表示画面を格子状に区切り、格子のそれぞれの長方形の領域(タイル)ごとにフラグメント処理を行っていくという方式です。

1つのタイルは、典型的には32 × 32ピクセル程度と面積は小さいので、GPUチップの中に、タイル1枚分のフレームバッファやZバッファのためのメモリを持たせることができます。チップに内蔵のメモリですから、高速でアクセスでき、メモリバンド幅も大きくとることができます。

32 × 32ピクセルのタイルで1,024 × 1,024ピクセルのスクリーンを処理する場合は32 × 32枚のタイルが必要になりますが、**図4.24**は模式的に4 × 4枚のタイルでタイリングを行う場合を示しています。❶の三角形は1つのタイルに収まっていますから、そのタイルに描画してしまえばおしまいです。❷の三角形は❶の三角形と同じですが、2つのタイルにまたがっているので、最初は上側のタイルに入る部分だけを切り出して描画し、下側のタイルの描画時には下側のタイルに入る部分だけを切り出して描画することになります。

❸の三角形は大きいので、6つのタイルにまたがっています。それぞれのタイルについて、そのタイルに入る部分を切り出してラスタライズなどの処理を行いますので、全部で6回の切り出し、描画の処理が繰り返されることになります。

このようにタイリングを行うと、タイルごとにその中に入る部分だけを切り出して描画することが必要になり、複数のタイルにかかるプリミティブは複数回の処理が必要になります。これは全画面サイズのバッファが使える場合には必要のない処理で、性能上のオーバーヘッドとなります。しかし、描画に必要なメモリは小さくすることができ、搭載できるメモリ量やメモリバンド幅に制約があるスマートフォンなどには適した方式です。

なお、タイリングを行ってもフレームバッファに書き込まれるピクセルの総数は変わりませんから、フラグメントシェーダの動作回数が増えるというわけではありません。

図4.24 携帯機器向けGPUではタイリングが使われる

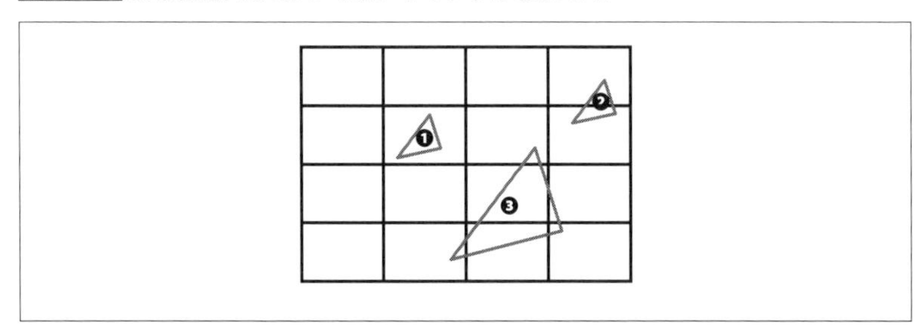

4.4 GPUの使い勝手を改善する最近の技術

ユニファイドメモリ、細粒度プリエンプション

GPUは、大量の浮動小数点演算器を搭載することで高いピーク演算性能を実現していますが、いろいろと使いにくいところがあります。その最たるものが、CPUのメモリとGPUのメモリが分かれていることです。この問題の軽減のために開発されている種々の技術について見ていきましょう。

なお、CPU内蔵GPUやスマートフォン用SoCなどでは、CPUとGPUが同じメモリを使っているのでこの問題はありません。

ユニファイドメモリアドレス

XeonやCore iシリーズのCPUにPCI Express経由でGPUを繋いだシステムでは、CPU側にはDDR3/4のDIMMを使ったメモリが付き、GPU側にはGDDR5/6などの高バンド幅メモリが付くという構造になります。CPU側の要求する大容量への拡張性と、GPU側が要求する高バンド幅の両方を同時に満足するメモリは存在しないので、これはやむを得ないところです。

しかし、2つのメモリが存在するので、GPUでの計算の入力データはCPUのメインメモリからGPUのデバイスメモリにコピーする必要があり、GPUの計算結果はCPUのメインメモリにコピーしてやる必要が出てきます。

コピーにDMAを使う場合、CPU側は通常仮想記憶を使っていますから、DMAするメモリページがディスクにスワップアウトされないように、ページをピン止め(I/Oデバイスからのアクセスがあるので、OSのメモリ管理でメモリページがディスクにスワップアウトされないように指定する)してからDMAを起動することが必要であったり、アプリケーションのデータの場合は1.4節で述べたディープコピーの問題があったりして、コピーと言っても簡単ではありません。

さらに、これらのメモリ間のコピーが無駄な時間をとらないように、できるだけGPUの計算処理とオーバーラップしてコピーを実行するダブルバッファ(5.4節を参照)などのプログラミングテクニックを使う必要があります。しかし、このような処理を追加していくと、プログラムはどんどん複雑になり読みにくくなってしまいます。これがGPUのプログラムは難しいと言われる大きな理由です。

CPUのメモリとGPUのメモリを統一してしまえば問題は解決しますが、AMDのAPUやIntelのCore iシリーズのGPU内蔵プロセッサのようにCPUとGPUが1つのチップに集積されている場合は別として、CPU、GPUともに最高性能を狙うと、メモリに対する要件が異なるので、1つのメモリとすることはできないというジレンマがあります。

そこで、NVIDIAが取った方法が**ユニファイドメモリアドレス**(*Unified memory address*、統一メモリアドレス)というアーキテクチャです。ユニファイドメモリアドレスはCPUのメモリとGPUのメモリに重複しないメモリアドレスを割り当て、アドレスを見ればそれがCPUメモリかGPUメモリかを識別できるというものです。

統一アドレスからCPU、GPUのメモリアドレスに変換するアドレス変換機構を設ければ、ユニファイドメモリアドレスの実現は大して難しくありませんが、メモリは別々であることは変わりません。ソフトウェアでアドレスを見てコピーが必要かどうかを判定して、必要に応じて転送を行うことができるという点でプログラミングの観点では楽になりますが、性能の観点では大きな改善はなく、メリットは限定的です。

NVIDIA Pascal GPUのユニファイドメモリ

NVIDIAはPascal GPUで、ユニファイドメモリアドレスを一歩進めて、あたかもCPUとGPUが共通にアクセスできるメモリのように動作する**ユニファイドメモリ**（*Unified memory*）という機能をサポートしました。このユニファイドメモリは**図4.25**に示すように実現されています。

CPUとGPUのユニファイドメモリ領域は、CPU側のページテーブルとGPU側のページテーブルに同じ仮想アドレスのページを作ります。ここで、CPUのページテーブルのエントリがバリッド（*Valid*、Vビットが1）のページは、GPU側のページテーブルではインバリッド（*Invalid*、Vビットが0）になるように初期化しておきます。

図4.25の例では、❶でGPUで動作しているカーネルが、ページ1（PN=1のページ）をアクセスします。しかし、そのページはインバリッドなので、CPUに割り込みが送られます。CPU側のユニファイドメモリハンドラは、この割

図4.25 Pascalのユニファイドメモリ

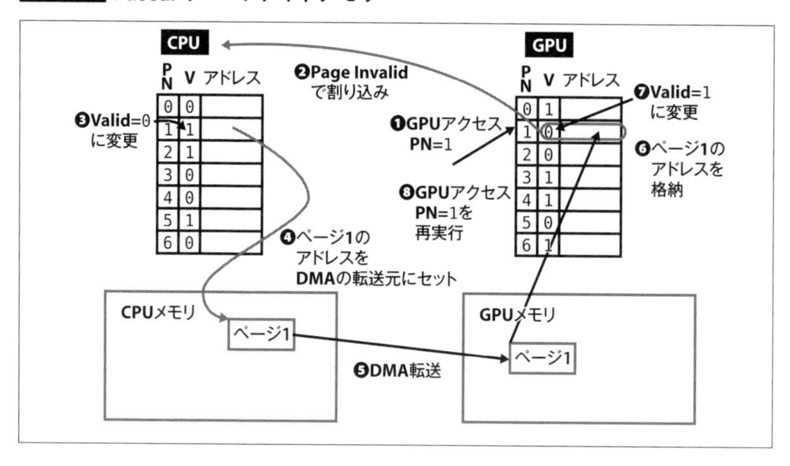

り込みを解析し、GPUがページ1をアクセスしたことを理解すると、CPUメモリにあるページ1のデータをGPUメモリに送ろうとします。まず、❸でCPUのページテーブルのページ1のエントリをインバリッドに変更して、CPUから書き換えできないようにします。そして、❹でメモリのページ1の先頭アドレスをDMAの転送元アドレスにセットします。

それから、GPU側にあるユニファイドメモリハンドラを呼び出します。GPU側のハンドラは、GPUメモリ内に1ページ分の領域を確保し、そのアドレスをDMAの転送先のアドレスにセットして、❺のDMA転送を行わせます。これでCPUメモリのページ1のデータがGPUメモリにコピーされます。

そして、❻でGPU側のページテーブルのページ1のエントリのアドレス欄に、このGPUメモリのアドレスを書き込みます。それから、❼でGPU側のページテーブルのページ1のエントリをバリッドに変更します。

元の❶のメモリアクセスはインバリッドなページのアクセスですから、このメモリアクセス命令は実行されない状態で残っています。❽でこのアクセス命令を再実行すると、今度はGPU側のページテーブルのエントリはバリッドになっているので、GPUはアドレス欄に書かれたアドレスに従ってGPUメモリをアクセスします。そのアドレスにはCPUメモリのページ1からコピーされたデータが格納されていますから、あたかもGPUがCPUメモリをアクセスしたように動作することになります。

このメカニズムは、CPU側からも同じように動作し、この状態でCPUがページ1をアクセスすると、インバリッドになっているので割り込みが発生し、GPUメモリのページ1がCPUメモリにDMA転送され、ページテーブルのVビットが反転されて、CPUからページ1がアクセスできるようになります。

ページテーブルの1つのエントリがカバーするアドレス空間(ページサイズ)は4KiBで、インバリッドなページへのアクセスが起こるたびに、CPUメモリとGPUメモリの間で4KiBのデータが移動することになります。この4KiBのデータの大部分を実際に使用する場合は良いのですが、4バイトしか使わないで、またGPUからCPUに移動するというような場合には、非常に効率が悪いことになります。

通常は、プログラマーはユニファイドメモリを意識する必要はありませんが、ページが頻繁にCPUとGPUの間を往復するというプログラムになっていないかどうかは注意しておくべきです。

ユニファイドメモリがあれば、ディープコピーも簡単

第1章で述べた配列の中にポインタが含まれている**ディープコピー**の場合は、元の配列をコピーするだけでなく、ポインタが指しているデータもコピーする必要があります。これは結構面倒ですが、ユニファイドメモリがあれば簡単です。

CPUメモリにあるデータをGPUにコピーする場合、**図4.26**のようにCPUメモリにある配列❶を❷でGPUのデバイスメモリにコピーします。しかし、配列の要素がポインタである場合は、まだCPUメモリにあるデータを指しています。

しかし、GPUがポインタを辿ってそのCPUメモリをアクセスしようとすると、そのアドレスのページはGPUメモリには存在しないので、ページフォールト(*Page fault*)が発生して、❸でそのページがCPUからGPUにコピーされます。そして、GPUメモリ内でデータをアクセスすることができるようになります。これなら、データの中にポインタが入っているという多重のポインタ参照のケースでも問題なく処理できます。そして、全部のポインタが指すデータをすべてコピーする必要はなく、本当にアクセスが起こる場合だけコピーを行うので効率的です。なお、この方式が問題なく動くためには、CPUとGPUのページサイズが一致している必要があり、ページサイズが不一致のPascal以前のGPUでは使い方に制約が出ます。

図4.26 NVIDIAのユニファイドメモリの実現のしかけ

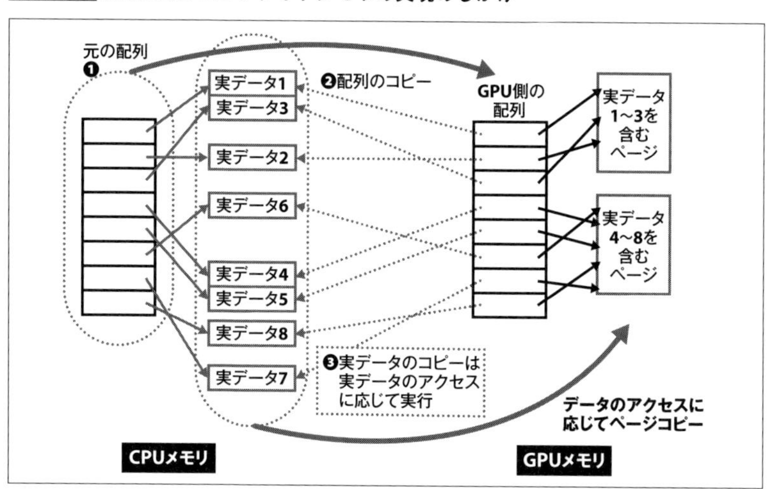

このようにNVIDIAのユニファイドメモリでは、転送などに必要な時間を別とすると、論理的にはGPUがアクセスしようとしたデータは(必要ならCPUからコピーされて) GPUメモリにあり、CPUがアクセスしようとしたデータは(必要ならGPUからコピーされて)CPUメモリにあり、どちらからでも自由にアクセスできるという状態が実現でき、ポインタが含まれるディープコピーもうまく処理できます。

ただし、ページのコピーはオンデマンドで行われるので、DMA転送の時間が見えてしまいます。その点では、ダブルバッファを使って事前に転送を行っておいて転送時間を隠すプログラムを書いた方が性能的には有利です。

なお、NVIDIAの子会社であるPGI(Portland Group, Inc.)のコンパイラでは、ユニファイドメモリを使う場合はすでにディープコピーがサポートされています。

細粒度プリエンプション 命令の終わりで処理を切り替える

CPUの場合は割り込みが入ると、現在実行中の命令が終わってからレジスタなどの各種のアーキテクチャ状態を退避して、割り込み処理を開始します。そして、割り込み処理が終了すると、退避したアーキテクチャ状態を復元して、割り込み前に実行していたプログラムの次の命令から実行を再開します。このように、これまでやっていた仕事を中断して、割り込んだ仕事を優先して処理することを**プリエンプション**(*Preemption*)と言います。

これに対してGPUの場合は、割り込みを受け付けるのは1画面の描画が終わってからというように割り込みを受け付ける粒度が大きくなっています。GPUの場合は多数のスレッドが並列に実行されており、それぞれがアーキテクチャ状態を持っているので、実行途中に切り替えようとすると退避するアーキテクチャ状態の量が多く退避/復元が大変というのが、各命令の終了時点で割り込みを受け付けるのではなく、1画面などと一連のプリミティブの処理が終わった時点のように大きな粒度の切れ目で割り込みを受け付けるようになっている理由です。1画面を描き終われば、描画スレッドはすべて完了していますから、退避するアーキテクチャ状態も残っておらず、簡単に処理を切り替えることができます。

しかし、GPUで実行されるプログラムには長時間、連続して走るものもあり、この場合は、なかなか割り込みを受け付けてくれるタイミングが来ないということになります。3Dのゲームでは、ミサイルが当たって飛び散るビルの破片や荒れる海の波などの動きを、物理的にシミュレーションしてリアリティーを上げるということが行われますが、ゲームの進行に伴って描画と並行して物理計算を行う必要があり、高速の切り替えが必要になります。このため、プログラマーは適当なタイミングでプリエンプションが可能なようにプログラムを作っておく必要があります。

さらに、VRの場合はヘッドマウントディスプレイを着けたユーザーの頭の向きで見え方が変わるので、描画する画面を変える必要があります。このとき、前の画面を描き終わることは無駄で、新しい頭の向きの処理に素早く切り替えることが重要です。また、VRの場合は見え方が変わるだけでなく、頭の向きに対応して音の聞こえ方も変わるという効果をシミュレーションする必要があり、この処理と描画を高速に切り替えることが必要となります。

Pascal GPUより前のNVIDIAのGPUでは、1つのスレッドブロックに含まれるすべてのスレッドの実行が完了した時点で、割り込みを受け付けてプリエンプションを行うようになっていました。しかし、スレッドにはループを含むことができ、実行中のスレッドが終わるまでの時間は見通せません。

これに対してPascal GPUでは高速な仕事の切り替えを可能にするため、スレッドの各命令の切れ目で割り込みを受け付け、実行中の仕事を中断して別の処理を実行する命令粒度のプリエンプションがサポートされるようになりました。

このような命令粒度のプリエンプションがサポートされると、処理の切り替えが速くなり、意図的に切れ目を入れたプログラムを作る必要はなくなります。

CPUでアセンブラでプログラムを書いたことがある方は、機械命令レベルで実行を中断してレジスタやメモリの内容を読み出せるデバッガを使われたと思いますが、命令粒度のプリエンプションができるようになると、このようなデバッガが使えるようになりデバッグが格段に楽になります。

4.5
エラーの検出と訂正
科学技術計算用途では必須機能

第3章内の「電子回路のエラーメカニズム」項で述べたように、宇宙線に起因する中性子の衝突で電子回路はエラーを起こします。グラフィックスの場

合は、一瞬1つのピクセルの値がエラーしてもほとんどは目に留まらず問題になりませんが、GPUが科学技術計算に使われるようになると話は別で、計算途中で起こった1回のエラーが最終の計算結果を誤らせるということが起こります。

そして、エラーが起こったかどうかがわからないと、計算結果を信用して良いのかどうかもわかりません。そうなると、計算すること自体が意味のないことになってしまいます。

科学技術計算の計算結果とエラー

エラーが発生していないことを100%保証できるのが理想ですが、それはできないので、エラーを見逃すことがほとんどないというシステムを作ることが重要になります。

フリップフロップやメモリセルなどの記憶回路1ビットあたりの中性子ヒットによるエラー率は、設計や製造プロセスによって変わりますが、オーダーとして10^{-13}/ビット時[注18]程度です。これは1MBのキャッシュを持つプロセッサの場合、100万時間に1回という頻度になります。

しかし、現在ではこの10倍以上のビットを持つプロセッサは珍しくありませんし、それを10万個使うスーパーコンピュータも出てきています。そうなると、システム全体では1時間に1回エラーが起こることになります。

3.6節でも述べたとおり、スーパーコンピュータで何時間あるいは何日も掛けて計算した結果も、計算の過程でエラーが起こっていると、計算結果は間違っていることになります。そんな結果を正しいと思って使ってしまうと大問題を引き起こす恐れがあります。したがって、「エラーが起こっていない」=「エラーが起これば検出できる」という機能を持つことは必須と言えます。

なお、高エネルギー粒子の衝突は宇宙空間ではLSIを破壊してしまうこともありますが、地表付近ではLSIは壊れませんがデータが物理的に壊れるという一過性のエラーとなります。したがって、エラー訂正などのテクニックが役に立ちます。

注18　1ビットのメモリが1時間あたり10^{-13}の頻度でエラー、あるいは10^{13}ビットのメモリがあれば1時間に1回エラーという意味です。

エラー検出と訂正の基本のしくみ

どのようにエラーを検出するかを説明する前に、少し準備があります。**図4.27**は3ビットの数を3次元の座標として表現したものです。この3次元の直方体の一辺は長さが1です。そして、2つの頂点の間の距離は辺に沿って数えます。そうすると、辺で結ばれた2点の距離は1で、`000`と`111`の距離はどの経路で数えても3ということになります。そして、2つの頂点の間の距離は2つの3ビットの数を比較して、異なっているビットの数に等しいことがわかります。

図4.27 3ビットの数の3次元表現と距離

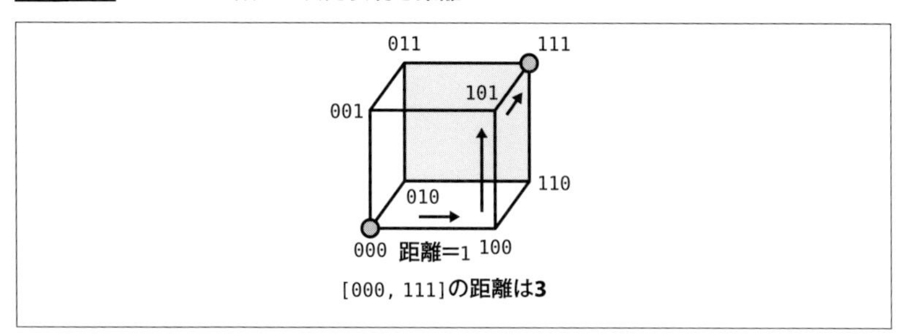

そして、図としては3次元までしか描けないため3ビットの数しか表せませんが、これを延長していけばnビットの数をn次元空間に配置することを想像してもらえると思います。

図4.28は距離2と距離3の2つのコード語で1ビットエラーが発生した場合を図示したものです。距離2の場合は、距離2で隣接したコード語[注19]で1ビットエラーが発生しても、他のコード語と一致することはないので、(具体的にどうやるかは別として)原理的に1ビットエラーを検出することができます。

しかし、コード語のエラーが距離を縮める方向であった場合は、1ビットエラーが起こった場合は、グレーの丸のように同じ結果になってしまいます。こうなると元のコード語がどちらであったかを区別することはできないので、コード語間の距離が2の場合はエラー訂正はできません。

一方、元のコード語間の距離が3であれば、図4.28の下側のように両方か

注19 Code word。データにエラー検出や訂正のためのビットを追加したもの。

図4.28 3ビットの数の3次元表現と距離

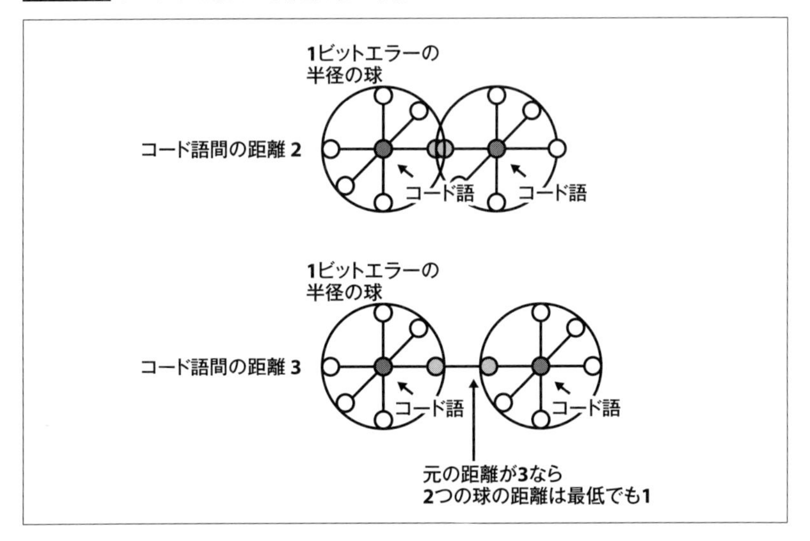

ら1ビットエラーで近づいたとしてもグレーの丸は離れているので、(具体的にどうやるかは別として)原理的にエラーの発生する前のコード語がわかります。つまり、訂正ができるわけです。なお、この図は2つのコード語しか書かれていませんが、それぞれのペアでこの関係が成り立っていれば隣接したコード語が何個あっても同じです。

一般に、すべてのコード語ペアの距離がN + 1以上であればNビット以下のエラーを検出でき、距離が2N + 1以上であればNビット以下のエラーを訂正できます。

パリティーチェック

1ビットの誤りを検出する、最も簡単な方法は**パリティーチェック**(*Parity check*、奇偶検査)です。パリティーチェックを行うには、データの中の1になっているビットの数を数えます。そして、その個数が偶数の場合は0、奇数の場合は1のビットをチェックのために追加してコード語を作ります。

2つの異なる語(チェックビット以外の部分)は少なくとも1ビットは違っていますから、距離は1以上です。そして、距離が1の場合、一方の語の1の数が偶数なら、もう一方の語は奇数で、異なるチェックビットが付けられます。

これで違っているビットが1ヵ所増加するので、コード語間の距離は2になり、1ビットエラーを検出できます。

レジスタやメモリにデータを格納するときはチェックビットを付けたコード語全体を記憶しておき、読み出したときに1の数を数えます。これが偶数の場合はエラーなし、奇数の場合はどれかのビットの値が反転するというエラーが発生したことがわかります。しかし、2ビットのエラーが起こると、1のビットの数が偶数になってしまうので、エラーが発生したことはわからなくなってしまいます。

このパリティーチェックを行う場合、元のデータのビット数は何ビットでも良く、長いデータとすればチェックビットのオーバーヘッドの比率は小さくなります。しかし、長いデータでパリティーチェックを行うと、その中で2ビットが同時にエラーで誤るという確率が大きくなります。このため、データの長さは8ビットが一般的で、長い場合でも16ビット程度のデータに1ビットのチェックビットが付けられます。

ECC ハミングコード

エラーの検出は必要不可欠ですが、エラーを検出したときにそれを訂正できればもっと使いやすくなります。前に述べたように、どのコード語のペアでも距離が3以上というコード語のセット（これをコードという）を作ることができれば、1ビットエラーが訂正できるということになります。このようなコードの作り方は抽象代数(*Abstract algebra*)に基づく理論が確立されていますが、ここでは直感的に理解できる歴史的に最初に作られた**ハミングコード**(*Humming code*)を説明します。ハミングコードのようにエラーを訂正できるコードを一般的に「**ECC**」(*Error Correction Code*)と呼びます。

図4.29に示すように、ハミングコードのチェック行列Hの第1列は`001`、第2列は`010`というように列番号を2進数で表し、それを縦方向に書いていきます。そして、1個しか1がない列はチェックビット(Cn)、2個以上1がある列はデータビット(Dn)とします。

そして第1行を見ると、C2とD1、D2、D3の所に1がありますので、これは$C2 \oplus D1 \oplus D2 \oplus D3=0$を表していると考えます。ここで$\oplus$はExclusive OR (XOR)を意味します。同様に、第2行は$C1 \oplus D0 \oplus D2 \oplus D3=0$を、第3行は$C0 \oplus D0 \oplus D1 \oplus D3=0$を表していると考えます。これらの式は、変形すると、

図4.29 ハミングコードの作り方

$$
\begin{array}{c}
\begin{matrix} C0 & C1 & D0 & C2 & D1 & D2 & D3 \\ \downarrow & \downarrow & & \downarrow & & & \\ 1 & 2 & 3 & 4 & 5 & 6 & 7 \end{matrix} \\
H = \begin{bmatrix} 0 & 0 & 0 & 1 & 1 & 1 & 1 \\ 0 & 1 & 1 & 0 & 0 & 1 & 1 \\ 1 & 0 & 1 & 0 & 1 & 0 & 1 \end{bmatrix}
\end{array}
$$

$$C2 = D1 \oplus D2 \oplus D3$$
$$C1 = D0 \oplus D2 \oplus D3$$
$$C0 = D0 \oplus D1 \oplus D3$$

と書くことができます。つまり、コードを作るために追加するチェックビットは、この3つの式に従ってデータビットから計算すれば良いわけです。

メモリに書き込んだコード語を読み出して、各行の1の立っているビット位置の値をすべてXORします。エラーが起こっていない場合はXORは0になりますが、どこかのビットがエラーで反転するとXORが0でないものが出てきます。この、各行の1の立っているビットのXORを**シンドローム**(*Syndrome*)と呼びます。

一例としてD2が反転したとすると、1行めと2行めのXORが1となります。これはシンドロームが110(10進数の6)で、エラーが起こったのは6ビットめのD2であることを示しています。したがって、読み出したデータの6ビットめの値を反転してやれば、訂正ができることになります。やってみるとわかりますが、どのビットがエラーしてもシンドロームはエラーしたビットを指します。

図4.29はデータが4ビット、チェックが3ビットという例ですが、同様の作り方でH行列の列と行を拡張していけば、より多くのデータビットを持つハミングコードを作ることができます。

なお、この作り方からわかるように、ハミングコードのコード長は2^n-1ビットで、その内のnビットがチェックビットに使われ、残りのビットをデータに使うことができます。たとえばn=7の場合、コードの全長は127ビットで、チェックビットは7ビット、データビットは120ビットまで使えます。なお、このコードは理論的に最適であることがわかっており、これより少ないチェックビットでは1ビット訂正コードは作れません。

このコードは120ビットのデータを持てますが、コンピュータの場合は64ビットデータという場合が多いので、64ビットデータ＋7ビットチェックビットで、余ったデータビットはすべてゼロにして、省略するという使い方が一般的です。

■SECDEDコード

ハミングコードは1ビットエラーは訂正できますが、2ビットエラーの場合も計算されたシンドロームを使って訂正を行ってしまいます。しかし、2ビットエラーの場合のシンドロームは正しいエラービットの位置を示していないので、誤ったビットを反転して、正常に訂正ができたと報告してしまいます。

これは具合が悪いので、2ビットエラーの場合は、訂正はできなくてもエラーがあったことはわかるようにしたいという要求があります。このような1ビットエラーは訂正でき、2ビットエラーも検出はできるというコードを**SECDED**（*Single bit Error Correction Double bit Error Detection*）**コード**と呼びます。2ビットエラーしたものが隣接コード語の1ビットエラーしたものと同じにならないためには、最小距離が4必要です。

最小距離3のハミングコードを最小距離4に拡張するには**図4.30**に示すように、H行列に1行1列を追加し、1行めにはすべての位置に1を入れ、コードワード全体のビットのXORを取ります。そして、追加した列は1行め以外は`0`を入れます。

図4.30 ハミングコードを拡張したSECDEDコード

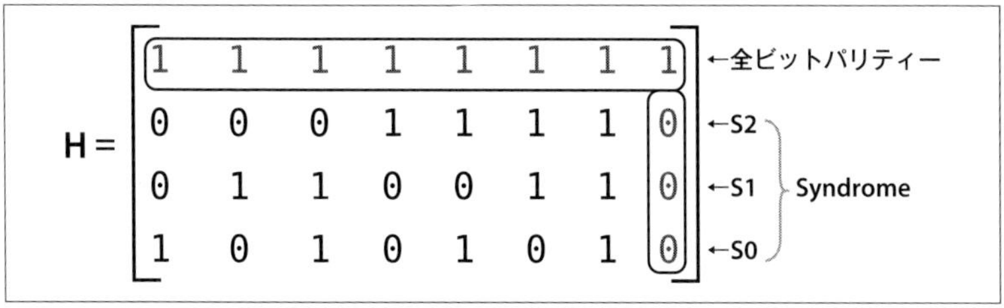

$$H = \begin{bmatrix} 1 & 1 & 1 & 1 & 1 & 1 & 1 & 1 \\ 0 & 0 & 0 & 1 & 1 & 1 & 1 & 0 \\ 0 & 1 & 1 & 0 & 0 & 1 & 1 & 0 \\ 1 & 0 & 1 & 0 & 1 & 0 & 1 & 0 \end{bmatrix}$$

←全ビットパリティー
←S2
←S1
←S0
Syndrome

読み出したコード語にエラーがない場合は、1行めの全ビットパリティーもS2～S0のシンドロームもすべて`0`になります。

1ビットエラーの場合は、全ビットのパリティーを取っている1行めは1になります。その場合、2〜4行めは前出の図4.29と同じですから、S2〜S0のシンドロームを計算すればエラーしたビット位置がわかり、訂正ができます。

そして、2ビットエラーの場合は全ビットパリティーは0になりますが、S2〜S0には0でないものが現れるのでエラーなしの場合と区別できます。

前述の64ビットデータの場合はこのコードではチェックビットが8ビット必要であり、コードの全長は72ビットとなります。現状では、72ビットのSECDEDコードがよく使われており、NVIDIAの科学技術計算用GPUも72ビットのSECDEDコードを使っています。

SECDEDコードは3ビットエラーの一部も検出でき、コードの作り方でどれだけ3ビットエラーを検出できるかは変わってきます。実用的にはハミングコードベースではなく、3ビットエラーの検出能力の高いコードや実装に必要なXOR回路の数が少ないものなどが研究され、使われています。

強力なエラー検出能力を持つCRC

nビットのデータa_{n-1}、a_{n-2}...、a_0を、aが0か1の値をとる係数とする、

$$a_{n-1}x^{n-1} + a_{n-2}x^{n-2} + \cdots + a_2x^2 + a_1x^1 + a_0$$

という多項式であると考えます。このデータをある多項式で割って、その余りをチェックビットとするコードを**CRC**(*Cyclic Redundancy Check*)と言います。CRCは、mビットのチェックビットを付けた場合、m-1ビット以下の長さ(最初のエラービットの位置から、最後のエラービットまでのビット数)のエラーを検出できるという強力なエラー検出能力を持っています。通信の場合は雑音が発生したときに連続した多数のビットが誤るという場合が多く、このような狭い範囲に集中して起こるエラーを検出できるというのは非常に有効です。このようなエラーは**バーストエラー**(*Burst error*)と呼ばれます。

この割り算をする多項式は、整数でいうと素数のような因数分解できない多項式で、16ビットのチェックビットの場合は$x^{16} + x^{12} + x^5 + 1$がX.25やBluetoothなどで伝送エラーを検出するために用いられています。

この多項式による割り算ですが、通信などの場合は**図4.31**に示すフィード

バック付き[注20]のシフトレジスタを使い、右から入力データビットをシフトして入れてすべてのデータを入れ終わった状態でシフトレジスタに残ったビットを読み出せば割り算ができ、チェックビットが得られます。

図4.31 $x^{16}+x^{12}+x^5+1$での割り算を行う回路

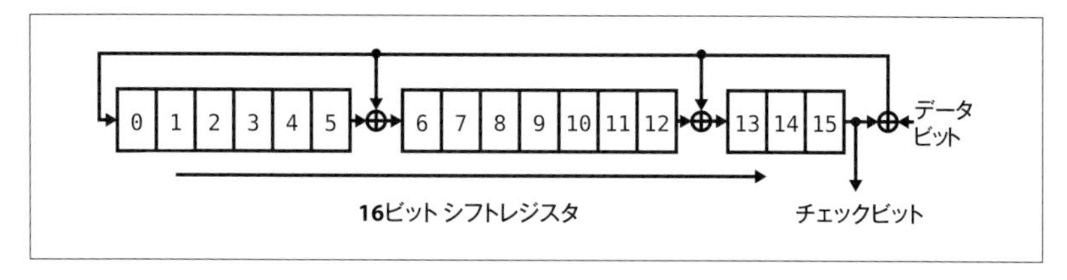

CPUとGPUの間のデータ伝送に使われているPCI Express 3.0では、

$$x^{32}+x^{26}+x^{23}+x^{22}+x^{16}+x^{11}+x^{10}+x^8+x^7+x^5+x^4+x^2+x+1$$

という多項式を使い、32ビットのチェックビットを作っています。このPCI ExpressのCRCの場合、3ビット以下のすべてのエラーと、長さが31ビット以下のバーストエラーを検出できます。

メモリなどでは、必ずしも連続したビットが誤りやすいとは限りませんが、PCI Expressなどは高速でシリアル(*Serial*、順番に)にデータを転送しているので、ノイズが入るとバースト的に多数のビットが誤るというリスクが大きく、CRCによるエラー検出は非常に効果的です。

シフトレジスタでのCRCの計算は容易で少ないハードウェアで作れますが、1ビットごとにシフトするので計算には時間が掛かります。このためCRCは、CPUのロジックのエラー検出には用いられません。

■再送によるエラー訂正

CRCは高いエラー検出能力を持っていますが、エラーの訂正はできません。そのためCRCを用いる場合は、エラーなく受け取られた場合はACK(*Acknowledge*、承認)、エラーが見つかった場合はNACK(*Not ACK*、否決)を送信元に送り返すという方法が採られます。

そして、**図4.32**に示すようにNACKを受け取った場合は、送信元は同じデ

注20 bit15からの出力がbit0、bit6、bit13に「フィードバック」されており、これが$x^{16}+x^{12}+x^5+1$による割り算を実現しています。

ータを再送するという方法でエラーを訂正します。このように、必要に応じて元のデータの再送が必要ですから、ACKを受け取るまで元の送信データを保持して再送ができるようにしておく必要があります。

なお、伝送エラーでNACK応答がACK応答に化けてしまっては困るので、ACK、NACKの応答は同じ内容を3回繰り返すなどの方法で、正しい応答が受け取れるようにしています。

図4.32 CRCでエラーが検出された場合は、再送を行う

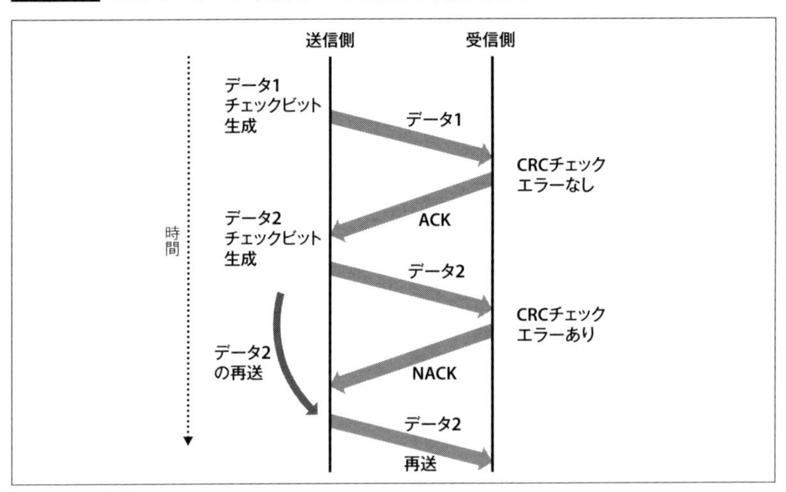

デバイスメモリのECCの問題

GPUチップ内のシェアードメモリやキャッシュメモリなどは、64ビットのデータに8ビットのチェックビットを付けておけば良いのですが、GDDR DRAMを使うデバイスメモリにはチェックビット用の追加のビットがありません。

GDDR5メモリはデータ幅が32ビットで、バースト長＝8でアクセスを行うので、1回のアクセスで256ビットをアクセスします。この中にはチェックビットを含めた72ビットが3つ入り、40ビットが余ることになります。しかし、次のアクセスから32ビットを持ってくれば72ビットになります。

図4.33に示すように、半端分は次のアドレスのアクセスと継ぎ合わせていけば、9回のアクセスで72ビットの単位を32個アクセスすることができます。

チェックビットが必要なため、有効なデバイスメモリの容量は8/9に減少

し、メモリバンド幅も8/9に減少します。これは12.5%のオーバーヘッドということになります。

しかし、グラフィックスなどに使うのでECCは不要というユーザーもあるので、NVIDIAはECCを使うモードと使わないモードを選択できるようにしています。

また、AMDのサーバー向けのFirePro GPUもECCをサポートしていますが、FireProの方は約6%のオーバーヘッドと書かれており、128ビットのデータに対して9ビットのチェックビットを付けているようです。なお、GDDRメモリを使うAMDのGPUボードではECCをサポートしたのは、このFirePro以外はないようです。

図4.33 GDDR5 DRAMにECCを付ける

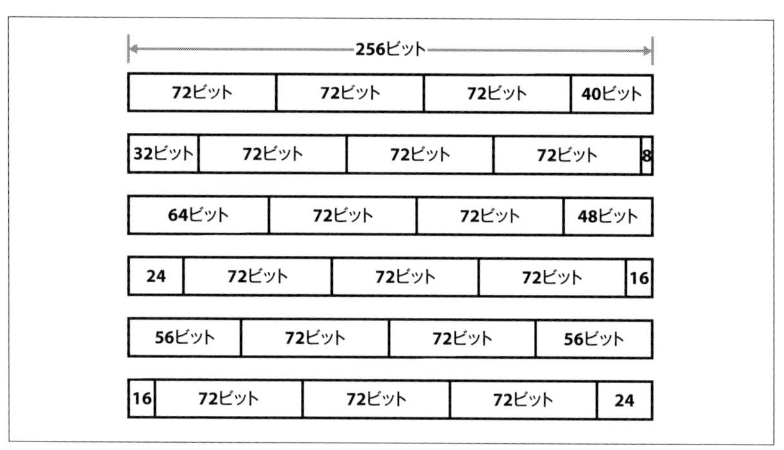

Column

ACEプロトコルとACEメモリバス

ACEは「AXI Coherency Extensions」の頭文字を集めたものです。

Armプロセッサと周辺を接続するAMBA（*Advanced Microcontroller Bus Architecture*）が基本で、これの伝送性能を改善する仕様の改版としてAXI（*Advanced eXtensible Interface*）があります。さらに、AMBA 4ではコヒーレンシがサポートされました。

このコヒーレンシをサポートするプロトコルがACEです。つまり、ACEメモリバスはキャッシュコヒーレンシをサポートするメモリを接続できるポートということになります。

HBMではチェック用のビットを内蔵した製品が作られており、図4.33のような面倒なアクセスを行わなくても良くなってきています。AMDはMI50、MI60 GPUではHBMメモリを使ってECCを付加しています。

4.6 まとめ

第4章では、多数の浮動小数点演算器を搭載して、それらを並列に動かすことで非常に高い浮動小数点演算性能を実現しているGPUのハードウェアを説明しています。GPUは1つの命令で多数の演算器に同じ動作を行わせるSIMD構造を使っていましたが、科学技術計算を行うには不都合な面があり、NVIDIAは1996年に発売したG80 GPUでSIMTという方式を採用し、合わせて科学技術計算用のCUDAと呼ぶプログラミング言語を開発しました。

現在ではNVIDIAだけでなく、AMDのGCNアーキテクチャやRDNAアーキテクチャのGPU、IntelのCPU内蔵のHD Graphics Gen 9以降のGPU、ImaginationのPowerVR GPU、そしてArmもBifrostアーキテクチャのGPUではSIMT方式に切り替わってきています。

そして、第4章ではNVIDIA GPUを例に取り、GPUがどのような構造になっているのかを詳しく説明しています。また、AMDのRDNAアーキテクチャや携帯機器向けのArmのBifrost GPUについても説明しました。

GPUは高い演算性能を持っていますが、使いにくい点もあります。その最たるものが、CPUのメモリとGPUのメモリが分離されていることで、NVIDIAはユニファイドメモリというしくみを実装して分離メモリの問題を軽減しようとしていることを説明しました。また、高バンド幅のGPUメモリだけでは容量が不足することからIntelは高密度の3D Xpointメモリを使ってメモリ容量を増すなど、各社は使い勝手を改善する努力を続けています。

GPUが科学技術計算に使われるようになると、宇宙線のヒットによる回路の誤動作が大きな問題になります。第4章の最後の部分では、エラーの検出と訂正についても取り上げました。

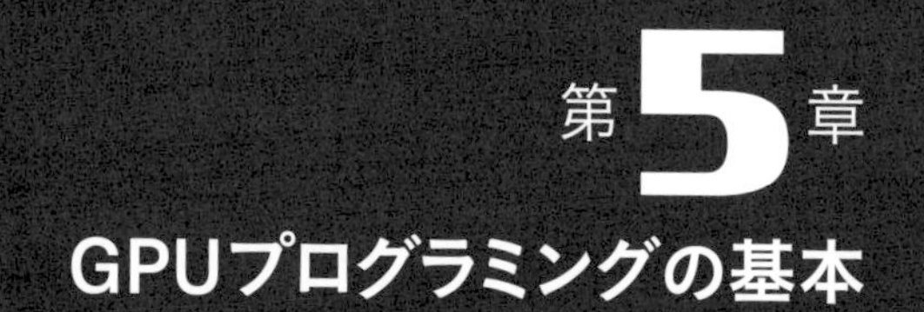

第5章 GPUプログラミングの基本

本章はプログラミングを取り上げ、ソフトウェアの観点で解説を行います(**図5.A**)。GPUは超並列プロセッサで多数のスレッドを並列に実行できます。しかし、ハードウェアが自動的に仕事を並列に実行してくれるわけではなく、超並列に実行できるプログラムを与えてやる必要があります。

そして、GPUに実行させるためには、実行の前にGPUメモリにデータを送り、実行後にGPUメモリから処理結果のデータを読み出してCPUメモリに戻す必要があります。また、処理によっては、すべてのGPUあるいは計算ノードでの計算が終わらなければ次のステップの処理が開始できない場合があり、同期処理も必要となります。超並列のGPUプログラミング言語には、これらの機能を記述できる能力が要求されます。

GPUハードウェアの機械命令に近いレベルの命令の記述にはPTX(CUDAコンパイラの出力)やSPIR-V(OpenCLコンパイラの出力)があります。CPUのプログラミングでアセンブラが使われるのは稀であるように、これらは通常のプログラミングでは用いられません。これらの言語は、おもにコンパイラの出力として用いられています。

GPUのプログラミングでよく使われているのが、C言語をGPU向きに拡張したCUDAやOpenCLなどの言語です。しかし、CUDAやOpenCLでは、ホストCPUとGPUの間のデータ転送などを明示的に記述する必要があり、プログラミングが難しいと言われます。このため、C言語などで書かれた並列化されていない普通のプログラムに、**ディレクティブ**(*Directive*)と呼ぶ指示文を追加することで自動的に並列GPUプログラムを生成してくれるOpenACCやOpenMPなども使用されています。

図5.A GPUとソフトウェア階層

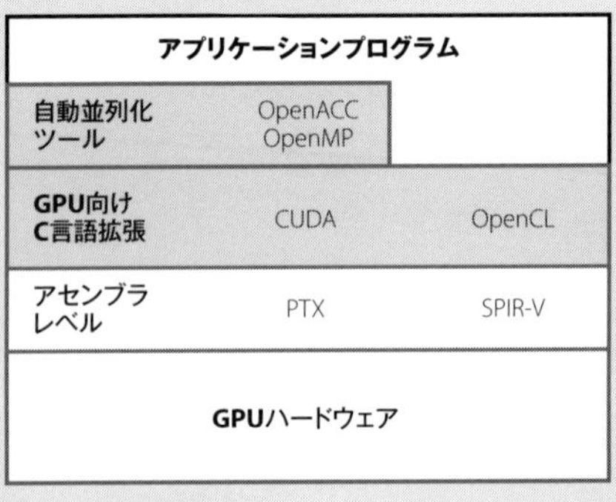

アプリケーションプログラム		
自動並列化ツール	OpenACC OpenMP	
GPU向けC言語拡張	CUDA	OpenCL
アセンブラレベル	PTX	SPIR-V
GPUハードウェア		

5.1 GPUの互換性の考え方

完全な上位互換は難しい状況

新しいCPUを開発する場合、従来の命令はそのまま動作するようにして、新しい機能を実現する命令を追加するという上位互換というのが一般的な方式です。GPUの場合も上位互換が一般的な考え方ですが、GPUはまだ発展途上の技術でハードウェアの変更が多く、CPUのような完全な上位互換の実現は難しい状況です。

ハードウェアの互換性、機械語命令レベルの互換性

CPUの世界ではIntelのCPUとAMDのCPUは命令互換で、同じ機械命令のプログラムがどちらでも動作できるという状況で、WindowsやWindowsアプリケーションもIntel用とAMD用の区別はありません。厳密に言えば、どちらの会社のCPUかを示す情報を判別して異なる命令を実行する部分もないとは言えませんが、それはコードの中のごく一部で、大部分のコードはIntel x86かAMD x86かは区別していません。

しかし、IBMのPOWERやArmのプロセッサ、あるいはRISC-Vの間ではハードウェアの互換性はなく、それぞれに専用のバイナリ(機械命令)プログラムを使う必要があります。

なお、スマートフォンなどで使われているAndroidでは仮想マシンの技術を使って、異なるアーキテクチャのプロセッサに皮を被せて仮想的に同じハードウェアに見せることで、互換性を実現しています。

一方、GPUのハードウェアですが、各社まちまちです。さらには、同じ会社のGPUでも世代が変わるとアーキテクチャが変わってしまうという状況で、機械命令レベルのプログラムの互換性はまったくありません。

NVIDIAの抽象化アセンブラPTX

NVIDIAは、本当にGPUハードウェアを動かす機械命令を公開していません。その代わりに、PTX(*Parallel Thread Execution*)という命令セットを公開して

います。PTXの命令は、

```
         .reg .b32 r1, r2;              // 32ビットレジスタr1とr2を宣言
         .global .f32 array[N];         // array[N]はglobalで要素はf32
start:   mov.b32 r1, %tid.x;            // スレッドIdのx要素をr1にコピー
         shl.b32 r1, r1, 2;             // スレッドIdを2ビット左シフト
         ld.global.b32 r2, array[r1];   // array[tid]をスレッドtidに
         add.f32 r2, r2, 0.5;           // 0.5を加算
```

のように書かれ、一般的なアセンブラのようなものです。

そして、PTXで記述されたプログラムは、GPUドライバによって、使用しているGPUの機械命令に変換されて実行が行われます。

NVIDIAは、PTXでは以前の機能はすべて保存し、新機能の命令を追加する上位互換の拡張を行っています。このため、機械命令に変換されたプログラムは互換性が保証されていませんが、PTXで記述されたプログラムでは上位互換が実現されるようになっています。

GPU言語レベルの互換性 CUDAやOpenCL

NVIDIAはPTXを公開しており、AMDは機械命令を公開していますが、GPUのプログラムを作る場合、アセンブラを使うということはほとんどありません。多くの場合、C言語をGPU向けに拡張したCUDAやOpenCLという言語が使われます。

歴史的には、最初にNVIDIAがGPUプログラミング用のCUDA言語を開発しましたが、CUDAはNVIDIAのGPUを前提にして作られており、また、権利的にも他社が使うことができないものです。このため、グラフィックス用のOpenGL言語などを作っているKhronos Groupが中心となり、GPUを使う科学技術計算向きのOpenCL言語を開発しました。

OpenCLはNVIDIAのGPUでもサポートされており、業界標準のプログラミング言語となっています。OpenCLは2017年5月にOpenCL 2.2が、2020年9月にOpenCL 3.0がリリースされました。OpenCL 3.0が規格の最新版です。本書はOpenCL 2.2をベースに解説を行っていますが、OpenCLの改版は概ね上位互換となるように作られており、OpenCL 3.0では本書の記述に影響するような変更はないようです。

5.2

CUDA
NVIDIAのGPUプログラミング環境

NVIDIAが科学技術計算を扱えるG80 GPUを作るときに、プログラミングをどうするのかという問題に直面しました。そこで、NVIDIAが考えたのが、GPUのプログラミングに必要な最低限の機能をC言語に追加するというアプローチです。そして、NVIDIAはこれを「Compute Unified Device Architecture」(CUDA(クーダ))と呼びました。

CUDAのC言語拡張

CPUとGPUから成るヘテロジニアスシステムでは、CPU、GPUそれぞれがメモリを持っています。このため、実行するプログラムやデータをどのメモリに置くのかを指定してやる必要があります。CUDA言語では、この指定を行う修飾子が追加されています。

■CUDA実行プログラム(関数)の修飾子

CUDAでは、実行するプログラム(関数)の修飾子として`__global__`、`__host__`、`__device__`があります。なお、CUDAではこれらの修飾子を識別するため前後に__(2つの連続したアンダースコア)を付けます。

`__global__`はデバイス(GPU)で実行される関数で、ホストCPUから呼び出されるということを指定します。また、ダイナミックパラレリズムを使う場合は`__global__`の関数はデバイスからも呼び出すことができます。

`__device__`はデバイスで実行される関数で、呼び出しもデバイスから行われることを指定します。

`__host__`はホストCPUで実行される関数で、ホストからだけ呼び出しが可能であることを示します。

■NVIDIA CPU+GPUシステムのメモリ構造

GPUを使うヘテロジニアスなシステムは、**図5.1**に示すようにCPUとGPUのそれぞれがメモリを持つ**分散メモリシステム**となっています。前述のとおり、CPUに接続されているメモリは**ホストメモリ**(*Host memory*)注1、GPUに接続されているメモリは**デバイスメモリ**と呼ばれます。

図5.1 CPU＋GPUのヘテロジニアスシステムのメモリ構成

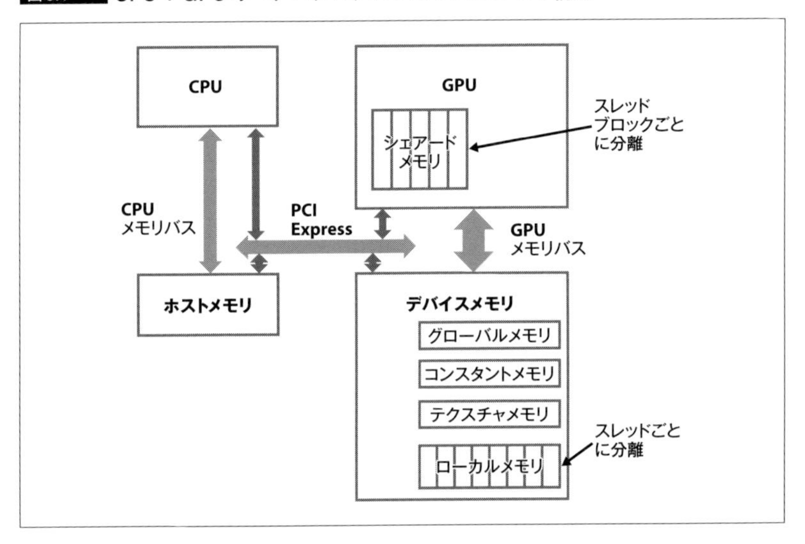

GPUのデバイスメモリは、物理的には一続きの1つのメモリですが、GPUで実行されるすべてのスレッドで共用される**グローバルメモリ**、すべてのスレッドで共用される定数注2を格納する**コンスタントメモリ**(*Constant memory*)、グラフィックスのテクスチャパターンを記憶する**テクスチャメモリ**に分けられます。

そして、GPUで実行されるスレッドブロック単位に割り当てられるシェアードメモリとスレッドごとにプライベートな**ローカルメモリ**というメモリがあります。**シェアードメモリ**は、1つのスレッドブロックに含まれるスレッドの間では共用ですが、他のスレッドブロックとは独立で他のスレッドブロックのスレッドからはアクセスできないようになっています。

デバイスメモリはDRAMで作られていて大容量ですが、アクセス時間は数百サイクル掛かります。一方、シェアードメモリは高速のSRAM(*Static RAM*)

注1 CPU＋GPUのヘテロジニアスシステムとして見るとホストメモリです。一方、CPUから見るとメインメモリです。

注2 初期化後は書き換えができません。

で作られGPUチップに内蔵されているので、数サイクルでアクセスできる高速メモリです。このため、各スレッドブロック内で共有され、かつ、頻繁にアクセスされる変数はシェアードメモリに置くという使い方をします。

■……メモリ領域の修飾子

変数や配列がどこに置かれているのか、どのように使われるのかを指定するのがメモリ領域の修飾子です。`__device__`と指定された領域や変数はデバイスメモリに置かれ、さらにデバイスメモリのどの領域に置かれるかを詳しく指定することができます。

指定がない変数はグローバル領域に置かれ、アプリケーションの実行開始から終了までそこに存在します。そして、実行されるグリッドのすべてのスレッドからアクセスすることができます。

`__constant__`を付けると、デバイスメモリに置かれ、その中の定数領域に置かれます。アプリケーションの実行開始から終了までそこに存在し、実行されるグリッドのすべてのスレッドからアクセスすることができるのは`__device__`の場合と同じですが、定数ですから値を変更することはできません。

`__shared__`を付けると、その変数やメモリ領域はGPUのシェアードメモリに置かれます。シェアードメモリはGPUに内蔵された高速SRAMで作られているので、デバイスメモリ領域と比べて高速でアクセスすることができます。しかし、シェアードメモリは容量が小さいので、何でも入れてしまうというわけにはいきません。

また、シェアードメモリはSMごとに存在するメモリなので、同一スレッドブロックに属するスレッド間ではデータの受け渡しができますが、異なるSMで実行されるスレッドブロックとのデータのやり取りには使えません。

各スレッドのローカル変数は通常はレジスタ(GPUのレジスタ)に置かれますが、ローカル変数が多くてすべてをレジスタに配置できない場合は、一部のローカル変数は、ローカルメモリ(デバイスメモリ内のローカルメモリ)に置かれます。

これ以外に、ユニファイドメモリのサポートに伴って追加された`__managed__`修飾子がありますが、これについてはユニファイドメモリの項で説明します。

CUDAプログラムで使われる変数　ベクトル型の変数のサポート

C言語ではそれぞれの変数は1つの値を表しますが、CUDA言語での大きな拡張は複数の値を含むベクトル型の変数がサポートされていることです。

■…………CUDAにおけるベクトル型の変数タイプ

CUDAではC言語と同様に、char、short、int、long、longlong、float、doubleというタイプの変数と符号なしのuchar、ushort、uint、ulong、ulonglongをサポートしています。これらに加えて、CUDAではこれらのタイプを拡張したベクトル型の変数をサポートするという拡張が行われています。

たとえばintは4バイト(32ビット)の整数型の変数ですが、int3のように後に数字を付けると、この場合は3つの4バイト整数を一まとめにしたベクトル変数を表すことになります。なお、後に付けるベクトル長は1〜4の整数です。

ベクトル変数は、変数名(たとえばver)を指定して一まとめにして扱うことができますし、ver.x、ver.y、ver.z、そして4要素の場合はver.wとすることで、要素ごとにアクセスすることもできます。

そして、dim3という特別な変数タイプがあります。dim3はuint3(3要素の符号なし整数)と同じですが、dim3の中の指定のない要素の値は自動的に1になるという点が特別です。dim3は、GPUで実行するカーネルのグリッドやスレッドブロックのサイズを指定する場合に使われます。

■…………自分の処理分担を知る組み込み変数

カーネルを起動する場合、3次元(dim3)のグリッドサイズと3次元のブロックサイズを指定しますが、CUDAでは起動された各スレッドが自分の位置を知るための組み込み変数が定義されています。

組み込み変数gridDimはdim3型の変数で、起動されたグリッドの3つの次元のサイズを示します。そして組み込み変数blockIdxはuint3型の変数で、そのスレッドが属するスレッドブロックのグリッド内の位置(座標)を与えます。blockIdx.xはX座標、blockIdx.yはY座標、blockIdx.zはZ座標を表しています。

組み込み変数blockDimは、スレッドブロックのサイズを与えるdim3型の変数です。そして、threadIdxはそのスレッドのブロック内の座標を与える組み込み変数です。

blockIdxとthreadIdxを読むと各スレッドは自分の位置がわかり、どのような処理を分担するのかがわかりますから多数のスレッドが協力して処理を行うプログラムを書くことができます。

デバイスメモリの獲得/解放とホストメモリとのデータ転送

GPUで処理を行うためには、CPU側からGPUに入力データを送り、計算を行わせ、計算結果をGPUからCPUに送る必要があります。このため、ホストプログラムでは大まかに次のような処理ステップを記述する必要があります。

- **カーネルへの入出力となるホストメモリ領域の確保**
- **デバイス側に入力を受け取るデバイスメモリ領域の確保**
- **デバイス側に出力や作業用のデバイスメモリ領域の確保**
- **ホストメモリからデバイスメモリへの入力データのコピー**
- **カーネルを起動して計算処理を実行**
- **計算結果をデバイスメモリからホストメモリにコピー**
- **使い終わったメモリを解放**

ホスト側のメモリの確保は普通のmalloc( )関数で行いますが、デバイスメモリの確保のために使われるのがcudaMalloc( )という関数です。そして、デバイスメモリを確保したら、cudaMemcpy( )関数を呼んでホストメモリから必要なデータをコピーしてやって、カーネルを呼び出して計算処理を行わせます。そして処理が終わったら、cudaFree( )で不要になったGPUメモリを解放して他の用途に使えるようにします。ホストメモリの解放は、普通のfree( )関数を使います。

デバイスで動作するカーネルは、デバイスメモリに確保された入力領域にデータが入った状態で呼び出されますので、入力を使って計算し、結果を出力領域に書き出して実行を終わります。

少し長いですが、デバイスメモリの獲得、ホストメモリからの入力データのコピー、2つのベクトルの加算、結果のホストメモリへのコピー、そして、デバイスメモリの解放の手順を次のソースコードに示します[注3]。

注3 出典：「CUDA C Programming Guide」(v8.0、NVIDIA、2017)の3.2.2「Device Memory」より。コメントの日本語訳は筆者。

```
// デバイスで実行するカーネル
__global__ void VecAdd(float* A, float* B, float* C, int N)
{
    int i = blockDim.x * blockIdx.x + threadIdx.x;
    if (i < N)
        C[i] = A[i] + B[i];
}

// ホストで実行するコード
int main()
{
    int N = ...;
    size_t size = N * sizeof(float);

    // 入力ベクトルh_Aとh_B をホストメモリに獲得
    float* h_A = (float*)malloc(size);
    float* h_B = (float*)malloc(size);

    // 入力ベクトルの初期化
    ...

    // 入出力のベクトルの領域をデバイスメモリに獲得
    float* d_A;
    cudaMalloc(&d_A, size);
    float* d_B;
    cudaMalloc(&d_B, size);
    float* d_C;
    cudaMalloc(&d_C, size);

    // ホストメモリからデバイスメモリに入力をコピー
    cudaMemcpy(d_A, h_A, size, cudaMemcpyHostToDevice);
    cudaMemcpy(d_B, h_B, size, cudaMemcpyHostToDevice);

    // カーネルの呼び出し
    int threadsPerBlock = 256;
    int blocksPerGrid =
            (N + threadsPerBlock - 1) / threadsPerBlock;
    VecAdd<<<blocksPerGrid, threadsPerBlock>>>(d_A, d_B, d_C, N);

    // 結果をデバイスメモリからホストメモリにコピー
    // 加算結果h_Cをホストメモリにコピー
    cudaMemcpy(h_C, d_C, size, cudaMemcpyDeviceToHost);

    // 使用を終わったデバイスメモリを解放
    cudaFree(d_A);
    cudaFree(d_B);
```

```
    cudaFree(d_C);

    // ホストメモリを解放
    ...
}
```

このコードでは、cudaMalloc(&d_A, size);でベクトルAを格納する領域d_Aをデバイスメモリに獲得しています。そして、d_B、d_Cについても同様にデバイスメモリを獲得します。

そして、cudaMemcpy(d_A, h_A, size, cudaMemcpyHostToDevice);ではcudaMemcpyHostToDeviceを指定して、ホストメモリh_Aからデバイスメモリd_Aへのコピーを行わせます。h_Bからd_Bへのコピーも同様にして行い、VecAdd<<<blocksPerGrid, threadsPerBlock>>>(d_A, d_B, d_C, N);でカーネルを呼び出してベクトルの加算を行わせます。

そして、cudaMemcpy(h_C, d_C, size, cudaMemcpyDeviceToHost);では、コピーの方向にcudaMemcpyDeviceToHostを指定して、処理結果のデバイスからホストへの転送を行います。なお、この関数は第1引数が転送先、第2引数が転送元ですから、ホストからデバイスへのコピーの場合とは引数の指定も逆になります。

最後にcudaFree(d_A);を呼び出してデバイスメモリd_Aを解放し、同様にd_B、d_Cを解放します。そして、使い終わったホストメモリも解放しますがそのコードは省略されています。

[簡単な例]行列積を計算するCUDAプログラム

行列積を計算する場合、まず__global__を付けてカーネルMatMulと引数を定義します。引数はN行N列の3つの行列A、B、Cです。__global__ですから、この関数はホストCPUから呼び出されGPUで実行されるタイプです。

カーネルの実行文では、まずblockIdx.x、threadIdx.xとblockIdx.y、threadIdx.yを読み出してiとjを計算します。このカーネルが計算するのはC[i][j]という1つの要素だけです。行列積の場合は、各要素はAの行ベクトルとBの列ベクトルの内積になりますから、forループでこれを計算しています。

以下のコードでは、行列Cは以前に格納されていた値にA × Bが加えられるようになっています。単純にAとBの積だけを計算する場合は、forループの直前にC[i][j]=0.0;を追加すれば済みます。ホスト側で実行されるmain関数では、整数のnumBlocksを1にして、ブロックのサイズthreadsPerBlockの方はdim3型変数で(N, N)と指定します。dim3型ですが2つしか値を指定していないので、3番めの値はデフォルトの1となります。そして、ホスト側で実行するmain( )の中でMatMul<<<<numBlocks, threadsPerBlock>>>(A, B, C);を実行してMatMulカーネルを起動します。なお、この例にはCPUとGPUのメモリ間のデータ転送の部分は含んでいません。

```
// カーネルの定義
__global__ void MatMul(float A[N][N], float B[N][N], float C[N][N])
{
    int i = blockDim.x * blockIdx.x + threadIdx.x;
    int j = blockDim.y * blockIdx.y + threadIdx.y;
    for(int k=0; k<N; k++)
        C[i][j] +=  A[i][k] * B[k][j];
}

int main()
{
...
    // N * N * 1スレッドの1つのブロックを起動
    int numBlocks = 1;
    dim3 threadsPerBlock (N, N);
    MatMul<<<numBlocks, threadsPerBlock>>>(A, B, C);
...
}
```

1つのスレッドは1つのC[i][j]の計算しか行いませんが、threadsPerBlockの指定でN × N個のスレッドが起動されるので、N × N個のすべての行列要素の計算が行われることになります。

これで行列の積を求めるCUDAプログラムができましたが、このプログラムには少々問題があります。というのは、1つのスレッドブロックに含まれるスレッドは、すべて同じSMで実行されます。このプログラムではスレッドブロックが1個しかないので、GPUの中の1個のSMだけを使って実行され、残りのSMは遊んでしまいます。また、NVIDIAのGPUでは、1つのスレッドブロックに入れられるのは最大1,024スレッドという制約があるので、このプログラムではNの値は最大32に制限されてしまいます。

これに対して、ホストで実行されるmainプログラムを変更して、threadsPerBlockを(16, 16)、numBlocksを(N / threadsPerBlock.x, N / threadsPer

Block.y)とします。そうすると実行される総スレッド数はN × Nですが、1つのスレッドブロックに含まれるスレッド数は16 × 16 = 256となり、グリッドにはN × N/256個のスレッドブロックが含まれることになります。こうすれば、Nが1,024の場合は4,096個のスレッドブロックを持つグリッドが作られ、128個のSMを持つGPUの場合は、それぞれのSMが32個のスレッドブロックを処理することになります。このように変更したmainは次のようになります[注4]。

```
int main()
{
    ...
    // ブロックのスレッド数を(16, 16)としてMalMulカーネルを実行
    dim3 threadsPerBlock (16, 16);
    dim3 numBlocks(N / threadsPerBlock.x, N / threadsPerBlock.y);
    MatMul<<<numBlocks, threadsPerBlock>>>(A, B, C);
    ...
}
```

CUDAの数学ライブラリ

CUDAはC言語の拡張として作られており、C言語で標準的に使える数学ライブラリを使うことができます。また、標準ライブラリ以外にIntrinsic Functionsと呼ぶ数学ライブラリがあります。Intrinsic Functionsは、たとえば__sinf(x)のように__(2つのアンダースコア)を付けた名前になっています。これらのIntrinsic Functionsの関数は、IEEE準拠の標準ライブラリに比べると若干誤差が大きい[注5]場合もありますが、GPUの機能を直接使って高速に演算を行えます。また、FP16の演算やBF16の演算など、IEEE準拠のライブラリが持っていない機能が豊富に含まれています。

また、NVIDIAは各種ライブラリを揃えることに熱心で、マトリクスやベクトルの演算を行うcuBLAS、疎行列の演算を行うcuSPARSE、高速フーリエ変換(*Fast Fourier Transform*)を行うcuFFT、最近ではディープラーニングの演算を行うcuDNNなどのNVIDIA GPUに最適化したライブラリを提供しています。

注4　出典:「CUDA C Programming Guide」(v8.0、NVIDIA、2017)の2.2「Thread Hierarchy」より。コメントの日本語訳は筆者。

注5　__sinf(x)の場合、xが-πから+πの範囲での最大の誤差は$2^{-21.41}$、有効数字の最後の数ビット分。

NVIDIA GPUのコンピュート能力

NVIDIAは、それぞれのGPUについて**コンピュート能力**(*Compute capability*)という値を公表しています(**表5.1**、**表5.2**)[注6]。コンピュート能力はSMの機能を表しており、新アーキテクチャのGPUが発表されるとコンピュート能力の版数が上がるということになっています。

具体的にいうと、コンピュート能力3.0はKeplerアーキテクチャのK10 GPU、K20やK40 GPUはコンピュート能力3.5、K80 GPUはコンピュート能力3.7、MaxwellアーキテクチャのM40 GPUはコンピュート能力5.2、PascalアーキテクチャのP100 GPUのコンピュート能力は6.0、P4とP40 GPUは6.1となっています。そして、Volta GPUは7.x、Ampere GPUは8.xとなっています。

表5.2を見ると、新しいアーキテクチャになるとSMあたりの数値では減少しているものもありますが、実質的に1つのスレッドが使える計算資源としては減少しないような拡張になっています。

CUDAプログラムの実行制御

基本的にCUDAの命令はインオーダー(*In-order*、順番に)で実行されていきます。しかし、異なるワープの間では、命令の実行の順序は決まっていません。それぞれのスレッドは独立の処理を行っているので通常はこれで良いのですが、明確な順序付けを必要とする場合があります(後出のRead/Writeの例を参照)。CUDAには、このような順序付けを行う関数が用意されています。

また、ホストとの間のデータ転送とGPUでの計算処理のように、並行して複数の処理を実行する方が効率が良い場合があります。CUDAには、そのような実行を可能にするメカニズムがあります。

■ストリームを使ってメモリ転送とカーネル実行をオーバーラップする

通常は、cudaMemcpy( )やカーネルの実行はそれらのコマンドが発行された順番に実行されます。しかし、cudaには**ストリーム**(*Streams*)という考え方が

注6 URL https://developer.nvidia.com/cuda-gpus#compute
コンパイラなどを作ることを考えると、GPU間の能力が細かく違うと対応が複雑になるため、ある程度、機能/拡張をグループとしてまとめることになります。このまとめたものに「コンピュート能力」という名前を付けています。なお、本項では科学技術計算用のTesla製品の主要な番号だけを挙げています。コンピュート能力はPC向けのGeForceにも共通に付けられていて、Teslaには存在しない番号もあります。なお、歴史的な理由から4.xは欠番です。

あり、ストリームを使うとデータ転送とカーネル実行をオーバーラップすることができます。

表5.1 NVIDIA GPUのコンピュート能力❶

<table>
<tr><th rowspan="2">機能のサポート</th><th colspan="7">コンピュート能力の版数</th></tr>
<tr><th>2.x</th><th>3.0</th><th>3.2</th><th>3.5、3.7、5.0、5.2</th><th>5.3</th><th>6.x</th><th>7.x、8.x</th></tr>
<tr><td>ユニファイドメモリ</td><td>No</td><td colspan="6">Yes</td></tr>
<tr><td>ダイナミックパラレリズム</td><td colspan="3">No</td><td colspan="4">Yes</td></tr>
<tr><td>倍精度浮動小数点演算</td><td colspan="7">Yes</td></tr>
<tr><td>半精度浮動小数点演算</td><td colspan="4">No</td><td colspan="3">Yes</td></tr>
</table>

表5.2 NVIDIA GPUのコンピュート能力❷

<table>
<tr><th rowspan="2">仕様</th><th colspan="12">コンピュート能力の版数</th></tr>
<tr><th>3.5</th><th>5.0</th><th>5.2</th><th>5.3</th><th>6.0</th><th>6.1</th><th>6.2</th><th>7.0</th><th>7.2</th><th>7.5</th><th>8.0</th><th>8.6</th></tr>
<tr><td>最大同時実行カーネル数</td><td colspan="3">32</td><td>16</td><td>128</td><td>32</td><td>16</td><td>128</td><td>16</td><td colspan="3">128</td></tr>
<tr><td>グリッドの最大次元数</td><td colspan="12">3</td></tr>
<tr><td>グリッドのX方向の最大数</td><td colspan="12">2^{31}-1</td></tr>
<tr><td>グリッドのY、Z方向の最大</td><td colspan="12">65,535</td></tr>
<tr><td>ブロックのX、Y方向の最大</td><td colspan="12">1,024</td></tr>
<tr><td>ブロックのZ方向の最大</td><td colspan="12">64</td></tr>
<tr><td>ブロックの最大スレッド数</td><td colspan="12">1,024</td></tr>
<tr><td>ワープサイズ</td><td colspan="12">32</td></tr>
<tr><td>SMあたりのブロック数</td><td>16</td><td colspan="8">32</td><td>16</td><td>32</td><td>16</td></tr>
<tr><td>SMあたりのワープ数</td><td colspan="9">64</td><td>32</td><td>64</td><td>48</td></tr>
<tr><td>SMあたりのスレッド数</td><td colspan="9">2,048</td><td>1,024</td><td>2,048</td><td>1,536</td></tr>
<tr><td>SMあたりの
32ビットレジスタ数</td><td colspan="12">64K</td></tr>
<tr><td>ブロックあたりの
最大レジスタ数</td><td colspan="3">64K</td><td>32K</td><td colspan="2">64K</td><td>32K</td><td colspan="5">64K</td></tr>
<tr><td>スレッドあたりの
最大レジスタ数</td><td colspan="12">255</td></tr>
<tr><td>SMあたりの
シェアードメモリ量(KB)</td><td>48</td><td>64</td><td>96</td><td colspan="2">64</td><td>96</td><td>64</td><td colspan="2">96</td><td>64</td><td>164</td><td>100</td></tr>
<tr><td>ブロックあたりの
最大シェアードメモリ量
(KB)</td><td colspan="7">48</td><td>96</td><td>48</td><td>64</td><td>163</td><td>99</td></tr>
<tr><td>シェアードメモリの
バンク数</td><td colspan="12">32</td></tr>
<tr><td>スレッドあたりの
最大ローカルメモリ量</td><td colspan="12">512KB</td></tr>
<tr><td>コンスタントメモリ量</td><td colspan="12">64KB</td></tr>
</table>

1つのストリームに対して発行されたコマンドは順番に実行されますが、複数のストリームを使う場合、ストリーム間ではコマンドの実行順序は発行された順番とは限らず、ストリームごとに実行できるコマンドがあれば、他のストリームの実行状況とは独立に実行していきます。

次のコード[注7]ではcudaStreamCreate()関数を使って2つのストリームを作り、メモリ転送とカーネル実行をオーバーラップさせています。この例ではcudaMemcpyAsync()、およびカーネルの起動に**ストリーム番号**が指定されていることに注意してください。

```
// 2つのストリームを生成
cudaStream_t stream[2];
for (int i = 0; i < 2; ++i)
    cudaStreamCreate(&stream[i]);
float* hostPtr;
cudaMallocHost(&hostPtr, 2 * size);
// 2つのストリームそれぞれにメモリ転送とカーネル実行コマンドを発行
for (int i = 0; i < 2; ++i) {
// 入力データをホストメモリからデバイスメモリに非同期転送
    cudaMemcpyAsync(inputDevPtr + i * size, hostPtr + i * size,
                              size, cudaMemcpyHostToDevice, stream[i]);
// MyKernelを起動
    MyKernel <<<100, 512, 0, stream[i]>>>
            (outputDevPtr + i * size, inputDevPtr + i * size, size);
// 処理結果をデバイスメモリからホストメモリに非同期転送
    cudaMemcpyAsync(hostPtr + i * size, outputDevPtr + i * size,
                              size, cudaMemcpyDeviceToHost, stream[i]);
}
```

この例ではstream[0]とstream[1]それぞれにホストからデバイスメモリへの入力のコピー、カーネルの起動、処理結果のデバイスからホストメモリへのコピーというコマンド列が入ります。

まず、stream[0]のホストからデバイスメモリへのコピーが開始され、それが終了するとstream[0]のカーネルの実行が始まります。また、stream[0]のメモリコピーが終わり、データ転送を行うDMAハードウェアが使えるようになると、stream[1]のホストからデバイスメモリへのコピーが動き始めます。このとき、stream[0]のカーネルはまだ実行中で、stream[0]のカーネルの実行とstream[1]のデータ転送が並行して実行されることになります。

注7　出典：「CUDA C Programming Guide」(v10.2、NVIDIA、2020)の3.2.5.5.1「Creation and Destraction」より。コメントの日本語訳は筆者。

そして、stream[0]のカーネルの実行が終わると、結果のデバイスからホストメモリへのコピーが開始されます。また、stream[1]のカーネルの実行が開始され、stream[1]のカーネルの実行とstream[0]の結果の転送が並列に処理されます。ただし、このような処理が行われるには、データ転送とカーネル実行を並列して行える能力を持っているGPUを使う必要があります。

また、複数のカーネルを同時に実行する能力を持つGPUや複数のデータ転送を同時に実行する能力を持つGPUの場合は、より高度なオーバーラップ処理が可能になります。

■フェンス関数を使ってメモリアクセスを順序付ける

CUDAの実行環境では、複数のSMが並列に動作しています。このため、あるスレッドの書き込みと、別のスレッドでの読み出しの間でメモリアクセス順序が変わることがあり得ます。また、CUDAでは、1つのスレッドとしての計算結果があっていれば、その中に含まれる個々の命令の実行順序を入れ替えても良いことになっています。

このため、次の2つのカーネルを並行して実行した場合、実行の方法とタイミングにより異なる結果が出てきます[注8]。

```
__device__ volatile int X = 1, Y = 2;
__device__ void writeXY( )
{
    X = 10;  // ❶
    Y = 20;  // ❷
}
__device__ void readXY( )
{
    int A = X;  // ❸
    int B = Y;  // ❹
}
```

たとえば、writeXY( )より前にreadXY( )が実行されるとA=1、B=2となりますが、writeXY( )が先に実行されて、その後readXY( )が実行されればA=10、B=20となります。また、writeXY( )のX=10が実行され、Y=20が実行される前にreadXY( )が実行されると、A=10、B=2となります。また、readXY( )の中のB=Yが最初に実行され、その次にwriteXY( )、最後にreadXY( )のA=Xが実行されるとA=10、B=2となります。

注8　出典：「CUDA C Programming Guide」(v10.2、NVIDIA、2020)のB.5「Memory Fence Function」より。

このように、実行のタイミングによって計算の結果が変わってしまうのは、望ましいことではありません。これを避けるためには、メモリアクセス命令の実行に何らかの順序を付ける必要があります。このメモリアクセスの順序付けを行うのが__threadfence_block( )という関数です。

図5.2は、A、B、Cの3つのワープが同じ命令列を実行している状況を示しています。この中のすべてのReadとWriteはグローバルメモリの同一の番地をアクセスしているとします。実行する命令列は同じですが、ワープの間では個々の命令が実行されるタイミングは不定なので、ワープ間のReadとWriteの前後関係も不定となります。これに順序を付けるのが__thraedfence_block( )です。__threadfence_block( )を呼び出したスレッドを含むコードブロックの中では図5.2のように、__threadfence_block( )を呼び出したスレッドが行ったそれ以前のグローバルメモリやシェアードメモリへのWriteは、同じブロックのすべてのスレッドから見て、__threadfence_block( )を呼び出したスレッドが、それ以降に発行したWriteより前に完了しているように見えることを保証します。また、Readについても同様に、同じブロックのすべてのスレッドから見て、__threadfence_block( )を呼び出したスレッドが、それ以降に発行したReadより前に完了しているように見えることを保証します。簡単にいうと、同じブロックのスレッドから見ると__threadfence_block( )の呼び出し前に行われたReadやWriteはそれまでに完了しており、__threadfence_block( )の呼び出し後に行われるReadやWriteは、まだ実行を始めていないというように見えるということです。

図5.2でいうと、ワープBのWrite1でグローバルメモリに行った書き込みとワープAのRead1、Read2の実行される順序は不定なので、ワープBのWrite1

図5.2 フェンスを作ってRead、Writeの実行順序を制御する

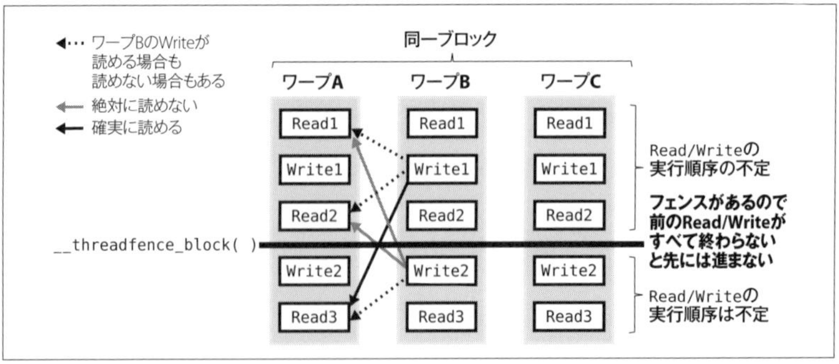

の情報はワープAのRead1やRead2で読める場合もあれば、読めない場合も起こるということになります。しかし、ワープAのRead3との間にはフェンスがありますから、フェンスの前にあるワープBのWrite1はワープAのRead3の前に終わっていることが保証されるので、確実に読めることになります。なお、この例ではワープBのWrite2の結果も読める可能性がありますが、Read3でWrite2の結果が読めるとは限りません。

フェンス前のワープAのRead1とRead2は、フェンスの後にあるワープBのWrite2より前に読み込みを終わっていますから、ワープBのWrite2の書き込みがワープAのRead1、Read2で読まれることは絶対に起こりません。

そして、ワープBのWrite2の書き込みと、ワープAのRead3はどちらもフェンスの後にありますので、読める場合も読めない場合も起こり得ます。

このように`__threadfence_block( )`関数を使うと、メモリアクセス命令が実行される順番を制御して、必要な部分では意図した順番でメモリアクセスを行わせるようにすることができます。

`__threadfence_block( )`と似た働きをする関数として`__threadfence( )`関数と`__threadfence_system( )`関数があります。

`__threadfence( )`は`__threadfence_block( )`関数の働きに加えて、呼び出し後に行われたグローバルメモリへのWriteは、他のすべてのスレッドから見て、それが`__threadfence( )`呼び出し前に行われたように見えることがないことを保証します。

`__threadfence_system( )`は`__threadfence_block( )`関数の働きに加えて、`__threadfence_system( )`の呼び出し前に発行されたグローバルメモリ、ページロック(*Page lock*、ピン止め)されたホストメモリや他のGPUのデバイスメモリへのRead、Writeがすべて終わるまで、デバイス内のすべてのスレッドやホストで実行されるスレッドと他のGPUで実行されるスレッドから見て、呼び出し後のものは開始しないように見えるという機能を持ちます。

この仕様書の記述は、「他のスレッドから見ると」のように見えるという書き方になっており、実際の時系列で起こる事象の順番は違うという実装を許容する書き方になっていますが、ブロック内の全スレッドでフェンス関数を呼び出すので、フェンス以前のメモリアクセスと以後のメモリアクセスを分離するという理解で良いと思います。

前の例のコードの❶`X = 10;`と❷`Y = 20;`の間と❸`A = X;`と❹`B = Y;`の間に、これらのフェンス関数の呼び出しを追加すると、B=20となる場合は常にA=10となります。

CUDAの関数実行を同期させるsyncthreads関数

CUDAでは多数のスレッドで分担して処理を行います。1つのワープの32スレッドはPascalでは物理的に同時に実行されていました。Voltaからはスケジューラが変わり、物理的に同時とは限らなくなりましたが、その影響を避けるライブラリも提供されているので、そちらを使えば同時発行のように使うことができます。

スレッド数が32を超えていて複数のワープに分割された場合は、別ワープとなったスレッドの実行されるタイミングは同じとは限らず、必ずしも同時には終わりません。とくに、スレッドがメモリアクセスを含んでいる場合は、リプレイの回数の違いやL2キャッシュをヒットしたかミスしたかでメモリアクセス時間が大きく違ってきます。

たとえば、行列の積に対してその次の演算を行う場合は、行列の積を計算するMatMul関数がすべてのスレッドで終わって、全部の要素の積が計算されていることを確認しなければなりません。`__syncthreads( )`関数は、このような待ち合わせを行う関数です。**図5.3**に示すように、同じスレッドブロックに含まれるすべてのワープの実行が終わるのを待ち合わせてタイミングを揃えます。

図5.3 ブロック内のすべてのスレッドの実行完了を待ち合わせる

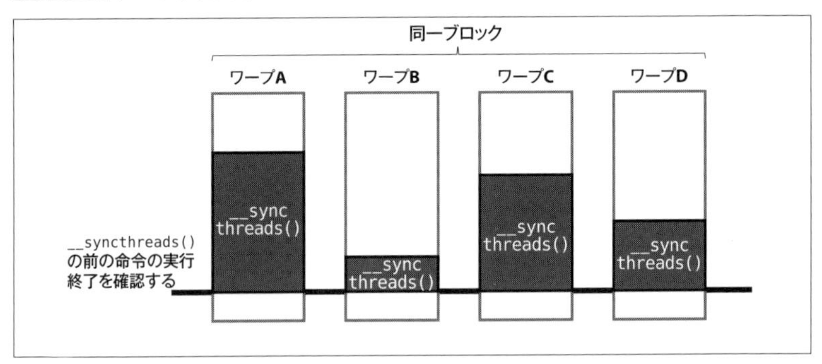

`__syncthreads( )`関数には、`__syncthreads_count(int predicates)`と`__syncthreads_and(int predicates)`、`__syncthreads_or(int predicates)`という仲間の関数があります。

`__syncthreads_count(int predicates)`は、呼び出しの前の命令の終了を待ち合わせるのは`__syncthreads( )`と同じですが、それに加えて、ブロック内のすべてのスレッドのプレディケートを評価し、プレディケートの値が非ゼロとなっているスレッドの数を返します。`__syncthreads_and(int predicates)`は、ブロック内のすべてのスレッドのプレディケートが非ゼロの場合に非ゼロの値を返します。`__syncthreads_or(int predicates)`は、ブロック内のすべてのスレッドのプレディケートを評価して、非ゼロのものが1つでもあれば非ゼロの値を返します。

■ストリームの実行を同期させるcudaDeviceSynchronize関数

ストリームは並列実行を行わせて性能を上げるのに便利な機構ですが、複数のストリームのコマンドが入り乱れて実行されるので、その実行を同期する必要が出てくる場合があります。そのようなときに使われるのが、cudaDeviceSynchronize( )やcudaStreamSynchronize( )と言った関数です。

cudaDeviceSynchronize( )はこの関数の呼び出し前に、そのデバイスのすべてのストリームに入れられたコマンドの終了を待ち合わせます。複数のストリームを使用している場合でも、それ以前に発行したコマンドはすべて実行を終わっている状態になっていることを保証します。一方、cudaStreamSynchronize( )は1つのストリームを引数に指定して、そのストリームに対してそれ以前に発行されたコマンドの終了を待ち合わせる関数です。

CUDAのユニファイドメモリ

いくつかの例で見てきたように、GPUで処理を行わせるためには、GPUのデバイスメモリにメモリ領域を獲得し、ホストメモリからデバイスメモリにデータをコピーし、そしてGPUに処理を行わせます。処理結果が求まると、それをホストメモリにコピーし、使い終わったデバイス側のメモリを解放するという手順が必要です。これまでに挙げた例のように、配列が2つ3つの場合は大したことはありませんが、実用的なプログラムの場合はデータの数も多く、メモリを獲得してデータをコピーするだけでもかなりの手間です。

これを解消するのが**ユニファイドメモリ**(*Unified memory*、4.4節)です。領域を獲得する場合に、cudaMallocManaged( )関数を使うか、`__device__ __managed__ float A[100];`のようにグローバル変数を定義するときに`__managed__`指定を付けることにより、そのメモリ領域が特別な管理がなされる**マネージド領域**であることを宣言します。

このマネージド領域は、ホストCPUからもGPUからもアクセスできるメモリとして機能し、特別なコピー操作なしに、CPUが書き込んだデータをGPU

が読んだり、その逆にGPUが書き込んだデータをCPUが読んだりすることができるようになります。

ユニファイドメモリを使う場合はcudaMallocManaged( )関数を使用して、たとえばretという名前の領域を獲得します。するとretはホストCPU側でも、デバイス側でも使えるポインタ変数になり、ホストからデバイス、デバイスからホストのデータコピーをプログラムに明示的に書く必要がなくなります。

ユニファイドメモリを使わないと、ホスト側にはhost_retの領域を確保し、デバイス側にはretの領域を確保して、その間のコピーが必要になるので、次のようなソースコードになります注9。

```
__global__ void AplusB( int *ret, int a, int b) {  // カーネルAplusBを定義
    ret[threadIdx.x] = a + b + threadIdx.x;    // a + b + threadIdx.xを計算してretに書き込み
}
int main( ) {                                  // ホスト側のmainプログラムの記述
    int *ret;                                  // 戻り値retへのポインタを定義
    cudaMalloc(&ret, 1000 * sizeof(int));      // retの領域をデバイスメモリに確保
    AplusB<<< 1, 1000 >>>(ret, 10, 100);       // カーネルAplusBを1,000スレッド呼び出し
    int *host_ret = (int *)malloc(1000 * sizeof(int));
                                          // ホストメモリに結果を格納する領域を確保
    cudaMemcpy(host_ret, ret, 1000 * sizeof(int), cudaMemcpyDefault);
                                                          // ホストメモリにコピー
    for(int i=0; i<1000; i++)                        // 1,000個の結果を順番に
        printf("%d: A+B = %d\n", i, host_ret[i]);    // printfで表示
    free(host_ret);                                  // ホストメモリを解放
    cudaFree(ret);                                   // デバイスメモリを解放
    return 0;
}
```

これに対して、ユニファイドメモリを使うと、retはデバイス側でもホスト側でも使えるポインタ変数となり、明示的なコピーが必要なくなります注10。

```
__device__ __managed__ int ret[1000];          // retをマネージド領域として定義
__global__ void AplusB(int a, int b) {  // カーネルAplusBを定義。retは引数にない
    ret[threadIdx.x] = a + b + threadIdx.x;  // a + b + threadIdx.xを計算してretに格納
}
int main( ) {
    AplusB<<< 1, 1000 >>>(10, 100);                    // カーネルAplusBを呼び出し
    cudaDeviceSynchronize( );                   // 全スレッドの終了を待ち合わせ
    for(int i=0; i<1000; i++)                          // 1,000個のretの値を
```

注9 出典：「CUDA C Programming Guide」(v10.2、NVIDIA、2020)のK.1.2「Simplifying GPU Programming」より。コメントの日本語訳は筆者。

注10 出典：「CUDA C Programming Guide」(v8.0、NVIDIA、2017)のJ1.1.1「Simplifying GPU Programming」より。コメントの日本語訳は筆者。

```
        printf("%d: A+B = %d\n", i, ret[i]);                    // printfで確認
    return 0;
}
```

こちらのコードでは、retは最初にマネージド領域として定義するだけで、AplusBカーネルの中でもmainプログラムの中でも定義済みの配列として使うことができ、コードも簡単になり見やすくなるというメリットもあります。

ユニファイドメモリを使わない方の例ではcudaMemcpy( )で結果をホストメモリにコピーしています。cudaMemcpy( )はカーネルの実行完了を待ち合わせてコピーを行うのでAplusBカーネルの実行終了後に同期を行う必要はなかったのですが、ユニファイドメモリの方の例ではその後のprintf文で結果のretのデータを使う前に、AplusBカーネルの実行がすべてのスレッドで終わっていることを確認する必要があるので、cudaDeviceSynchronize( )が呼ばれています。

もちろんCPUのメモリとGPUのメモリは別々ですから、ユニファイドメモリを実現するためには物理的にはデータのコピーが必要です。しかし、プログラマーが書かなくても、ハードウェアがメモリ管理のページ(4KiB)単位でコピーを実行して、そのデータをホストが使う場合にはホストのメモリに、GPUが使う場合にはデバイスメモリに自動的にデータを持っていってくれます。

ただし、Maxwellとそれ以前のGPU(コンピュート能力が5.xまでの)ではGPU側で動いているカーネルがマネージド領域を使っているときには、CPUはマネージド領域を使ってはいけないことになっており、GPU側がカーネル実行の後にcudaDeviceSynchronize( )を実行してから、CPU側がマネージド領域をアクセスするというプログラムとする必要があります。しかし、Pascal以降のGPU(コンピュート能力が6.0以降)ではこの制約はなくなり、マネージド領域をカーネルが使用中でもCPUからのアクセスが可能になっています。

このようにユニファイドメモリは非常に便利な機能ですが、ページ単位のメモリのコピーは自分のメモリにそのデータがないことが判明した時点で開始されます。このため、メモリ転送はカーネルの実行時間とはオーバーラップしません。

複数GPUシステムの制御

計算能力を高めるため、1個のCPUチップに複数のGPUを接続するという構成が使われるようになってきており、この場合は複数のGPUを動かすプロ

グラムが必要となります。

NVIDIAのCUDAでは、ホストCPUに複数台のGPUを接続したシステムを作ることができるようになっています。ただし、これはプログラム上、1台のホストで何台ものデバイスを接続したシステムのプログラムが書けるという意味で、多数のGPUを接続してどれだけ性能を出せるかはプログラマーの腕に掛かっています。

CUDAでは複数台のデバイスが接続されていても、1つのCPUスレッドからコマンドを送ることができるのは一時には1台で、ホストをどのデバイスと接続するかをcudaSetDevice( )関数で指定します。次の例は最初にデバイス0と接続して、cudaMallocでメモリを確保してMyKernelを起動し、次にデバイス1と接続してcudaMallocでメモリを確保してMyKernelを起動するというものです[注11]。

```
size_t size = 1024 * sizeof(float);
cudaSetDevice(0);              // デバイス0を選択
float* p0;
cudaMalloc(&p0, size);         // デバイス0にメモリを獲得
MyKernel<<<1000, 128>>>(p0);  // MyKernelをデバイス0に発行
cudaSetDevice(1);              // デバイス1を選択
float* p1;
cudaMalloc(&p1, size);         // デバイス1にメモリを獲得
MyKernel<<<1000, 128>>>(p1);  // MyKernelをデバイス1に発行
```

5.3 OpenCL
業界標準のGPU計算言語

GPUのプログラミング環境としてCUDAが作られましたが、CUDAはNVIDIAのもので他社が勝手に使うことはできません。このため、Khronos Groupという業界団体が中心となり、業界標準のGPUプログラミング環境を作ることになりました。それが**OpenCL**（CLはCompute Language）です。OpenCLの仕様書には、規格の作成に貢献した人への謝辞の部分に多くの人

注11　出典：「CUDA C Programming Guide」（v10.2、NVIDIA、2020）の3.2.6.2「Device Selection」より。コメントの日本語訳は筆者。

の名前が並んでいて、AMD、Apple、Arm、IBM、Intel、Qualcommなどから多数のエンジニアが参加しており、NVIDIAからも多くのエンジニアが参加しています。

OpenCLとは

OpenCLはGPUに関係する多くの会社のエンジニアが集まって検討された規格ですから、各社のGPUに対応できる形になっています。そして、各社のGPUはOpenCLをサポートしていますから、OpenCLでプログラムを作っておけば移植性が高く、各社のGPUで動かせるというのが大きなメリットです。

OpenCLはCUDAと同様に、CPUとGPUのヘテロジニアスな構成をサポートし、多数の並列実行するスレッドをまとめてGPUに実行させるという考え方を取っています。そして、計算アクセラレータとしてはGPUに限らず、DSPを使うこともできますし、CPUを使うことも可能な仕様になっています。

しかし、先行するCUDAを見て作られており、CUDAと似ているところが多くあります。たとえば、GPU側のデバイスメモリにはglobal、constant、local、privateのメモリ領域があるなど、メモリモデルの考え方も似通っていますし、CUDAのグリッドとスレッドブロックと同じ考え方で多数のカーネルスレッドを実行しています。ただし、メモリ領域の名前の付け方は同じではなく、OpenCLのローカルメモリはCUDAのシェアードメモリで、OpenCLのプライベートメモリがCUDAのローカルメモリに対応します。

一方、OpenCLはよりバリエーションの大きい各社のGPUをサポートするため、構成を問い合わせる関数で情報を得て、それに対応した操作を行えるように作られています。たとえば、計算カーネルを実行させる場合は、CUDAではグリッドに含まれるブロックは最大3次元、ブロックに含まれるスレッドも最大3次元と決められていますが、OpenCLの場合は、clGetDeviceInfo()関数の実行で得られるCL_DEVICE_MAX_WORK_ITEM_DIMENSIONSの値が次元数の最大値となります。この数は3以上とすることに決められていますが最大値は決まっておらず、10次元、20次元のスレッド配列をサポートするデバイスを作っても良いことになっています。

なお、CUDAの場合はコンパイラからの中間出力としてPTXが作られますが、OpenCLではSPIR-Vという中間表現データが作られます。したがって、各社はOpenCLのコンパイラを作る必要はなく、SPIR-Vから自社のGPUの機械命令への変換系を用意するだけで済むようになっています。

最初のOpenCLでは、カーネルの記述に使えるのはC言語にアクセラレータを使うための拡張を加えた言語だけでしたが、OpenCL 2.0ではC++ベースのカーネル記述言語がサポートされ、OpenCL 2.2ではC++14ベースのカーネル記述がサポートされています。

OpenCLの変数

OpenCLではchar、short、int、longの整数とその符号なし型、half、float、doubleの浮動小数点数が使えますが、すべて「cl_char」のように前にcl_を付けてOpenCLのデータタイプであることを明示します。

そしてCUDAと同様に、これらの変数はベクトル型にした変数を使うことができます。ベクトルの長さとしては2、4、8、16から選ぶことができ、CUDAよりも長いベクトルが扱えます。たとえば、cl_float8は8要素のfloat数から成るベクトルを意味します。ベクトル変数はベクトルの中の要素単位でアクセスすることもでき、foo.s[6]はベクトル変数fooの7番め(.s[0]が最初の要素)の要素を指すことになります。

OpenCLの実行環境

OpenCLは1台のホストCPUに、1台もしくは複数台のOpenCLデバイスが接続されているというプラットフォームで実行されるという環境を想定しています。そして、実行プログラムは、ホストで実行される部分とデバイスで実行される部分から成っています。デバイスで実行されるプログラムは計算カーネルと呼ばれます。これはCUDAと同じです。

OpenCLの実行環境(Context)には、1台または複数台のデバイス、デバイスで実行されるカーネルオブジェクト、プログラムオブジェクトとメモリオブジェクトが含まれます。

OpenCLではカーネルオブジェクトをキューに入れると、実行に必要な条件が揃っているかどうかをチェックし実行可能になると、カーネルの実行が始まります。そして、実行が終了すると、キューから取り除かれます。1つのキューの中のコマンドの実行は、順番に行われるインオーダー実行(*In-order execution*)と、順不同で実行されるアウトオブオーダー実行という2つの実行モードがあります。アウトオブオーダー実行を行うと、コマンド実行の並列度が上がり、性能を改善できるケースがありますが、必要に応じてコマンドキューバリアなどを使って順序付けを行う必要があります。

また、複数のコマンドキューを作るとコマンドキューの間のコマンドの実行順序は自由ですから、コマンド実行の並列度を改善することが可能になります。これはCUDAで複数のストリームを使うのと同じです。

カーネルの実行

カーネルは**図5.4**のようにまとめて実行されます。OpenCLでは、実行されるカーネル全体を「NDレンジ」と呼びます。この図では2次元ですが、N Dimensional(N次元)のワークグループの配列です。そして、ワークグループはワークアイテムの配列となっています。

図5.4 OpenCLのカーネルの実行

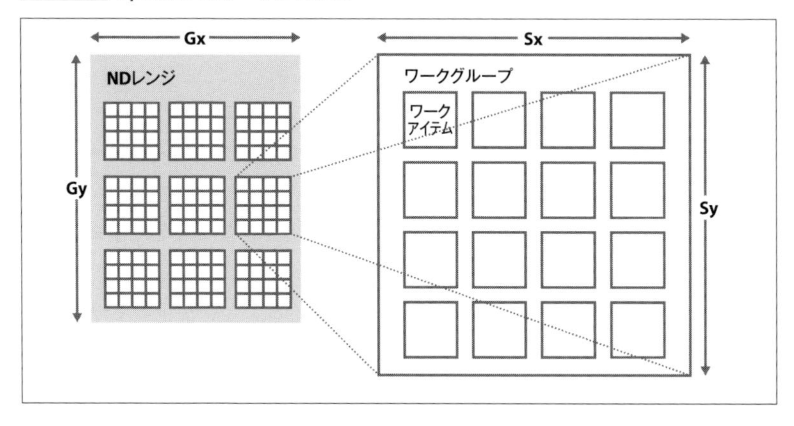

CUDAでは最低実行単位は**スレッド**で、それがまとまったものを**スレッドブロック**、スレッドブロックがまとまったものを**グリッド**と呼んでいますが、OpenCLでは各スレッドは**ワークアイテム**(*Work item*)、スレッドブロックは**ワークグループ**(*Work group*)、グリッドは**NDレンジ**(*NDRange*)と呼ばれます。

そして、ワークグループ単位でGPUの**CU**(*Compute Unit*、CUDAではSM)に割り付けられて実行されます。そのため、ローカルメモリ(CUDA GPUではシェアードメモリ)はワークグループ内のすべてのワークアイテムで共用されます。これは、CUDAではスレッドブロック単位でSMに割り付けられ、シェアードメモリはそのSMで動くすべてのスレッドで共用されるのと同じです。

NDレンジとワークグループが2次元配列の場合、1つのワークアイテムを識別するグローバルID(gx, gy)は次の式で計算されます。ここで(wx, wy)はNDレンジ内のワークグループ位置、(sx, sy)はワークグループ内のワークアイテム位置、SxとSyはワークグループのサイズ、FxとFyはオプションのオフセットです。

```
(gx , gy) = (wx * Sx + sx + Fx, wy * Sy + sy + Fy)
```

そして、組み込み関数のget_global_size( )でグローバルのワークアイテム数、get_global_ID( )でグローバルのワークアイテムIDを得ることができます。また、ローカルのワークグループのサイズとワークグループ内のワークアイテムのIDは、get_local_size( )とget_local_ID( )で得ることができます。

OpenCL 2.0から、ホストからだけでなく、デバイス側からもカーネルの実行コマンドをキューに入れることができるようになりました。これにより、CUDAのダイナミックパラレリズムと同じことがOpenCLでもできるようになりました。

OpenCLにおけるメモリ

OpenCLでは、メモリはホストCPUのメモリとGPUなどのデバイスメモリがあります。そして、デバイスメモリには、すべてのワークアイテムから読み書きできるグローバルメモリと定数を格納するコンスタントメモリが作られます。さらに、デバイスメモリには1つのワークグループの中のワークアイテムで共用されるローカルメモリと1つのワークアイテムが専用的に使うプライベートメモリがあります。OpenCLプラットフォームのメモリ階層を図示すると**図5.5**のようになります。

ローカルメモリはCUに直結しており、専用の高速SRAMで作られたオンチップのメモリが使われるのが一般的です。ローカルメモリはCUDAではシェアードメモリに相当します。そして、ローカルメモリは、グローバルメモリとは別のアドレス空間に置かれるので、ローカルとグローバルのメモリの間は明示的にデータ転送を行う必要があります。

プライベートメモリはスレッドごとのメモリで、OpenCLはプライベートなメモリとしてはまずレジスタファイルを使おうとしますが、レジスタファ

図5.5 OpenCLシステムのメモリ階層※

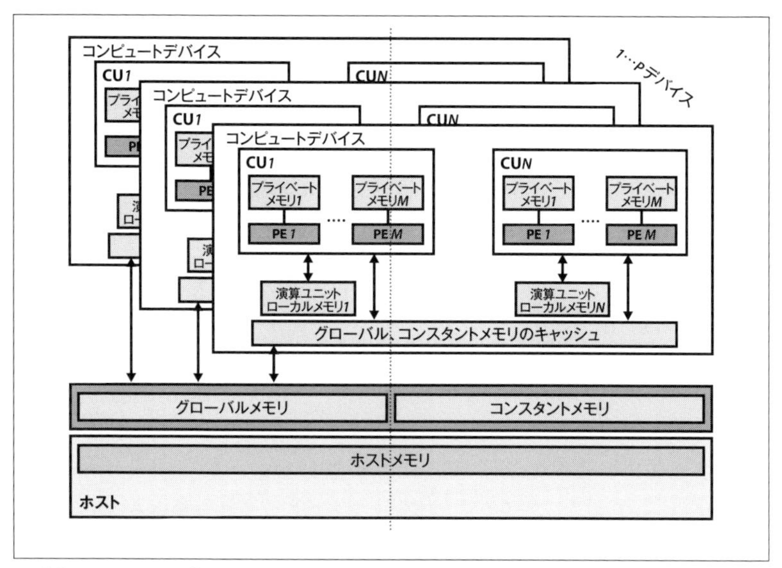

※ 出典：Khronos Group「The OpenCL Specification」(Version：2.1、2015)
OpenCL 2.2以降も、ここで説明するメモリ階層については変更はない。

イルの容量は非常に小さいので足りなくなるとデバイスメモリを使います。しかし、デバイスメモリはレジスタファイルに比べて非常に遅いので、デバイスメモリ上のプライベートメモリを使い始めると実行速度が大きく低下します。とは言っても、L2キャッシュがありますから、本当にデバイスメモリにアクセスすることはそれほど多くはありません。

グローバルメモリとコンスタントメモリはすべてのスレッドで共用のメモリで、デバイスメモリ上に置かれます。

OpenCLのメモリの獲得と転送

OpenCLではclCreateBuffer( )関数を呼び出して、Buffer（バッファ、メモリ領域）を獲得します。ここで、そのバッファがREAD_WRITEやREAD_ONLY、あるいはHOST_NO_ACCESSなどのアクセス属性を指定できます。

そして、clEnqueueReadBuffer( )関数でバッファのデータをホストのメモリ領域に読み出すコマンドの発行、clEnqueueWriteBuffer( )関数でホストのメモリ領域からバッファへの書き込みコマンドの発行、clEnqueueCopyBuffer( )関数でバッファ間のコピーコマンドの発行ができます。

OpenCLのSVM

OpenCL 2.0から**SVM**(*Shared Virtual Memory*)という機能がサポートされました。SVMを使うと、CUDAのユニファイドメモリと同様に、ホストCPUからでもデバイスGPUからでもアクセスできるメモリ領域を作ることができます。

この両方からアクセスできるメモリは通常ホストメモリ上に置かれ、CPUからは直接アクセスでき、GPUからはPCI Express経由でアクセスできるメモリ領域が使われます。しかし、OpenCLではどのように実装するかは指定されていませんので、ハードウェアのアシストがある場合には、より効率的な実装がなされている可能性もあります。

OpenCLで両方から使えるメモリを確保するには、clSVMAlloc( )関数を使います。そして、clEnqueueSVMMap( )でホストからアクセスできる状態にし、clEnqueueSVMUnmap( )でホストからはアクセスできないようにして、デバイスからメモリを使用できる状態に切り替えます。このMap、UnmapはclSVMAlloc( )で獲得したメモリ全体を一まとめにして切り替えるので、粗粒度の共用と呼ばれます。

OpenCL 2.0をサポートする場合は、粗粒度のSVMのサポートは必須です。一方、細粒度のSVMをサポートしているシステムではclEnqueueSVMMap( )やclEnqueueSVMUnmap( )を発行する必要はありません。CPUもGPUも勝手にclSVMAlloc( )で確保したメモリをアクセスできます。OpenCL 2.0の仕様書では**アトミックアクセス**(*Atomic access*)ができることを前提とした書き方になっており、アトミックアクセスを使ったアクセスの排他制御を行うことを想定していると考えられますが、アクセスの粒度がどのようになるか、性能がどうなるかなどは実装依存ということになります。

OpenCL 2.0では細粒度のSVMのサポートはオプションで、デバイスのサポート機能を問い合わせてサポートされていることを確認して使う必要があります。

OpenCLのプログラム例

以下はメモリにデータを書き込むだけの簡単なプログラムですが、どのようにGPUで実行するのかを知るためのプログラム例です[注12]。文字列としてソ

注12 出典：「AMD APP SDK OpenCL Programming User Guide」(rev 1.0、Advanced Micro Devices, Inc.、2015)の1.6.1「First Example：Simple Buffer Write」より。コメントの日本語訳は筆者。

ースコードに埋め込んだプログラムをコンパイルし、カーネルを作成して、実行キューに入れ、実行を行った結果を出力するというプログラムとなっています。なお、作ったバッファの解放などのコードは含まれていません。それでも本書で掲載するには少し長いかもしれませんが、一連の動作を行うためには最小限のプログラムです。以下のコードを見ると、OpenCLのプログラムの感じを理解できるでしょう。

```
// 最小のOpenCLプログラム

#include <CL/cl.h>
#include <stdio.h>

#define NWITEMS 512

// メモリに値を書き込むだけの簡単なmemsetカーネルプログラム。
// カーネルプログラムは文字列でソースコードに埋め込んでおく
const char *source =
"__kernel void memset( __global uint *dst )             \n"
"{                                                      \n"
"    dst[get_global_id(0)] = get_global_id(0);          \n"
"}                                                      \n";

int main(int argc, char ** argv)
{

    // ❶プラットフォームのIDを得る。
    // cl_platform_id型の変数platformを定義し、clGetPlatformIDs( )関数を呼び出す
    cl_platform_id platform;
    clGetPlatformIDs( 1, &platform, NULL );

    // ❷GPUデバイスのタイプを知る。
    // cl_device_id型の変数deviceを作り、clGetDeviceIDs( )関数を呼び出す
    cl_device_id device;
    clGetDeviceIDs( platform, CL_DEVICE_TYPE_GPU,
                              1,
                              &device,
                              NULL);

    // ❸コンテキストとコマンドキューを作る。
    // clCreateContext( )関数を呼び、戻り値をcontextに格納。
    // そのcontextを使ってclCreateCommandQueue( )を呼び、コマンドキューを作る
    cl_context context = clCreateContext( NULL,
                                          1,
                                          &device,
                                          NULL, NULL, NULL);
```

```
cl_command_queue queue = clCreateCommandQueue( context,
                                              device,
                                              0, NULL );

// ❹ソースコードをコンパイルし、カーネルのエントリポイントを得る。
// clCreateProgramWithSource( )を呼び、カーネルのソースをコンパイルする。
// clBuildProgram( )とclCreateKernel( )関数を呼び、カーネルを作る
cl_program program = clCreateProgramWithSource( context,
                                               1,
                                               &source,
                                               NULL, NULL );

clBuildProgram( program, 1, &device, NULL, NULL, NULL );

cl_kernel kernel = clCreateKernel( program, "memset", NULL );

// ❺データバッファを作る。
// clCreateBuffer( )を呼び、メモリ領域Bufferを確保する
 cl_mem buffer = clCreateBuffer( context,
                                CL_MEM_WRITE_ONLY,
                                NMITEMS * sizeof(cl_uint),
                                NULL, NULL );

// ❻カーネルを実行させる。
// clSetKernelArg( )の呼び出しでカーネルとバッファを対応させる。
// clEnqueueNDRangeKernel( )を呼び出し、カーネルの実行をコマンドキューに入れる
 size_t global_work_size = NWITEMS;

clSetKernelArg(kernel, 0, sizeof(buffer), (void*) &buffer);

clEnqueueNDRangeKernel( queue,
                        kernel,
                        1,
                        NULL,
                        &global_work_size,
                        NULL, 0, NULL, NULL);

clFinish( queue );

// ❼バッファをマップして、結果を読み出してプリントする。
// clEnqueueMapBuffer( )を呼び出してBufferをホスト領域にマップして、
// ホストから読めるようにする
cl_uint *ptr;
ptr = (cl_uint *) clEnqueueMapBuffer( queue,
                                      buffer,
                                      CL_TRUE,
```

```
                                         CL_MAP_READ,
                                         0,
                                         NWITEMS * sizeof(cl_uint),
                                         0, NULL, NULL, NULL );
    int i;
    for(i=0; i < NWITEMS; i++)
    printf("%d %d\n", i, ptr[i]);
    return 0;
}
```

■ OpenCL使用上の注意

OpenCLは業界標準で、NVIDIAのGPUでもサポートされています。OpenCLでプログラムを書いておけば各社のGPUでも動くので、CUDAを使うメリットはないと思われるかもしれません。しかし、本書原稿執筆時点ではNVIDIAのコンパイラはCUDA 11.1の機能をサポートしていますが、NVIDIAのOpenCLではOprnCL 2.0はベータサポートという状態のようです。少なくとも、NVIDIAの優先順位はCUDAとOpenACCが上位で、OpenCLとOpenMPはその後という感じです。

一方、NVIDIA以外の会社のGPUではCUDAは使えませんから、必然的にOpenCLという選択になります。なかなかOpenCLでAMD GPUを使うという動きが進まないのか、AMDはHIP (*Heterogeneous-compute Interface for Portability*)というCUDAのソースプログラムをAMD GPU用にコンパイルするシステムを開発しています(p.264のコラムを参照)。一つのソースでAMDでもNVIDIAのGPUでも動くプログラムが作れるようになれば便利です。

5.4 GPUプログラムの最適化

性能を引き出す

GPUはたくさんの演算器を持ち、デバイスメモリにも高バンド幅のGDDR5/6やHBM2メモリなどを使い、CPUと比較すると高い演算性能と高いメモリバンド幅を持っています。しかし、これらを有効に使うプログラムでなければ、これらの資源は遊んでしまい性能を引き出せません。本節では、GPUから高い性能を引き出すための注意やテクニックを見ていきます。

NVIDIA GPUのグリッドの実行

NVIDIAのGPUはp.145の図4.8に示したように、**スレッドブロック**(スレッドのまとまり)のまとまりである**グリッド**という単位で実行を行います。

そのとき、それぞれのスレッドブロックは、1つのSMに割り当てられて実行されます。このため、1つのスレッドブロックの中のすべてのスレッドは同じSMで実行されます。**図5.6**に示すように、グリッドに含まれるスレッドブロックは各SMに順に割り当てられていきます。全部のSMにスレッドブロックを割り当てて残った未割当のスレッドブロックは、SMに資源が残っていれば、概念的には2回め、3回めとSMに複数のスレッドブロックを割り当てていきます。

図5.6 スレッドブロックをSMに割り当てる

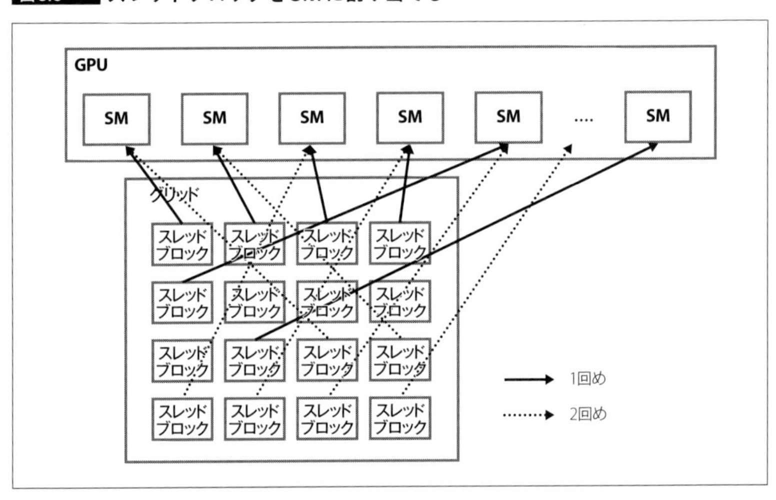

このため、グリッドに含まれるスレッドブロックの数がSMの数の整数倍でない場合は、最後の回は仕事のないSMが出てきます。したがって、スレッドブロック数はSM数の整数倍あるいは最後の半端の影響が小さくなるよう、十分に多くのスレッドブロック数を持たせるのが望ましいことになります。

なお、キャッシュミスの発生状況などで同じ命令を実行するスレッドブロックでも実行時間が変わりますので、早く処理が終わってしまったSMに対して次のスレッドブロックを割り当てるというダイナミックな割り当てが行われていますから、他のSMは仕事がないのに1つのSMだけに何個ものスレッドブロックが残ることはありません。

また、NVIDIAのGPUでは複数のカーネルを同時に実行する機能があり、複数のカーネルを並列に実行する場合は、全体で十分な数のスレッドブロックがあれば、個々のカーネルのブロック数は少なくてもSMの利用率を上げることができます。

■………すべての演算器を有効に使う

NVIDIAのGPUは1ワープ、32スレッドを並列に実行します。実行すべきスレッドが32に足りない場合は、ダミースレッドを加えて32スレッドにして実行を行います。ダミースレッドは有効な仕事はしませんから、そのぶん、演算器の利用効率は低下します。

1つのスレッドブロックに含まれるスレッドは一連番号が付けられ、その順に32スレッドごとに取り出してワープを作りますから、できるだけスレッドブロックのスレッド数は32の倍数とすると無駄が少ないことになります。

■………演算器に待ちぼうけをさせない

演算器は、入力データが揃わなければ演算を開始できません。GPUの浮動小数点演算器は入力を受け取ってから演算結果が次の計算に使えるようになるまで、最近のGPUでは演算器が速くなり5サイクル程度ですが、少し古いGPUでは10サイクル程度というものもあります。

浮動小数点演算命令の次に、その演算結果を入力として使う2番めの命令があり、この命令を最初の浮動小数点演算命令の次のサイクルに発行した場合、2番めの命令が最初の命令の演算結果を使えるようになるまで、たとえば10サイクルの待ちぼうけが発生します。これでは、理想的な毎サイクル演算実行に比べて1/10程度の性能しか出ません。しかし、**図5.7**に示すように、待っている時間は別のワープの命令を実行していれば、待ち時間を有効に使うことができます。このため、NVIDIAのGPUの各SMはワープのプールを持ち、その中から入力オペランドが揃い実行可能なワープを見つけて実行していくようになっています。

つまり、最初の浮動小数点演算命令の直後では、そのワープの次の命令は入力オペランドが揃っておらず実行可能ではありませんが、待ちぼうけの10サイクルの間、各サイクルに少なくとも1つの実行可能な他のワープがあ

図5.7 演算結果が使えるようになるまでの待ち時間は別のワープの命令を実行する

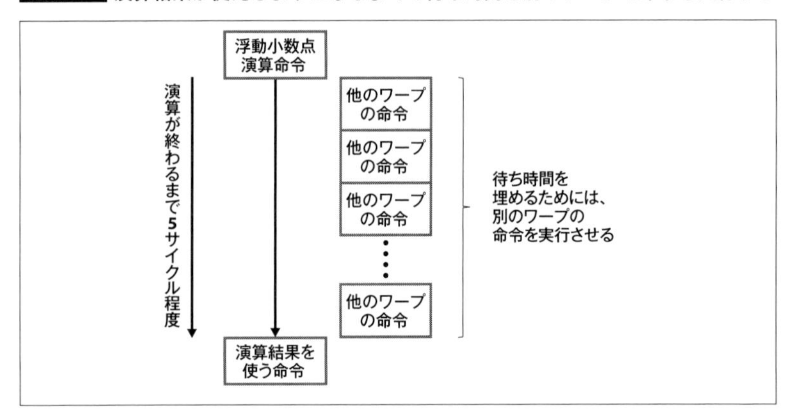

れば、演算器としては遊ばずに働き続けることができます。TuringのSMは4つのブロックに分けられており、それぞれのブロックにワープスケジューラを持っています。したがって、毎サイクル4ワープを発行できますから、4サイクルの待ちをカバーするのには少なくとも16ワープを必要とします。

L2キャッシュミスでGDDR5 DRAMをアクセスする場合は、400サイクルから800サイクルという長い待ちが発生します。このメモリアクセスを行ったワープは長い間データ待ちになって進行できませんが、毎サイクル実行できる他のワープがあれば演算器を遊ばせないで済みます。

この点ではワーププールにはたくさんのワープが入っていることが望ましいのですが、ワーププールのサイズが32ワープで抑えられている点と、SMあたりのレジスタファイルのエントリ数が65,536個なので、32スレッド×32ワープの場合は各スレッドが使えるレジスタエントリは最大64個、シェアードメモリは64KBなので(96KBのうち64KBをシェアードメモリに割り当てた場合)、ワープあたりのシェアードメモリは最大2KB(512ワード)に制限される点もプログラムによっては制約になります。

条件分岐は気をつけて使おう

第4章で説明したように、SIMT方式の実行ではワープの中のすべてのスレッドは同じ命令を実行します。そして、条件分岐がある場合は、プレディケートを使って分岐して実行されない方の命令の実行を止めます。その結果、p.139の図4.4に示したようにワープの中に命令を実行するスレッドと、命令を実行しないスレッドが出てきます。命令を実行しないスレッドも、命令を実行するスレッドと同じだけの時間が掛かりますから、命令を実行しないスレッドのぶんだけ演算器の利用効率が低下します。このため、条件分岐でスレッドごとに実行する文が異なる部分はできるだけ短くするのが望ましいということになります。たとえば、以下の❶の構文は❷のようにした方が、then句とelse句の中が短くなり、効率が良くなります。

```
❶ if(cond) then {
       func(param1, data);
   } else {
       func(param2, data);
   }
```

```
❷ if(cond) then {
       p=param1;
   } else {
       p=param2;
   }
   func(p, data);
```

メモリアクセスを効率化する

GPUはメモリから入力データを読み、演算結果をメモリに書き込みます。入力データがないと演算器は演算を開始できませんから、演算器を遊ばせず高い性能を出すためにはメモリアクセスを効率的に行うことが重要です。

■メモリアクセスと演算の比率 Byte/Flop比

科学技術計算などで、よく用いられる行列積の計算では`C[i, j]`＝`C[i, j]`＋`A[i, k]*B[k, j]`という計算が繰り返し行われます。この計算ではA[i, k]とB[k, j]をメモリから読む必要があります。そして、実行できる計算は乗算1回と加算1回の計2回です。つまり、変数が4バイトの単精度浮動小数点数の場合は、8バイトをメモリから読んで2回の演算を行います。一方、倍精度浮動小数点数の場合は変数が8バイトですから、16バイトを読んで2演算ということになります。なお、C[i, j]はレジスタに割り当てておけば、kのループの中ではメモリアクセスを必要としません。

単精度（FP32）の場合は、この演算を隙間なく続けるには1演算あたり4バイトのメモリアクセスが必要になります。そして、倍精度（FP64）の場合は、1演算あたり8バイトのメモリアクセスが必要となります。つまり、この場合は、一回の演算を行うのに必要なメモリバンド幅は、単精度の場合は4Byte/Flop、倍精度の場合は8Byte/Flopになります。

しかし、半導体の微細化に伴って、演算器の性能が改善されるペースに比べてメモリのバンド幅の改善のペースは遅く、歴史的に1演算あたりのメモリバンド幅は減ってきています。その結果、スーパーコンピュータ「京」の場合はおおよそ0.5Byte/Flop(倍精度の場合)の比率になっています。後継の「富岳」の場合は若干比率は減少し、0.33Byte/Flop程度になっています。GPUの場合はGDDR5/6やHBM2メモリを使うなどしてメモリバンド幅を増やしていますが、NVIDIAのK80 GPUでは、ピークメモリバンド幅は480GB/sに対して演算性能は倍精度浮動小数点演算で2.91TFlopなので、0.165Byte/Flopとスーパーコンピュータ「京」の1/3程度のバンド幅比率になっています。また、NVIDIAのP100 GPUでは、3D積層のHBM2メモリを使って732GB/sのメモリバンド幅を実現していますが、演算の方は5.3TFlopsに向上しているので、0.136Byte/FlopとK80よりも低下しています。最新のA100 GPUは5個のHBM2メモリを使って1555GB/sのメモリバンド幅を持っていますが、演算器の性能が9.7TFlopsに向上しており、0.16Byte/Flopと小幅な改善にとどまっています。

なお、ここでのメモリバンド幅はDRAMのデバイスメモリのバンド幅で、L1、あるいはL2キャッシュのヒット率が高い場合は、より大きなメモリバンド幅が実現できます。

このように、GPUではキャッシュのヒット率を高めて、より少ないメモリアクセスで多くの演算を行うようにプログラムを書かないと、メモリアクセスネックで性能が抑えられてしまいます。

■ルーフラインモデルを使って性能を見積もる

Byte/Flopの逆数の「Flop/Byte」を算術強度(*Arithmetic intensity*)と言います。そして、縦軸に性能(GFlops)を取り横軸に算術強度を取ると**図5.8**のようなグラフが書けます。ここで、演算器リミットの水平な線は演算器の個数やクロック周波数などで決まるピーク演算能力です。そして、左側の斜めの線はピークメモリバンド幅で傾きが決まっています。これらの線はピークの演算性能とピークのメモリバンド幅から決まっていますから、これ以上の性能(GFlops)は出ない上限値(屋根)を表しているのでルーフライン(*Roofline*)と呼ばれます。

そして、それぞれのアプリケーションの算術強度がわかれば、性能の上限値がわかります。そして、アプリケーションの実際の性能を測定すると、一般には上限値よりも若干低い性能になり、たとえば図5.8に○印でプロットしたようになります。

図5.8 ルーフラインモデル

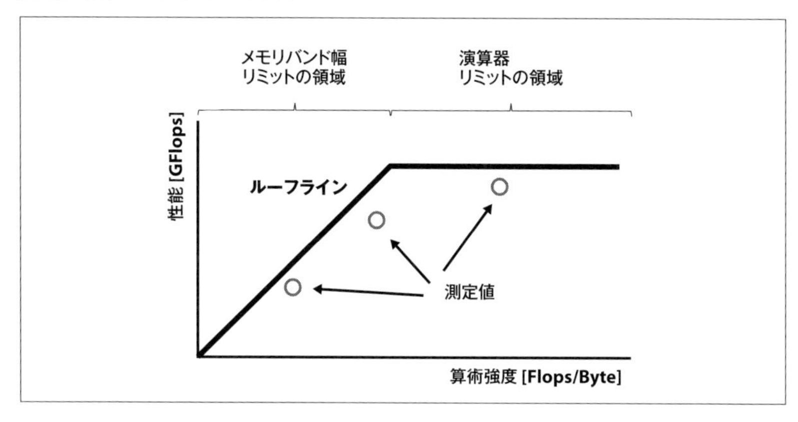

ルーフラインモデルはそれほどの精度はありませんが、性能(現在の性能と性能上限との差)を簡単に見積もることができるという点で便利なツールです。また、性能向上のネックが、ピーク演算性能か、メモリバンド幅か、あるいはそれ以外に原因があるのかがわかり、どこをチューニングすべきかの情報が得られます。

■メモリのアクセスパターンに注意する

GPUのデバイスメモリはメモリバンド幅を大きくするため、1回に64バイトや128バイトといった大きな単位でアクセスされます。

一方、NVIDIAのGPUの実行単位であるワープは32スレッド、AMDのGPUのウェーブフロントは64スレッド(Wave32は32スレッド)で、これらのスレッドのロード/ストア命令のアクセスするアドレスは独立です。

GPUはメモリアクセスの回数を減らすため、1回のデバイスメモリアクセスの範囲内に入るアドレスの要求をまとめるコアレス(*Coalesce*)という処理を行います(4.2節内の「ロード/ストアユニットとリプレイ」項を参照)。

つまり、NVIDIA GPUの場合は、1つのワープに含まれる32のアクセスのアドレスが128バイト境界にアラインされた128バイトの範囲内にまとまっていれば、1回のデバイスメモリのアクセスで全部のスレッドのメモリアクセスを処理できます。しかし、32スレッドが1つの128バイトの範囲内に収まらない場合は、外れたスレッドのメモリアクセスをカバーするために、もう1回デバイスメモリをアクセスする必要があります。前述のとおりこれをNVIDIAは「リプレイ」と呼んでいます。

1回リプレイを行うと、メモリアクセスの時間が2倍になってしまいます。また、デバイスメモリから読み出したデータの一部しか使用しないので利用効率が下がり、無駄なエネルギーを消費します。そして、最悪のアクセスパターンは32スレッドのアクセスがバラバラで、32回のデバイスメモリのアクセスが必要になるケースです。この場合はメモリアクセスに32倍の時間とエネルギーが掛かってしまいます。

レジスタの使用やシェアードメモリの使用で、デバイスメモリへのアクセスをなくしたり、デバイスメモリを使用したりする場合でもデータの配置の見直しや計算順序の見直しなどで、リプレイを減らせないか検討することは性能改善の点で重要です。

■シェアードメモリをうまく使う

行列の積を計算する場合、`c[i][j]+=a[i][k]*b[k][j]`を計算するので、ループ変数kを0〜N-1と変えていくと、配列aは行方向に連続アドレス[注13]のアクセスとなりますが、行列bは列方向の飛び飛びのアクセスになります。前に述べたように、デバイスメモリで列方向のアクセスを行うと、多くのリプレイが発生し長い時間が掛かってしまいます。

このようなときはデバイスメモリのデータをシェアードメモリに転送して、シェアードメモリから行列bを読むことで性能を改善できます。シェアードメモリはSMに内蔵されているメモリなので、デバイスメモリに比べると100倍くらい速くアクセスすることができるのです。なお、デバイスメモリのアクセスもL2キャッシュにヒットすれば、シェアードメモリの10倍くらいの時間でアクセスできます。

これは一つの例ですが、デバイスメモリではアクセスパターンが悪くリプレイの回数が多くて性能が出ないケースは、一旦シェアードメモリに転送してからアクセスするという方法を考えてみることは意味があります。

■シェアードメモリをもっとうまく使う

NVIDIA GPUのシェアードメモリは32個のバンクで構成されています。シェアードメモリの容量を32KiBとした場合は、各バンクは1KiBということになります。そして、各エントリは4バイトですから、各バンクは256エントリとなります。そして、シェアードメモリの各バンクは独立に、256エントリ

注13　C言語の場合。FORTRANでは逆に列方向が連続アドレスになります。

の内の1つのエントリを選択してアクセスすることができます。

しかし、単純にデバイスメモリからシェアードメモリにデータを転送した場合は、行列bはシェアードメモリに**図5.9**のように格納されます。なお、この図では1行の長さは64要素としています。

ここで、b[0][0]、b[1][0]、b[2][0]... とグレーで塗ったデータを列方向にアクセスしようとすると、すべてのアクセスがバンク0に集中してしまい、列方向の要素を1要素ずつ読んでいくことになります。シェアードメモリはデバイスメモリより100倍速いため、それでも高い性能が得られますが、32バンクをもっと有効に使えないかと思うのは当然です。

そこで使われるのが、ダミーの要素を入れるというテクニックです。行列bの1行の長さを1要素追加して、65要素とします。そうすると、行列bのシェアードメモリの中の格納状態は**図5.10**のようになります。

図5.9 横方向64要素の行列bの格納の様子

バンク0	バンク1	バンク2	バンク3	…	バンク30	バンク31
b[0][0]	b[0][1]	b[0][2]	b[0][3]		b[0][30]	b[0][31]
b[0][32]	b[0][33]	b[0][34]	b[0][35]		b[0][62]	b[0][63]
b[1][0]	b[1][1]	b[1][2]	b[1][3]		b[1][30]	b[1][31]
b[1][32]	b[1][33]	b[1][34]	b[1][35]		b[1][62]	b[1][63]
b[N-1][0]	b[N-1][1]	b[N-1][2]	b[N-1][3]		b[N-1][30]	b[N-1][31]
b[N-1][32]	b[N-1][33]	b[N-1][34]	b[N-1][35]		b[N-1][62]	b[N-1][63]

図5.10 横方向65要素にした行列bの格納の様子

バンク0	バンク1	バンク2	バンク3	…	バンク30	バンク31
b[0][0]	b[0][1]	b[0][2]	b[0][3]		b[0][30]	b[0][31]
b[0][32]	b[0][33]	b[0][34]	b[0][35]		b[0][62]	b[0][63]
b[0][64]	b[1][0]	b[1][1]	b[1][2]		b[1][29]	b[1][30]
b[1][31]	b[1][32]	b[1][33]	b[1][34]		b[1][61]	b[1][62]
b[1][63]	b[1][64]	b[2][0]	b[2][1]		b[2][28]	b[2][29]
b[2][30]	b[2][31]	b[2][32]	b[2][33]		b[2][60]	b[2][61]

横方向の要素を1つ追加したので1行めがバンク31で終わらず、次の行のバンク0まではみ出しています。その結果、b[0][0]、b[1][0]、b[2][0]... という列方向のアクセスは図5.10のグレーで表示した位置に変わり、それぞれが異なるバンクに入っていることになります。

こうなると32バンク全部を使って、列方向に行列bを読み出すことができます。図5.9の場合は、64要素の読み出しに64回のシェアードメモリのアクセスが必要でしたが、図5.10のようにすれば、多少メモリを無駄遣いしますが、2回の32要素のアクセスで処理できてしまいます。

■ブロッキング

行列の積を計算する場合、`c[i][j]+=a[i][k]*b[k][j]`の計算をkを0から大きな数まで変化させると、a[i][k]とb[k][j]はすべてデバイスメモリから読んでくることになります。これをkの範囲を区切って、a[i][k]がシェアードメモリに収まるようにします。そして、次回はシェアードメモリに入っているa[i][k]を再利用して、b[k][j+1]を掛けるというように計算順序を変更すれば時間の掛かるデバイスメモリのアクセス回数を半減することができます。また、kの範囲を半分にして、a[i][k]とb[k][j]の両方がシェアードメモリに入るようにすれば、さらにデバイスメモリのアクセスを減らせます。

このようにキャッシュやシェアードメモリを使って、その中に納まる程度のブロックごとに計算していく方法をブロッキング(*Blocking*)と言います。さらにブロックのサイズを小さくして、レジスタでブロッキングを行うとより効果的な場合もあります。このようなキャッシュブロッキングやレジスタブロッキングを使って、性能ネックとなる遅いメモリアクセスをより高速なメモリのアクセスに置き換えると大幅に性能を改善できます。

ダブルバッファを使って通信と計算をオーバーラップする

GPUを使う科学技術計算では、CPUのメモリから入力データをGPUのデバイスメモリにコピーしてGPUで必要な計算を実行し、計算が終わったらデバイスメモリにある計算結果をCPUのメモリにコピーするというのが一般的な手順です。しかし、データ量が多い場合には全部のデータをGPUのデバイスメモリに入れることはできないので、入力データのGPUへの転送 - GPUでの計算 - 結果のCPUへの転送を何回も繰り返すことになります。このような処理の実行の様子を図で表すと**図5.11**のようになります。

しかし、通常GPUは演算プログラムの実行機能に加えて、CPUメモリとGPUのデバイスメモリの間のデータ転送を行うDMAエンジンを持っており、DMAエンジンはメインのGPUの実行機能とは独立に動作するという構造になっています。また、CPU➡GPUとGPU➡CPUの転送を並列に実行するために2つのDMAエンジンを持っているものもあります。

図5.11 GPUへの転送 - GPUでの計算 - CPUへの転送を繰り返す場合の実行状況

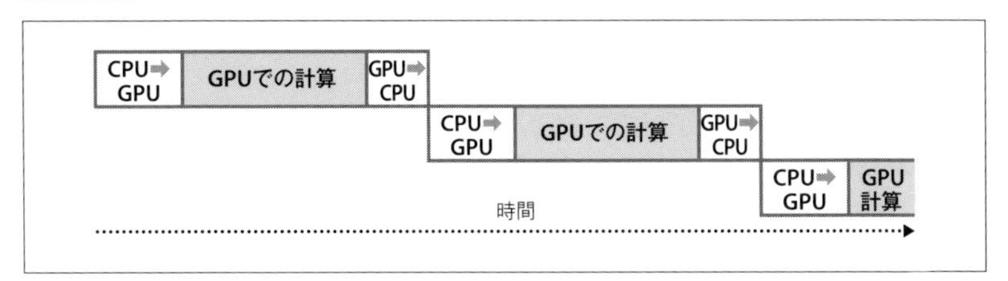

この独立に動作できるDMAエンジンを使えば、**図5.12**のような動作を行わせることができます。このように実行することで、最初と最後の回を別とすれば転送に掛かる時間はGPUでの計算処理とオーバーラップして隠れてしまい、実行時間を短縮して処理性能を改善することができます。

ただし、このような転送を行うためには、CPUからGPUに転送された入力データを使ってGPUが計算を行っている間に、次回の計算のためのCPU➡GPU転送データを格納しておくメモリ領域が必要となります。また、GPUの処理結果を転送している間に、次のGPUでの計算でデータが書き換えられてしまっては困りますから、2回めの処理結果を書き込むメモリ領域も必要となります。そのため、このようなメモリ管理方法は**ダブルバッファ**（*Double buffering*、ダブルバッファリング）と呼ばれます。

図5.12 GPUの演算とデータ転送をオーバーラップさせる

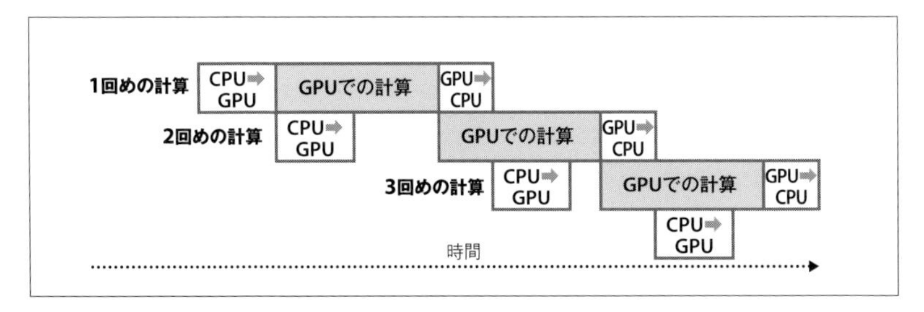

なお、ダブルバッファを使う場合は、5.2節で述べたようにストリームを利用して計算と転送をオーバーラップして実行させます。

本節で説明したテクニックを使うと資源の利用率を高めて、性能を上げることができます。しかし、その結果プログラムはより複雑になり、開発の手間がかかり、読みにくいコードになってしまうのが難点です。したがって、性能に大きく効くところは手間を掛けて高性能のコードを開発し、それほど効かないところは手を抜くというメリハリが重要です。

5.5 OpenMPとOpenACC
ディレクティブを使うGPUプログラミング

前に説明したOpenCLの例でもわかるように、メモリ領域の確保とデータのコピーだけでもかなりのソースコードの行数が必要で、GPUを使うための敷居は高いと感じる人が多いと思われます。これを、C言語などで書かれたソースコードに、この部分はGPUを使って並列実行といった指示（*Directive*、**ディレクティブ/指示行**）を書き加えるだけでGPUを使う並列プログラムを作ろうというのが**OpenACC**や**OpenMP**です。

OpenMPとOpenACCの基礎知識

OpenMP自体は1997年にFORTRAN用のOpenMP 1.0がリリースされ、複数のCPUに並列に仕事をさせるツールとして広く使われてきました。しかし、OpenMPは、複数のCPUが共通のメモリをアクセスするというSMP（*Symmetric Multi-Processor*）システムを前提として、forループなどを1回めから100回めのループはCPU0、101回から200回めのループはCPU1、201回めから300回めのループはCPU2に処理させるというように仕事を分担させるものでした。

ただし、この仕事の分割と分担をプログラマーが詳細に記述する必要はなく、for文の直前に`#pragma parallel for private(i)`などと書けば、後はOpenMPをサポートしているコンパイラが並列化をやってくれるというもので非常にお手軽です。しかし、OpenMPは共通メモリのマルチCPUに仕事を分担させるもので、ホストCPUとGPUなどのアクセラレータというヘテロジニアスな構成の分散メモリシステムには使えませんでした。

このため、CPUとGPUのヘテロジニアスなマルチプロセッサシステムでも、ある程度の指示行を書き加えることで、GPUを使えるコンパイラを作ろうという動きが出てきました。当初は、OpenMPをGPUを含むシステムにも使えるように拡張しようと考えたのですが、OpenMPの従来の機能を包含して、GPUだけでなくDSPやSIMDプロセッサなどもサポートできるという方針では検討すべきことが多く、規格の作成に時間が掛かっていました。

NVIDIAを中心とする一部の検討メンバーはOpenMPの規格検討の進み方が

遅いのにしびれを切らせて、とにかくGPUを簡単に使えるようにすることを優先するという方針を主張して別派を作りました。このグループが作ったのがOpenACC（ACCはAcceleratorの意味）です。

OpenACCは最初の1.0版を2012年11月にリリースし、2013年の6月にはOpenACC 2.0がリリースされ、現在の最新版は2019年11月にリリースされたOpenACC 3.0となっています。これに対してOpenMPは、GPUなどのアクセラレータが使えるように大幅な拡張を加えたOpenMP 4.0規格がリリースされたのは2013年7月になりました。その後2020年11月にOpenMP 5.1がリリースされ、これが現在最新版です。なお、本書はおもにOpenACC 2.5とOpenMP 4.0ベースで書かれていますが、ここで説明している機能の範囲では最新版でも変更はありません。

このようにOpenACCとOpenMPは別々のグループで検討されていますが、途中までは1つのグループで一緒に検討を行ってきましたし、現在も両方の規格委員会に属するメンバーも少なくないので、OpenACCとOpenMP系（以下、OpenMP）の基本的な考え方は似通っています。

■OpenMPの基本的な並列処理方法

OpenMP（**図5.13**）では、シングルスレッドで実行するプログラムを基にして、並列実行できる部分をディレクティブ（以下、指示行）でコンパイラに教えてやります。そして、コンパイラはこの指示に基づいて他のCPUにも実行スレッドを立ち上げ（fork）、それぞれのスレッドに処理を分担させます。

このように複数のスレッドで処理を分担することにより、処理時間が短くなり性能が向上します。

また、OpenMPでは、forkで作られた子スレッドがさらにforkを行って孫スレッドを生成して並列度を増す、という多重の並列化指示を行うこともできます。そして、OpenACCも同じ考え方を踏襲しています。

NVIDIAが力を入れるOpenACC

OpenACCは、ホストCPUで実行するコードの内の並列度の高い部分をGPUにオフロードするという考えですから、1つのCPUプロセスで複数GPUを動かすことは意図していません。複数のGPUを使う場合は、CPU側でそれぞれのGPUを使うプロセスをforkして実行する構造とします。

図5.13 OpenMPの並列実行の考え方

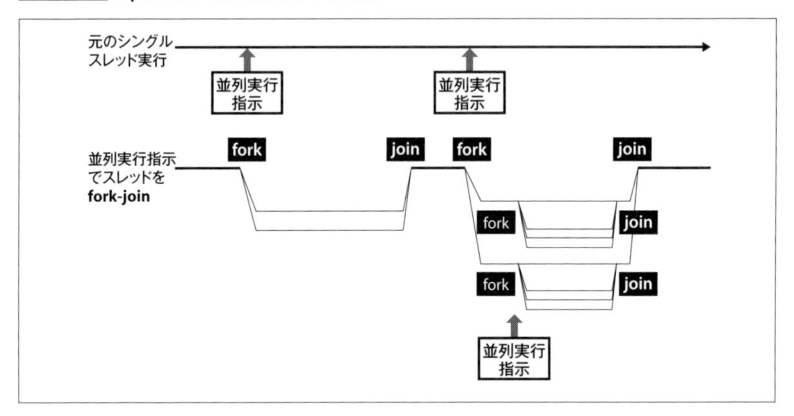

ホストCPUだけで動くOpenMPでは、forループの直前に`#pragma omp parallel for`という行を挿入すると、forループの実行を図5.13に見られるように子スレッドをforkして並列に実行してくれます。OpenACCでは、これと同様に`#pragma acc parallel for`という指示行をfor文の直前に挿入すると、子スレッドをforkして実行するのは同じですが、子スレッドをGPUに立ち上げるという点が異なっています。そして、CUDAやOpenCLではホストメモリとGPUメモリ（デバイスメモリ）の間のデータ転送の記述が煩わしいのですが、OpenACCではこのメモリ領域の確保やデータ転送をコンパイラがやってくれます。これはOpenMPでも同じです。

それから、`#pragma`という#で始まる行は普通のコンパイラではコメント行として扱われるので、`#pragma`行の入っていない元のシングルスレッドプログラムとしてコンパイルができます。つまり、指示行なしのプログラムと指示行を追加して最適化したプログラムのソースコードを一緒に管理できるというメリットがあります。

OpenACCの並列実行モデル

OpenACCではgang並列、worker並列、vector並列という方式があります。NVIDIA GPUでいうと、gang並列はスレッドブロックレベルの並列で、指定された個数のgang（NVIDIA GPUではスレッドブロック）に処理を分担させます[注14]。

注14 ギャングというと日本語では暴力的な集団（*Gangster*、ギャングスター）を意味しますが、英語では労働者の一隊もギャングと呼ばれます。つまり、GangはWorker（労働者）の一隊という意味です。

worker並列はワープレベルの並列で、各gangの中で指定された個数のワープに処理を分担させます。そして、vector並列は並列に演算を実行するSIMDレベルの並列で、NVIDIAのGPUではワープサイズである32かその整数倍が望ましいということになります。

次に説明する#pragma acc parallelや#pragma acc kernelsでは、num_gangs(n)と書き加えることによりgang数を指定し、num_worker(n)と書くことによりworker数、vector_length(n)を付け加えることによりvectorの長さを指定することができます。また、指定がない場合はデフォルトの値が使われますので、指定しなくても動くプログラムは作れます。

たとえば、#pragma acc kernelsだけですと、デフォルトで256スレッドを含むスレッドブロックを16個使って処理が行われますが、#pragma acc kernels loop gang(100) vector(128)と書くと、128スレッドのスレッドブロックを100個使って処理を行います。後者はnum_gangs(100) vector_length(128)を先に指定しておいて、並列化するfor文の前には#pragma acc loop gang vectorと書くこともできます。

■OpenACCの並列化指示

OpenACCの#pragma acc parallelや#pragma acc kernelsという指示文は、次の行の文、あるいは{ }で囲まれた文のまとまりを一連のカーネルとしてコンパイルするということを意味しています。

なお、#pragma acc parallelの方は、各gangの1つのスレッドだけが走るgang redundantモードで実行が開始されますので、並列に処理を行う場合は、後述の#pragma acc parallel loopという指示をする必要があります。

次のVecAdd関数は、前にも出てきたaという1次元の配列（ベクトル）とbという1次元の配列の要素ごとの和を計算して1次元の配列cに格納するプログラムですが、普通のC言語のソースコードに太字で書いた#pragma acc kernelsという行を付け加えただけです。これだけでGPUを使って並列に計算するプログラムができてしまいます。

```
void VecAdd(int n, float *a, float *b, float *c)
{

#pragma acc kernels
for (int i=0; i<n; ++i)
    c[i]=a[i]+b[i];
}
```

なお、#pragma acc kernelsではなく、#pragma acc parallelにloopを付け加えた#pragma acc parallel loopを使うと、並列化するgang、worker、vectorの数の指定と、それらの並列化を使うかどうかを一緒に指定できます。

OpenACCコンパイラを使ってこのソースコードをコンパイルすると、#pragmaの次の行のfor文をGPUで実行するコードが作られます。CUDAでGPU側にメモリ領域を確保して、aとbの配列を転送して、GPUでカーネルを実行して、並列に実行されているすべてのスレッドの完了を確認して、cの配列をホストCPUに転送するというコードを書くのに比べるとあっけないほど簡単です。

OpenACCを使う場合の注意点❶ データ依存の解決が必要

OpenACCは、以下を並列化してGPUで実行できるようにしてくれますが、

```
for (int i=0; i<n; ++i)
    c[i]=a[i]+b[i];
```

たとえば、nが100,000,000で、これを1,000スレッド並列で実行するようにした場合は、スレッド0はiが0から99,999のループを分担し、スレッド1はiが100,000から199,999のループを分担し、一般的にスレッドjはj*100,000からj*100,000+99,999のループを分担することになります。

この例の場合は良いのですが、c[i]=a[i]+b[i]+c[i-1];のように以前のループで計算された値を入力に使う式の場合は、スレッド1の最初の計算は、c[100000]=a[100000]+b[100000]+c[99999]となりますが、このときのc[99999]はスレッド0が計算した値ではなく、それ以前にc[99999]に格納されていた値が使われてしまい正しい答えが得られません。

OpenACCコンパイラは、このデータ依存の問題を解決してはくれません。正しく実行される実行コードが作られるためには、プログラマーがデータ依存をなくしたソースコードを書く必要があります。

一方、データ依存を解消しているのに、コンパイラがそれを認識できない場合は、#pragma acc loop independentをfor文の前に付けると、ループのデータ依存性はないものとして実行コードを作成します。また、配列のアクセスにポインタが使われている場合は、ポインタがどこを指すかによってデータ依存が発生する場合がありますが、これもコンパイラにはわかりません。ポインタが元の配列の範囲を超えて別の配列を指すことはない場合は、float *restrict aのようにrestrict指示を付けると、コンパイラはポインタによる依存性は発生しないものとして実行コードを作ります。

また、ループの開始時点でループ回数がわからないループは、スレッドごとにどれだけの仕事を分担させるべきかがわからないので並列化できません。この点で、whileループや終了条件のわかりにくいループは望ましくありません。

■………OpenACCを使う場合の注意点❷ ディープコピー

OpenACCはデバイスメモリに領域を確保してホストメモリのデータをコピーしてくれますが、転送するデータにポインタが含まれている場合には問題があります。ポインタはホストメモリにあるデータを指していますから、コピーされたポインタがGPUで意味を持つかどうかは、ユニファイドメモリアドレスがサポートされているかに依存します。ユニファイドメモリアドレスがサポートされていれば、それがホストメモリのアドレスであることはわかりますが、それがアクセスできるかどうかが問題です。

大規模な実用プログラムでは構造体を含む要素から成る配列があり、構造体の中にポインタが含まれているというケースは珍しくありません。しかし、OpenACCはこのようなケースでは元の配列は転送してくれますが、ポインタの先のデータまではコピーしてくれません。

OpenACC 2.5では、ポインタの先のデータまでコピーするディープコピーは、将来の検討課題となっています。OpenACC 2.6で小変更を追加し、マニュアルのディープコピーを行うことができるようになりました。また、OpenMP 5.0ではホストとデバイスで同じポインタが使えるShared Virtual Memoryがサポートされ、原理的にはディープコピーも可能となりました。しかし、システムによってサポートが異なる場合があり、どのレベルのポインタ共用がサポートされているのか確認して使う必要がありそうです。

■………OpenACCで合計を求める

前出のVecAddのような、同じ添え字の配列要素を加算するというような場合は良いのですが、配列全体の要素の値の合計を求めるという処理は、

```
for(i=0; i<n; ++i)
    sum = sum + a[i];
```

となり、必ず前回のsumの値を使って次のsumを求めるというデータ依存関

係のある処理になります。前述のように、OpenACCでは依存関係のある計算のループは正しく処理できませんが、このような合計を求める処理はよく出てくるので#pragma acc loop reduction(+ : sum)をループの前に付けることにより処理できるようになっています。reductionは結果を1つにまとめる計算であることを示し、(+ : sum)は、変数sumに次々と+で結果を加えていくことを示します。Reductionの演算としては、+の他に*、max、minやAND、ORなどの論理演算が使えるようになっています。

また、#pragma acc loopにはcollapse(n)という指定を付けることができます。collapse(n)が付けられると、外側のn重のループがまとめられて一重のループのように処理されます。gangやworkerの指定にもよりますが、これらをcollapseしてしまった方が高い性能が得られるというケースもあるようです。

OpenACCのデータ転送指示

OpenACCコンパイラは#pragma acc kernelsに出会うと、次の行をGPUで実行するカーネルとするコードを作りますが、前のVecAddの例でいうとa、b、cの配列がどのように使われるのかは理解していないので、最も保守的にカーネルの実行前に配列a、b、cのデータをホストからデバイスメモリにコピーし、カーネルの実行が終わると配列a、b、cのデータをホストメモリにコピーするコードを作ります。

これでも結果は正しいのですが、カーネルの実行開始前のcのコピーは不要ですし、実行終了後のa、bの値は変わっていないので無駄なコピーです。

このような無駄を省くため、OpenACCではカーネルがそれらの変数をどのように扱うかを指示する機能があります。

#pragma acc kernels copy(変数リスト)と書くと、変数リストに含まれるメモリ領域をデバイスメモリに確保して、カーネル実行前にホストメモリからのコピーを行い、カーネル実行終了後にホストメモリにコピーするという動きになりますが、copyin(変数リスト)と書くと、デバイスメモリを確保してホストのデータをコピーしますが、カーネル実行終了後にホストメモリへの書き戻しは行いません。前のVecAddの例でいうとcopyin(a, b)と指定しておけば、aとbはGPUでのカーネル実行後のホストメモリへのコピーは行われません。このコピー指定には**表5.3**のようなものがあります。マニュアルディープコピーのサポートのため、no_create、detach、attachがOpenACC 2.6で追加になりましたが、ここでは説明を省略します。

表5.3 コピー指定の一覧(コピー指定中の「list」は変数リスト)

コピー指定	説明
copy(list)	デバイスメモリを確保し、カーネル実行前にホストメモリのデータをコピーし、カーネル実行後にホストメモリにデータをコピーする
copyin(list)	デバイスメモリを確保し、カーネル実行前にホストメモリのデータをコピーする
copyout(list)	デバイスメモリを確保し、カーネル実行後にホストメモリにデータをコピーする
create(list)	デバイスメモリを確保するだけで、コピーは行わない
delete(list)	確保したメモリを解放する
present(list)	その変数は、すでにデバイスメモリに存在する
present_or_copy(list)	存在しなければ、copy(list)として扱う
present_or_copyin(list)	存在しなければ、copyin(list)として扱う
present_or_copyout(list)	存在しなければ、copyout(list)として扱う
present_or_create(list)	存在しなければ、create(list)として扱う

そして、1つの#pragmaに複数のコピー指定を続けて書くことができますので、前のVecAddの例で言えば、#pragma acc kernels copyin(a, b) copyout(c)のように書けば無駄な転送は行われなくなります。

また、コンパイラが配列のサイズを判断できない場合には、変数リストにa[start:size]のように配列の形状を書いて教えてやることができます。なお、C言語の場合、startには配列の始まりの添え字を書き、sizeには配列のサイズを書きます。

■………データの領域の有効期間をコントロールする

図5.14のように、2つのforループのあるソースコードをコンパイルすると、それぞれのループがカーネルとなります。

そして、カーネル1の実行が終わると、カーネル1のcopyあるいはcopyoutと指示された変数は、ホストメモリにコピーされます。しかし、カーネル2でも同じ配列を使っている場合は、カーネル1の終了時にホストメモリにコピーし、カーネル2の開始時点でまたデバイスメモリにコピーすることになりますが、これは無駄です。

このような場合は、**図5.15**のように#pragma acc dataを使います。このように指示すると、指示行の次の{ }で囲まれた範囲がcopyなどに書かれた変数の存在範囲になり、カーネル1の実行が終わった時点では、デバイスメモリのデータのホストメモリへのコピーは行いません。そして、カーネル2の実行が終わってデータ領域の範囲を抜けるところで、ホストメモリへのコピーが行われます。

2つのカーネルの間で共通に使われる配列がある場合などは、#pragma acc dataでデータ領域を指定すると無駄なコピーを省くことができます。

なお、カーネルの起動にはかなりの時間が掛かりますから、このようなケースでは1つのカーネルにまとめられないかについても考えて見るべきです。

図5.14 2つのforループがあるケース

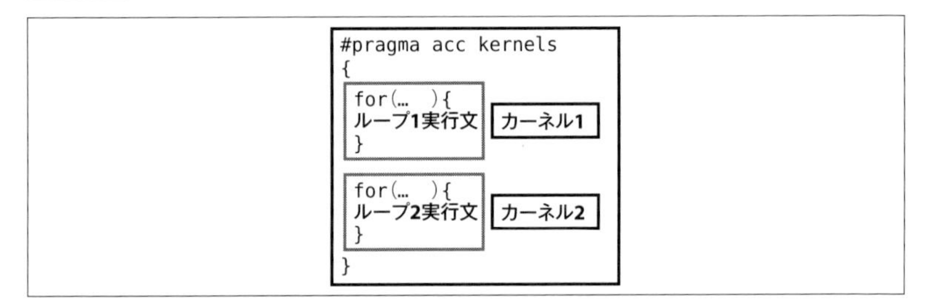

図5.15 #pragma acc dataでデータの存在範囲を指定する

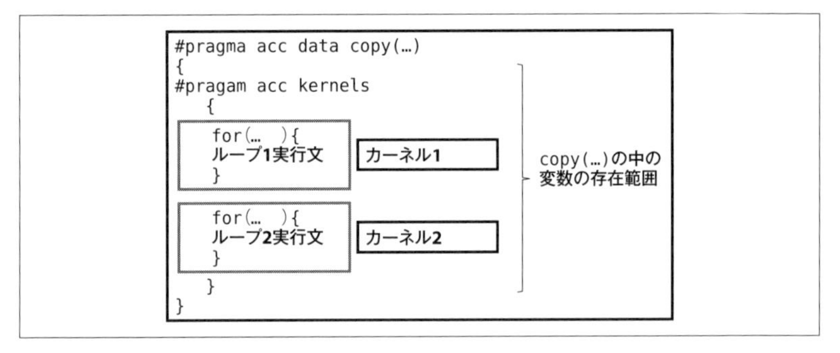

OpenMPを使う並列化

元々のOpenMPは共通メモリ型のスレッド並列という実行モデルでした[注15]が、OpenMP 4.0で、GPUのような別メモリを持つアクセラレータをサポート

注15 本節冒頭で言及しましたが、共通メモリ型のマルチCPU（1つのチップの中に複数コアが搭載されるものも含む）がプラットフォームとしては主流です。サーバーでは2個や4個のXeon CPUを搭載するのが一般的で、CPUは共通メモリになっています。

するという大きな拡張が行われました。

■……OpenMPの簡単な例

OpenMPでは、指示行は#pragma ompで始まります。次の例は、前に使ったVecAddで配列aとbの要素ごとの和を計算して、配列cに入れるというプログラムです。OpenMPでは、GPUなどのデバイスを処理をオフロードするtargetと呼んでいます。この前にtargetが何であるかを指示する#pragma omp declare targetが必要ですが、ここではその部分は省いています。

```
#pragma omp target map(to: n, a[0:n]、b[0:n]) map(from: c[0:n])
    {
        int i;
#pragma omp parallel for
    for(i=0; i<n; ++i)
        c[i] = a[i] + b[i];
}
```

このソースコードの最初の行である#pragma omp targetは次の文がデバイスで実行するカーネルであることを示し、カーネルの実行を指示します。そして、それに続くmap ...はtargetとの間で転送するデータを指定するもので、toはカーネルの実行開始前にホストメモリからデバイスメモリにコピーする変数であることを示しています。そして、fromは、カーネルの実行後にデバイスメモリからホストメモリにコピーする変数であることを示しています。

その次の#pragma omp parallel forは、次の行のforループをターゲット上で並列実行することを指示しています。

この例の場合、OpenACCの指示行は#pragma acc data copyin (n, a[0:n]、b[0:n]) copyout(c[0:n])と#pragma acc parallel loopで、指示行の書式は少し違っていますが、書かれている情報は同じであることがわかります。

■……OpenMPのデバイスの起動と並列実行

OpenMPでは、デバイスの起動には#pragma omp targetという指示行を使います。この指示行にはホストとデバイスの間のデータのコピーを制御するmap指定を付けることができます。map指定は、前の例で説明したto、fromに加えてallocとtofromという指定ができます。allocはデバイスメモリを確保するだけでコピーは行わない、tofromはカーネル起動前とカーネル終了後の両方でコピーを行うという指定です。

そして、ループ部分の並列実行を指示するのが`#pragma omp parallel for`指示行です。この指示行には`reduction(+:sum)`のようにreduction指定が追加できます。ということで、これらもOpenACCとほぼ同じです。

OpenMPのデータ領域指定

OpenACCのところで説明したように、カーネルの出入りで無駄なコピーが発生しないように、OpenMPにも、複数のカーネルにわたってデータを保持する領域を指定する機能があります。それが`#pragma omp target data`指示行です。この指示行にはmap句が付けられます。そして、この指示行でmapされた領域は、この指示行の次の行、あるいは{ }で囲まれた文の中では連続して存在し、`map(from: ... )`で指定されたコピーはカーネルごとではなく、この{ }を抜けるところで行われます。

OpenMPの処理分散

OpenMPではスレッドのまとまりであるteam、複数のteamを含むleagueがあり、これらの定義と処理を分散するための指定があります。

teamの定義は`#pragma omp teams`指示行を使います。この指示行には、num_teamsやthread_limitが指定できます。num_teamsは処理を分散するteamの数で、thread_limitはteamのスレッド数です。

また、スレッド間のデータの共用に関して、`default(shared|none)`、`private(list)`、`firstprivate(list)`、`shared(list)`と`reduction(operator:list)`句を付けることができます。

そして、並列化するfor文の前に`#pragma omp distribute`を指定すると、ループをteamに分散して実行します。

OpenACCとOpenMP

OpenACCとOpenMPは、指示行の追加だけでGPUを使って並列処理を行うプログラムを作ることができます。どちらもワープ内のスレッド並列、スレッドブロック並列などの並列化レベルの指示ができ、CPUメモリとGPUメモリの領域の確保と、その間のデータ転送の指示もほぼ同じように行えます。

大きく異なるのは、OpenMPは従来のOpenMPがサポートしていたSMPのマルチプロセッサやGPUだけでなく、DSPなどのアクセラレータも並列化対象としている点です。一方、OpenACCは、実装にあたっての推奨事項のところで、NVIDIA GPU、AMD GPU、マルチコアホストCPUの使用だけが推奨されており、DSPなどの使用は範囲外という様子です。

このように、規格だけを見るとOpenMPの方がサポート範囲が広いのですが、それは逆にいうとコンパイラの開発に手間が掛かるということになります。そのため、OpenMPをサポートしているコンパイラだと言っても、どのデバイスをサポートしているのかが問題です。

たとえば、IntelのParallel StudioコンパイラはOpenMPをサポートしていますが、それはIntelのGPUのプログラム開発を容易にすることが目的で、NVIDIAやAMDのGPUのサポートを強化しようとしているとは考えにくいことです。

また、科学技術計算用GPUでは最大手のNVIDIAにとっては、マルチCPUやDSPのサポートは自分のビジネスにはプラスになりません。NVIDIAはPortland Group, Inc.(PGI)というコンパイラ会社を買収して子会社にしています。PGIはOpenMPもサポートしていますが、PGIはOpenACCの規格策定の中心メンバーで、NVIDIAはOpenACCに注力しているように見えます。ただし、PGIのOpenACCはAMDのGPUもサポートしています。

一方、オープンな第三者であるFSF(*Free Software Foundation*)のGCCもOpenACCやOpenMPのサポートに乗り出してきていますが、まだ部分的な機能のサポートのようです。

将来的にどのようになるかは予測できませんが、現状ではNVIDIAのGPUを使うならOpenACC、AMDのGCNやRDNAアーキテクチャのGPUはOpenMPコンパイラを使うのが良いのではないでしょうか。

OpenACCやOpenMPの指示行を使うプログラム最適化は、CUDAやOpenCLを使って最適化したプログラムと比べて性能的には及ばないかもしれませんが、開発に必要な工数は少ないので試してみる価値はあると思います。指示行の追加では期待する性能が得られない部分だけソースコードのファイルを分割してCUDAやOpenCLで記述すれば良いので、全体的な開発工数を減らせる可能性があります。

5.6 まとめ

GPUを本格的に科学技術計算に使い始めたのは2006年11月のNVIDIAのG80 GPUの登場からですから、本書原稿執筆時点でまだ14年ほどの歴史しかありません。しかし、スーパーコンピュータの性能ランキングであるTOP500でも、多くのシステムがGPUをアクセラレータとして使っています。

この急速な普及を可能にしたのが、CUDAやOpenCLと言ったC言語を拡張した形のプログラミング言語の登場です。本章ではCUDAとはどのような言語で、何がC言語から拡張されているのかを説明し、簡単な例を挙げてCUDAプログラムの書き方を説明しました。

CUDAはNVIDIAの作ったGPUプログラミング言語ですが、業界標準としてOpenCLという言語が作られています。このOpenCLについても、CUDAと対比しながら説明を行っています。

CPUとGPUのヘテロジニアスなシステムは、双方にメモリがある分散メモリシステムになるため、それぞれのメモリでの領域の確保やデータ転送が必要になるという煩雑なプログラミングが必要になります。

また、本章では、分散メモリがあたかも1つのメモリのように使えるユニファイドメモリの導入が進められていて、問題が軽減されてきていることについて解説しました。

さらに、並列化されていないC言語やFORTRAN言語のソースプログラムに指示行を追加するだけで、計算部分をGPUにオフロードし、分散メモリの領域確保やメモリ間のコピーもやってくれるOpenACCやOpenMPについても説明しています。

また、本章では、GPUから高性能を引き出すプログラミングについても取り上げました。GPUは大量の演算器を搭載していますが、高性能を実現するためにはすべての演算器を有効に使うプログラミングを心掛ける必要があります。また、GPUは演算能力の割にはメモリバンド幅が小さく、メモリからのデータ読み出しがボトルネックとなる場合が多く見られます。このため、GPUのメモリ系をうまく使って高い実効メモリバンド幅を得ることが重要です。

第6章 GPUの周辺技術

GPUは多数の演算器を搭載し、高い演算性能を持っているので、それらの演算器に「データを供給する」ところがボトルネックになります。このため、GPUの性能向上には、

- GPUとデバイスメモリの間のバンド幅
- CPUからGPUへのデータの供給系のバンド幅

の向上が必須となります。

図6.Aは2016年のHot Chips 28のチュートリアルで、SamsungのJin Kim氏の発表で示されたスライドです。それによると、4Kディスプレイを使うVRではメインストリームの製品でも8GBの容量と462GB/sのメモリバンド幅が必要であり、ディスプレイが8Kになると3,216GB/sと必要なメモリバンド幅は急増すると書かれています。

CPUとの接続に使われているPCI Expressのバンド幅は世代ごとに倍増してきていますが、それでは不足ということからNVIDIAは独自の高速リンクを使い始めています。

図6.A デバイスメモリのバンド幅要求は急増している※

High speed memory requirement

- For 4K real infographic virtual reality, 13.2GB, 1TB/s memory needed
- For 4K 3D mixed reality, +3.5GB, 151GB/s memory needed

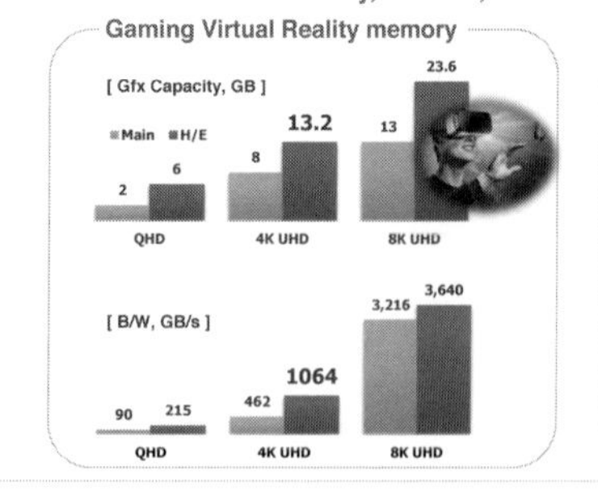

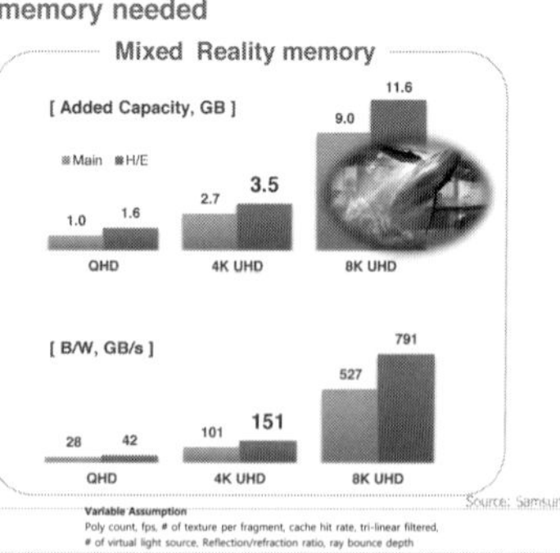

Source: Samsung

Variable Assumption
Poly count, fps, # of texture per fragment, cache hit rate, tri-linear filtered, # of virtual light source, Reflection/refraction ratio, ray bounce depth

※ 出典：Jin Kim「The future of graphic and mobile memory for new applications」(Hot Chips 28、2016)
本書改訂版執筆時点でも、4K UHDや8K UHDのデバイスでVirtual RealityやMixed Realityの描画を行っているサービスはほとんどなく、今後の参考になるだろう。

6.1 GPUのデバイスメモリ

大量データを高速に供給

大食漢のGPUにデータを供給するのがデバイスメモリです。このため、デバイスメモリには大量のデータを高速で供給できることが求められます。デバイスメモリの記憶素子はCPUに使われているメモリと同じDRAMですが、どのようにして大量データの高速供給を実現しているのかを見ていきます。

DRAM

DRAM(*Dynamic Random Access Memory*)は**図6.1**に示すように、シリコンチップ上に作った微細なキャパシタ(*Capacitor*、コンデンサともいう)とパス(*Pass*)トランジスタというMOS (*Metal-Oxide-Semiconductor*) トランジスタで作られた

図6.1 DRAMの記憶セルアレイ

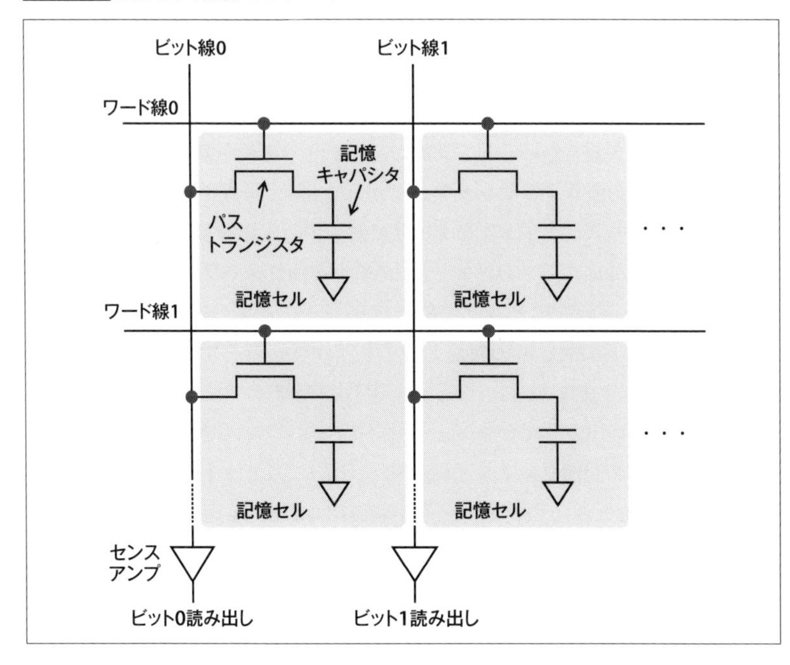

記憶セルを縦横の格子状に並べ、縦方向のビット線と横方向のワード線という配線で記憶セルを繋いでいます。

ワード線の電圧を高くすると、そのワード線に繋がっているパストランジスタがONになり、ビット線と記憶キャパシタが接続されます。そして、記憶キャパシタはビット線の電圧まで充放電されます。ビット線の電圧が高電圧の場合は1の情報、ビット線の電圧が低電圧の場合は0の情報が記憶キャパシタに記憶されます。

記憶セルアレイに情報を書き込むには、書き込みを行う行のワード線だけを高電圧にして、それ以外のすべてのワード線は低電圧にしてパストランジスタはOFFにしておきます。そうすると、高電圧にしたワード線に繋がる横方向1行の記憶セルにそれぞれのビット線の状態が記憶されます。

この情報を読み出すときは、ビット線をフロート状態にしてパストランジスタをONにします。記憶キャパシタに高電圧が記憶されている場合は、ビット線の電位が少し上がります。一方、低電圧が記憶されている場合は、ビット線の電位が少し下がります。このビット線の電圧変化をセンスアンプ(*Sense amplifier*、微小な電圧変化を検出する増幅回路)で増幅して記憶されていた情報を読み取ります。

なお、パストランジスタがOFFになっていても微小な漏れ電流が流れて、記憶キャパシタに溜まっている電荷は時間が経つと減少していき、データが読み出せなくなってしまいます。このため、DRAMは数ms程度の周期で全ビットを読み出して、再書き込みをして記憶キャパシタの電荷を元に戻してやる必要があります。この動作を**リフレッシュ**(*Refresh*)と言います。電源を入れてさえあれば記憶が続くスタティックなメモリに対して、定期的なリフレッシュが必要なことから、このタイプのメモリは「**ダイナミックメモリ**」と呼ばれます。

図6.1では2×2の記憶セルしか描いてありませんが、実際のDRAMでは8,192×8,192などの大きさの記憶セルアレイが使われます。8,192×8,192ビットは64Mビットですから、8GビットのDRAMチップには、この記憶セルアレイが128個集積されています。

8,192×8,192の記憶セルアレイは、横方向に8,192ビット分の記憶セルが並び、同時に8,192ビットの記憶データが読み出されます。8GビットDRAMチップ全体では128個の記憶セルアレイがありますから、全部同時に使えば1Mビットを読み出し/書き込みできます。この読み出しを100ns (*Nanosecond*) ごとに行えば、10Tbit/sというメモリバンド幅になります。

信号ピンや入出力回路、記憶セルアレイと入出力回路を繋ぐ配線などが制約となって、このような膨大なメモリバンド幅は実現できていませんが、記憶セルアレイの潜在的メモリバンド幅は非常に大きいのです。

■………GDDR5/6 グラフィックスDRAM

グラフィックス処理には大量のメモリアクセスが必要なので、グラフィックス専用のDRAMが作られました。それが**GDDR**（*Graphics DDR*）というメモリです。

普通のPCやサーバーのメモリとして使われているDIMMに搭載されているのはDDR3やDDR4といったメモリで、1チップあたりの信号ピンは4本や8本で、各信号ピンのデータ伝送速度はDDR4の規格では1.6〜3.2Gbit/sのものが規定されています。

これに対してグラフィックス用のGDDR5メモリは、1チップあたりの信号ピンは32本で、各信号ピンのデータ伝送速度は5〜7Gbit/sです。信号ピンの数が4〜8倍で、1ピンあたり4倍程度の速度でデータを送るので、チップあたりで比較すると20〜30倍のメモリバンド幅になっています。また、GDDR5を高速化して最大12Gbit/sで信号伝送ができるGDDR5Xやその次世代の信号伝送速度を14〜18Gbit/sに引き上げたGDDR6メモリが実用化されてきています。18Gbit/sのGDDR6メモリでは、メモリバンド幅がGDDR5の2倍になります。さらに20Gbit/sを超えるGDDR6Xも開発が行われています。

この速度でも記憶セルアレイは余裕綽々（しゃくしゃく）ですが、信号を伝送する部分は大変です。DIMMの場合は、1本の信号線に複数のDDR4 DRAMが接続されますが、GDDR5/6の5〜18Gbit/sという高速伝送を行うためには、GPUとGDDR5/6 DRAMの信号ピンは一対一で数cm程度の短い等長の配線で接続する必要があります。また、DIMMのようなDIMMコネクタやDIMM基板も使えません。

図6.2はAMDのRadeon R9 290の、GPUとその周りのプリント基板の写真です。中央がGPUチップで、それを囲むように16個配置されているのがGDDR5 DRAMです。

一対一の接続しかできないのでGDDR5 DRAMはプリント基板に直接はんだ付けされており、CPUのようにDIMMを交換したり枚数を増やすことはできません。そのため、GPUのデバイスメモリは、8Gビット（1GB）のGDDR5チップを16個使えば16GBに決まってしまいます。また図6.2のように、Radeon R9 290XのGPUと16個のGDDR5 DRAMは110mm × 90mmの面積を占めています。

図6.2 GDDR5 DRAMを使うRadeon R9 290 GPUのプリント基板※

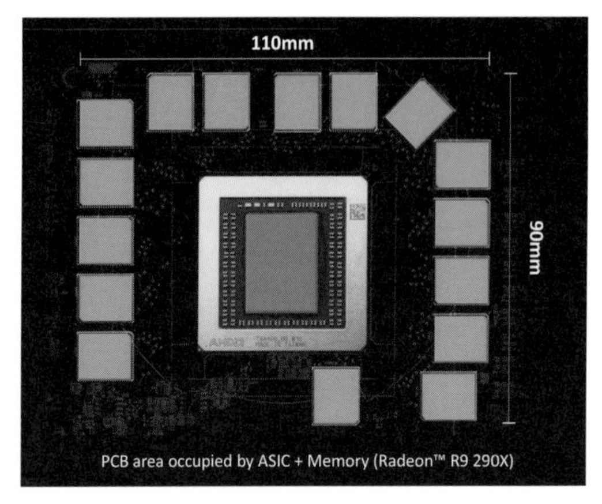

※ 出典：Joe Macri「AMD' s Next Generation GPU and High Bandwidth Memory Architecture: FURY」(Hot Chips 27、2015)

HBM/HBM2

しかし、ディスプレイの解像度が上がると、メモリバンド幅もより多く必要になります。また、GPUの集積度が上がって計算性能が増えれば、より大きなメモリバンド幅も必要になります。

そこで出てきた強力な助っ人が、3D実装を使う**HBM**(*High Bandwidth Memory*)です。HBMは4枚や8枚ほどのDRAMチップを積み重ね、**TSV**(*Through Silicon Via*、シリコン貫通ビア)という技術でチップを貫通する接続を行います。1mm^{2}に100本以上という高密度の接続ができますから、HBMでは1,024本という多数の信号線を引き出しています。

そして、AMDが2015年に発表したRadeon R9 Fury GPUで採用した初代のHBMでは、1本の信号線で0.5Gbit/sのデータ伝送を行っています。

Radeon Fury GPUで使われているHBMは4個ですが、それでも4,096本の信号線が必要になります。これは図6.2に示したRadeon R9 290の512本の8倍の本数の接続です。

このような多数の配線はプリント基板では実現できないので、半導体チップの製造技術を使って、トランジスタなしの配線だけのLSIを作って、この接続を実現しています。半導体製造技術を使うと5〜10倍程度に配線密度を高められるので、4,096本の信号線の接続ができます。

図6.3はHBMを使う最初の商用GPUのRadeon R9 Fury GPUのプリント基

板の写真で、中央の大きなチップがGPUで、その上下の辺に隣接して2個ずつ付いている小さなチップがHBMです。図6.2のGDDR5を使う場合と比較して、プリント板面積は55mm × 55mmと約1/3の面積になっています。図中、背景に薄く出ている絵が従来のGPUとGDDR5メモリを使った基板です。

図6.3 HBMを使うRadeon R9 Fury GPUのプリント基板※

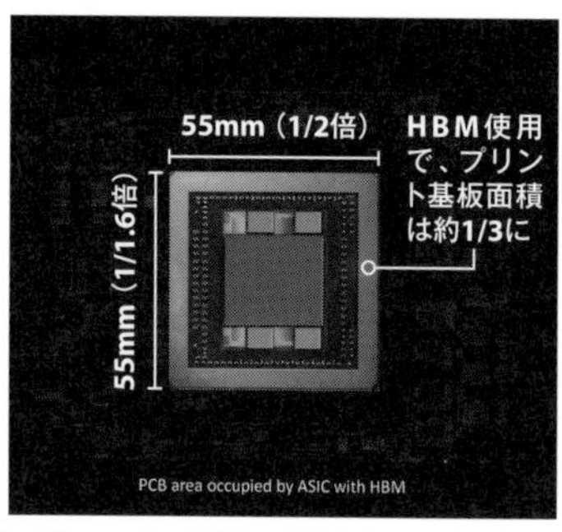

※ 出典：Joe Macri「AMD's Next Generation GPU and High Bandwidth Memory Architecture：FURY」(Hot Chips 27、2015)

初代のHBMは各信号線のデータ伝送はシングルデータレート（*Single Data Rate*、SDR）で、速度は0.5Gbit/sでしたが、2016年に発表されたNVIDIAのP100 GPUは、ダブルデータレート（*Double Data Rate*、DDR）で各信号線で1Gbit/sのデータ伝送を行う**HBM2**（*High Bandwidth Memory 2*）規格のメモリを採用しました。ピークメモリバンド幅は2018年に発売されたV100 GPUで897GB/sとなっています。また、2020年5月に発表されたNVIDIAのAmpere A100 GPUでは、5個のHBM2メモリを使って1.444Gbit/sの伝送を実現しています。

図6.4はP100 GPUのGPUチップとHBM2メモリとの接続部分の断面の顕微

図6.4 P100 GPUの断面図※

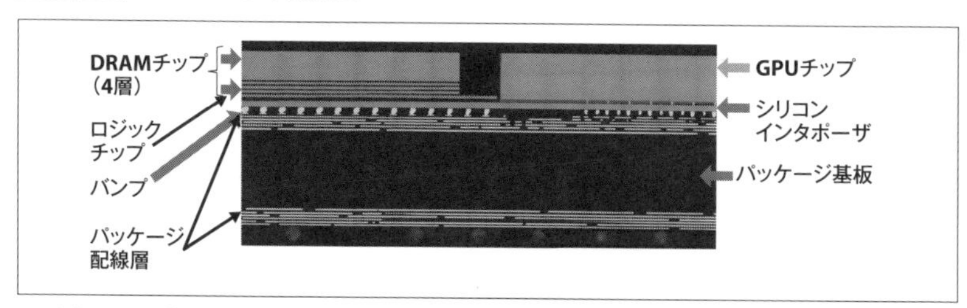

※ 出典：成瀬 彰「PASCAL：最新GPUアーキテクチャ」(GTC Japan 2016)

鏡写真です。左がHBM2で、4枚のDRAMチップと1枚のロジックチップを積層しています。そして、**シリコンインターポーザ**(*Silicon interposer*)と呼ぶ、シリコン基板を使った配線層でGPUチップと繋いでいます。シリコンインターポーザはトランジスタがなく配線層だけのLSIのようなもので、パッケージ基板の配線層の5〜10倍の配線が作れます。このような高密度の配線ができるので、HBMのロジック層とGPUチップを1,024本+αの接続ができるわけです。

第4章で述べたように、科学技術計算ではエラー検出/エラー訂正が必要ですが、そのためには64ビットのデータに8ビットのチェックビットが必要です。しかし、GDDR5 DRAMではこのチェックビットがないために面倒なことを行っていましたが、HBM規格ではオプションとしてチェックビットを持つ構成が規格化されました。

Radeon R9 Fury GPUやP100/V100/A100 GPUはECCをサポートしており、1,024ビットではなく、チェックビット付きの1,152ビットのHBMが使われていると考えられます。

HBMを製造するのにあたって、20μm程度の薄い個々のメモリチップに微小なプローブ(*Probe*、細い金属の針/探針)を当ててテストを行うのは難しいので、積層を行ってからテストを行っており、そのためのテスト回路とGPUと接続するインターフェース回路などがロジックチップに入っています。しかし、積層後にテストすると、不良のチップが1枚でもあれば、全体が不良品になってしまうので、これもHBM2の値段が高い要因となっています。

エラー訂正の機能をロジックチップに組み込むことも可能ですが、エラー訂正にはいろいろな方法があるので、チェックビットを含んだ1,152ビットをGPUに接続し、どのようにエラー訂正を行うかはGPUの設計にゆだねるという判断になったと思われます。

図6.4ですが、GPUチップの厚みを250μmとすると、DRAMチップは20μm程度の厚みになるよう裏面を研磨されて、チップのシリコン基板を貫通するTSVが作られていると考えられます。なお、一番上のDRAMチップはGPUと一体のヒートシンク(*Heat sink*)を取り付けるので、GPUと高さを合わせるため研磨量を少なくして厚いチップになっています。

このような接続を行うと、DRAMチップとGPUの接続の配線が図6.2の場合と比べると大幅に短くなり、寄生容量が減ることで消費電力も減少します。良いことずくめですが、TSVの形成と組み立てによる歩留まりの低下や、ロジックチップやシリコンインターポーザが必要になるなどのコストアップ要因があり、現状は価格弾力性の高いトップエンドのGPUにしか採用されていません。

■…………コンシューマー向けGPUはGDDRを使用

HBMは性能は良いものの、P100 GPUとHBM2メモリを使うGPUボードは74万6,000円程度の高価格で、コンシューマー向けのGPUにはHBMは使用しづらくなっています。このため、GDDR5 DRAMをさらに高速化しようと開発が続けられ、10〜14Gbpsでデータ転送を行うGDDR5X、14〜16Gbps伝送のGDDR6や19〜21Gbps伝送のGDDR6Xというメモリが作られてきています。

NVIDIAは2020年9月にAmpere GA102チップを使うGeForce RTX 3090というコンシューマー向けのGPUを発表しましたが、このGPUには19.5Gbpsのデータ転送を行うGDDR6X DRAMを採用しています。メモリバンド幅は936.2GB/sとなり、HBMに迫る高いバンド幅を実現しています。

使っているGPUチップが違い、データセンターやワークステーション向けのAmpere A100とコンシューマー向けのRTX 3090では信頼度などの面でも作りが違い、価格の設定方法も異なるので同列には論じられませんが、HBM2を使うA100は150万円程度で販売されていますが、GDDR6Xを使うGeForce RTX 3090は24万円程度ですから価格の桁が違います。このため、TSVの数を減らしロジック層のチップを省くなどの方法で、HBM2の価格を下げることも検討されています。

6.2

CPUとGPU間のデータ伝送

PCI Express関連技術、NVLink、CAPI

高性能のGPUでゲームをプレイする場合などは描画のために大量のデータをGPUに送り込む必要があり、CPUとGPUの間のデータ転送速度が問題になります。このため、ハイエンドのGPUボードは、PCI Expressのレーンを16レーン束ねて使用しています。そして、PCI Expressのバンド幅もPCI Express 2.0では4Gbps、3.0では8Gbps、2017年に規格制定されたPCI Express 4.0では16Gbpsとなります。そして、その倍速のPCI Express 5.0の規格もすでに制定が終わっていますが、それでも5年で4倍のスピードアップですからGPUの性能向上に追いついていません。

PCI Express

PCI Express (PCIe) は広範な用途に使える汎用のI/Oバスで、高速の通信を行うネットワークアダプタやSSD(*Solid-State Drive*)、HDDなどの高速のI/Oの接続、そしてGPUの接続などに用いられています。PCI Expressの各世代の通信速度、バンド幅を**表6.1**に示します。

表6.1 PCI Expressの各世代の通信速度、バンド幅

規格	規格制定時期	符号化	レーンの伝送速度	×1バンド幅	×16バンド幅
1.1	2005	8b/10b	2.5GT/s	250MB/s	4GB/s
2.0	2007	8b/10b	5GT/s	500MB/s	8GB/s
3.0	2010	128b/130b	8GT/s	984.6MB/s	15.754GB/s
4.0	2017	128b/130b	16GT/s	1.969GB/s	31.508GB/s
5.0	2019	128b/130b	32GT/s	3.938GB/s	63.02GB/s
6.0	2021 (予定)	128b/130b PAM-4※	64GT/s	7.877GB/s	126.0GB/s

※ PAM-4は信号パルスの振幅を4値に拡張し、パルスあたり2ビットを伝送する方式。

PCI Expressは高速シリアル伝送を使うバスで、2本のペアの信号線を使って差動伝送で信号を伝えます。そして、送り側と受け側に別々の線路を使うので、合計4本の信号線が必要です。この送信と受信ができる4本の線のセットを「レーン」(*Lane*、車線、小道)と呼びます。

レーンの伝送速度は、PCI Express 3.0では8GT/s (*Giga Transfer/second*)、PCI Express 4.0では16GT/sです。なお、この表のバンド幅は1方向の伝送の場合の値で、両方向の通信をフルに行うと2倍のバンド幅が得られます。

PCI Expressでは、クロックなどは使わずに2本の信号線だけで信号を送ります。このため、受信側では送られてくる信号からクロックを取り出します。このためには`0`を連続して送ってもある程度、信号が反転する必要があります。

このクロック取り出しのための信号のスイッチと送信データにかかわらず、伝送線路の上では平均的にはHighとLowが同じになるように符号化が行われます。PCI Express 1.1と2.0では、8ビットの送信データに2ビットを付け加えて10ビットにして、適当な反転と平均値をゼロにする符号化を使っていました。そのため、通信バンド幅はレーンの伝送速度の80%となっていました。

これに対して、PCI Express 3.0では128ビットのデータに2ビットを加えて

130ビットで伝送するという符号化が開発され、2.0と比べてレーンの伝送速度は1.6倍ですが、バンド幅はほぼ2倍に向上しました。

そして、PCI Expressはレーンを束ねてバンド幅を増やせます。たとえば、16レーンを束ねた×16と呼ばれる構成とすると1レーンの×1の16倍のバンド幅が得られますので、ハイエンドのGPUは×16接続ができるようになっています。

各種のI/Oの接続に使えることから、最近のCPUでは多数のPCI Expressのレーンをサポートしており、たとえばIntelのCore i9-10900 TEプロセッサでは16レーンを搭載しており、サーバー用のXeon Platinum 8180プロセッサは48レーンを搭載しています。そして、たとえば48レーンの場合、16レーンをまとめた×16のチャネルを1本と×8のチャネルを2本、残りは×4のチャネルを2本というように、分割して使用できるようになっています。この場合、×16は最大のバンド幅を必要とするGPUを接続し、×8は100Gbit/sの通信アダプタ、×4にはストレージを繋ぐといった使い方がされます。

PCI ExpressのPeer to Peer転送

PCI Expressは、ホストCPUに内蔵された**ルートコンプレックス**(*Root complex*)がPCI Expressに接続された装置にコマンドを発行して動作を行わせる中央集権的なバスです。このため、GPUとのデータのやり取りは、CPUに内蔵されたルートコンプレックスからGPUにコマンドを送り、CPUのメモリの中に設けたメモリ領域から、GPUに対してDMAを使ってデバイスメモリの受信領域にデータを送ります。GPUからCPUにデータを送る場合は、この逆になります。

最近のスーパーコンピュータでは、1個のXeon CPUに4台のGPUを接続するという計算ノードも珍しくありません。このように複数台のGPUを接続してGPU間で処理を分散する場合、CPUとGPUの間のデータ伝送だけでなく、1つのGPUの処理結果を他のGPUに送るということが必要になります。

普通のPCI Expressの転送方法では、GPU1にあるデータをGPU2に送りたい場合にはGPU1にあるデータをCPUメモリに読み込み、その後CPUメモリに入ったデータをGPU2に転送することになり、PCI Expressを2回使います。これでは実効的な通信バンド幅が半分になってしまいます。

これをGPU1メモリを転送するとき、DMAの送り先アドレスにGPU2のデバイスメモリを指定して、GPU1からGPU2に直接データ転送を行う方式を、

PCI ExpressのPeer to Peer転送と言います。Peer to Peer転送を使うと、PCI Expressを1回使うだけでGPU1からGPU2にデータを送ることができ、PCI Expressのバンド幅を有効に使うことができます。

Peer to Peer転送はGPU同士に限らず、DMAでデータ転送を行うPCI Expressデバイス間で使うことができます。

NVIDIAのGPU Direct

CPUは仮想記憶を使っているので、実メモリが不足すると使用頻度の低いメモリページをディスクに追い出し(*Swap out*、スワップアウト)て、メモリを確保します。DMAが転送しようとしているページがメモリからなくなってしまうと困りますから、DMAを行うためにはスワップアウトを禁止したピン止めメモリという特別なメモリ領域を作ります。そして、GPUのデバイスメモリから、このピン止めメモリにDMAを行います。

このデータをGPU2に転送するためのDMAを普通に行おうとすると、CPUに第2のピン止め領域を確保して、そして、第1のピン止めメモリから第2のピン止めメモリにメモリコピーを行ってから、第2のDMAを行います。

これはあまりに無駄ということから、第2のDMAでは第1のDMAのために作ったピン止めメモリをそのまま使い、CPUによるメモリコピーを省いたのがNVIDIAのGPUDirect第1版です。

そして、GPUDirect第2版ではPeer to Peer転送を使い、1回のPCI Expressの使用でGPU間のデータ転送ができるようになりました。さらに、GPUDirect第3版では、**IB HCA**(*InfiniBand Host Channel Adapter*)のリモートDMA機能(ネットワークを経由してDMAを行う)と連動させてリモートノードにDMA転送を行い、さらにリモートノード側でGPU Direct第2版の機能を使ってIB HCAからGPUにDMA転送を行います。したがって、**図6.5**のようにInfiniBandで接続されたリモートノードのGPUにも、プロセッサの介在なしにデータを転送できるようになりました。

このような動作をするためにはIB HCAが協調して動くことが必要なので、GPU Direct第3版をサポートしているMellanox TechnologiesのInfiniBand通信アダプタを使う必要があります。なお、2020年4月、NVIDIAはMellanox Technologiesを買収し、両者はさらに緊密に連携して開発を行うことになると見られます。

図6.5　NVIDIAのGPUDirectによるDMA転送

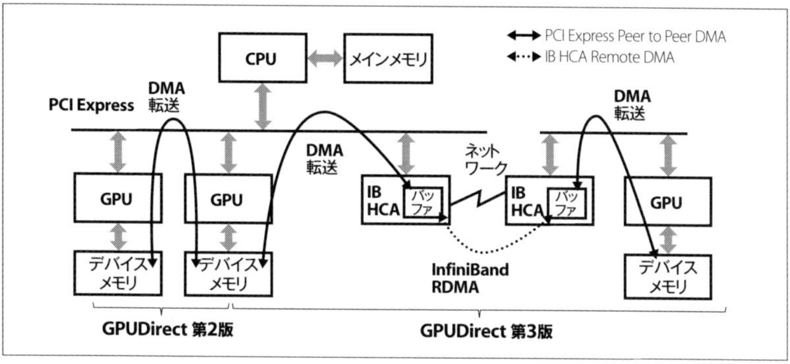

■PCI Expressスイッチ

CPUチップが搭載しているPCI Expressのレーン数が足りない場合は、PCI Expressスイッチ(PCIeスイッチ)を使うことができます。

PLX Technology(Broadcom Limitedの子会社)の最も大型のPEX 9797スイッチはPCI Express 3.0を96レーン持ち、これらのレーンを最大25ポートに分割して使うことができます。たとえば、CPUとの接続に16レーンを使っても80レーン残ります。その80レーンを5ポートの×16として使うことも可能です。

この場合、×16のGPUが5台接続されていてもホストCPUとの接続は×16が1ポートですから、CPU(とそのメモリ)とGPU群の間のバンド幅は16GB/sに抑えられてしまいますが、PEX 9797はスイッチを経由してGPU同士のPeer to Peerのデータ伝送を行うことができますから、5台のGPUのPCI Expressトラフィックの合計は16GB/sを超えることができます。

NVIDIAのNVLink

PCI Express 3.0のレーンの伝送速度は8GT/sですが、もっと高速でデータを送りたいということでNVIDIAは独自の伝送チャネル**NVLink**を開発しました。NVLinkの各レーンの伝送速度は20Gbit/sで、PCI Express 3.0の2.5倍の速度です。そして、Volta GPUでは25Gbit/sで伝送を行うNVLink2を採用しました。

ただし、NVLinkのレーンは送受の2つの差動伝送路で構成され、1リンクは8レーンで構成されています。したがって、1リンクのNVLinkのバンド幅は双方向合計で20GB/sとなります。そして、P100 GPUは4本のリンクを搭載しているので、**図6.6❶**のように4リンクを並列に接続すると、2つのP100

GPUの間の通信バンド幅は単方向で80GB/s、双方向で160GB/sになります。NVLink2は双方向合計のバンド幅を25GB/sに引き上げ、Ampere GPUと同時に発表されたNVLink3では2倍の50GB/sになりました。

一方、×16のPCI Express 3.0を使って、図6.6❷のように接続した場合はGPU間の通信バンド幅は16GB/sで、NVLink3は3倍速いことなります。

NVIDIAのディープラーニング用の開発システムのDGX-1は、2ソケットのXeon CPUに8台のP100 GPUを接続しています。Xeon CPUはNVLinkのポートを持っていないのでCPUとの接続はPCI Express 3.0で行い、P100 GPU同士を**図6.7**に示したトポロジーでNVLinkを使って接続しています。

なお、現在のNVLinkは接続されたGPUのメモリへの通常のメモリアクセ

図6.6 NVLinkとPCI Express 3.0の比較（2台のGPUを接続する場合）

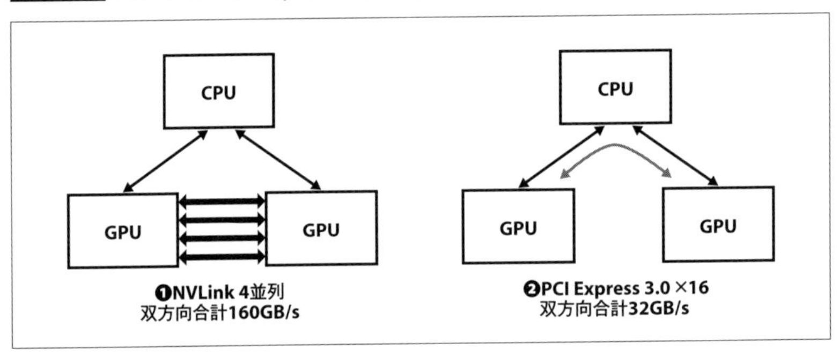

図6.7 NVIDIA DGX-1の接続（太線がNVLink、細線はPCI Express/PCIe）

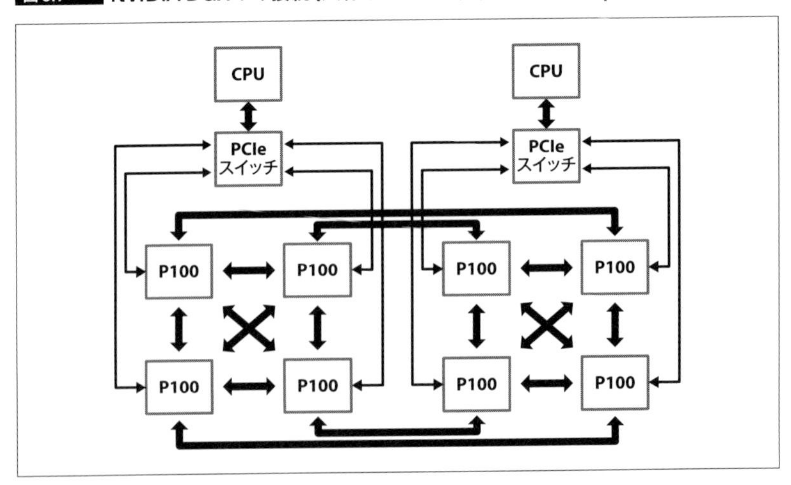

スとアトミックなアクセスができますが、ルーティング機能は持っていないので直接接続されていないGPUのメモリにはアクセスできないことになっています。

IBMのPOWER8 CPUはNVLinkのポートを持っており、P100 GPUをNVLinkで接続できます。このPOWER CPUを使うIBM Power System S822LCサーバーの接続は、**図6.8**のようになっています。NVLinkはGPUの制御レジスタのアクセスなどの機能を持っていないので、NVLinkを持つPOWER8 CPUを使う場合でもP100 GPUへのPCI Expressの接続は必要になります。

図6.8 IBMのPOWER8 CPUを使うS822LCサーバーの接続

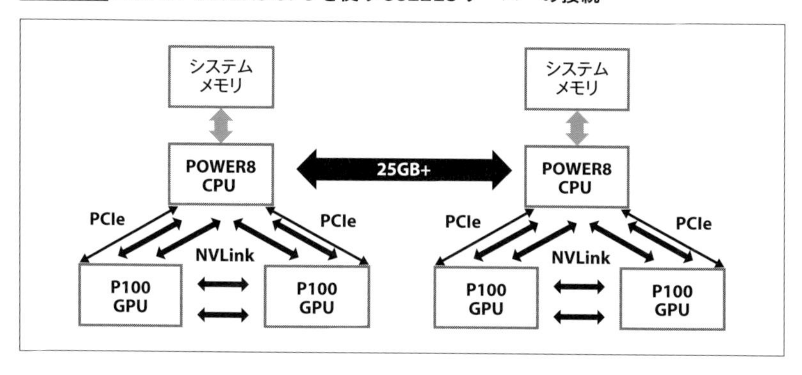

IBMのCAPI

IBMのPOWER8プロセッサは、**CAPI**（*Coherent Accelerator Processor Interface*）というインターフェースを備えています。**図6.9**に示すように、POWER8 CPUの中にCAPP（*Coherent Accelerator Processor Proxy*）というユニットがあり、このユニットがPCI Expressで接続されたアクセラレータの代わりに、プロセッサコアと同列にキャッシュコヒーレンシプロトコル（*Cache coherency protocol*）に参加します。CAPPは、アクセラレータが保持しているすべてのキャッシュライン（*Cache line*）の情報を持っており、他のプロセッサからのスヌープやインバリデート[注1]などを処理することができるようになっています。

注1　複数のキャッシュの内容に整合性を持たせるには、読み出しの場合は最新のデータが他のキャッシュに存在していないか、書き込みの場合は同じアドレスのデータが他のキャッシュに存在していないかをチェックする必要があります。この動作をスヌープ（*Snoop*）と言います。同じアドレスのデータがある場合に、そのキャッシュラインを無効化して矛盾が出ないようにする操作をインバリデート（*Invalidate*）と言います。

図6.9 IBMのCAPIの構成

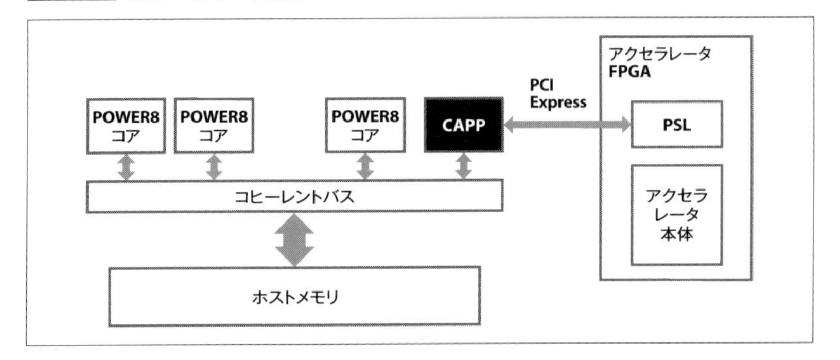

そして、アクセラレータ側にあるPSL（*Power Service Layer*）にPCI Express経由でコマンドを送り、アクセラレータ側のメモリ（CPU側のメインメモリのキャッシュとして働いている）に操作を行ってコヒーレンシを維持すると考えられます。

このCAPPとPSLがアドレス変換とキャッシュコヒーレンシの維持を行ってくれますので、アクセラレータとしてはプロセッサコアと同様に、同じ仮想アドレスのデータをアクセスして処理を行うことができます。

NVIDIAのP100 GPUのユニファイドメモリはページ単位でコヒーレンスを維持するものですが、IBMのCAPIはプロセッサコア間と同様に、キャッシュライン単位でコヒーレンスを維持します。このため、ページ単位のアクセス違反を検出して、CPUとアクセラレータのメモリ間のコピーを実行する特別な割り込みハンドラは必要なく、ハードウェアによるキャッシュミスのハンドリングで処理できるのでずっと高速です。

NVIDIAは第2世代のNVLink 2.0ではキャッシュコヒーレンシをサポートしましたが、IBMのCAPIの技術を取り入れたのではないかと思われます。

NVIDIA NVSwitch

NVLink2はPCI Express 3.0での接続よりも多少は速く、接続したGPUのメモリ間のコヒーレンスが取れるというメリットがありましたが、米国のSummitスパコンではPower9 CPUに3つのV100 GPUを接続するという小規模な接続しかできませんでした。

これに対して、NVIDIAは2018年4月に18ポートのクロスバースイッチの

NVSwitchを発表し、それを使って16台のV100 GPUを相互接続するDGX-2というGPUサーバーを発表しました。

DGX-2は、**図6.10**に示すように2台のXeon CPUと接続されており、どの2つのV100 GPUの間も6本のNVLink2リンクで接続され、最大300GB/s（双方向の合計）の通信ができるようになっています。図6.10では、左上と右下のGPUのNVSwitch接続だけが描かれていますが、実際はその他のGPUもそれぞれが6個のNVSwitchに接続されています。

図6.10　NVswitchを使って16個のV100 GPUを接続するDGX-2※

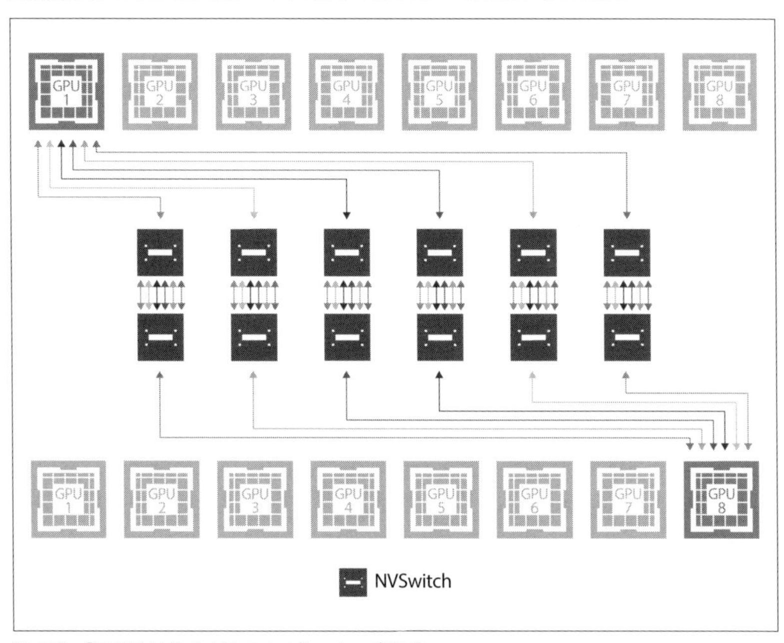

※　出典：「NVIDIA NVSwitch Technical Overview」（2018）
12個のNVSwitchを使ってV100間の通信バンド幅は300GB/s。

DGX-2の素晴らしいところは、16個のV100 GPUのデバイスメモリが連続した512GBの大きなメモリ空間となり、どのGPUもどのアドレスでもアクセスしてRead/Writeできるようになったことです。このため、GPU間でデータをコピーする必要はなく、処理の分散が容易になります。

なお、上側の6個のNVSwitchと下側の6個のNVSwitchは直結されているので、半分のスイッチ機能しか使われておらず、任意の配線ができればNVSwitch

は6個で良いのですが、NVIDIAとしては、6個のNVSwitchをつぎ込んでも、上半分のボードと下半分のボードを同じにすることを優先したようです。

このシステムのBi-Sectionバンド幅(システムを二分する面を通過できるバンド幅)は2.4TB/sです。したがって、全GPUが同時に反対側のボードのGPUと通信を行うという状況でも各GPUは300GB/sのバンド幅が使えます。なお、A100 GPUを搭載するDGX A100では、Ampere GPUの性能が2倍程度の向上したことから、GPUの個数を8個に減らして値段を下げました。これにより、必要なNVSwitchの個数は6個となっています。

また、DGX A100ではXeon CPUではなく、AMDのRome CPUを採用しています。Xeonよりもコストパフォーマンスが良いのでしょうね。

図6.11はNVSwitchのチップ写真と思しきものです。NVIDIAのGPUなどのチップ写真は本当の写真ではなく、アーティストが描いた絵であることが多いのですが、図6.11は本物の写真である可能性が高いと思われます。

チップの左右に8ポート分のNVLinkポートが配置され、中央の部分はスイッチを構成するクロスバーと全体の管理機構とパケットのフォワーディングを行う回路が配置されています。

図6.11 NVSwitcchのチップ写真※

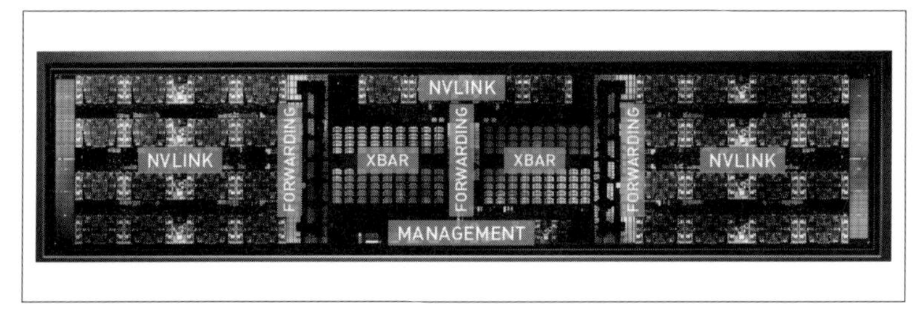

※ NVLINK(NVLINKインターフェース)、FORWARDING(パケット転送)、XBAR(クロスバー)、MANAGEMENT(転送管理)。

そして、なぜか中央上部にNVLinkが2ポート配置されています。結果として18ポートのクロスバーになっていますが、DGX-2では16ポートだけが使われ、2ポートは使われていません。

なお、NVSwitchとは関係ありませんが、DGX-1に使われているSXM3 GPUボードはDC 12V給電でしたが、DGX-2のものは48V給電に変わっています。供給電圧を上げればそれに反比例して供給電流が減り、そのぶん、オーム損(I^2R)が減るので消費電力を減らせます。

6.3 まとめ

GPUは大量の演算器を搭載する超並列プロセッサなので、その性能を発揮させるためには大量のデータを供給してやる必要があります。この重要な役目を担っているのがGPUに搭載されるデバイスメモリです。

本章では、DRAMアレイの潜在バンド幅は十分大きいのですが、信号を引き出す配線やI/O回路がボトルネックとなってバンド幅が抑えられていることを説明し、HBMではTSVを使う3D積層という新しい実装技術を使うことにより、より高いバンド幅を持つメモリができていることを説明しました。

3D積層メモリはまだコストが高いのですが、使用量が増え製造技術も成熟していけば、従来のメモリとのコスト差も小さくなっていくと期待されます。

GPUの性能を向上させていく上で、もう一つのボトルネックがCPUとGPUの間のデータ転送バンド幅です。本章ではCPUとGPUの接続に使われているPCI Expressと、その効率的な使い方であるPeer to Peer転送などを説明しています。そして、新しいデータ転送手段としてNVIDIAのNVLinkやIBMのCAPIを説明しています。

ディープラーニングやビッグデータの解析など大量のデータを取り扱う使い方が増えており、CPUとGPU間だけでなく、GPU間で大量のデータをやり取りすることが増えています。NVIDIAはNVSwitchを開発し、16個あるいは8個のGPUの間で、高速でデータのやり取りが行えるしかけを作りました。このようなCPU、GPU間の通信、GPU同士の通信の高速化は、ますます重要になっていくと考えられます。

Column

AMD HIP

AMDは、Khronosグループが中心となって開発したOpenCLを支持していますが、最近、AMDは**HIP**（*Heterogeneous-compute Interface for Portability*）というGPUのプログラム開発環境の開発にも力を入れています。

HIPは一つのソースプログラムで、NVIDIA GPUの環境はcuda.hというヘッダーファイルをインクルードし、NVIDIAのnvccコンパイラでコンパイルして、NVIDIA GPU用の実行モジュールを作ります（これは、現在のNVIDIA GPUでの方式です）。HIPの環境では、hcc.hというファイルをインクルードします。そして、AMDが提供するhipccというコンパイラでコンパイルするとAMD GPUの実行モジュールができるというものです。すなわち、HIPを使えば、CUDAのソースプログラムからAMDのGPUで実行できるモジュールができるというわけです。

しかし、CUDAの場合、`cudaMalloc()`などのCUDA用のライブラリが使われていますので、AMDは同じ機能を持つ`hipMalloc()`というライブラリ関数を開発して、これをリンクするようにしています。

これらのライブラリはNVIDIAが開発したものの後を追いかけて開発するので、当然遅れが発生し、本書原稿執筆時点でCUDAは第11版が最新ですが、HIPでは第8〜9版程度の機能でユニファイドメモリはまだサポートできていない状況です。

そして、行儀の良いCUDAプログラムはAMDが用意しているHIP化ツールで変換すれば良いのですが、たとえばインラインでPTXが書かれているプログラムやワープのサイズが32であることを陽に使っているようなCUDAプログラムはツールでは変換できず、人間が考えて書き換える必要が出てきます。ただし、RDNAアーキテクチャではWave32をサポートしており、CDNAアーキテクチャでもWave32をサポートすることになれば、ワープサイズの違いの問題は解決することになりそうです。

CUDAプログラムがNVIDIA GPUだけでなく、AMD GPUでも動くようになればユーザーには便利で、グラフィックス分野に加えて科学技術計算やAI処理の分野でもAMD GPUを選ぶユーザーの背中を押すことになるでしょう。

図C7.1 AMD HIP※

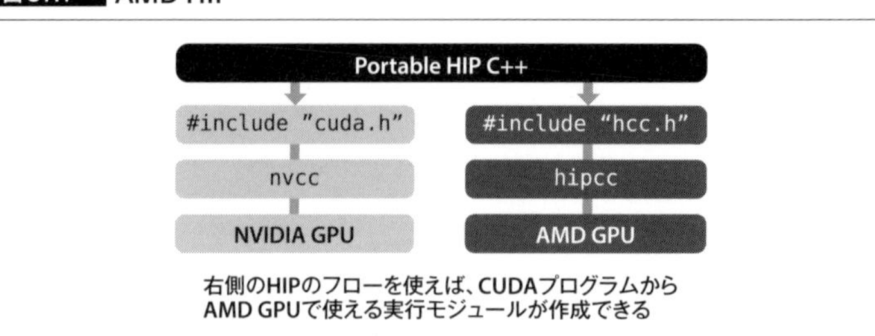

※ 参考：「Programing with HIP ——GPU Programming Concepts (Part 1)」
URL https://www.youtube.com/watch?v=LG9G4aA28rU

第7章
GPU活用の最前線

GPUは描画処理を高速に行う装置として発達してきましたが、最近では描画以外の用途にも使い方が広がってきています。

最近ホットなトピックスはディープラーニングを使うAI(*Artificial Intelligence*)で、AI分野でのGPUの使用が急速に増えてきています。インターネットでもGoogle Assistant、MicrosoftのCortana（コルタナ）、AppleのSiri（シリ）、AmazonのAlexa（アレクサ）などAIを使う音声認識、言語理解、インテリジェントサーチなどの利用が広がってきています[注A]。また、ヘルプデスクの顧客対応をAIがしたりするという事例が増えてきています。ディープラーニングの計算処理の大部分は、GPUの得意な行列の積の計算です。このため、ディープラーニングにはGPUが使われることが多くなっています。

そして、AIの使用で自動運転の現実味が高まっていますが、そのためにはレーンマーカーや道路標識、交通信号、他の車両、歩行者などをリアルタイムに認識しなければなりません(**図7.A**、**図7.B**)。NVIDIAは自動運転用のGPUを内蔵したSoCを製品化しています。

注A　• GoogleがサーチエンジンにディープラーニングをRankBrain。取り入れた

図7.A　ディープラーニングによる道路標識の認識※

※ 画像提供：NVIDIA URL https://nvidia.com
参考：「GTC 2019 Keynote」 URL https://www.youtube.com/watch?v=Z2XlNfCtxwI&t=8718s

自動運転、車の自動化[注B]は急速に進んでおり、すべての車にAI用のGPUが何個も搭載されるという日も遠くないと予想されます。

GPUは、「現実にはない物を、3Dモデルに基づいてあたかも実物を見ているかように表示する」という強みがあります。車の外観や内装設計や建築、建設設計でも実物そっくりの表示ができ、見る角度などがインタラクティブに変えられるようになり、開発期間を短縮しています。最近では、VRやARが使われ始めており、より現実に近い3D表示やそれに説明情報がオーバーレイされるというような高度な表示が実現されてきています。

また、GPUはスーパーコンピュータの計算エンジンとしても用いられています。科学技術の世界では、コンピュータシミュレーションは理論と実験に並ぶ、三本柱と認識されています。そして、スーパーコンピュータによるシミュレーションは、産業界でも手間とお金の掛かる試作や実験の回数を減らして、開発の速度向上と費用の低減に貢献しています。また、銀河系の形成過程や超新星の爆発などは実験してみることはできないので、望遠鏡による観測に加えてシミュレーションが重要な研究手段となっています。

このように、GPUの活用は我々の生活のあらゆる分野に広がっています。本章では、社会にまつわる活用事例を取り上げます。

注B　自動運転のレベルについて、米国のSAE(*Society of Automotive Engineers*、自動車技術会)が基準を示し、日本では公益社団法人自動車技術会(JSAE)が日本語訳を発行している。また、国土交通省でもその基準を基づいた自動運転のレベル分けを公表している。いずれも、0〜5までの6段階に分けて定義され、各レベルに応じて運転タスクの主体や走行領域が設定されている。

URL https://www.jsae.or.jp/08std/data/DrivingAutomation/jaso_tp18004-18.pdf

図7.B　仮想環境での衝突回避のシミュレーション※

※ 画像提供：NVIDIA　URL https://nvidia.com
参考：「GTC 2019 Keynote」　URL https://www.youtube.com/watch?v=Z2XINfCtxwI&t=8718s

7.1 ディープラーニングとGPU

ニューラルネットワークの基本から活用事例まで

画像認識はロボットや自動運転車の眼として重要な技術で、従来は画像認識の専門家がシステムを作っていました。しかし、2012年のILSVRC(*ImageNet Large Scale Visual Recognition Challenge*)で、ディープラーニングを使ったUniversity of Torontoのシステムが従来のシステムを大幅に上回る成績を達成したことから、画像認識の研究はディープラーニング中心に変わっています。ディープラーニングによる画像認識には大量の計算を必要とし、University of TorontoのチームはNVIDIAのGPUを使いました。ディープラーニングによる学習はいろいろな分野に広がっており、たとえば、囲碁をはじめとする各種のゲームでは人間のチャンピオンに勝つシステムが出てきています。

最近進歩が著しいのは自然言語処理の分野です。2012年のUniversity of Torontoの画像認識システムは6,000万パラメータを学習で最適化するものでしたが、認識精度が上がるにつれて、ニューラルネットワークの規模も大きくなってきています。2020年のOpenAIの自然言語処理システムGPT-3では、175B(175兆個)パラメータという巨大モデルが出現しています。GPT-3は、初期の評価の段階ですが、その自然言語理解能力の高さが革命的と称賛されています。

このような巨大なディープラーニングモデルの学習には大量の計算を必要とするので、GPUが使われることが多いのですが、Googleをはじめとして自社でディープラーニング用のエンジンを開発する会社も多くなっています。

ディープラーニングで使われるニューラルネットワーク

ディープラーニングでは、人間の脳を模した神経細胞のネットワーク(*Neural network*、ニューラルネットワーク)を使って画像の認識などを行わせます。ニューロンやそのネットワークとはどのようなものかを見ていきましょう。

■………基本構成単位のニューロン

神経細胞は、樹状突起で接続した他の神経細胞からの信号を受け取り、それを処理して軸索を通して他の神経細胞に伝えます。神経細胞の入出力は電圧パルスで、個々の神経細胞は入力パルス数が閾値を超えるとパルスを出力するという比較的単純な動作を行います。

ディープラーニングでは、神経細胞を模したニューロンを接続したネットワークを使います。**図7.1**に示すように、1個のニューロンは多数の入力を持ち、それぞれの入力に重みを掛けて、すべての入力×重みの合計を計算します。そして、これにバイアスBを加えて、計算された値に非線形の関数を適用して出力を出すという機能を持っています。

非線形の関数としては、シグモイド(*Sigmoid*)関数が使われることが多かったのですが、最近は**ReLU**という関数が使われることが多いようです[注1]。シグモイド関数は、以下のような関数で、

$$Sig(x) = \frac{1}{1 + e^{-ax}}$$

xが負の方向に大きくなれば0に収束し、xが正の方向に大きくなれば1に収束します。そして、出力は連続の値を持つので、xで微分することも可能です。ReLUは「Rectified Linear Unit」(Rectifyは「整流」という意味)の略で、半導体のダイオードの整流器のように、負の値が入力された場合は0を出力し、正の値が入力された場合は入力の値をそのまま出力するという関数です。シグモイドの方が出力を滑らかに0と1の範囲に正規化できますが、ReLUの方が計算が簡単なので、最近ではよく使われています。

図7.1　ニューロンの働き

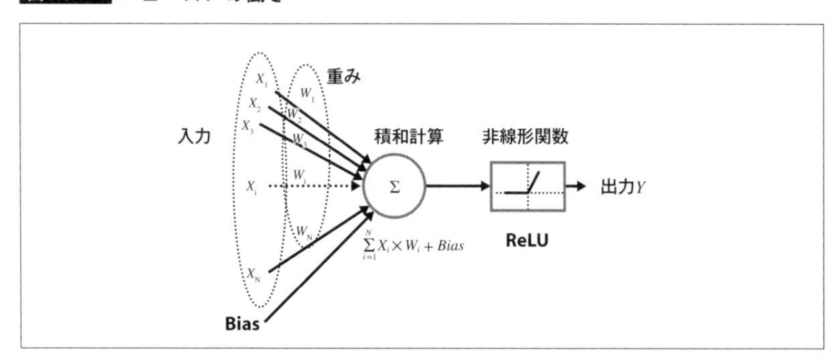

注1　ニューロンモデルに使われている非線形関数は「活性化関数」と呼ばれます。研究者からはSwishやMishといった新しい活性化関数の論文が出され、こちらの方が性能が良いとしています。しかし、現実には適材適所で、まだReLUが使われることが多いようです。

■ニューラルネットワーク

1つのニューロンは単純な動作しかしません。ディープラーニングでは、たくさんのニューロンを接続したネットワークを使います。ネットワークの作り方にはいろいろな方法がありますが、ここでは一方向に信号を伝達するニューラルネットワークについて説明します。

ニューラルネットワークは多くのニューロンが並んで層のようになり、そのニューロンの層が重なっています(**図7.2**)。そのニューロン層の間に接続があり、この接続で信号を伝達します。なお、この図は一例で、示している接続にはとくに意味はありません。一番下は**入力層**、一番上が**出力層**です。それ以外の層は、直接外部からは見えないので**隠れ層**(*Hidden layer*)と呼ばれます。

図7.2 ニューラルネットワーク(例)

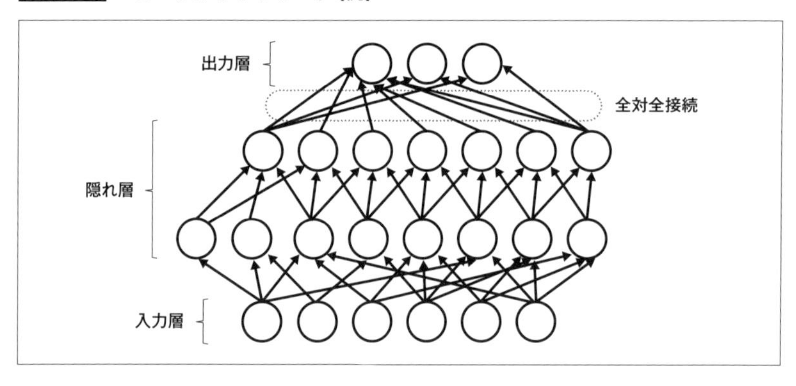

出力はワンホット[注2]に作られるのが一般的で、画像などの入力を判定してこの例では3つのニューロンそれぞれがどのカテゴリの画像であるかを示すことになります。なお、出力は1/0ではなく、カテゴリ1の出力は0.8、カテゴリ2の出力は0.15などと確率分布として出力されます。

そして、この例では出力ノードは3つですが、Yann LeCunの作った郵便番号の手書き数字認識システム[注3]は0〜9を出力する10ノードですし、ILSVRC 2012の課題は1,000カテゴリのどのカテゴリかを認識するものでしたから、

注2　One Hot。出力の1つが認識結果であることを示す方式。手書き数字の読み取りでは0〜9の10本の出力を持たせます。ILSVRCでは1,000カテゴリの画像を認識するので、1,000本の出力を持たせ最大の数値となった出力線が認識結果のカテゴリを示します。

注3　Y. LeCun, B. Boser, J. S. Denker, D. Henderson, R. E. Howard, W. Hubbard and L. D. Jackel「Backpropagation Applied to Handwritten Zip Code Recognition, Neural Computation」(1(4):541-551、Winter 1989)　URL https://www.mitpressjournals.org/doi/abs/10.1162/neco.1989.1.4.541

1,000個の出力ノードを持つニューラルネットワークになっています。

なお、多くの層を持つネットワークを**ディープニューラルネットワーク**（*Deep Neural Network*、DNN）と呼びますが、何層以上を「ディープニューラルネットワーク」と呼ぶかは明確な定義はありません。

ILSVRC 2012で優勝したAlexNet

ILSVRC 2012で抜群の成績で優勝したUniversity of Torontoのニューラルネットワークは**図7.3**のような構成になっています。最初の5層は畳み込み層と言われるもので、このようなニューラルネットワークはCNN（*Convolutional Neural Network*）と呼ばれます。このネットワークは、認識システムの論文（図7.3の出典を参照）の第一著者のAlex Krizhevsky氏の名前にちなんで、通常「AlexNet」と呼ばれます。

図7.3 AlexNetの構成※

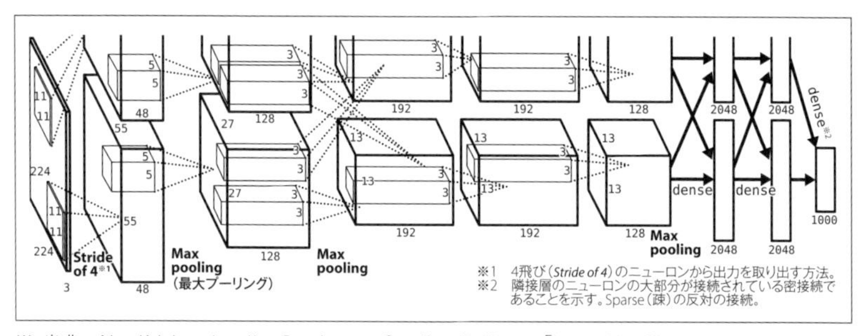

※ 出典：Alex Krizhevsky、Ilya Sutskever、Geoffrey E. Hinton「ImageNet Classification with Deep Convolutional Neural Networks」(NIPS 2012)

左端が入力層で、224 × 224ピクセルで各ピクセルはRGBの3つの入力があります。この図7.3は層間の接続を表す図で、描かれている立方体は層の出力（次の層への入力）を示す図になっています。入力層から11 × 11ピクセルの正方形の領域を取り出し、第2層のニューロンに接続します。このニューロンは55 × 55個存在しますが、図には1個のニューロンだけが代表として破線の四角錘（しかくすい）で描かれています。そして、隣のニューロンはStride = 4ですから4ピクセル離れたところの情報を入力とします。そのため、入力層では224 × 224であったアレイが第2層では55 × 55になっています。そして、第2層には55 × 55のニューロン層が48層設けられています。そのため、図の2番めの立方体の厚みが48になっています。

学習の開始時点ではこれらのニューロンの入力の重みやバイアスは乱数で

与えられたりしていますが、学習が進むにつれてそれぞれの層がフィルタとして働き、異なるパターンを抜き出すようになっていきます[注4]。

第2層〜第8層までは同じ構成のネットワークが2組ありますが、上半分は省略した絵になっています。なお、接続は上半分と下半分で同じですが、各ニューロンの入力の重みは違いますから同じ仕事をしているわけではありません。2台のGPUを使って半分ずつ仕事を分担させたので、このような絵になっています。

第2層の出力には2×2の領域の中の最大値をとるMax pooling(最大プーリング)処理が入っており、第3層は27×27のアレイとなっています。第2層から5×5の領域の出力を第3層の各ニューロンに接続しており、第3層は128枚のフィルタで構成されています。

第3層の出力にも2×2の領域のMax pooling処理が付いており、第4層のアレイのサイズは13×13となっています。一方、フィルタ枚数は192枚に増加させています。

なお、第3層の出力は第4層の上半分と下半分の両方に繋がっていますが、2、4、5層の出力は第3層の出力のような上下クロスの接続はありません。AlexNetでは上半分と下半分を別のGPUボードに搭載した実装になっているので、クロスする接続を作ると大量の配線が必要になってしまうので、クロスはできるだけ減らした設計にしたのだそうです。

第4層〜第5層には3×3の領域の出力を接続しています。第5層のフィルタ枚数は192枚です。第6層のアレイは13×13で、第5層の3×3の出力を接続しています。第6層の出力にもMax pooling処理が付けられているので第6層の出力アレイは7×7ですが、フィルタ枚数は128枚で、上下がありますから、Max poolingで1/4になっても第6層からの出力は3,000以上あります。これを第7層の4096ニューロンの全対全層に入力します。さらに、もう一度4096ニューロンの全対全層を通して1000ニューロンの全対全の出力層に入力します。

AlexNetには約65万個のニューロンが使われており、それぞれのニューロンの各入力に重みがあるわけですから、重みを表すパラメータの数は60M(6,000万)に上ります。この6,000万個ものパラメータの値を適切に決めるのは、**学習**(*Learning*、あるいは*Training*)という作業です。

注4 ニューロンのアレイがフィルタになっていて、アレイが層を形成しています。この例では2次元配列が一つのフィルタになっており、複数のフィルタが積み重なって中間層ができています。一般にイメージ処理を行うフィルタは2次元ですが、最後の3層はどのカテゴリであるかを求めるニューロンが1次元に並んでいます。アレイは規則的に並んでいる配列で、1次元のこともあれば2次元の場合もあります。

■……ディープラーニングの推論動作

ディープニューラルネットワークの動作には**推論**(*Inference*)と学習の2つのモードがあります[注5]。推論は未知の入力を学習済みニューラルネットワークに入れ、その出力を見て入力が何であるかを判断するという動作です。これで正しい判断ができるかは、ニューラルネットワークが正しく学習しているかどうかによります。

それぞれの入力値に重みを掛けて合計を計算するというのは、GPUの得意な計算です(**図7.4**)。しかし、入力1個ごとにこの計算を行うとベクトル×行列の計算となり、メモリアクセスの割に演算数が少なく性能が上がりません。

図7.4 入力ベクトル×重み行列の計算

入力 / 重み / 出力

$$(X_1\ X_2\ \ldots\ X_n)\begin{bmatrix} W_{ij} \\ i=1,m \\ j=1,n \end{bmatrix} = (Y_1\ Y_2\ \ldots\ Y_m)$$

このため、100個程度の入力をまとめたミニバッチ(*Mini batch*)という単位で計算を行います。そうすると、入力は行列となるので重みのデータを使い回すことができます。そして、演算あたりのメモリアクセスが減るので、計算性能を高めることができます。

ただし、オンラインで推論サービスを提供している場合は、ミニバッチの個数分の問い合わせが来るまで計算を開始できませんから、問い合わせに対する応答のレイテンシが長くなってしまうというデメリットがあります[注6]。

■……ディープラーニングの学習動作

学習は、AlexNetで言えば6,000万個ある重み(やバイアス)の値を決める作業です。学習を行うには学習用の入力を与えて推論を行わせ、その結果の出力と正解との差を測定します。ニューラルネットワークの学習などの最適化

注5 学習をして重みの値を決めなければ推論はできませんが、実際には、最初の重みの値は乱数で適当に決めて、それで推論を行ってロス(誤差)がどうなっているのかを計算し、誤差逆伝播法(後述)でロスを小さくするよう少しずつ重みを調整していきます。学習は、この繰り返しです。つまり、学習は推論を行って誤差を減らすフィードバックを繰り返すので、プロセスの理解には、先に推論から説明する方がわかりやすいと考え、ここでは推論から解説を行います。

注6 たとえば、10個の問い合わせをまとめて処理する方が効率は高いのですが、最初に問い合わせたユーザーは10人分待たされることになります。Webでの問い合わせの答えを得る場合など、ユーザーをあまり長く待たせられません。

問題の処理では、ニューラルネットワークで計算した値と正解との差を**ロス**(*Loss*)と呼び、ロスを計算する関数を**誤差関数**と呼びます。したがって、学習の目的はロスを最小にすることです。

学習の教師データは、入力画像とそれが何の画像であるかを示す教師データから成っています。入力画像をニューラルネットワークに入力し、ネットワークの最終出力を見ると、最初は正答からはほど遠い答えが出力されますが、教師データとの差が小さくなるように重みを調整していくことで、画像の特徴を覚えて、正しい答えが出力できるようにするのが学習です。

学習の方法ですが、まず、教師データを正解として、ニューラルネットワークの出力との誤差がどれだけあるのかを求めます。そして、出力層の各入力の重みを変えると、それがロスにどれだけ影響するかという偏微分を計算します。ニューロンが1層だけの場合はこの計算は簡単ですが、各層のすべてのニューロンで偏微分を計算するのは大変手間が掛かります。

しかし、最終層のロスの最終層の重みによる偏微分を求めれば、それを使って、最終層の一つ前の層のロスをその層の重みでの偏微分を行うことなく、簡単な計算で求める方法が考案され、最終層から第1層まで順に遡る形で、各層の重みによるロスの偏微分が比較的簡単な計算で求められるようになりました。これが**誤差逆伝播法**(*Backpropagation*)と呼ばれる方法です[注7]。なお、この説明ではReLU関数を考えていませんので、出力Y_iが負なら偏微分は0という処理を追加する必要があります。

このように出力層から入力層に向かって影響を伝播させていくので、この計算は「誤差逆伝播法」と呼ばれます。そして、誤差逆伝播法を前の層へと進めていき、入力層に到達すると6,000万個のパラメータのそれぞれの出力に対する影響(偏微分)が求まります。

このように偏微分が指し示す傾きで、ロスが小さくなる方向に重みを変えてやれば坂を下るように高度(ロス)が下がるかというと、偏微分を求めた点のところでは正しいのですが、その点から離れていくと線形ではない問題では坂の勾配が異なってきます。つまり、坂を下る方向と思っていたら、少し離れたところでは上りになっていてロスが増えるということも起こります。このため、偏微分で求めた傾きがどこでも一定と思って、1回の補正でロス最小を目指すのではなく、一般には0.001程度の小さな係数(学習率)を掛けて

注7　誤差逆伝搬法については、本書の範疇を超えますので割愛します。詳しくは、別途参考書などを参照してみてください。

補正というループを繰り返します。そして、収束に近づいてくると、徐々に学習率をさらに小さくして最終的に収束にもっていきます。

また、ディープラーニングでは、一つの入力についての偏微分を求めてロスをゼロに近づける最急降下法ではなく、たとえば100個の入力をまとめて勾配を計算する**確率的勾配降下法**(*Stochastic Gradient Descent*、**SGD**)がよく用いられます。SGDではニューラルネットワークを辿ってロスを計算する回数が減り、計算時間を短縮することができます。加えてSGDではミニバッチを作るときの入力のまとめ方をランダムにシャッフルすることにより、ローカルミニマムに落ち込んでしまう確率を小さくするという効果もあります[注8]。

AlexNetは今では規模の小さいネットワークですが、それでもAlexNetの出力層には1,000個のニューロンがあります。そして、前の層には4,096個のニューロンがあり全対全接続ですから、各ニューロンは4,096入力で、重みも4,096個あります。つまり、重みの勾配は4,096 × 1,000というサイズになります。また、ミニバッチを使うと入力が増えたのと同じになりますが、重みは共有されるので、重みの勾配の数は変わりません。ただし、重みの勾配の計算量はミニバッチサイズに比例しますので、ミニバッチサイズを大きくするほど重みの勾配の計算量は増加します。

全部の入力画像を1回学習するのを「エポック」(*Epoc*)と呼び、これを数十から100回程度繰り返します。つまり、数十エポックの学習を行って最終的な重みを決定します。このとき、エポックごとに学習入力のミニバッチの入力の順番を入れ替えて学習させるなど、実際の学習にはいろいろなテクニックが使われます。

ILSVRC 2012の場合では120万枚の学習画像を入力として、重みを少しずつ修正していくという作業を繰り返すので、かなり計算時間が掛かります。University of Torontoの場合、この学習には2台のNVIDIAのGTX 580 GPUを使って5〜6日掛かっています。

学習の場合は、アクティベーション(*Activation*、入力)の偏微分はそれぞれのGPUが分担して持っていれば良く、並列計算ができます。一方、ニューロンの重みによる偏微分のデータは全部をまとめることが必要となるので、複

注8　そのニューラルネットワークのエネルギーは、パラメータが変わると山や谷のある地形のように変わります。これをそれぞれの点でのエネルギーの傾きを使ってエネルギーを小さくする方向に移動させていきます。しかし、その点の周囲ではこのような方法でエネルギーの一番低い点を見つけられるかもしれませんが、エネルギーが一番低いところは、手前にエネルギーが高いところが壁のようになっていて、一番低いところが見つけられないというケースがあります。この場合に到達する場所がローカルミニマムです。ローカルミニマムから抜け出すには、一旦、壁を超えられるエネルギーまで引き上げて、別の方向に移動するようなことを行う必要があります。

数のGPUで分担して処理しようとすると、GPU間で集合通信が必要となります。このため、高バンド幅の接続ができる8〜16GPUくらいまでは学習性能が向上しますが、GPU間の通信性能が十分に高くないと注9、それ以上にGPUを投入して並列化しても性能は頭打ちになる傾向があります。しかし、いろいろと研究が行われて並列処理の上限は徐々に上がってきています。

■…………画像認識CNNはどう作るのか

図7.5は、CNNの各層のフィルタがどのような特徴を抽出しているのかを視覚的に示す図です。

Layer 2の出力は斜めの線や円、半円などの基本的なパターンを抽出しています。Layer 3になるとLayer 2のパターンに突起が付いたりして、より複雑なパターンが抽出されています。そして、Layer 5になると抽出されるパターンはさらに複雑になっていき、犬の顔のようなパターンも見えます。

そして、その後の全対全の層で、どのような特徴の組み合わせがどの出力カテゴリに対応するかという認識を行っています。

前段の層でどのような特徴を抽出するかが高い認識率を得る鍵ですが、どのような特徴をどのようにして得るのが良いのかの明確な理論的な指針はなく、中国の検索大手Baiduの米国研究所の元副社長兼チーフサイエンティストのAndrew Ng氏は「Black Magic」と言っています。ニューラルネットワークの設計経験の豊富な研究者やエンジニアの勘というところでしょうか。Ngは原稿執筆時点でStanford Universityでは非常勤教授で、Landing AIの創立者兼CEO、Deeplearning.AIの創立者でCourceraの創立者兼会長となっています。

ディープラーニングで必要な計算とGPU

推論も学習も大量の行列と行列の積の計算が必要ですから、GPUで計算させればCPUよりもずっと高い性能が得られます。ILSVRC 2012で優勝したUniversity of Torontoは2台のGPUを使っても学習に5〜6日掛かっていますから、CPUでやっていたら1ヵ月以上も掛かって、現実的ではなかったかもしれません。このような背景からディープラーニングの学習には、GPUが多く用いられるようになっています。

注9　ノード間をInfiniBandなどの高速インターコネクトで接続した環境であれば、たとえばImageNet＋ResNet-50のトレーニングは1024 GPU以上使っても、非常に良いスケーラビリティ(並列化効率)が得られることが、広く知られています。

GPUは、32ビットのデータを使って単精度浮動小数点で計算を行うように作られています。しかし、ディープラーニングの推論ではこれほどの精度は必要ではなく、16ビットの半精度浮動小数点、あるいは値を適切に量子化すれば、8ビットの固定小数点で計算してもほとんど推論結果には影響がないことがわかってきました[注10]。

注10 Pete Warden「How to Quantize Neural Networks with TensorFlow」
URL https://petewarden.com/2016/05/03/how-to-quantize-neural-networks-with-tensorflow/

図7.5 各層が強く反応するパターン※

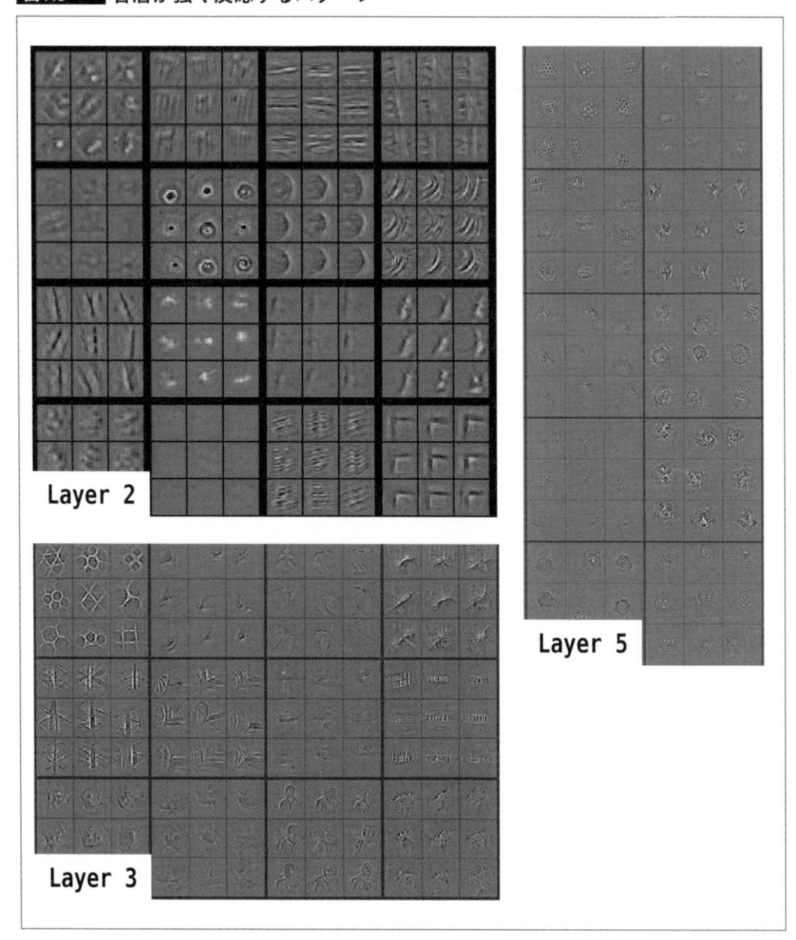

※ 出典：Matthew D. Zeiler、Rob Fergus「Visualizing and Understanding Convolutional Networks」(Springer International Publishing Switzerland、2014)

このためNVIDIAはコンピュート能力6.0のP100 GPUでは、各CUDAコアが半精度浮動小数点演算を1サイクルに2つ並列に実行する機能をサポートしました。また、コンピュート能力6.1のPascal P40およびPascal P4 GPUでは8ビットの整数演算を4つ並列に実行し、$S = S + I_0 \times W_0 + I_1 \times W_1 + I_2 \times W_2 + I_3 \times W_3$を1サイクルごとに計算する命令を追加しました。32ビットの単精度浮動小数点演算に比べると4倍の性能になります。それに加えて、入力や重みを格納するメモリも1/4で済みますから大きなメリットがあります。また、Volta V100 GPU(コンピュート能力7.0)ではTensorコアという専用の演算ユニットを追加し、16ビットの半精度浮動小数点の積和計算を64演算/サイクルの速度で計算できるようになりました。AmpereではTensorコアが第3世代になり、TF32やBF16がサポートされ、加えてStructured Sparsityというデータ圧縮がサポートされました。その結果、TF32での計算では312TFlops、BF16での計算では624TFlopsとAI計算の性能が大幅に高くなりました。

学習の場合は計算が複雑で8ビット整数では難しいようですが[注11]、32ビットの単精度浮動小数点でなくとも16ビットの半精度でも良いという考えが一般的になってきています。また、同じ16ビットでも精度と数値範囲をディープラーニング計算用に最適化したBF16も使われています(後述)。そして、GPUの演算もこれらの数値形式をサポートするという流れになっています。

ディープラーニングでのGPUの活用事例

PyTorchやTensorFlowなどのフレームワークを使えば、比較的容易にニューラルネットワークを作り学習や推論を行わせることができます。画像認識ならMicrosoftのResNetやその派生モデル、自然言語処理ではBERT(*Bidirectional Encoder Representations from Transformers*)などのTransformerベース[注12]のモデルがよく使われています。このような状況で、いろいろな分野でのディープラーニングの活用が始まっています。

■画像認識は多くの分野で利用が始まっている

ドローンの眼として画像認識の必要性が高まっており、低電力のGPUを使

注11 補足になりますが、一般的に学習の方が精度が必要で、推論の方が低精度でも良いと言われています。

注12 Transformerは論文 A. Vaswani et al.「Attention is all you need」(2017)で提案されたモデルで、RNN(*Recurrent Neural Network*)と比べて並列処理に向いているのが特徴です。Transformer以前は自然言語処理にはRNNがよく使われていましたが、現在はTransformerベースのモデルが主流になっています。

ったシステムが開発されています。また、セキュリティ用の監視カメラが多くの場所に設置されていますが、現在設置されているものは単に画像を得て人が監視したり画像を録画しておくだけの機能ですが、ディープラーニングを使えば、状況の危険度を判定して通報したり、不審者の顔を認識したりすることができるようになります。顔認識ができれば、手配されているテロリストの発見も可能性が高まります。

また、画像認識は、X線やCT(*Computed Tomography*、コンピュータ断層撮影法)などの医療画像の読影にも使われてきています。人間の医師より、細かい病変を見つけられるということで、ディープラーニングの医療分野への適用は大きなメリットがありそうです。しかし、論文を書くだけならこれで良いのですが、本当に医療機器として使えるようにするには、大量の事例を集めて有効性を示す治験が必要ですから、実用化には時間が掛ります。

■............ NVIDIAは自動運転に向けたSoCに注力

自動運転はホットなトピックです。車の運転には周囲の車や人、交通信号や標識などを認識する必要があります。この画像認識は、ディープラーニングで大幅に性能が上がってきました。しかし、ディープラーニングの画像認識には大量の計算が必要です。

NVIDIAは、自動運転を次世代のビジネスの柱と見て積極的な開発を行っています。NVIDIAは2019年末にDrive AGX Xavierの後継となるDrive AGX Orinを発表しましたが、詳細は明らかにされていません。このSoCが自動運転車に組み込まれた状態で買う人は多いとしても、個別のSoCとして買うのは大手自動車メーカーの担当者くらいで、宣伝はそこにフォーカスする方が効率が良いでしょうし、安全性の面からも技術の詳細は広く公開しない方が望ましいので、詳細が出てこないのは理解できます。

図7.6は2020年のGTCで発表されたスライドで、NVIDIAの自動運転用の車載コンピュータのラインナップを示しています。これらのコンピュータはカメラ、LIDAR(ライダー)(*Laser Detection and Ranging*)、レーダーなどのセンサーを接続するポートを備え、これらのセンサーから周囲の情報を受け取ってAIで認識して車を運転します。

NVIDIAはOrinやAmpereといった最新のGPUを車載コンピュータに搭載し、200TOPS(45W)のコンピュータではレベル2+の運転補助機能、2000TOPS(800W)のコンピュータではレベル5のロボタクシーの実用化を目指しています。

NVIDIAは、AIスパコンを自社に設置し、いろいろな天候や周囲の明るさ

図7.6 NVIDIAの自動運転用の車載コンピュータのラインナップ

※ 画像提供：NVIDIA URL https://nvidia.com
Drive AGX Orin と Ampereの搭載で5W 10TOPSから2000TOPS 800Wをカバー。

のシナリオを生成したり、実際には存在していないいろいろな障害物(子どもの飛び出しや、前の車の落とし物など)をシナリオに加えたりして、自動運転システムを学習させてAIの品質改善を続けています。

7.2 3DグラフィックスとGPU

広がる3D事例

3Dグラフィックスは現実には存在しない物を、3Dモデルから迫真の画像を見せることができることが最大の強みです。3D画像を使うゲームでもこの特性は活かされていますが、建築や自動車の設計などビジネスの場でも欠かせないツールになっています。

また、最近ではVR技術で、あたかも別の世界に入り込んだような情景を作り出しています。この技術もゲームだけでなく、大型機械の保守点検性の検討、外科手術手順の検討などの分野でも用いられてきています。

自動車の開発や販売への活用

新しい車を開発するときには、昔はクレイモデルという粘土模型を作ってスタイルを推敲していましたが、現在では3D CADでモデルを作り、3Dレンダリングで表示し、視点や視線方向を変えたり、車を回転させたりしてデザインを検討しています。

クレイモデルの場合は形が決まると、それを3D計測してCADに入力する必要がありましたが、3Dグラフィックスの場合は3Dモデルを基にして表示を行っていますから計測の手間を省けます。

そして、外観や内装の表示でも、強力なGPUを搭載するワークステーションを使って、レイトレーシングで光線の反射や回折まで考慮した写真と見まごうような絵を作ることができます。レイトレーシングは計算量が膨大で、昔は1画面を作るのに1時間などと時間が掛かっていましたが、現在はGPUの高性能化のお陰で、ほぼインタラクティブに視点や向きを変えることができるようになってきています。

図7.7はトヨタのバーチャルガレージであるSaatchi & Saatchiの開発の様子を示す図で、レイトレーシングで表示されたLexusの内装の画像に、修正メモを細かく書き込んでいます。

図7.7　Toyota Lexusの内装設計※

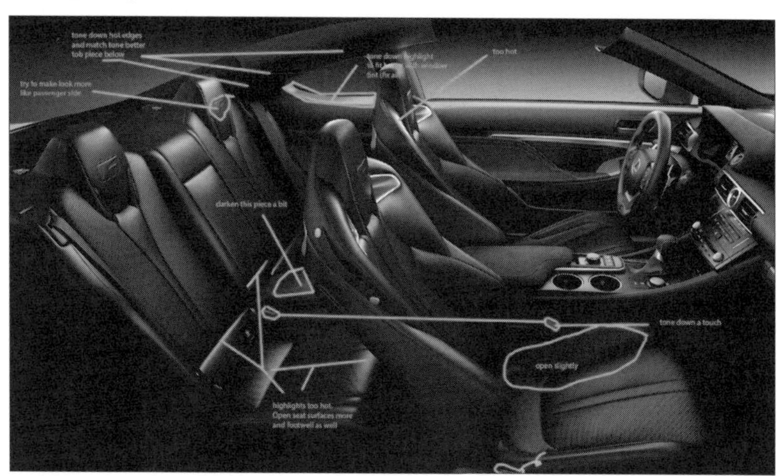

※ 出典：Michael Wilken「Leveraging GPU Technology to Visualize Next-Generation Products and Ideas」（Saatchi & Saatchi、GTC 2016）

自動車は塗装や内装の色にバリエーションがあり、また車にはいろいろなオプションがあります。全部の組み合わせは膨大な数になり、それらすべてを販売店に取り揃えておくことはできません。そこで、顧客の指定する色で指定のオプションを取り付けた車の3Dモデルを作り、レイトレーシングを行ったリアルな画像を見せて、確認してもらうという使い方も検討されています。これも、店頭在庫を減らしてコストダウンができ、顧客もリクエストぴったりの車を見て検討できるので満足度が高いというメリットがあります。

建設や建築での活用

昔は大規模なビルを建てる場合、ミニチュアモデルを製作して外観や周囲の風景とのマッチングなどを検討しましたが、現在では3Dグラフィックスに置き換えられています。ミニチュアモデルではエントランスに入ることはできませんが、3Dモデルならエントランスを入ってホールの状況を見ることができます。また、外観や内装も陽の当たり方を変えて見ることもできます。

図7.8はDassault Systems(ダッソー)のHomeByMeアプリケーションを使って設計された住宅のインテリア設計の例で、レイトレーシングを使って描画されており、光の当たり具合や影など写真と見まごう品質になっています。

図7.8 Dassault SystemsのHomeByMeによる住宅のインテリア設計※

※ 出典:Florian Lecoq「Bring Your 3D Interior Design to Life in Breathtaking Realistic Rendering with HomeByMe and NVIDIA Iray」(Dassault Systems、GTC 2016)

マンションなどでは、最終的にはモデルルームを作ることは必要になると思いますが、その前段階では3D CADデータに基づくレンダリングで施主との検討を繰り返せば、手戻りのリスクを減らせます。

Nikeのスポーツシューズの開発

スポーツシューズはファッション性が高く、最大手のNikeは多種のデザインの靴を開発しています。そして、開発は米国で、製造はアジアで行っています。このため、米国の設計に基づいてアジアの工場で試作品を作り、それを米国でチェックしてOKならば量産に入るという手順を踏むと時間が掛かってしまいます。

このため、Nikeは各種の素材の色だけでなく質感まで正確に表現できるレンダリングシステムを開発し、3D画像でチェックを行うことにしています。そして、試作を行わないで量産を開始するので、短期間に市場に製品を投入できます。これは3D画像が、実物の素材を使って作る試作品を眺めるレベルの品質になったことで可能になっています。

VR、ARの産業利用

図7.9は、日本航空(JAL)が開発したジェットエンジンの整備士の教育マテリアルの画面で、Microsoft HoloLensのゴーグルを使ってジェットエンジンを表示して、それを補助するために黄色で立ち入り危険区域を表示するAR(*Augmented Reality*、補助現実)の例です。ジェットエンジンの表示はVR(*Virtual Reality*、仮想現実)ですから、回転させたり拡大したりして見たいところを見ることができます。

図7.10は、タブレットを産業用ポンプの前にかざしている状態で、カメラで撮ったポンプの画像に説明文をオーバレイしています。しかけは『Pokémon GO』(ポケモンGO)と同じで、ゴーグルは不要です。ポンプが分解された状態の画像を示して分解や組み立ての手順などを学習させることもでき、学習者が見たい角度からの画像が見られます。このため、紙のマニュアルより高い学習効果が得られます。

このようなリアルタイムのVRやAR画像の生成という分野でもGPUは活躍しています。VRやARは非常に強力なツールとなりますが、VRやARの画面を作るための手間は、平面スクリーンへの3Dグラフィックス表示よりも大きくなります。VRやARはジェットエンジンの整備や脳外科手術など高付加価値の用途では採用が進むと思われますが、ゲームなどのコンシューマー向けの分野では、開発コストに見合う販売が見込めるところから徐々に広がるということになるのではないかと思われます。

図7.9 ヘッドマウントディスプレイにジェットエンジンを表示し、整備にあたって立ち入りが危険な個所を黄色のARでオーバレイしている※

※ 出典：「Microsoft HoloLens | Japan Airlines at Worldwide Partner Conference 2016」
URL https://www.youtube.com/watch?v=GjZgI2oDcwM

図7.10 タブレットをポンプの前にかざすと、カメラで撮影したポンプに説明などがARでオーバレイされている※

※ Kirloskar Group URL https://www.kirloskar.com
出典：「Augmented Reality Equipment Training & Maintenance App」
URL https://www.youtube.com/watch?v=nHfY56lHZjU

NVIDIAのGRID

数百人、数千人の従業員がいて全員がPCを持っている企業は珍しくありません。多数のPCがあると必要なソフトウェアのインストールやアップグレードなどに手間が掛かります。また、各人が勝手にソフトをインストールすると一人一人のPCの環境が異なり、メンテナンスはさらに困難になります。

このような問題に対処する方法として、中央のサーバーで多数台の仮想PCを作って、各人には仮想PCを使わせるという方法があります。これなら新しいソフトウェアのインストールも簡単ですし、勝手にソフトウェアをインストールして環境が変わってしまうという問題もありません。

しかし、いまどき、どのWebページにも絵や写真があり、これが高性能のGPUで描画された3Dグラフィックスやレイトレースされた画像の場合は、これをリモート端末でどのように表示するかが問題です。

NVIDIAは、リモートグラフィックスをサポートするGRIDという製品を提供しています。GRIDは**図7.11**に示すように、NVIDIAのGRID用GPUを搭載した1台のサーバーをハイパーバイザー(*Hypervisor*)で仮想化して多数台の仮想GPU(vGPU)を作り、3Dグラフィックスなどの画像をサーバー側で生成して、リモートの端末にH.264ビデオで送ります。リモートで接続されてい

図7.11　GPUを仮想化してリモート端末をサポートするNVIDIA GRID※

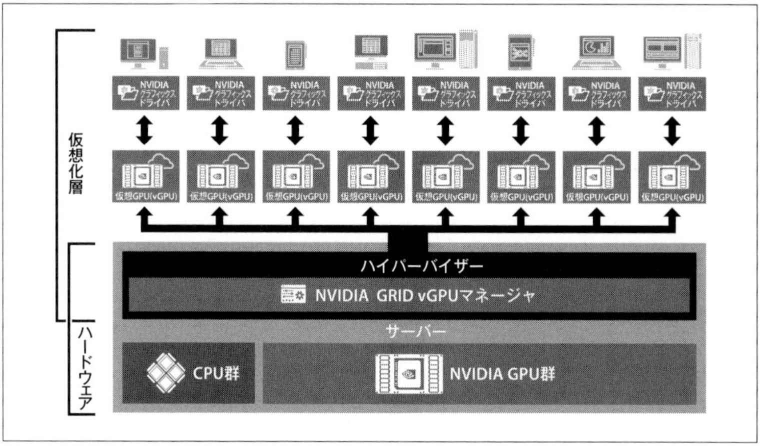

※ 出典：「NVIDIA GRID VIRTUAL GPU TECHNOLOGY」
URL https://www.nvidia.com/object/grid-technology.html

るPCやタブレットなどではH.264ビデオを表示できるブラウザがあれば良く、強力なGPUは必要ありません。

また、PCやタブレットを社外に持ち出しても、社外秘のデータは持ち出さなくて良いので、セキュリティの点でも安心です。

NVIDIAのGRID向けのGPUであるTesla M10は4個のMaxwell GPUを搭載し、通常のオフィスワーカー程度の表示負荷であれば、64ユーザーの画像表示を並列に処理することができます。そして、H.264 1080p30(1080ラインで、インターリーブ/*Interleave*で毎秒30回書き換えを行う方式)ビデオに変換して表示画面を端末に送ります。

また、グラフィックスデザイナーなどのグラフィックス描画負荷が高い使用状態でも、数人のユーザーを同時にサポートすることができます。ヘビーな描画処理はサーバーの方でやってくれますから、顧客のところにはH.264 1080p30を表示できるタブレットかノートPCを持っていけばデモなどが動かせ、打ち合わせができるわけです。

このような仮想化で一つのGPUを何人ものユーザで分割して使うという方法で問題ない用途もありますが、CADで複雑な図形の表示が多かったり、プロのアーティストが描画する場合は、混み具合で応答時間が変わってしまうと使いにくくなったりします。また、使い勝手の落ちた場合も同じ課金かという苦情が出ることもあります。

物理的に複数ユーザーにGPUを分割するMIG

NVIDIAは、Ampere A100でMulti Instance GPU (MIG)という機能を付け加えました(後述)。Ampere A100 GPUは7個のGPC(*Graphics Processor Cluster*)で作られており、それぞれのGPCは最大16個のSMを持ち、合計108個のSMがあります。MIG機能は7個のGPCを個別のユーザーに割り当てる機能で、他のユーザーの負荷にはほとんど影響を受けない独立性の高いA100 GPUを分割使用できる環境を実現します。なお、MIGは一人のユーザーが複数のGPCを占有するという割り当てを行うこともできます。

A100 GPUを入れたデータセンターでは割り当ての柔軟性が増えるので、便利だと思われます。

7.3 スマートフォン向けSoC

機能向上と電池や消費電力とのバランス

本書の初版では、スマートフォン向けのSoCの例としてQualcommのSnapdragon 835を取り上げました。今回の改訂版の原稿執筆時点では「**Snapdragon 865**」が登場しています。本節では、比較をしながらスマートフォン向けSoCの基本部分を見ていきましょう。

Snapdragon 865とSnapdragon 835

Snapdragon 865と基本構造が同じである、Snapdragon 835のブロックダイアグラムを**図7.12**に示します。Snapdragon 835のCPUは8コアのKryo 280でしたが、Snapdragon 865のCPUは**Kryo 585**あるいは**Kryo 585＋**になり、クロックも2.45GHzから**3.1GHz**に上がっています。Snapdragon 835の時点では10nmプロセスで製造されていましたが、Kryo 585では**7nmプロセス**に微細化されています。

図7.12 Qualcomm Snapdragon 835

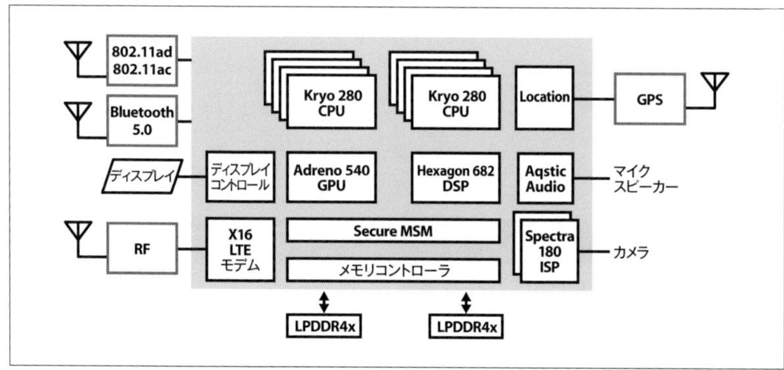

そして、内蔵GPUはSnapdragon 835ではAdreno 540でしたが、Snapdragon 865では**Adreno 650**となっています。また、DSPはHexagon 682であったのが**Hexagon 698**になっています。そして、Hexagon 698はディープラーニング計算を加速するアクセラレータが付き**15TOPS**という組み込み用ではトッ

プクラスの性能を持っています。さらに、ISPはSpectra 180であったのが**Spectra 480**となっています。

さらに、現在のスマートフォンの売りは5G通信のサポートで、Snapdragon 865は**X55 5Gモデムをサポート**しています。加えて、Wi-Fiは第6世代の**Wi-Fi 6（802.11ax）**となっています。

このように、ブロックダイアグラムの各コンポーネントはアップグレードされていますが、Snapdragon 865の基本構造は初版で取り上げたSnapdragon 835から変わっていません。

半導体の微細化はスローダウンしていますが、まだ継続しています。加えて、2.5次元、3次元実装で複数のチップ（チップレット/*Chiplet*、8.5節）を密に実装する技術が開発されており、スマートフォン用SoCに搭載できるトランジスタ数は、まだ増加を続けると考えられます。

このようにして得られる多数のトランジスタを利用した、ディープラーニング性能の向上やレイトレーシングなどのグラフィックスの機能向上は、今後も続いていくと考えられます。ただし、スマートフォンが熱くなって火傷（やけど）するようでは困りますし、搭載できる電池にも制約がありますから、スマートフォンの性能向上は、電池の改良やチップの消費電力の低減とのバランスで律速（りっそく）されます[注13]。

スマートフォンメーカー各社は新しい機能の開発に注力していますが、通話とメール機能がサポートされ、加えてゲームやビデオの視聴もできるので、これ以上、ユーザーはスマートフォンを使う時間がないという状態になっているのかもしれません。次に出てくるスマートフォンのキラーアプリがあるとすれば、それは何か気になるところではないでしょうか。

7.4 スーパーコンピュータとGPU

高い演算性能を求めて

高い演算性能を得るため、スーパーコンピュータでGPUなどのアクセラレータを使うケースが増えています。スーパーコンピュータの性能ランキング

注13　電池の容量が増えれば、消費電力の大きな高性能のコンポーネントの搭載が可能になります。

である2020年6月のTOP500リスト[注14]にランキングされている500システムのうち、何らかのアクセラレータを使っているシステムは146システムあります。そして、その中の93%がNVIDIAのGPUを使っています。

世界の上位15位までのスーパーコンピュータの状況

スーパーコンピュータの世界には、**TOP500**という性能ランキングがあります。TOP500はHPL(*High Performance Linpack*)という連立1次方程式を解くプログラムの性能を測定して、その値で性能を順位付けします。連立1次方程式ですが、最近は未知数の数が1,000万個を超える巨大な問題を解いているケースもあります。

「TOP500」という名のとおり、上位500システムが発表されますが、本書ではすべて掲載するわけにはいきませんから、**表7.1**(p.291〜292を参照)に上位15システムを載せています。「Computer」と書かれた箇所に使用しているCPUとアクセラレータの名前が書かれており、また「Accelerator ...」の箇所にはアクセラレータのコア数が書かれています。これを見ると、上位15システムの中では10システムがアクセラレータを使っていることがわかります。

そして、GPUなどのアクセラレータを使っていない1位の「富岳」はベクトル演算器を内蔵、4位のシステムはメニーコア、8位のシステムはIntel Xeon CPUのクラスタを使っています。そして、15位までのシステムのうち、1システムはNVIDIAのA100、8システムがV100 GPUを使っています。以上のように、GPUを採用するスーパーコンピュータが増加しています。

しかし、計算センターの使用者の中にはプログラミングの難易度が高いといった事情でGPUを敬遠するユーザーもあり、まだすべてのスーパーコンピュータにGPUが搭載されるという状態にはなっていません。

なお、TOP500は係数が非ゼロの密行列の連立1次方程式を解く場合の性能ですが、現実にはゼロが大半の疎行列の連立1次方程式を解くケースが多いといわれています。このため、HPCGやHPC-AIなど新しい環境に合わせた性能測定とランキングが提案されています。しかし、TOP500のランキングには歴史があり、ハードウェアの性能向上トレンドを把握するという点では意味があります。

注14　本節では、2020年6月のリストを元に解説を行います。
URL https://www.top500.org/lists/top500/list/2020/06/

スーパーコンピュータ「富岳」 TOP500で1位を獲得

スーパーコンピュータ「富岳」(**図7.13**)はアメリカや中国のExaFlopsマシンより1〜2年開発が早く、「富岳」成果創出加速プログラムなどで2020年度のはじめから試行的利用が開始されました。そして、「富岳」は、いくつかの主要アプリケーションで前世代のスーパーコンピュータ「京(ケイ)」の100倍以上という目標性能を達成し、2020年6月と11月のTOP500で2期連続世界1位を獲得することもできました。

図7.13 理研の神戸の計算科学研究センターに設置されたスーパーコンピュータ「富岳」※

※ 画像提供：理化学研究所 URL https://www.riken.jp

「富岳」は、TOP500のランキングを決めるHPLベンチマークの性能だけではなく、HPCG(*High Performance Conjugate Gradients*、共役勾配法の処理性能)ベンチマークのランキングでも2期連続1位になりました。HPLは演算器の性能が効くベンチマークですが、HPCGはメモリ性能が効くベンチマークで、この両者で1位になったことは、「富岳」が演算器とメモリの性能が高い、バランスの取れたスーパーコンピュータであることを示しています。

また、今回から新設された低精度で繰り返し解法で行列式を解くHPL-AIにおいても2期連続世界1位を獲得し、さらにグラフ処理性能を競うGraph500でも2期連続1位となりました。前回、A64FXプロトタイプでGreen500の1位を獲得しましたが、2020年6月のGreen500では「富岳」は9位となりました。大

表7.1　TOP500の上位15システム(2020年6月版)※

Rank	Name	Computer	Country	Year	Total Cores
	Accelerator/Co-Processor Cores	Rmax [TFlop/s]	Rpeak [TFlop/s]	Power [kW]	Power Efficiency [GFlops/Watts]
1	Super computer Fugaku	Supercomputer Fugaku, A64FX 48C 2.2GHz, Tofu interconnect D	Japan	2020	7,299,072
	—	415,530	513,854.67	28,334.5	14.66516085
2	Summit	IBM Power System AC922, IBM POWER9 22C 3.07GHz, NVIDIA Volta GV100, Dual-rail Mellanox EDR Infiniband	United States	2018	2,414,592
	2,211,840	148,600	200,794.88	100,96	14.71870048
3	Sierra	IBM Power System AC922, IBM POWER9 22C 3.1GHz, NVIDIA Volta GV100, Dual-rail Mellanox EDR Infiniband	United States	2018	1,572,480
	1,382,400	94,640	125,712	7,438.28	12.72337153
4	Sunway TaihuLight	Sunway MPP, Sunway SW26010 260C 1.45GHz, Sunway	China	2016	10,649,600
	—	93,014.59	125,435.9	15,371	6.051304006
5	Tianhe-2A	TH-IVB-FEP Cluster, Intel Xeon E5-2692v2 12C 2.2GHz, TH Express-2, Matrix-2000	China	2018	4,981,760
	4,554,752	61,444.5	100,678.66	18,482	3.32455903
6	HPC5	PowerEdge C4140, Xeon Gold 6252 24C 2.1GHz, NVIDIA Tesla V100, Mellanox HDR Infiniband	Italy	2020	669,760
	582,400	35,450	51,720.76	2,252.17	15.74037484
7	Selene	DGX A100 SuperPOD, AMD EPYC 7742 64C 2.25GHz, NVIDIA A100, Mellanox HDR Infiniband	United States	2020	277,760
	241,920	27,580	34,568.6	1,344.19	20.51793273
8	Frontera	Dell C6420, Xeon Platinum 8280 28C 2.7GHz, Mellanox InfiniBand HDR	United States	2019	448,448
	—	23,516.4	38,745.91	—	—
9	Marconi-100	IBM Power System AC922, IBM POWER9 16C 3GHz, Nvidia Volta V100, Dual-rail Mellanox EDR Infiniband	Italy	2019	347,776
	316,160	21,640	29,354	1,476	14.66124661
10	Piz Daint	Cray XC50, Xeon E5-2690v3 12C 2.6GHz, Aries interconnect, NVIDIA Tesla P100	Switzerland	2017	387,872
	319,424	21,230	27,154.3	2,384.24	8.904304936
11	Trinity	Cray XC40, Xeon E5-2698v3 16C 2.3GHz, Intel Xeon Phi 7250 68C 1.4GHz, Aries interconnect	United States	2017	979,072
	—	20,158.7	41,461.15	7,578.1	2.660125889

12	AI Bridging Cloud Infrastructure (ABCI)	PRIMERGY CX2570 M4, Xeon Gold 6148 20C 2.4GHz, NVIDIA Tesla V100 SXM2, Infiniband EDR	Japan	2018	391,680
	348,160	19,880	32,576.63	1,649.25	12.05396392
13	SuperMUC-NG	ThinkSystem SD650, Xeon Platinum 8174 24C 3.1GHz, Intel Omni-Path	Germany	2018	305,856
	–	19,476.6	26,873.86	–	" –
14	Lassen	IBM Power System AC922, IBM POWER9 22C 3.1GHz, Dual-rail Mellanox EDR Infiniband, NVIDIA Tesla V100	United States	2018	288,288
	253,440	18,200	23,047.2	–	" –
15	PANGEA III	IBM Power System AC922, IBM POWER9 18C 3.45GHz, Dual-rail Mellanox EDR Infiniband, NVIDIA Volta GV100	France	2019	291,024
	270,720	17,860	25,025.81	1,367	13.06510607

※ URL https://www.top500.org/lists/top500/2020/06/
Rmax：HPLベンチマークの実行性能。
Rpeak：全演算器がフル稼働した場合のピーク演算性能。
Power：HPLベンチマークを実行中の消費電力。
Power Efficiency：Rmax/Power。

型スーパーコンピュータでは小型スーパーコンピュータよりもFlops/Wは下がることが多く、これは予想されたことで、HPLでは世界一の性能でGreen500でも9位は健闘と言えると思います。

しかし、TOP500で7位のNVIDIAのA100 GPUを使うSelene、TOP500で6位のHPC-5が「富岳」より高いFlops/Wをたたき出しており、Green500の上位争いも熾烈（しれつ）です。

TOP500で1位の「富岳」の消費電力は28.3MWです。1MWを1年間使用すると電気代は約1億円ですから、消費電力を減らすGreen500で良い成績を収めることは重要です。

■Armアーキテクチャのベクトルスーパーコンピュータの「富岳」

富士通のスーパーコンピュータは、これまでSPARCアーキテクチャのCPUを使ってきましたが、「富岳」ではArm V8アーキテクチャのCPUになりました。Armプロセッサはスマートフォンで大量に使われ、ソフトウェア開発者や開発ツールが豊富なアーキテクチャですから、Armアーキテクチャを使う方が良いと考えたのです。

とはいえ、Armがスマホ用に開発したCPUを使うのではなく、CPUの命令デコーダはArmの命令をデコードしますが、その後は基本的にこれまで富士通が開発を続け、磨いてきた命令実行パイプラインを使っています(**図7.14**)。

図7.14 「富岳」のCPUのブロック図※

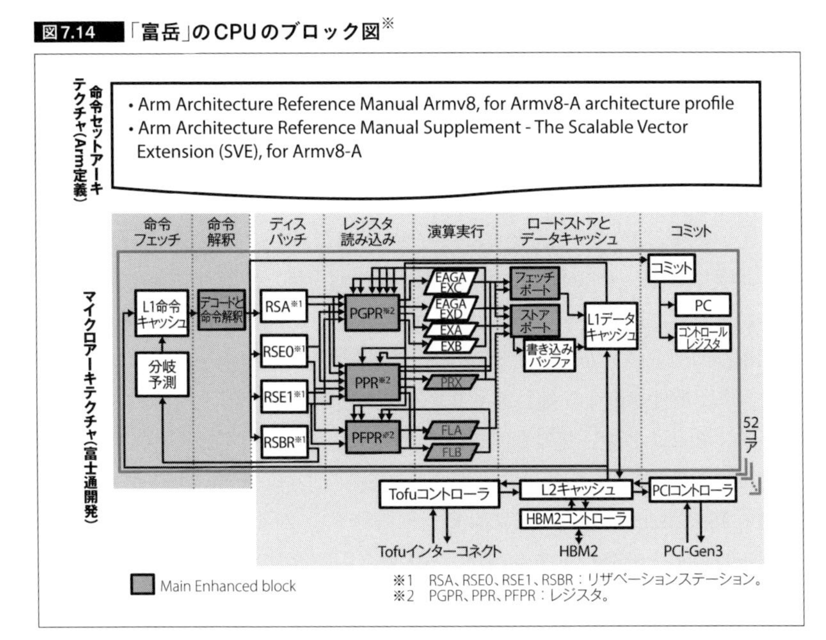

※ 参考:Toshio Yoshida「Fujitsu High Performance CPU for the Post-K Computer」(2018)

Armアーキテクチャの命令定義はArmが行い、A64FXチップの設計は富士通が行ったという開発分担です。

「富岳」の総ラック数は432ラックで、その中に158,976ノードを収容しています。「富岳」全体の、倍精度浮動小数点演算のピーク演算性能は488PFlops(クロックブースト時は537PFlops)で、総メモリバンド幅は163PB/s(*Petabyte per second*)となっています。演算性能とメモリバンド幅の比は0.334Byte/Flopで、「京」の0.5B/Flopには及びませんが、現在の超大型スーパーコンピュータとしては高いメモリバンド幅を実現しており、メモリアクセスが多い処理でも高い性能を発揮できるように設計されています。

「富岳」はGPUのようなアクセラレータは備えていませんが、Armと協力してSVE(*Scalable Vector Extension*)というベクトル命令を開発してベクトル演算機構を持つプロセッサとなっています。ベクトル演算機構は、多くのスカラー要素をひとまとめにしてベクトルとして演算するメカニズムで、「富岳」の

A64FXプロセッサのコアは、512ビットのベクトル(FP64なら8要素)を並列に処理する演算器を2個備えています。そして従来、ベクトル演算器はFP64の演算に重点を置いてきましたが、A64FXの演算器はFP16のサポートやINT16/INT8の内積計算もできるようになっていて、ディープラーニングに配慮した演算器になっています。

SVEはこのベクトル演算ユニットを使い、128ビットの何倍のデータを処理したかを記憶し、次のベクトル処理幅が変えられるようになっており、ハードウェアのベクトル長にかかわらず、同じプログラムが実行できるようになっています。

A64FXプロセッサは4個のHBM2積層DRAMを使っており、メモリバンド幅が高いことに加え、飛び飛びのアドレスにデータを格納するスキャッタや、飛び飛びのアドレスからデータを読んでくるギャザー機能を持ち、メモリアクセスの柔軟性が高く、高いメモリアクセス性能を持っています。このため、メモリアクセスの多い複雑な実アプリケーションを実行する場合も高い性能を発揮できます。

図7.15は富士通のA64FXプロセッサのブロック図で、4つのCMG(*Core Memory Group*)とHBM2メモリが繋がっており、4つのCMGとTofuのコントローラやPCIeのコントローラがオンチップのリングネットワークで繋っているという構造になっています。各CMGには13個のプロセッサコアが含まれていますが、その内の12個が計算コアで1個はアシスタントコアとして使われます。アシスタントコアはOSコードや割り込み処理などを実行し、I/O処理などが計算処理に影響を与えないようになっています。

図7.15 A64FXプロセッサのブロック図※

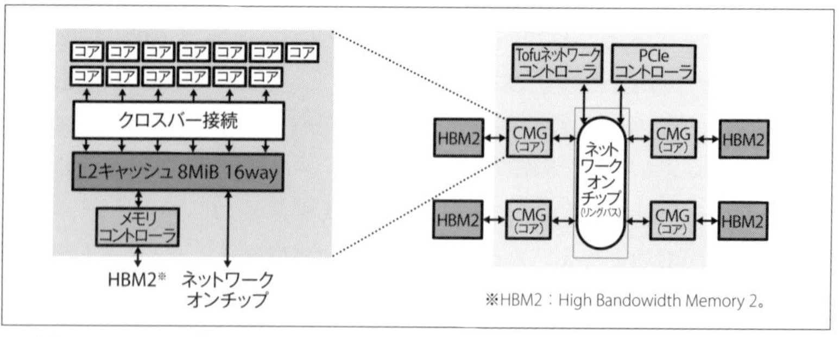

※ 出典：Toshio Yoshida「Fujitsu High Performance CPU for the Post-K Computer」(2018)
右がチップ全体、左はCMGのブロック図。12＋1コアのCMGが4個あり、48計算コアのメニーコアチップとなっている。

■………6次元メッシュ-トーラスのTofuネットワークを使用

スーパーコンピュータを構成するネットワークは富士通独自の「Tofu」というネットワークで、6次元のメッシュ-トーラスになっています。このネットワークはどこかのリンクが故障しても、故障箇所を迂回してソフトウェアが認識している3次元のトーラスネットワークを作ることができる構造になっていて、動き続けられるようになっています。このため、スーパーコンピュータ全体として高い信頼度を持っています。

図7.16は「富岳」ハードウェアのシステム階層を示す図で、図中上方の右端はA64FXプロセッサのチップ写真です。その中央に52個のCPUコアとL2キャッシュが配置され左右の辺にHBM2のインターフェースユニットが置かれています。そして、上辺にTofu Dインターコネクトのインターフェースと PCIeインターフェースが置かれています。図中CPU（チップ写真）の先にある白っぽいものはA64FXチップをパッケージに入れたものです。パッケージの左は2ノードを搭載するCMU（*CPU Memory Unit*）です。CMUは水冷で給排水の銅色のパイプが見えます。その上は24個のCMUを収容するシェルフで、左端は8台のシェルフを収容するラックです。

図7.16　「富岳」のシステム実装階層※

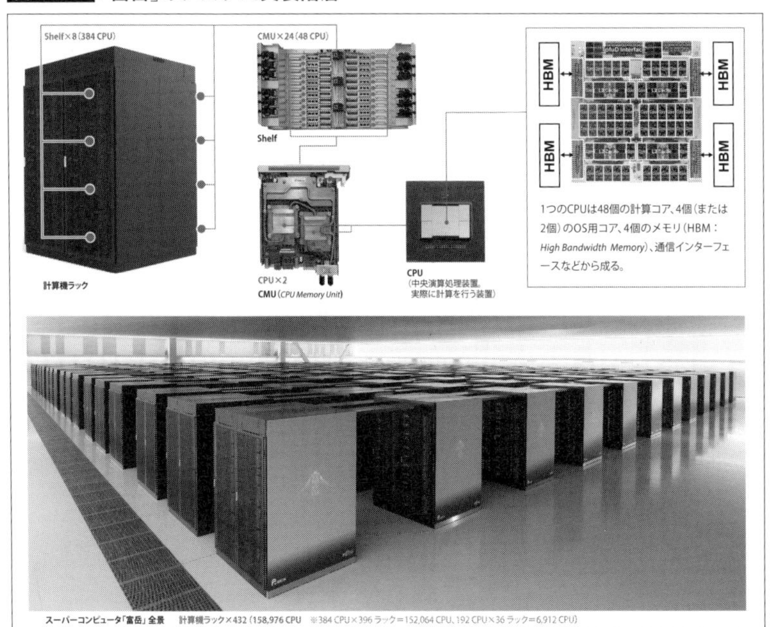

※ 画像提供：理化学研究所　URL https://www.riken.jp

Preferred Networksのスーパーコンピュータ「MN-3」 Green500で1位を達成

Preferred Networks(PFN)は日本発のAIスタートアップで、AIを使ってロボットや自動運転などに取り組んでいます。高い技術を持ち、国内で極めて評価額の高いスタートアップの一つで、いわゆるユニコーン企業の代表格です。

PFNは自社の研究を進めるために高い性能を持つAIスーパーコンピュータが必要であることから、NVIDIAのGPUを使ってMN-1、MN-2というAIスーパーコンピュータを作ってきましたが、3代めのスーパーコンピュータ「MN-3」では「MN-Core」という自前のAIエンジンを作りました。

表7.2は2020年6月のGreen500の10位までのシステムを抜き出したもので、PFNのMN-3は21.1GFlops/Wの電力効率で、NVIDIAのA100 GPUを使う20.5GFlops/WのSeleneを抑えて1位を獲得しています[注15]。

前述のとおり、電気代は約1MWで1億円で、28.3MWの「富岳」は年間の電気代が28億円になります。しかし、仮に「富岳」の電力効率がMN-3並みになれば、消費電力は20MW程度になります。そうなると、電気代が年間8億円節約できることになり、先ほども述べましたがGreen500で電力効率を競って改善を進めることには大きな意義があります。

MN-Coreは**図7.17**のようになっており、チップ内には「L2B」というブロックが4個あり、周辺にチップ間を接続する独自リンクのインターフェースやPCIeのポートが並んでいます。

注15 その後、2020年11月のGreen500では2位を獲得しました。

図7.17 MN-Coreチップの内部階層※

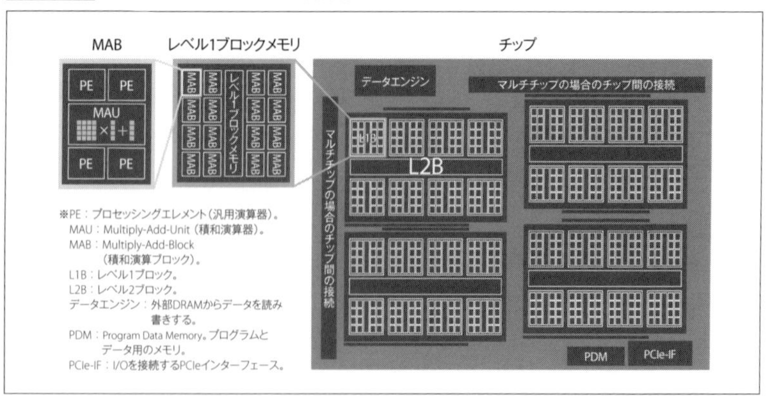

※ 出典：「MN-Core：Accelerator for Deep Learning」 URL https://projects.preferred.jp/mn-core/

表7.2 Green500の上位10位のシステム諸元(2020年6月版)※

Rank	Name	Computer	Manufac turer	Total Cores	Accelerator/ Co-Processor Cores
	TOP500 Rank	Rmax [TFlop/s]	Rpeak [TFlop/s]	Power [kW]	Power Efficiency [GFlops/ Watts]
1	MN-3	MN-Core Server, Xeon 8260M 24C 2.4GHz, MN-Core, RoCEv2/MN-Core DirectConnect	Preferred Networks	2,080	160
	394	1,621.1	3,922.33	76.8	21.10807292
2	Selene	DGX A100 SuperPOD, AMD EPYC 7742 64C 2.25GHz, NVIDIA A100, Mellanox HDR Infiniband	Nvidia	277,760	241,920
	7	27,580	34,568.6	1,344.19	20.51793273
3	NA-1	ZettaScaler-2.2, Xeon D-1571 16C 1.3GHz, Infiniband EDR, PEZY-SC2 700Mhz	PEZY Computing / Exascaler Inc.	1,271,040	1,269,760
	469	1,303.22	1,790.98	80.17	18.433
4	A64FX prototype	Fujitsu A64FX, Fujitsu A64FX 48C 2GHz, Tofu interconnect D	Fujitsu	36,864	–
	205	1,999.5	2,359.3	118.48	16.87626604
5	AiMOS	IBM Power System AC922, IBM POWER9 20C 3.45GHz, NVIDIA Volta GV100, Dual-rail Mellanox EDR Infiniband	IBM	130,000	120,000
	27	8,339	11,032.03	512.08	16.28456491
6	HPC5	PowerEdge C4140, Xeon Gold 6252 24C 2.1GHz, NVIDIA Tesla V100, Mellanox HDR Infiniband	Dell EMC	669,760	582,400
	6	35,450	51,720.76	2,252.17	15.74037484
7	Satori	IBM Power System AC922, IBM POWER9 20C 2.4GHz, Infiniband EDR, NVIDIA Tesla V100 SXM2	IBM	23,040	20,480
	422	1,464	1,739.78	94	15.57446809
8	Summit	IBM Power System AC922, IBM POWER9 22C 3.07GHz, NVIDIA Volta GV100, Dual-rail Mellanox EDR Infiniband	IBM	2,414,592	2,211,840
	2	148,600	200,794.88	10,096	14.71870048

9	Super computer Fugaku	Supercomputer Fugaku, A64FX 48C 2.2GHz, Tofu interconnect D	Fujitsu	7,299,072	–
	1	415,530	513,854.67	28,334.5	14.66516085
10	Marconi -100	IBM Power System AC922, IBM POWER9 16C 3GHz, Nvidia Volta V100, Dual-rail Mellanox EDR Infiniband	IBM	347,776	316,160
	9	21,640	29,354	1,476	14.66124661

※ URL https://www.top500.org/lists/green500/2020/06/

「L1B」の中には16個の「MAB」という演算ブロックとその演算に使用するメモリが入っています。MABの中には4つの「PE」というブロックと4×4の行列と長さ4のベクトルの乗算を行う「MAU」が入っています。PEですが、整数の演算器やAIの計算で必要な演算を行います。

MN-Coreは全部のブロックがSIMDで同じ動作を行うようになっています。そして、MN-Coreでの実行は分岐命令がなくシンプルな制御になっています。

この制御機構のオーバーヘッドが小さいことがMN-Coreの消費電力が少ないことに貢献しているのではないかと考えられます。

PFNは、**図7.18**に示す4個のシリコン片をパッケージに搭載したものを「MN-Coreチップ」と呼んでいます。そして、MN-Coreチップを基板に搭載してパッケージに入れています。なお、MN-Coreチップは、TSMC（*Taiwan Semiconductor Manufacturing Company, Ltd.*）注16の12nmプロセスで作られています。4個のシリコン片を搭載したパッケージの消費電力は推定値で500Wです。

MN-Coreチップをプリント基板に4個搭載して「MN-Coreボード」とし、7Uのサーバーに4枚のMN-Coreボードを収容しています。そして、4台の「MN-Coreサーバー」を1本の筐体に収容し、**図7.19**のMN-3システムの全景のように12本の筐体に48ノードが入っています。なお、今回のGreen500の測定では40ノードだけが使われています。

PFNは、計算ノードを収容する8本の筐体とその中央に置いたネットワーク機器などを収容した筐体を「ゾーン」（*Zone*）と呼んでおり、このシステムは1.5ゾーンの規模です。PFNは4ゾーン分の筐体を組み立てており、必要に応じて機器を増設するとのことです。

注16 台湾の新竹市新竹サイエンスパークに本拠を置く、世界最大規模の半導体製造ファウンドリ。本書原稿執筆時点で5nmプロセスの量産を開始しており、微細化でも世界の先頭を走る。Qualcomm、AMD、NVIDIA、Appleなどの半導体の製造を受託している。

図7.18 MN-Coreチップ※

※ 画像提供：Preferred Networks URL https://preferred.jp
4個のシリコン片をパッケージ基板に搭載したものを「MN-Coreチップ」と呼ぶ。

図7.19 MN-3システムの全景※

※ 画像提供：Preferred Networks URL https://preferred.jp
計算ノードは12本の筐体に納まっている。2020年6月にGreen500で1位となった。

7.5 まとめ

本章では、ディープラーニングの基礎から推論や学習の原理を説明しました。とりわけ車の自動運転がホットなトピックになっていますが、その核になるのが画像からの他の車や歩行者、交通信号や標識などの認識機能です。

画像認識にはGPUが多く用いられています、しかし、画像認識の高性能化にはGPUだけでなく、より高性能の認識エンジンの開発に多くの会社が凌ぎを削っているという状況になっており、GPUも安閑(あんかん)とはしていられません。

3Dグラフィックスは「**存在しない物でも実在しているかのように見せる**」ことができるという点で、すごい力を持っています。ビデオゲームもこの力を利用していますが、本章では直接一般の人の目に触れない研究開発などの分野に焦点を当てて3Dグラフィックスの活用について説明しました。

コンピュータによる**シミュレーション**は、**理論**と**実験**と並ぶ科学を支える第三の柱となっていることは広く認識されています。そして、シミュレーションは学術研究だけでなく、自動車や飛行機の開発や油田探査など産業活動にも欠かせないものになってきています。

最近のコンピュータでは計算性能を向上するためアクセラレータとしてGPUを使用するものが多くなっています。2020年6月のTOP500にランクインした500台のスーパーコンピュータのうちの146台がアクセラレータを使っています。そして、それらのアクセラレータの93%以上がNVIDIAとAMDのGPUです。

このように、GPUは社会のいろいろな分野で活用されています。

Column

Apple M1とそのGPU

2020年11月にAppleは「M1」と名付けたPC向けのSoCを発表しました[注a]。そして、このM1 SoCをMacBook Air、MacBook Pro、Mac miniに搭載して発売しました。Apple M1チップはPC用としてははじめて5nmプロセスで製造され、160億個のトランジスタを集積しています。

M1のCPU部は、Armアーキテクチャの高性能コア4個と高エネルギー効率コア4個の合計8個のCPUコアを搭載しています。そして、Appleによると、高性能コアはPC用のCPUコアと比較して同じ電力で2倍の性能を持つとのことです。

M1チップのGPUは、それぞれ128個のEUを持つコアを8個搭載しています。また、最大24,576個のスレッドを並列に実行でき、ピーク演算性能は2.6TFlopsと発表しています。そのときのクロックは1278MHzで、1つのEUは2浮動小数点演算/サイクルと計算されます。メモリはLPDDR4X-4266を使っており、メモリバスは128ビット幅と発表されていますので、ピークメモリバンド幅は68GB/sと考えられます。CPUとGPUはこのメモリを共用する単一メモリ空間となっています。本書原稿執筆時点で、Appleはこれ以上の詳細は公表していないので、2.6TFlopsがFP32演算なのか、FP16演算なのか、どのようなデータタイプをサポートしているかなどは詳細は不明です。

Appleによると、最新のWindows PCのGPUと比べて最大2倍の性能、同一性能を1/3の消費電力で実現するとのことです[注b]。そして、GPUの消費電力は10W程度と高い電力効率を持っています。

注a URL https://www.apple.com/jp/mac/m1/
注b 有志により実機を使ったベンチマークが行われその結果が多数発表されているので、興味のある方はチェックしてみてください(たとえば、NVIDIAのディスクリートGPUのGTX 1650、AMDのRadeon RX 560Xディスクリート GPU、Intelのi7-1065G7などの内蔵GPUなど)。

第8章 ディープラーニングの台頭とGPUの進化

たとえば、Amazon Echoのようなスマートスピーカーは、簡単な質問をしただけで、質問の音声を聞いて、どのような質問であるかを音声認識AIで文字列に直し、さらに自然言語解析のAIで質問の内容を理解します。そして、関連した項目を検索して多数の答えの候補を生成し、その中で最も正しそうな答えをAIで選び、答えの文をAIで音声に変換して、スピーカーに送り返してきます。そこでは、いくつものニューラルネットワークを使い、たくさんの計算資源を必要とします。

このようなディープラーニング/マシンラーニング能力の増強が必要になる新たなサービスに合わせて、GPU各社はディープラーニング計算の性能改善を主要なターゲットとして新しいアーキテクチャのGPUの開発を行ってきており、新世代のGPUとして市場に出始めてきています。第8章では、これらのAI/ディープラーニング能力を強化した新GPUを見ていきます。

AIの能力が向上すると、できる仕事が増えて、さらにデータセンターの処理能力向上が必要になるという具合で、GPUの描画という使い方はむしろ必要がなく、強力なディープラーニング計算の処理能力を備えたAIアクセラレータという位置づけの商品も増えてきています。

とくに、推論に比べて、学習の場合は計算量が膨大で処理時間がかかるため、たくさんのディープラーニングエンジンをネットワークで接続し、処理時間の短縮が行われます。

図8.AはGoogleのTPU v3 Podです。1,024台のTPU v3ノードを使っています(TPU PodのTPU数は1024が最大で、複数のTPU Pod間はEthernetなどで接続されているものと思われます)。

図8.A TPU v3 Pod※

※ 出典：URL https://cloud.google.com/tpu/docs/system-architecture/
TPU v3を最大1,024ノードトーラスネットワークで接続。
参考：URL https://cloud.google.com/tpu/

8.1

ディープラーニング用のハードウェア
数値計算の精度と性能

ディープラーニングの数値計算について、計算精度や演算性能における基本事項と特徴を確認しておきましょう。

ディープラーニングの数値計算

ディープラーニングの計算は、これまでの数値シミュレーションとは異なり、それほど高い計算精度は必要ありません。ニューラルネットワークの重みは、ある入力値に対する出力を計算するのに使われますが、たとえば、犬と猫を区別するニューラルネットワークの重みの値は一通りではありません。一つの重みに計算誤差があっても、別の重みの値を調整して正しい判断ができるように学習ができたり、最悪の場合でも、計算誤差の影響を大きく受ける入力に対して誤判定をして認識率が下がるということは起こりますが、数値計算の場合のように致命的な間違いにはなりません。

■16ビットの半精度浮動小数点演算や8ビットの固定小数点演算の採用

表8.1はFP32(単精度浮動小数点)、16ビット固定小数点(FIXED-16)、8ビット固定小数点(FIXED-8)の演算での画像認識の性能を比較したもので、Top-1は第一候補が正解であったパーセンテージ、Top-5は上位5位までの候補の中に正解が含まれていたパーセンテージを示しています。

8ビット固定小数点での計算の場合、GoogLeNetの場合は正解率が3%程度悪化[注1]していますが、VGG16[注2]やSqueezeNet[注3]ではほとんど差がありません。

つまり、表8.1によるとディープラーニングの推論の場合は、32ビットの単精度浮動小数点数で計算しなくても、多くの場合、**16ビットの固定小数点**

注1　表8.1のGoogleNetのFP32 (ORIGINAL)が88.65%に対してFIXED-8では85.70%と、約3%精度が低下しています。

注2　Visual Geometry Group 16。2014年のILSVRCで優勝したVGGチームのネットワークで、16層で構成されているので「VGG16」と呼ばれます。

注3　URL https://arxiv.org/abs/1602.07360

表8.1 異なる計算精度での認識性能の違い※

		FP32	FIXED-16		FIXED-8	
		ORIGINAL	RAW	RE-TRAIN	RAW	RE-TRAIN
VGG16	Top-1	65.77%	65.78%	67.84%	65.58%	67.72%
	Top-5	86.64%	86.65%	88.19%	86.38%	88.06%
GoogLeNet	Top-1	68.60%	68.70%	68.70%	62.75%	62.75%
	Top-5	88.65%	88.45%	88.45%	85.70%	85.70%
SqueezeNet	Top-1	58.69%	58.69%	58.69%	57.27%	57.27%
	Top-5	81.37%	81.35%	81.36%	80.32%	80.35%

※ 出典：Song Yao「From Model to FPGA：Software-Hardware Co-Design for Efficient Neural Network Acceleration」(Hot Chips 28、2016)
表中の「RE-TRAIN」は、低精度向きの学習をやり直した結果。

数での演算、あるいは**8ビットの固定小数点演算**でも**推論の結果は変わらない**というわけです。このため、各社は16ビットの固定小数点演算や半精度浮動小数点演算、8ビットの固定小数点演算の機能を取り入れてきています。

低精度並列計算で演算性能を上げる

GPUの座標計算は通常、FP32形式の数値が使われます。しかし、とくに推論の場合は、前述のようにFP32ほどの精度は必要ではなく、多くの場合、8ビット整数のINT8でもうまくいくことがわかってきました。そして、INT8の演算器はFP32の演算器よりずっと少ないトランジスタで作ることができ、FP32演算器1個分の面積でINT8演算器を5～10個作ることができます。

つまり、FP32演算器ではなくINT8演算器を使う推論計算LSIは、同じ面積の中に5～10倍の演算器を載せられ、回路としても高速で動作させることができます。また、そのぶん、演算器を増やして性能を高める、あるいは同じ性能なら低コストで作れて消費電力も小さくできるということになります。

Googleはこれらの点に着目し、8ビット整数で推論計算を行う「Tensor Processing Unit」(**TPU**)というカスタムLSIを自社で開発しました(後述)。

■……… BF16フォーマット　ディープラーニングに最適化

半精度のFP16はIEEE 754に規定されているフォーマットで、一般的な数値計算で数値の範囲と数値の精度のバランスが取れるようにExpが5ビット、Fracが10ビットになっています。これは数値の大きさはおおよそ1.8×10^{18}～5.4×10^{-20}で、値の階調は2^{10}(1,024階調)の数値を表せます。

しかし、ディープラーニングの場合は、階調はもう少し粗くしても大丈夫で、そのぶん、値がオーバフローしないようにExpのビット数を増やした方が使いやすいということで、ExpをFP32と同じ8ビットとし、Fracを7ビットに切り詰めた**BFloat**(*Brain Floating Point*、**BF**)が提案されました。

ディープラーニングにはこちらの方が使いやすいということで、IntelのCooper Lake CPUやAgilex FPGAがBF16フォーマットをサポートしています。また、Googleも第2世代のTPUでは学習もできる仕様となり、BF16形式をサポートしています。

NVIDIAのAmpere A100 GPUでは幅広く主要なフォーマットをサポートしており、BF16もその中に含まれています。フォーマットが変わると再学習が必要になるなど移植に手間が掛かりますから、主要なフォーマットをサポートしてNVIDIA GPUへの乗り換えを容易にしようという狙いもあるのではないかと思われます。

8.2 各社のAIアクセラレータ

TPU、Tensorコア、Efficiera、Goya/Gaudi、MLプロセッサ、Wafer Scale Engine

AI製品/サービスの進展に伴い、より強力なAIエンジンが必要となり、NVIDIAのようなGPUメーカーは、GPUをベースにAI用の計算機能を付けて、計算能力を上げる努力をしています。DSPメーカーも同様のアプローチで、DSPのAI計算機能を強化しています。また、FPGAメーカーもAIエンジンを追加するなどして能力向上に対応してきており、たとえばXilinxは「Deep LearningProcessor Unit」(DPU)を搭載しています。

一方、ハイパースケーラー(*Hyperscaler*、ハイパースケールデータセンターを運用するクラウド企業)は自社で必要な機能を満たすAIアクセラレータを開発するという作戦を取ることもあります。Googleはその代表格で、「TPU」を自社開発し、自社でAI計算能力を拡充しています。NVIDIAもTOP500で7位(2020年6月、p.291)のA100 GPUクラスタであるSeleneを稼働させ、自社のAI計算ニーズに対応しています。また、複数のスタートアップ企業がAIアクセラレータを開発し、すでに製品出荷を始めた会社も出てきています。

本節では、各社のAIアクセラレータを見ていきましょう。

GoogleのTPU

2013年にGoogleがディープラーニング負荷を見積もると、Googleのデータセンターの負荷が2倍になり、それをCPUの増設で実現するのは非常に高コストになることがわかってきました注4。そして、ディープラーニングの計算をより効率的に行うことができるハードウェアの開発が始まりました。

図8.1に**TPU**のブロック図を示します。

図8.1 TPUのブロック図※

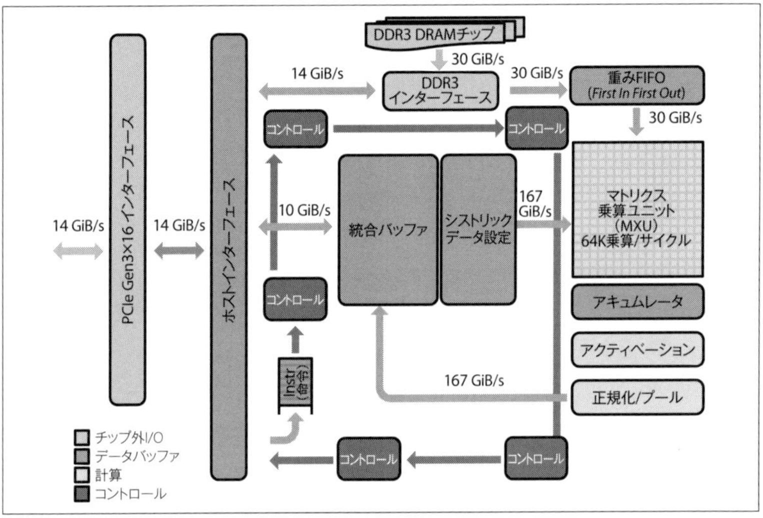

※ 出典：Norman P. Jouppi et al.「In-Datacenter Performance Analysis of a Tensor Processing Unit」(2017)

図8.1の右端が演算回路部分で、重みを供給する重みFIFO(*Weight FIFO*)、行列積を計算するマトリクス乗算ユニット(*Matrix Multiply Unit*、**MXU**)があります。MXUは8ビットデータですが、256×256個の積和演算器を持っています。そして、MXUの結果を継ぎ合わせてより大きな行列積を作るためのアキュムレータ注5、ReLUなどの非線形処理を施すアクティベーション、正規化/プール処理を行うユニットが並んでいます。

注4 以下に「they might double computation demands on our datacenters」という記述があります。
- 「In-Datacenter Performance Analysis of a Tensor Processing Unit」(ISCA、2017)
URL https://arxiv.org/abs/1704.04760

注5 アキュムレータは一種のレジスタで、足し算の結果を累積していくユニットです。レジスタの内容に新しい数値を足し込み、その結果をレジスタに残します。

左端はPCIe Gen3(PCI Express 3.0)のインターフェースとホストインターフェース回路で、上方には重みを記憶するDDR3 DRAMとそのインターフェースが描かれています。そして、中央に、計算の中間データを入れる統合バッファとそのデータをシストリック(*Systolic*)アレイの計算を行うように並べるセットアップブロックがあります。

■…………TPUの演算方式

MXUはWeight FIFOからの重みをそれぞれの演算セルに記憶し、それに統合バッファから供給される入力データを掛けてニューロンの出力を計算し、それを統合バッファを通して次の層の入力としてMXUに供給するという動作を行います。そして、最終結果が出たらホストインターフェースを通してホストCPUに読み取らせます。

TPUは256×256個の積和演算を行うセルを持ち、各セルは重みの値を記憶するメモリを持っています。そして、入力(*Activation*)は左側のシフトレジスタから供給されますが、**図8.2**に描かれたように、最初の行は1サイクルめから、2行めは2サイクルめ、3行めは3サイクルめという具合に1クロックごとにずらしてデータを供給していきます。

図8.2 TPUはシストリックアレイ方式の演算を行う

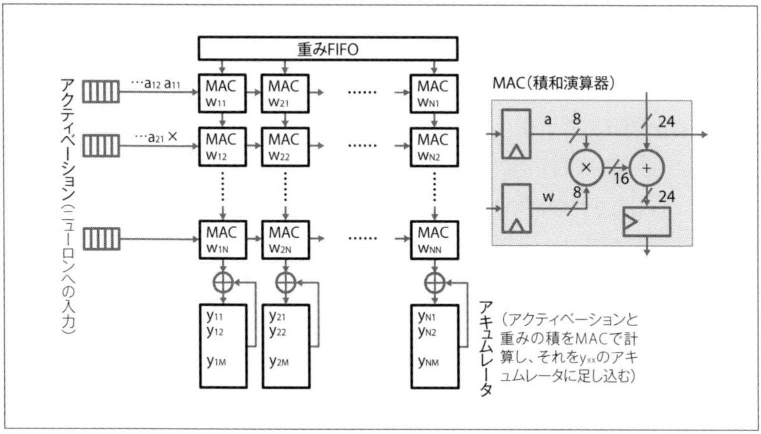

このため、意味のある積和演算は、左上の角の1個のセルで開始され、2サイクルめには左上の2×2セル、3サイクルめには左上の3×3セルで演算が行えることになります。ということで、立ち上がりと終了直前を除けば毎サ

イクル64K乗算と64K加算を行うことができ、ピーク演算性能は92TOPSとなっています。

■初代TPU、TPU 2.0、TPU 3.0と演算性能

初代のTPUは、INT8の演算だけをサポートする推論専用で学習には使えません。そして、1個のTPU 2.0では学習に60〜400日かかるという見積りです。しかし、これを実用的な時間で実行する必要性が出てきました。このため、2代めのTPU 2.0では16ビットのBF16を使い、学習もできるアクセラレータになりました。このBF16はFP32よりも精度は低くなりますが、FP32演算器の半分以下の面積で作ることができ、重みを記憶するメモリも半分で済みます。

また、初代TPUで最大の性能ボトルネックとなっていたDRAMをHBM2に替え、MXUあたり300GB/s程度にバンド幅を増強しました。一つのMXUのBF16での演算性能は22.5TFlopsで、TPU 2.0は2個のMXUを搭載しているので、TPU 2.0のピーク演算性能は45TFlopsとなっています。

そして、Googleの発表によると、TPU 3.0ではBF16での演算性能は100TFlopsとTPU 2.0の2倍を上回る性能になっています。

また、学習時間を短縮するため、多数のTPUをネットワークで接続したマルチTPUのディープラーニング用のスーパーコンピュータを作ることになりました。TPU 2.0では最大256個、TPU 3.0では最大1024個のTPUノードを2次元トーラスネットワークで接続しディープラーニング用のスーパーコンピュータを構成できるようになりました。

TPU 2.0からTPU 3.0の発表の間隔は約1年と短く、大幅な設計変更は難しいので、TPU 2.0からMXUの演算器数を倍増してHBM2メモリ容量も倍増し、クロックを30%上げたと発表されました[注6]。

TPU 3.0では半導体プロセスも微細化していますが、水冷を採用しており、TPU 2.0よりも発熱が増えていると思われます。

注6 「Google' s Training Chips Revealed：TPUv2 and TPUv3」(Hot Chips2020) URL https://www.hotchips.org/assets/program/conference/day2/HotChips2020_ML_Training_Google_Norrie_Patil.v01.pdf

NVIDIAのTensorコア

NVIDIAのSM(*Streaming Multiprocessor*)は整数演算器や浮動小数点数の演算器を備えていますが、Volta GPUからは「**Tensorコア**」と呼ぶ新しい演算器を追加しました(**図8.B**、図4.11の再掲)。NVIDIAのTensorコアの演算器は、FP16形式の入力の積をフル精度で計算します。積の場合は精度は減少しませんから、その答えはFP32の精度で足し込むことができます。そして、アキュムレーションの結果をFP32で出力することができます。

図8.B(再掲) V100 GPUのTensorコアの数値精度※

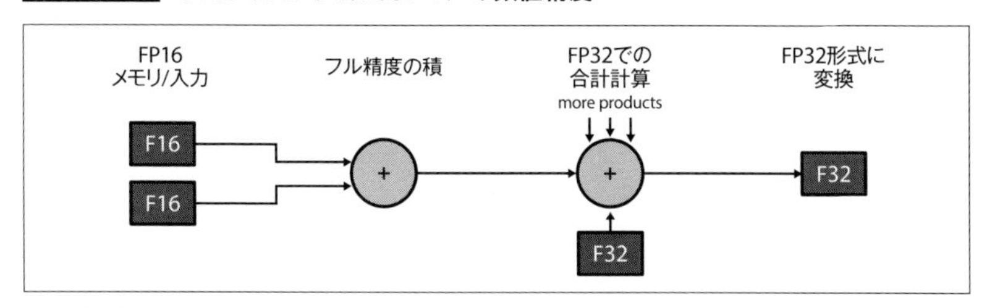

※ 出典:「NVIDIA Tesla V100 GPU Architecture」(2017)

そして、Tensorコアは4×4の行列AとBの積を計算し、4×4の行列Cを加算し、結果を行列Dに格納する行列の積和演算を行います(**図8.C**、図4.10の再掲)。4×4の行列の乗算は64回の積和演算が必要ですが、メモリアクセスは16×3の48回で済みます。したがって、メモリアクセス回数の割に計算回数が多くメモリアクセスがネックにならず、演算性能を出しやすい使い方です。

図8.C(再掲) NVIDIAのTensorコアによる4×4の行列の積和計算※

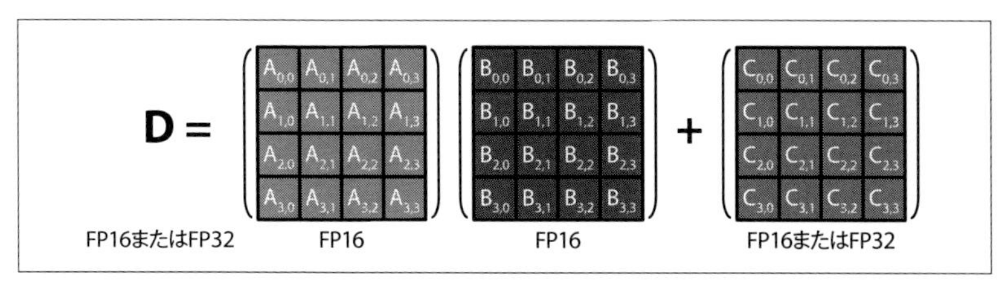

※ 出典:「NVIDIA Tesla V100 GPU Architecture」(2017)

なお、4.2節で少し触れましたが、演算単位は4×4の行列ではなく8×8の行列と書かれた調査(Citadel Securities)もあり、その場合、192回のメモリアクセスと512回の積和演算となり、さらに演算リッチな計算となります。

■数値フォーマットと演算性能

NVIDIAのVolta GPUのTensorコアは、FP16の入力しか扱えませんでしたが、その次の世代のAmpere GPUでは、FP64、TF32、FP16、BF16という4種の浮動小数点数フォーマットとINT8、INT4、BINARY（1ビット）という3種の整数フォーマットを扱えるようになりました。

なお、TF32は、AmpereでNVIDIAが定義した新しい数値フォーマットで、8ビットのExpと10ビットのFracを持ち、全体では19ビットというフォーマットです。19ビットは2のべき乗ではないので、Tensorコアの入出力はFP32フォーマットに変換しています。

TF32のFracが10ビットというのはFP16と同じで、Expが8ビットはFP32と同じで、FP16の精度とFP32の数値範囲での演算が可能です。そして、積和演算の場合は、FP32での計算に近い精度の計算ができると思われます。A100 GPUは、汎用演算器でFP32で計算した場合のピーク演算性能は19.5TFlopsですが、TF32フォーマットでTensorコアを使って積和計算を行うと156TFlopsと8倍の速度で計算できる点が大きなメリットです。

このような理由で、NVIDIAはA100のTensorコアでの計算は、TF32を使うことを推奨しています。

図8.3は、それぞれの入力フォーマットと演算のアキュムレータのフォーマットと、演算性能TOPS値がまとめられた表です。

図8.3 A100 TensorコアとV100の性能比較※

	入力変数	アキュムレータ	TOPS (Tera Operation Per Second)
V100	FP32	FP32	15.7
	FP16	FP16	125
A100	FP32	FP32	19.5
	TF32	FP32	156
	FP16	FP32	312
	BF16	FP32	312
	FP16	FP16	312
	INT8	INT8	624
	INT4	INT4	1248
	BINARY	BINARY	4992

推論のデータの型（FP16→INT8: 1/2、INT8→INT4: 1/2、INT4→BINARY: 1/4）

TOPSの値は変数のデータ幅に逆比例している

※ 出典：「Inside the NVIDIA Ampere Architecture」（GTC 2020）
A100の1行め（入力変数：FP32）はTensorコアの性能値ではなく、汎用演算器を使った場合の参考値。

Ampere GPUのTensorコアでは、4種の浮動小数点と3種の整数のフォーマットを扱えるようになりました。図8.3中のFP16、INT8、INT4、BINARYの演算性能は数値フォーマットのビット数に逆比例するので、たとえば推論計算をINT8で行えば、同じ時間で、FP16で行う場合の2倍の演算を行えます。

そして、1ビット演算での「4992TOPS」という性能は、(1ビットで何ができるかは別として)ものすごく大きい値です。

LeapMindのEfficiera w1a2の推論チップ

INT8での推論はさまざまな実績があるので良いとしても、4ビットや1ビットで推論の計算ができるのかと思われるかもしれませんが、Binarized Neural Network[注7]に関してはさまざまな論文が発表されています。しかし、製品で使用された例はまだ極めて少ない状況です。そのようななか、日本のLeapMindは、重み係数(*Weight*)が1ビット精度、アクティベーション(*Activation*)が2ビット精度(**w1a2**)の推論チップ「Efficiera」を開発しています。

■チャネル数を倍増して、精度を改善

w1a2ですべての推論がうまく計算できるとは限らず、認識精度が大きく低下するケースもあり、そのような場合には、**図8.4**のようにチャネル数を倍増するというような手段を取っています。

図8.4 チャネル幅を2倍にして精度を改善するWRPN(*Wide Reduced-Precision Networks*)※

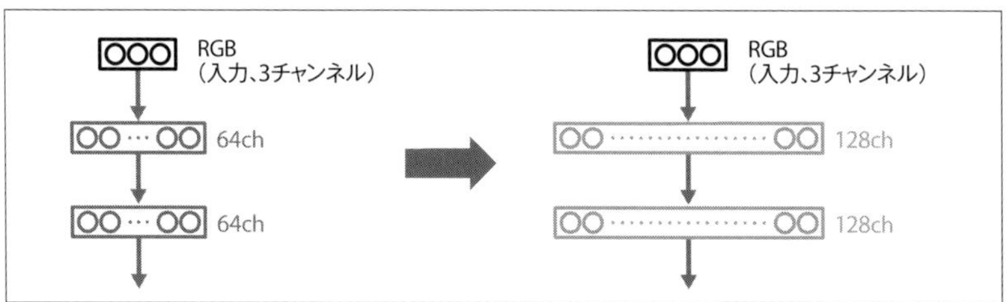

※ 参考：Asit Mishra, Eriko Nurvitadhi, Jeffrey J Cook, Debbie Marr「WRPN: Wide Reduced-Precision Networks」(ICLR 2018)
出典(図版)：Hiroyuki Tokunaga「An Extremely Quantized Deep Neural Network Accelerator for Edge Devices」(IEEE COOL Chips 23)　重み1ビット、アクティベーション2ビットの極低ビットネットワークで精度の低下が大きい場合は、チャネル数を倍増することで精度の低下を補う。

注7　ニューラルネットワークの重みやアクティベーションをバイナリ化(2値化)したネットワークを「Binarized Neural Network」と言います。低精度計算の極限で、実現できればコンパクトで消費電力が小さくできるので、研究が行われています。

チャネル数を倍増するとハードウェア量は増えますが、アクティベーションや重みのビット数を倍増するよりハードウェアの増加量は小さいとのことです。**図8.5**は、左端がFP32で演算したResNet-18での認識精度で、66.7%となっています。これをw1a2で量子化(*Quantized*)[注8]すると認識率は55.8%と大きく低下しますが、チャネル数を倍増すると右端の棒グラフのように64.7%まで回復しています。

図8.5 フィルタのチャネル数の倍増と、認識率※

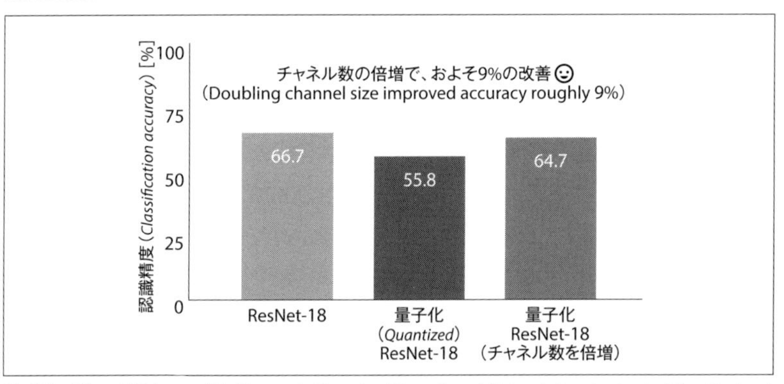

※ 出典：Hiroyuki Tokunaga「An Extremely Quantized Deep Neural Network Accelerator for Edge Devices」(IEEE COOL Chips 23、2020)
アクティベーション2ビット、重み1ビットのネットワークでもフィルタのチャネル数を倍増すると認識率の低下はかなり小さく抑えられる。なお、Leapmindは改良を続けており、ResNet-18で67.3%、量子化ResNet-18で64.1%、量子化ResNet-18(チャネル数を倍増)で67.5%という結果が出ている(2020年12月時点)。元の非量子化ResNet-18の性能も1ポイント程度上がっているが、これはハイパーパラメータチューニングが進んだことによるもの。

また、最初の畳み込み層と最後の畳み込み層を2値化するのは難しく、Binarized Neural Networkの論文はこの2層はFP32を使っているものが多いとのことです。そうすると、70%くらいがFP32の計算になり、残りの部分を2値化してもハードウェアの削減量はそれほど大きくなりません。

これに対して、LeapMindはw1a2とアクティベーションには2ビットを使っていますが、最初と最後の畳み込み層も極低ビットで作っています。

注8 連続量ではなく、飛び飛びの値を取るようにするのが量子化で、その意味ではデジタル化も量子化ですが、一般に取り得る状態の数が少ない場合に量子化と言われます。ここでは「w1a2」という粗い値にすることを指します。

Habana LabsのGoyaとGaudi

イスラエルのAIチップメーカーHabana Labs[注9]の**Goya**はデータセンター向けの推論アクセラレータ、**Gaudi**はデータセンター向けの学習アクセラレータです。Habanaは、Gaudiを使ったAIサーバー「HLS-1」を発売しています[注10]。

■…………Goyaプロセッサ　推論チップ

Goyaプロセッサは、8個のTPC(*Tensor Processor Core*)と呼ぶテンソル計算を行うコアを持ちます(**図8.6**)。TPCはシグモイドなどの特殊関数を計算するための命令を持ち、テンソル用のアドレッシングができるようになっています。

図8.6　Goyaプロセッサの概要※

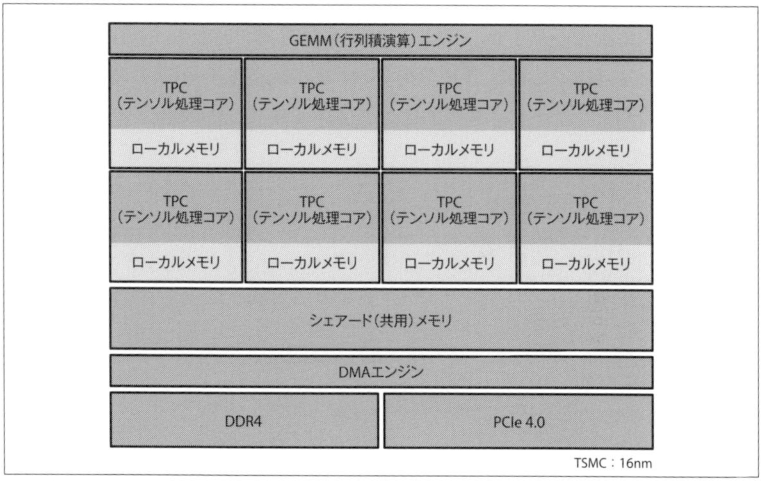

※ 出典：Eitan Medina「Machine Learning is eating the world」(Hot Chips 31、2019)

TPCはVLIW(*Very Long Instruction Word*)[注11]のSIMD処理を行うベクトルプロセッサで、FP32、INT32、INT16、INT8、UINT32、UINT16、UINT8と各種の

注9　Habana Labsは2019年12月にIntelに買収されました。

注10　HLS-1はNVIDIAのV100を使ったAIサーバーと同じクラスの製品です。8チップや16チップのサーバーを販売しているのはNVIDIAとHabana、それに後述のCerebrasのウエファスケールエンジンくらいで、その意味ではハードウェアだけでなく、ソフトウェアやツールを含めて完成度は高いと見られます。

注11　普通のCPUが32ビット命令であるのに対し、64ビット以上の長い命令を使うプロセッサはVLIWと呼ばれます。命令が長いのでいくつもの仕事を並列に指示でき効果的です。一方、仕事が少なく命令の記述場所が余ってしまう場合も出てくるので、どちらが良いかはどんなプログラムを実行するかに依存します。

データタイプをサポートし、混合精度の演算も可能です。各TPCはローカルメモリを持っており、このメモリを使ってテンソル計算を行います。TPCはテンソルの要素を効率良くアクセスするためのアドレス機能を備えています。

そして、Goyaは行列の積和演算を行うGEMMエンジン注12とDMAエンジンを搭載していて、行列の積和とデータのブロック転送は、これらの専用エンジンで実行します。さらに、Goyaは全部のTPCやエンジンが共有するシェアードメモリを持っています。さらに、図の下側に描かれた2チャネルのDDR4メモリのインターフェースと、PCIe 4.0 × 16のホストインターフェースを備えています。メモリは2.667GT/sのDDR4をサポートし、DDR4メモリのピークメモリバンド幅は40GB/sでメモリ容量は16GBとなっています。

Goyaの性能 画像認識、自然言語処理

ResNet-50の画像認識では、FP32での計算では75.7%のTop-1精度であったのに、INT8演算による推論計算では75.3%と0.4%精度が低下します。INT16で計算すれば精度の低下はありませんが、スループットが低下する場合があるとのことです。

注12 GEMMエンジンは行列積をハードウェアで計算する機構と考えられます。HabanaからはGEMMエンジンの詳細の発表はありません。

Column

RoCE Remote DMA on Converged Ethernet

まず通常のEthernetは、送信側のノードで動いているプロセスがメモリからデータを読み出してバッファ領域に入れて送信し、受信側のプロセスのバッファに入れます。そして、受信側プロセスはバッファ領域のデータをバッファから自分のメモリに読み込んで、通信が終わります。

これに対して、送信、受信ノードともにメモリ上にバッファを持ち、送信側のバッファから、受信側のバッファにCPUがメモリを読み書きすることなしに、ハードウェアで転送を行う方式を「RDMA」(*Remote DMA*)と言います。このようにすると、メモリやバッファのデータをCPUがコピーする必要がなく、通常の転送よりも高速の通信ができ、CPUは別の処理を並列に実行することができます。

高速のデータ通信専用にネットワークを作るのではなく、通常のパケット通信の通路であるEthernetで、本来のEthernet機能が実現できます。加えて、RDMA(リモートDMA)ができる**RoCE**プロトコルをサポートすると、ノード間の高速データ伝送機能が実現できるので、AIチップの間を接続するのに適したネットワーク作ることができます。

画像認識の速度は**図8.7**のとおり、NVIDIAのT4 GPUが4,944画像/秒のスループットであるのに対して、Goyaは15,393画像/秒と3倍強の性能を持っています。また、レイテンシは、T4は26msに対して、Goyaは1.01msと圧倒的に短いレイテンシとなっています。

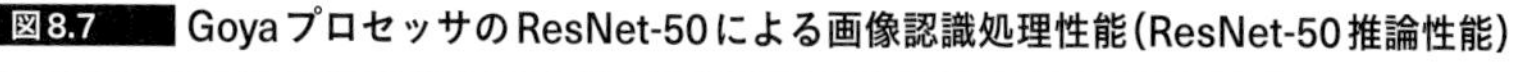
図8.7 Goyaプロセッサの ResNet-50による画像認識処理性能（ResNet-50推論性能）

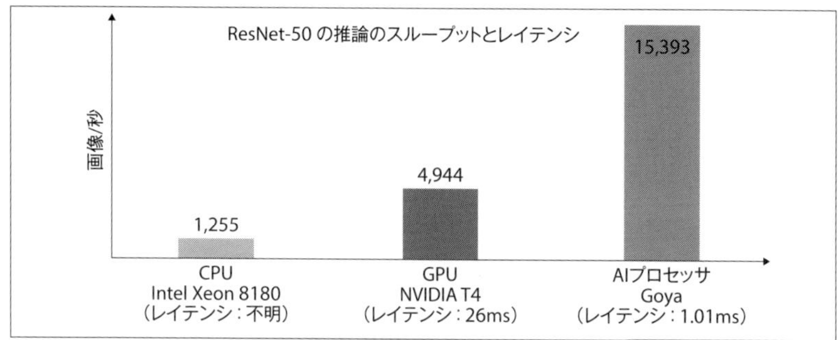

※ 出典：Eitan Medina「Machine Learning is eating the world」(Hot Chips 31、2019)

図8.8はBERTによる自然言語処理性能を示したもので、GoyaとNVIDIAのT4 GPUの文/秒の処理性能とレイテンシを比較しています。

入力バッチのサイズを12とした場合はGoyaは毎秒1,273個の文を処理したのに対してT4は736文で、Goyaは約1.7倍のスループットです。レイテンシもT4は16.3msに対して、Goyaは9.4msと、こちらも1.7倍程度高速です。バッチサイズを24にしてもT4の処理スループットはほとんど改善されておらず、レイテンシが32.4msと倍増していますが、Goyaではスループットが1,527に向上し、そのぶん、レイテンシの増加が抑えられています。

図8.8 BERTによる自然言語処理性能※

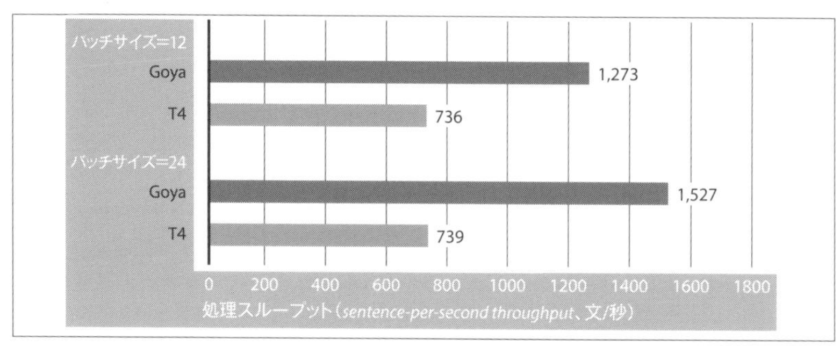

※ 出典：Eitan Medina「Machine Learning is eating the world」(Hot Chips 31、2019)
第二の文が第一の文の答えか否かを判定。データセットはSQuAD。BERT BASEで12層、隠れ層のノードは768。

Gaudiプロセッサ　学習チップ

学習用のGaudiは、**図8.9**の両側に描かれた4個のHBM2メモリが付いたことと、図の左下に描かれた10×100Gbit Ethernetポートが付いた点が大きな違いです。また、演算を行うTPCもTPC 2.0となった点がGoyaとは違います。そして、メモリが3D積層のHBM4個となったことでメモリバンド幅が1TB/sに強化されています。10ポートの100Gb/sのEthernetポートはRoCEのリモートDMA機能を持ち、スケールアウトができるようになっています。HabanaのHLS-1サーバーでは8個のGaudiチップをRoCE v2で接続しています。

図8.9　学習用のGaudiプロセッサの概要※

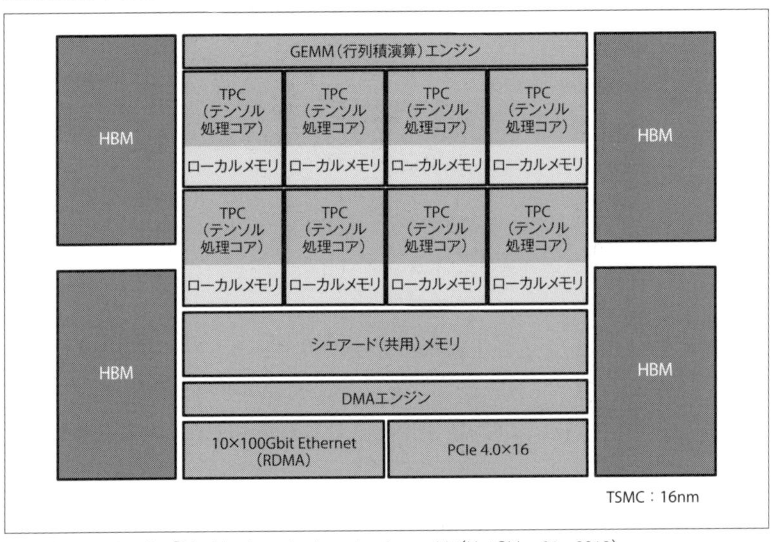

※ 出典：Eitan Medina「Machine Learning is eating the world」（Hot Chips 31、2019）

システムの拡張性　NVIDIAのDGX-1サーバとHabanaのHLS-1

NVIDIAのDGX-1サーバーは、独自のNVLinkというインターフェースで8個のV100 GPUを使うサーバーを構成していますが、GPUを8個以上に拡張する場合はPCIeを使うことになり、ネットワークがボトルネックになります。一方、HabanaのHLS-1からは24本の100GbEが出ており、容易に拡張して規模の大きいシステムを作ることができます（**図8.10**）。

図8.10　NVIDIAのDGX-1/2とHabanaのHLS-1のネットワークの比較※

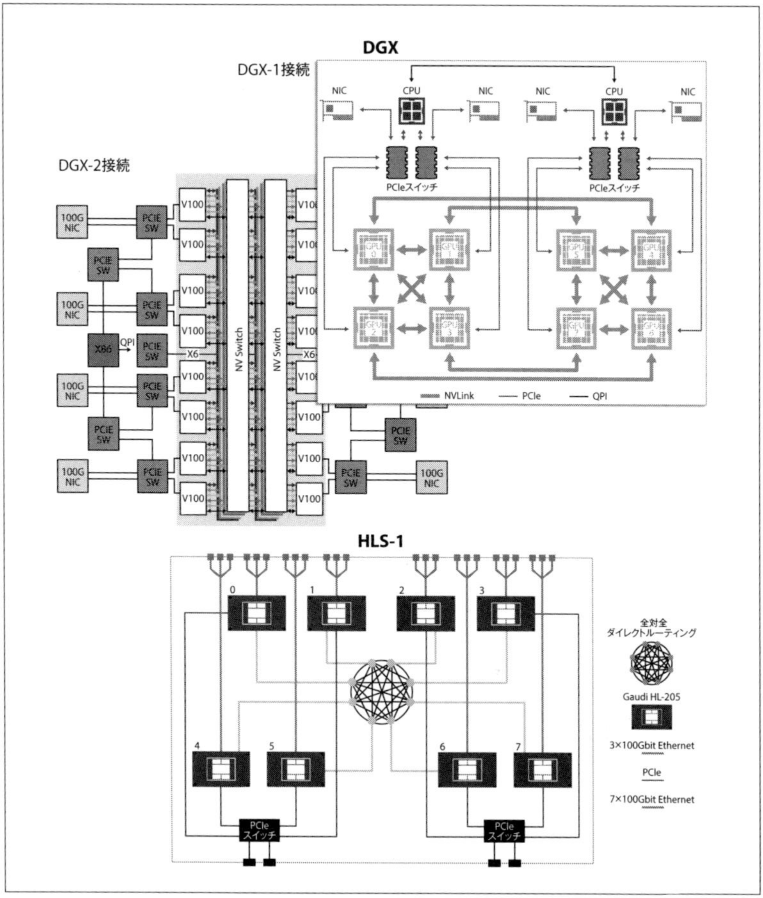

※　出典：Eitan Medina「Machine Learning is eating the world」(Hot Chips 31、2019)

HabanaのHLS-1はEthernetという標準のインターフェースを使っているので、市販のEthernetスイッチを使って拡張ができ、**図8.11**のように接続すれば64Gaudiのシステムが作れます。そして、10台のEthernetスイッチを使えば、128Gaudiのシステムを作ることができます。

なお、NVIDIAの方もNVSwitchを使えば、より多くのGPUを接続することができますが、16GPU以上を接続するのは難しいようです。

図8.11 Ethernetスイッチを使えば、64Gaudi、128Gaudiのサーバーに拡張可能※

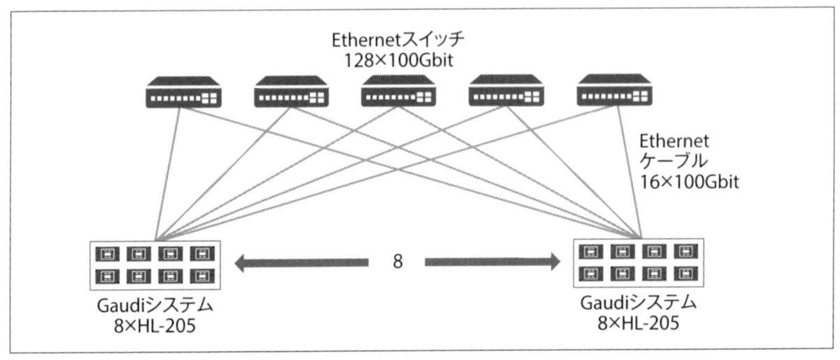

※ 出典：Eitan Medina「Machine Learning is eating the world」(Hot Chips 31、2019)
この図は64台の例。128台にする場合、Ethernetスイッチを倍増させる。

ArmのMLプロセッサ

Armの**ML**(*Machine Learning*)**プロセッサ**(**図8.12**)は推論専用で、8ビット整数の演算を高性能に実行できるように作られています。ArmのMLプロセッサのコンピュートエンジン(*Compute Engine*)は16 SIMDのドットプロダクト(重みとアクティベーションの積和)用の演算器を8個備えています。

したがって、サイクルあたり2×8×16＝256個の演算ができます。積の演

図8.12 ArmのMLプロセッサの概要※

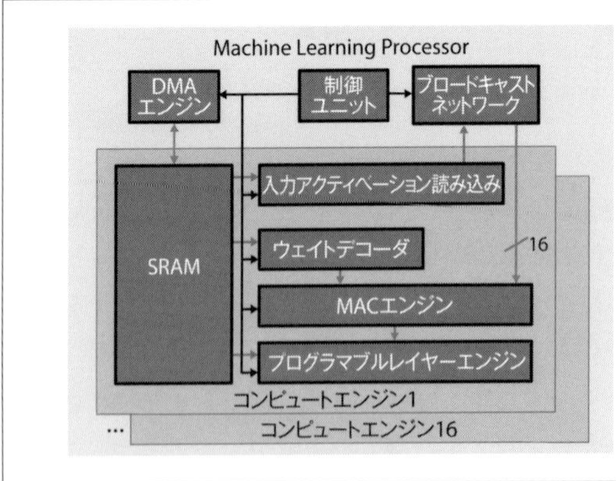

DMAエンジン、制御ユニットとブロードキャストネットワークに最大16台のコンピュートエンジンが付くという構造になっている。
MACエンジンはブロードキャストされたアクティベーションとデコードされた重みの積和を計算する。
8ビットで演算を行い、1GHzクロックの場合、4TOP/sまでの畳み込み演算を実行できるようになっている。

※ 出典：Ian Bratt「Arm's First-Generation Machine Learning Processor」(Hot Chips 30、2018)

算は8ビット整数ですが、加算でのオーバフローを避けるため、アキュムレータは32ビットとなっています。

そして、MLプロセッサは16個のMACエンジンを持っているので、毎サイクル4096演算が実行でき、これを1GHzクロックで動作させるとピーク演算性能は4.1TOPSとなります。

7nmの半導体プロセスで製造した場合、チップとしては3TOPS/W以上の電力効率で、チップサイズは2.5mm^{2}以下を目標にしています。オンチップのSRAMメモリは1MBを搭載します。

なお、この仕様は2018年に発表されたEthos-N77プロセッサのもので、2019年に発表されたEthos-N78では積和演算器の個数が倍増し、最大性能は10TOPSとなっています。また、Ethos-N78はクラスタ接続で最大8個、メッシュ接続を行えば最大64個のNPUを使うシステムが作れるようになっています。

図8.12のブロック図のMACエンジンの上にウェイトデコーダ(*Weight Decoder*)というブロックがありますが、MLの重みはゼロが多いので、Arm MLは重みデータを圧縮してSRAMに記憶し、SRAMを読み出して演算に使うときに重みを伸長して元の値に戻しています。圧縮、伸長は8×8のブロック単位で行っており、ロスなしの圧縮を行っています。

■……… MLプロセッサの重みの圧縮と枝刈り

図8.13の2次元の棒グラフの横軸は8×8ブロック中のゼロの数、縦軸はユニークな非ゼロの数、棒グラフの高さはそれぞれの出現頻度を示しています。出現頻度の棒グラフは偏りが大きく圧縮に適していることがわかります。

図8.13 MLプロセッサの重みデータの圧縮※

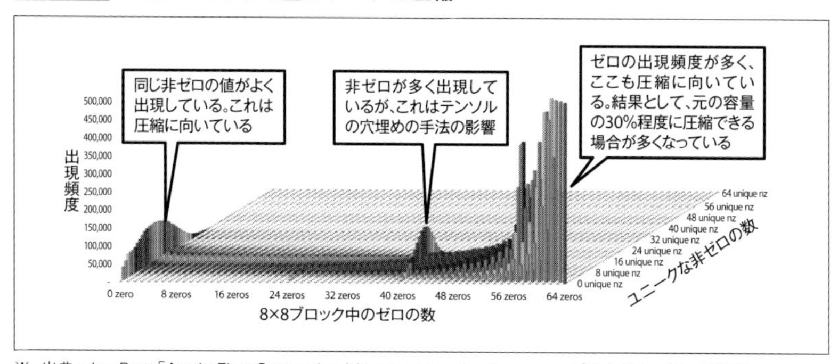

※ 出典：Ian Bratt「Arm's First-Generation Machine Learning Processor」(Hot Chips 30、2018)

結果として、ここに示したInception v3ネットワークの場合、3.3倍の密度に圧縮ができています。

SRAMからの重みの読み出しバンド幅が性能のボトルネックとなるので、Arm MLプロセッサでは、重みの値がゼロか非常に小さい値となった入力を枝刈りで除去します。枝刈りを行うと重みの読み出し回数が減り、積和演算の回数も減ります。また、非ゼロの重みも値の近いものはまとめて同じ値にすることも行っています。このような圧縮はモデルのコンパイル時点で行われ、MLプロセッサは圧縮された重みを伸長しながら実行を行います。

図8.14の上側のグラフはInception v4ネットワークの各層でのデータサイズで、グレーが重み、黒が入力のデータサイズです。重みのデータ量は後の層になると増加し、入力のデータ量は後の層になると減少します。

下の図は左が枝刈り前の接続で、右が枝刈りを行った結果のイメージ図で、枝だけでなく、出力の接続のなくなったニューロンも切り取られています。

図8.14 重みの圧縮と枝刈り※

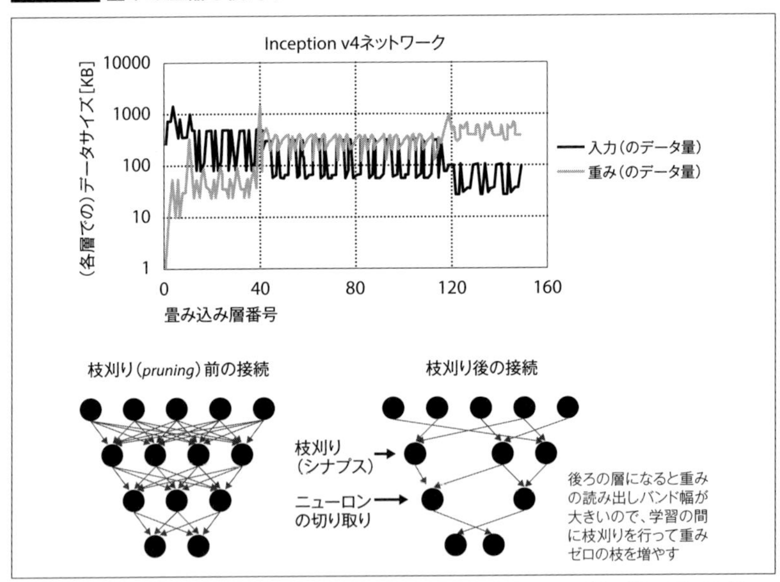

※ 図(上)出典：Ian Bratt「Arm's First-Generation Machine Learning Processor」(Hot Chips 30、2018)
図(下)出典：Song Han、Jeff Pool、John Tran、William J. Dally「Learning both Weights and Connections for Efficient Neural Networks」(NIPS 2015)

CerebrasのWafer Scale Engine

自然言語処理などで使われるニューラルネットワークの規模は急速に大きくなっています。このネットワーク構造や重みなどの情報をニューロチップの外側のメモリから出し入れするのは時間もかかるうえ、無駄なエネルギーを使ってしまいます。この入れ替えをなくすためには、大きなチップを作れば良いという考えで作られたのがCerebrasの**Wafer Scale Engine**です。

Wafer Scale Engineは、その名のとおり300mmウエファ1枚をまるごと1チップに使う巨大LSIで、チップ面積は46,225mm^{2}で1.2Teraトランジスタを集積しています[注13]。AI演算に最適化したコアを400K個集積し、チップには合計18GBのオンチップメモリが載っています。使った半導体プロセスはTSMCの16nmプロセスです。

図8.15に写っているのが約20cm角のWafer Scale Engineで、よく見ると正方形の四隅が少し欠けていますが、ここが300mmウエファの円周です。

注13 普通、このような桁外れのチップを作りたいと言っても、TSMCは簡単には引き受けてくれませんが、Cerebrasの創立者はAMDのチップ間接続テクノロジーを作ったSeaMicroの創立者で、その実績があるので引き受けてくれたのだそうです。

図8.15 Wafer Scale Engine※

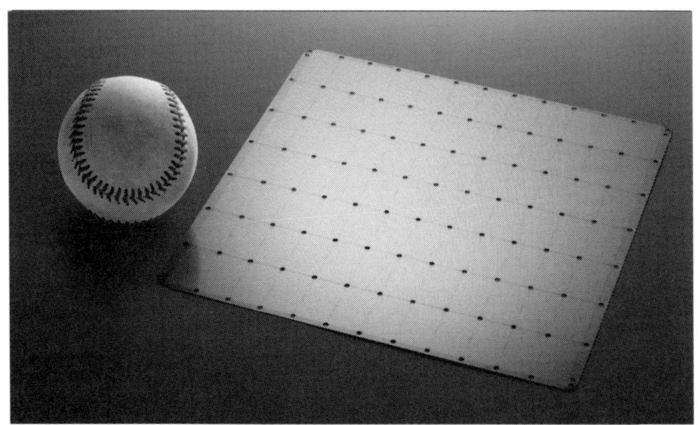

※ 出典：Cerebras Systems「Wafer Scale Deep Learning」(Hot Chips 31、2019)
これまでの歴史で最大のチップ、TSMCの16nmプロセスで製造。46,225mm^{2}のチップに1.2Trillionトランジスタを集積。400,000AIコア、18GBのオンチップSRAM、9PB/sのメモリバンド幅、100Pbit/sのファブリックバンド幅。

Cerebrasのコア

Cerebrasのコア(**図8.16**)はテンソル処理に最適化したプログラマブルなコアで、テンソルをオペランドとして扱うことができます。そして、上下、左右のコアと通信ができるファブリックを持っています。

図8.16 テンソル処理に最適化したプログラマブルなコア※

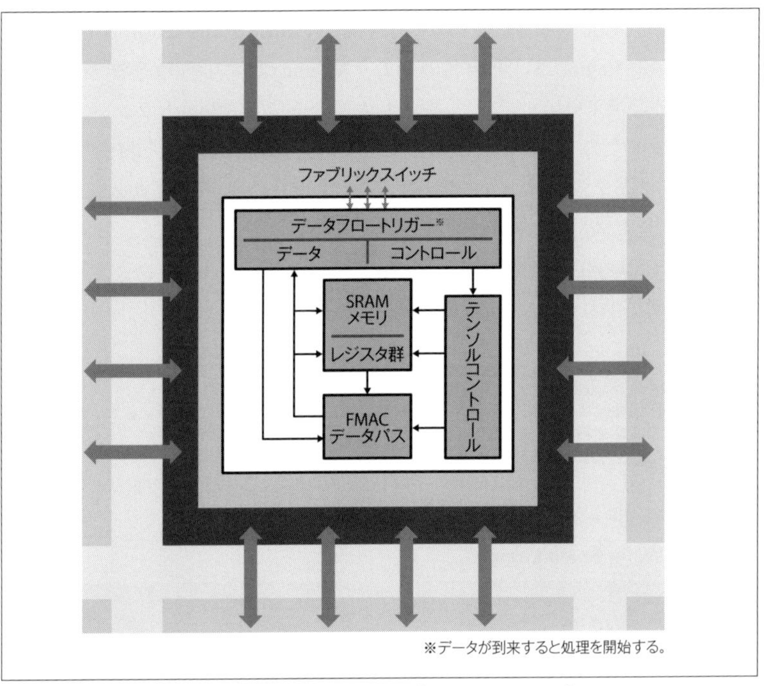

※ 出典：Cerebras Systems「Wafer Scale Deep Learning」(Hot Chips 31、2019)
テンソルをオペランドとして扱える。

Cerebrasのコアは柔軟性の高いメッシュネットワークで接続されています。このため、コンパイラはLSIの配置配線のように、使うコアの配置、配線を行って、最適なネットワークを作ります。また、メモリも分散して配置されているので、配置配線の考え方で、コンパイラが配線が短く、最適なものを使うようになっています。

また、ハードウェアレベルでデータフロースケジューリングを行い、入力がゼロで処理の必要がない場合は処理を飛ばして計算量を減らします。

■…………**大きなチップを作る難しさ** 露光＆配線、不良コア、コネクタ

大きなチップを作るのは、性能上メリットが大きいのですが、それを実現するには多くの障害があります。

まず、LSIのトランジスタや配線のパターンを作る露光機は3cm角程度の狭い面積の露光しかできません。これを繰り返して同じパターンをチップをウエファ全面に露光することはできますが、それぞれのチップは繋がっていません。このため、CerebrasはTSMCと協力して、スクライブライン（*Scribe line*）と呼ばれる、通常は個別のチップを切り離すための領域にチップ間の接続を行う固定の配線を作ってもらうことにしました（**図8.17**）。この配線は短いので、隣接チップ間の通信は高速に行えます。

図8.17 スクライブライン上にダイ間接続配線を作る

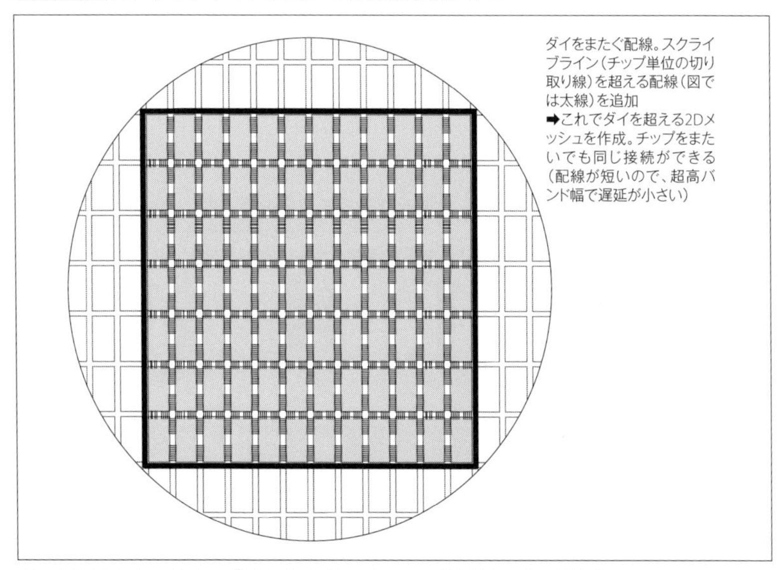

※ 出典：Cerebras Systems「Wafer Scale Deep Learning」（Hot Chips 31、2019）
露光機は一辺3cm程度の範囲しか露光できないので、太線のダイ間配線と組み合わせてウエファスケールの接続を行う。

そして、AIコアが40万個もあるのですから、全部が良品ということは期待できません。これに対しては、RAMで使われるように冗長技術を使って、不良コアを冗長の良品コアと置き換えて接続して、見かけ上、全部良品のアレイを作っています。

これまでウエファスケールのLSIが作れなかった大きな原因は、シリコンチップとプリント配線基板の熱膨張係数が異なり、チップ温度が変化したと

きにプリント基板上のコネクタの接点と、シリコンチップ上の接点がずれ、ずれはチップの大きさに比例するので、ウエファスケールの場合、大きなずれになります。そのため、機械的なストレスでコネクタが壊れるという問題があったからです。

これを、Cerebrasはゴムのような素材の中に小さな金属球を分散した材料を使って解決しました。このような材料は金属球の密度が一定の値を超えると導通し、接点のふくらみがあるところは導通し、ふくらみがなくあまり強く圧縮されないところは絶縁体のままになります。このようなフレキシブルな材料でコネクタを作り、熱膨張率の不一致による問題を解決しています。

Wafer Scale Engineの電力消費と発熱

このWafer Scale Engineですが、20kWの電力を消費します。電源電圧は0.8〜1.0Vですから、電源電流は20,000〜25,000Aとなります。このため、**図8.18**のとおり、ウエファの下面に多数の電源パッドを作って、この大きな電流を流せるようにしています。

図8.18 下面から電源を供給し、上面を水冷して放熱を行う※

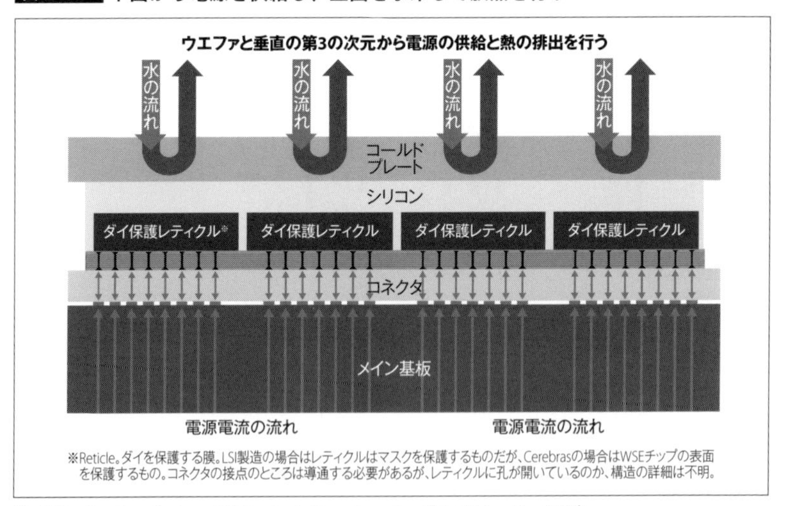

※ 出典：Cerebras Systems「Wafer Scale Deep Learning」(Hot Chips 31、2019)

そして、ウエファの上面には水冷のコールドプレートを接触させ、水で20kWの熱を運び出しています。普通のコールドプレートは面に水平に水を流しますが、WSEは発熱密度が高いので、コールドプレートに直角に水流を噴射しています。

■サーバ製品

Cerebrasの Wafer Scale Engineはこのようにモンスター級ですが、製品としてのCS-1サーバーは、15Uの筐体に収容され、❶12×100GbEのI/O部分、❷の部分がWafer Scale Engineと給電、冷却を行う心臓部、❸温まった水冷の水を空冷して循環させる部分となっています(**図8.19**)。

図8.19 CS-1サーバー※

❶ 12×100GbEのI/O部分
❷ 心臓部。Wafer Scale Engineと給電、冷却を行う
❸ 温まった水冷の水を空冷して循環させる部分

※ URL https://www.cerebras.net/product/

なお、Cerebrasは2020年のHot Chips 32で、第2世代のWafer Scale Engineを発表しました。第2世代も300mmウエファ全体から1チップを作っているので、見た目にはWSE1と変わりませんが、WSE2はTSMCの7nmプロセスで作られています。

このため、集積度が上がっており、AIコア数は850,000、トランジスタ数は2.6TrillionとWSE1と比べると2倍強になっています。単純に集積度を増やしただけでなく、それ以外にも改良点があると思われますが、Hot Chips 32での発表では、WSE2のウエファができたという発表だけで、中身については7nmプロセスという以外は発表されませんでした。

8.3 ディープラーニング/マシンラーニングのベンチマーク

MLPerfの基本

2012年のILSVRCでUniversity of Torontoのチームが優勝したわけですが、そのときの性能基準は画像認識の正解率です。ILSVRCに使用する画像データベースはそれぞれの写真を人間が見て何が写っているかを書き込んであり、これを正解としています。

前節で取り上げたような各社のアクセラレータが多数出てくると、それぞれの製品の認識の正解率を測って、性能を評価することが必要になってきます。また、データセンターでの使用を考えると、認識処理のスループット(一定時間に何枚の画像の処理ができるか)の測定も必要になります。

画像認識だけでなく、自然言語認識などの多種のAIが使われるようになってきており、これらの処理性能を測定することも必要になってきています。このような各種のベンチマークを実施することを目指して、開発が行われているのが「MLPerf」というベンチマークです。

ILSVRCの性能測定

ILSVRCのイメージのカテゴリ認識は、1000種のカテゴリのどれが写真に写っているかを正しく答えるという問題です。ニューラルネットワークの出力はカテゴリごとに出力が設けられており、それぞれのカテゴリの出力はそれが正解であると思うマシンの自信を示す数値になっています。

ILSVRCでは120万枚の写真を使って学習し、その後、これまでに見たことのない5万枚の写真を見て、それらに何が写っているのかカテゴリを答えます。これは学習がうまく行われており、はじめて見た写真にも対応することができることを確認するために行うものです。

これで推論用の重みの学習は終わりで、本番では10万枚の新しい写真を見て写っているもののカテゴリを答えます。回答したカテゴリの上位5位までに正解が含まれている場合を正しく認識したと判定します。まったく種類が違うカテゴリと間違えるケースはともかく、動物や植物図鑑を見ると、外見が似ていて、素人にはどこが違うのかわからないが別の種類という場合も多くあるでしょう。犬を例にすると、100種以上の犬種の犬の写真があるので、正しい犬種を判別するのは容易ではありません。したがって、上位5位までに正しいカテゴリが入っていれば正解というのも、あながち甘い基準とも言えないでしょう。

MLPerfベンチマーク　学習と推論

ディープラーニングを実行する場合の性能を測るベンチマークとして、**MLPerf**[注14]が開発されています。ILSVRCでは写真画像のカテゴリの認識と、それが写真のどの部分にあるかという枠を付けるという問題だったのですが、MLPerfではそれらに加えて機械翻訳や強化学習などのベンチマークも作られようとしています。

数値計算のベンチマークの場合は、計算結果が規定された誤差の範囲内に収まっていれば正しい実行で、その計算の実行時間を測定して性能を競うということで、基準ははっきりしていますが、たとえば機械翻訳の場合は、どの訳を正解とすべきかからして、それほど簡単ではありません。

現在、ディープラーニング/マシンラーニング関係者の間では**MLPerf**が最も支持が多いベンチマークです。MLPerfには**学習**(*Training*)と**推論**(*Inference*)の2つの種類のベンチマークがあります。学習はニューラルネットワークが期待するような認識ができるように、各入力の重みを決めるという作業で、推論は学習のできたニューラルネットワークを使って、画像認識であれば何の画像であるか識別するという作業です。

本書原稿執筆時点では、推論のベンチマークは0.7版、学習のベンチマークも(0.6版を飛ばして)0.7版となっています。両者とも現在の版は「0.7」ということから、まだ、ディープラーニングのベンチマーク作りは道半ばです。そして、データベースに登録されているベンチマーク結果はNVIDIAのものが大半で、他社のものは現状はそれほど多くはありません[注15]。

注14　URL https://mlperf.org

注15　その理由は、ベンチマークプログラムを使って性能測定を行う方法が複雑で、高い性能を得るためにはチューニングに手間が掛かるということと、測定結果を登録して公表すると、それを見たライバル企業がより良い結果を登録すると競争上不利になるので、様子見の会社が多いからではないかと思われます。

Closed DivisionとOpen Division

MLPerfのベンチマークには、大きく分けて「Closed Division」と「Open Division」という2つの種別があります。大雑把にいうと、Closed DivisionはMLPerfのリファレンス実装として用意されているものと同じ方法でベンチマークを実行するものです。一方、Open Divisionは前処理やモデルの構造、学習の方式などは変えても良く、決められた品質の答えが得られれば良いという自由度の高い実行の方式です。ただし、より詳細な規定があるケースもあり、実際にベンチマークを実行する際には事前にRules[注16]などを読み、ベンチマークのワークグループに入って主催者と連絡が取れる状態になってからから行うと良いでしょう。

本節では、おもにClosed Divisionの測定結果をベースに解説を進めます。Closed Divisionの学習の場合の数値フォーマットはFP64、FP32、FP16とBF16の使用は承認されていますが、INT8とUINT8の使用が認められているのはMinigoベンチマーク(後述)の場合だけとなっています。

MLPerfの学習ベンチマーク

表8.2は、本書原稿執筆時点でMLPerfの**学習**(*Training*)に使われる8つのベンチマークの一覧です。学習の場合はFP32でのClosed Divisionの学習の99%の精度を達成すれば、学習が終了したと判定されます。

❶のベンチマークはILSVRCにも使われたImageNetの画像認識で、使用するニューラルネットワークはResnet-50 v1.5というネットワークです。認識の品質がTop-1精度で75.9%以上となると学習が終了で、その99%を達成するのにかかった時間が学習時間(分単位)として測定されます。

❷と❸のベンチマークは対象物の検出で、それが写真の中のどこにあるのかを示す枠を正しく付けることが要求されます。❷はCOCO 2017というデータセットを使い、使用するニューラルネットワークはSSD-ResNet34です。学習の品質としてはmAP(*mean Average Precision*、平均適合率)が23%となっており、それの99%以上を達成するまでの学習時間を測定します。

❸もCOCO 2017の画像認識ですが、より規模が大きい問題となっています。

注16 URL https://github.com/mlperf/training_policies/blob/master/training_rules.adoc
URL https://github.com/mlperf/inference_policies/blob/master/inference_rules.adoc

❹と❺のベンチマークは英語とドイツ語の間の翻訳で、❹はGNMTというニューラルネットワークを使い、❺はTransformerというニューラルネットワークを使います。BLEUはIBMの研究者が提案した機械翻訳の自動品質評価法のスコアです。それぞれのベンチマークで規定するBLEU値を実現するまでの学習時間を測定します。

❻のベンチマークはWikipediaから集めた文章を理解する自然言語処理で、❼は気に入りそうなWebショッピングの候補などを推薦するレコメンデーションシステムのベンチマークです。❽の強化学習のベンチマークはMinigoというニューラルネットワークで、囲碁のPre-trainedのチェックポイントに対して50%以上の勝率が得られるかどうかで学習の終了を判定しています[注17]。

表8.2　MLPerf v0.7の学習(Training)のベンチマーク(8種)

Benchmark	Dataset	Quality Target	Reference Implementation Model
❶Image classification	ImageNet (224 × 224)	75.9% Top-1 Accuracy	Resnet-50 v1.5
❷Object detection (light weight)	COCO 2017	23% mAP	SSD-ResNet34
❸Object detection (heavy weight)	COCO 2017	0.377 Box min AP、0.339 Mask min AP	Mask R-CNN
❹Translation (recurrent)	WMT English-German	24.0 BLEU	GNMT
❺Translation (non-recurrent)	WMT English-German	25.0 BLEU	Transformer
❻Natural Language Processing	Wikipedia	0.712 Mask-LM accuracy	BERT
❼Recommendation	1TB Click Logs	0.8025 AUC	DLRM
❽Reinforcement learning	Go	50% win rate vs. checkpoint	Minigo

MLPerfの推論ベンチマーク　データセンター向けのフルセットのベンチマーク

MLPerfの**推論**(*Inference*)には、**表8.3**に示した6つのベンチマークがあります。これはデータセンター向けのフルセットのベンチマークです。

注17　このベンチマークは強化学習で、ベンチマークするモデルと事前に学習させたモデル(*Pre-trained checkpoint*)とを繰り返し対戦させて学習させます。そして、勝率が50%を超えればベンチマークモデルの学習は終了です。

なお、たとえば商品のレコメンデーション(*Recommendation*)はデータセンターでは使われるけれども、エッジでは使われない、あるいは性能要件が異なるというように、用途別にベンチマークが分かれる場合があります。そのため、用途によって実行するベンチマークを選択したエッジ向けのスイートやモバイル向けのスイートといったベンチマークも作られています(後述)。

表8.3の❶のベンチマークはImageNetの画像データをResNet-50 v1.5で認識するもので、FP32で演算した場合の99%の正解率を達成する必要があります。そして、推論の場合は問い合わせに回答するまでの待ち時間が重要なので、Serverの場合は、待ち時間が規定されています。

また、❷1200×1200の画像の認識や、❸医療用画像の認識というベンチマークが入っています。そして、❹のベンチマークはスピーチの認識、❺は言語の処理、❻はWebなどで過去の閲覧履歴などからそのユーザーの興味のありそうな商品の推奨というベンチマークです。

データセンター向けのスイートでは、この6種のシナリオがすべて入っていますが、エッジ向けスイートでは商品のレコメンデージョンのシナリオは含まれていません。また、モバイル向けのスイートでは、医療画像の認識、

表8.3 MLPerf v0.7のデータセンター向の推論(Inference)のベンチマークプログラム(6種)

Area	Task	Model	Dataset	Quality	Server latency constraint
Vision	❶Image classification	ResNet-50 v1.5	ImageNet (224×224)	99% of FP32 (76.46%)	15ms
Vision	❷Object Detection	SSD-ResNet34	COCO (1200×1200)	99% of FP32 (0.20mAP)	100ms
Vision	❸Medical image segmentation	3D UNET	BraTS 2019 (224×224×160)	99% of FP32 and 99.9% of FP32 (0.85300 mean DICE score)	N/A
Speech	❹Speech-to-text	RNNT	Librispeech dev-clean (samples < 15 seconds)	99% of FP32 (1 - WER, where WER=7.452253714852645%)	1000ms
Language	❺Language processing	BERT	SQuAD v1.1 (max_seq_len=384)	99% of FP32 and 99.9% of FP32 (f1_score=90.874%)	130ms
Commerce	❻Recommendation	DLRM	1TB Click Logs	99% of FP32 and 99.9% of FP32 (AUC=80.25%)	30ms

スピーチの認識なども省かれています。

また、データセンターでの推論の場合は、「Server」「Offline」という2種類のベンチマークの実行方法が定義されています(後出の表8.7を参照)。Serverは、ポアソン分布の間隔でバラバラと問い合わせが入ってくるというデータセンターでの動作を模擬したベンチマークです。一方、Offlineはすべての問い合わせを実行の開始時にまとめて送り、あとはサーバーの都合で処理を進めていくという実行方法です。

■…………エッジ向けの推論のベンチマークプログラム

続いて、エッジの場合に実行するベンチマークは**表8.4**のとおりです。なお、実行のシナリオとして「Single Stream」と「Multiple Stream」が定義されています(後出の表8.8を合わせて参照)。Single Streamは、システムに一つずつ問い合わせを送り、それが終わると次の問い合わせを送るという実行方法です。Multiple Streamは規定された問い合わせレーテンシごとに一つの問い合わせを行うという実行方法で、規定されたレイテンシ内に回答ができない場合は時間オーバーの問い合わせと数えられます。

表8.4　MLPerf v0.7のエッジ向けの推論のベンチマークプログラム(6種)

Area	Task	Model	Dataset	Quality	Multi-stream latency constraint
Vision	Image classification	Resnet-50 v1.5	ImageNet (224 × 224)	99% of FP32 (76.46%)	50ms
Vision	Object detection (large)	SSD-Res Net34	COCO (1200 × 1200)	99% of FP32 (0.20 mAP)	66ms
Vision	Object detection (small)	SSD-Mobile Nets-v1	COCO (300 × 300)	99% of FP32 (0.22 mAP)	50ms
Vision	Medical image segmentation	3D UNET	BraTS 2019 (224 × 224 × 160)	99% of FP32 and 99.9% of FP32 (0.85300 mean DICE score)	N/A
Speech	Speech-to-text	RNNT	Librispeech dev-clean (samples < 15 seconds)	99% of FP32 (1 - WER, where WER = 7.452253714852645%)	N/A
Language	Language processing	BERT	SQuAD v1.1 (max_seq_len = 384)	99% of FP32 (f1_score = 90.874%)	N/A

■…………モバイル向けの推論のベンチマークプログラム

モバイル向けのスイートでは、**表8.5**の4種のモデルを使います。モバイルデバイスでは使用できるメモリが小さいなど実行に制約があるのでMobileNetやMobileBERTといったモデルが使われます。

表8.5 MLPerf v0.7のモバイル向けの推論のベンチマークプログラム(4種)

Area	Task	Model	Dataset	Mode	Quality
Vision	Image classification	MobileNet EdgeTPU	ImageNet	Single-stream, Offline	98% of FP32 (Top-1：76.19%)
Vision	Object detection	SSD-Mobile NetV2	MS-COCO 2017	Single-stream	93% of FP32 (mAp：0.244)
Vision	Segmentation	DeepLabV3+ (MobileNetV2)	ADE20K (32 classes, 512x512)	Single-stream	97% of FP32 (32-class mIOU：54.8)
Language	Language processing	MobileBERT	SQUAD 1.1	Single-stream	93% of FP32 (F1 score：90.5)

MLPerfに登録された学習ベンチマークの測定結果(v0.7)

MLPerfに登録された学習(および、後出の推論)のベンチマークの測定結果は、`https://mlperf.org`から辿ることができます。本書で取り上げるMLPerf v0.7の測定結果は`https://mlperf.org/training-results-0-7`に置かれています。この中の主要な部分を抜き出したのが**表8.6**です[注18]。

ImageNetの画像認識はNVIDIAのV100を4チップ使うDell/EMCのシステム「0.7-9」での学習時間は154.04分、最大規模の1840チップのA100 GPUを使う「0.7-37」の学習時間は0.76分となっています。

目立つ高性能のシステムとしては、Shenzen InstituteのHuawei Ascendアクセラレータを512個使うシステム「0.7-3」の1.59分という結果が登録されています。

なお、GoogleのTPU v3を4096個使用するシステムが0.47分という最も速い結果を出していますが、このシステムはGoogleの研究用システムという位置づけで社外からは使用できないシステムとなっています。このため、NVIDIAは商用のシステムでは全勝と宣伝しています。

一方、NVIDIAのTesla A100 GPUを1840個使うシステムの測定結果は0.76分で、TPU v3チップを4096個使用するシステムは0.47分ですから、性能がチップ数比例と仮定すると、チップ当たりの性能はTPU v3が1942分に対して

注18　表8.2の❶❷を掲載しています。❸〜❻の結果は公式のMLPerf v0.7の結果を参照してください。

A100は1398分となり、A100の方が1.4倍弱速いという感じです。

しかし、Wikipediaのデータを使った自然言語処理では、TPU v3 4096チップで0.39分に対してA100 2048個のシステムでの最速の結果は0.81分となっており、このケースではTPU v3チップの方が4%程度速いという結果になっており、問題によって向き不向きがあります。

表8.6 学習ベンチマークの測定結果(MLPerf v0.7、Closed Division、抜粋)

ID		Accelerator	#(数)	Benchmark results (minutes)		
				Task	Image classification	NLP
	Submitter			**Data**	ImageNet	Wikipedia
	System			**Model**	ResNet	BERT
Available in cloud						
0.7-3	Shenzhen Institutes of Advanced Technology	Huawei Ascend910	512		1.59	-
	modelarts_512_0					
Available on-premise						
0.7-9	Dell EMC	NVIDIA Tesla V100-SXM2-32GB	4		154.04	-
	C4140					
0.7-37	NVIDIA	NVIDIA A100 -SXM4-40GB (400W)	1840		0.76	-
	dgxa100_n230_ngc20.06_MXNet					
0.7-38	NVIDIA	NVIDIA A100 -SXM4-40GB (400W)	2048			0.81
	dgxa100_n256_ngc20.06_PyTorch					
Research, development, or internal						
0.7-65	Google	Google TPU v3	4096		0.47	0.4
	TPU					
0.7-67	Google	Google TPU v3	4096		0.48	0.39
	TPU					

MLPerfに登録された推論ベンチマークの測定結果(v0.7)

本書で取り上げるMLPerf v0.7の推論ベンチマークの測定結果は、`https://mlperf.org/inference-results-0-7`に置かれています。推論ベンチマークはデータセンター向け、エッジ向け、モバイルフォン向け、モバイルノートブック(ノートPC)向けと4種類のスイートがあります。

■デ−タセンタ−向けの推論性能

表8.7は、データセンター向けスイートの主要部分の測定結果を抜粋したものです[注19]。

「0.7-96」は富士通のシステムの測定結果で、Xeon Goldが2チップにNVIDIAのT4 GPUが4個付いているという標準的なシステムです。画像分類のベンチマークのServerモードのスコアは22,257クエリ/秒(*queries/s*)となっています。このスコアはT4 GPU 4個のシステムとしては標準的な値です。

そして、物体検出(*Object detection*)のスコアは492クエリ/秒となっています。

データセンター向け推論で性能が高い登録値を出しているシステムとして、

注19 表8.3の❶❷を掲載しています。❸〜❻の結果は公式のMLPerf v0.7の結果を参照してください。

表8.7 推論ベンチマークのデータセンター向けスイートの測定結果(MLPerf v0.7、抜粋)

ID	Submitter	Processor	#(数)	Results				
				Task	Image classification		Objectdetection (large)	
				Data	ImageNet		COCO	
				Model	ResNet		SSD-Large	
				Accuracy (%FP32 ref)	99		99	
				Scenario	Server	Offline	Server	Offline
	System	Accelerator	#(数)	Units	queries/s	samples/s	queries/s	samples/s
CATEGORY: Available								
0.7-88	DellEMC	Intel Xeon Gold 6252 CPU @ 2.10GHz	2		21003	25141	510	568
	Dell EMC PowerEdge XE2420(4 × T4)	NVIDIA T4	4					
0.7-96	Fujitsu	Intel Xeon Gold 6226R CPU @ 2.90GHz	2		22257	24663	492	557
	PRIMERGY RX2540 M5 4 × T4	NVIDIA T4	4					
0.7-97	Inspur	AMD EPYC 7742	2		262305	303264	7546	7926
	NF5488A5	NVIDIA A100-SXM4	8					

「0.7-97」のInspurのシステムがあります。このシステムはNVIDIAのA100 GPUを8個使っています。このシステムの画像分類のベンチマークのServerモードスコアは262,305クエリ/秒となっています。こちらはA100 GPUを8個使っているので、T4を4個使用の富士通の「0.7-96」のシステムの12倍程度の性能となっています。

■………エッジ向けの推論性能

表8.8はエッジ向けのスイートの主要部分の測定結果を抜き出したものです。

「0.7-146」はGigabyteのエッジサーバーシステムの測定結果です。このシステムはCPUにはAMDのEPYC 7742を2チップ使い、それにNVIDIAのPCI接続のA100 GPUを1個というシステムになっています。登録された性能はSingle Streamでは0.52ms、Multiple Streamでは1,344 Stream、Offlineでは32,008サンプル/秒(*samples/s*)となっています。

一方、Atosの「0.7-130」のシステムは2個のT4 GPUを使うシステムで、Single Streamでは1.26ms、Multiple Streamの結果の登録はありません。そして、Offlineでは11,762サンプル/秒でA100 GPUを使う「0.7-146」と比べて2.7分の1の性

表8.8　推論ベンチマークのエッジ向けスイートの測定結果(MLPerf v0.7、抜粋)

ID	Submitter	Processor	# (数)	Results			
				Task	Image classification		
				Data	ImageNet		
				Model	ResNet		
				Accuracy (%FP32 ref)	99		
				Scenario	Single Stream	Multiple Stream	Offline
	System	Accelerator	# (数)	Units	latency in ms	streams	samples/s
CATEGORY: Available							
0.7-130	Atos	Intel Xeon D-2187NT CPU @ 2.00GHz	1		1.26	-	11,762
	BullSequana Edge server (2 × T4)	NVIDIA T4	2				
0.7-146	NVIDIA	AMD EPYC 7742	2		0.52	1,344	32,008
	Gigabyte G482-Z52 (1 × A100-PCIe, TensorRT)	NVIDIA A100-PCIe	1				

能で、レーテンシも2倍以上となっています。

このカテゴリはエッジ用のサーバーシステムですから、A100 GPUを複数使うような大規模なシステムは入っていません。

■…………モバイルフォン向けの推論性能

MLPerfのv0.7のモバイルフォン向けスイートの推論結果には、XiomiのDimensity 820プロセッサ、Snapdragon 865+プロセッサを使うAsusのROGPhone 3、SamsungのExynos 990プロセッサを使うGalaxy Note 20 ULTRAの3機種の測定結果が登録されています(**表8.9**)。

MobileNetEdgeを用いた画像認識はDimensity 820が337.84フレーム/秒(*frames/s*)、Snapdragon 865+が248.76フレーム/秒、Exynos 990が338.98フレーム/秒となっています。SSD-MobileNetv2を使う物体検出は、それぞれ、191.94フレーム/秒、133.33フレーム/秒、105.60フレーム/秒となっており、3機種の中で性能の順序は入れ替わっています。

一方、会話型のインターフェースに使われる自然言語解析の性能

表8.9 推論ベンチマークのモバイルフォン向けスイートの測定結果(MLPerf v0.7)

ID	Submitter	Processor	Results			
			Task	Image classification	Object detection	Natural Language Processing
			Data	ImageNet	COCO	SQuAD v1.1
			Model	Mobile NetEdge	SSD - Mobile Netv2	MobileBERT
			Scenario	Single Stream	Single Stream	Single Stream
	Device	Accelerator (s)	Units	frames/s	frames/s	samples/s
CATEGORY: Available						
0.7-399	MediaTek	Dimensity 820		337.84	191.94	3.85
	Xiaomi Redmi 10X 5G	APU 3.0/GPU				
0.7-400	Qualcomm	Snapdragon 865+		248.76	133.33	6.29
	Asus ROG Phone 3	Hexagon 698 Processor				
0.7-401	Samsung Electronics Co. (SEC)	Samsung Exynos 990		338.98	105.6	8.08
	Samsung Galaxy Note 20 ULTRA, SM-N985F	NPU (Neural Processing Unit), GPU, CPU				

(MobileBERT)は、Dimensity 820が3.85フレーム/秒、Snapdragon 865+が6.29フレーム/秒、Exynos 990が8.08フレーム/秒となっていて、Exynos 990は自然言語解析の性能が他の2機種より高くなっています。

■………モバイルノートブック(ノートPC)向け推論性能

MLPerf 0.7の推論ベンチマークのモバイルノートブック(ノートPC)のカテゴリにはIntelのi7-1165G7 SoCを使う一機種しか登録されていません(**表8.10**)。このSoCはIntelの新GPUアーキテクチャのX^{e}_{LP}グラフィックスコアが搭載されています。

そのIntel SoCの性能ですが、MobileNetEdgeを使う画像認識では523.56フレーム/秒、SSD-MobileNetv2を使う物体検出では221.24フレーム/秒、MobileBERTを使う自然言語解析では13.05フレーム/秒という性能が登録されています。モバイルノートブック向けはモバイルフォン向けのカテゴリよりも許容できる消費電力が大きいので当然とも言えますが、Intelのi7-1165G7 SoCを使うモバイルノートは、モバイルフォンカテゴリの3機種よりも高いMLPerf性能を示しています。

ただし、モバイルフォンもモバイルノートブックも人間とのインターフェースであるので、一定の速度があれば十分で、それよりもバッテリの消費量が問題という面がありそうで、どのような発展を遂げていくのか興味深いところでしょう。

表8.10　推論ベンチマークのモバイルノートブック向けスイートの測定結果(MLPerf v0.7)

ID	Submitter	Processor	Results			
			Task	Image classification	Object d etection	Natural Language Processing
			Data	ImageNet	COCO	SQuAD v1.1
			Model	Mobile NetEdge	SSD - MobileNetv2	MobileBERT
			Scenario	Single Stream	Single Stream	Single Stream
	Device	Accelerator (s)	Units	frames/s	frames/s	samples/s
CATEGORY: Preview						
0.7-402	Intel	i7-1165G7		523.56	221.24	13.05
	Intel 11th Gen Intel Core	Integrated X^{e}_{LP} Graphics				

8.4 エクサスパコンと NVIDIA、Intel、AMDの新世代GPU

最先端のコンピュータが牽引する新技術

2022〜2023年にかけて、米国の「ExaFlopsスーパーコンピュータ」(**エクサスパコン**)が姿を現す予定です。

GPU大手のNVIDIAはエクサスパコンの受注は逃し、Lawrence Berkeley National Laboratory(ローレンスバークレイ国立研究所)に設置されるプレエクサのPerlmutterスーパーコンピュータのGPUを受注しました。

Argonne National Laboratory(アルゴンヌ国立研究所)に設置されるAuroraスーパーコンピュータのCPU、GPUはIntelが受注しており、Sapphire Rapids CPUとX^eアーキテクチャのPonte Vecchio GPUが使われると発表されています。

そして、Oak Ridge National Laboratory(オークリッジ国立研究所)に設置されるFrontierスーパーコンピュータのCPUとGPUはAMDが受注しました[注20]。また、Lawrence Livermore National Laboratory(ローレンスリバモア国立研究所)に設置されるEl CapitanスーパーコンピュータもAMDのCPUとGPUを使うと発表されています。

Perlmutter Lawrence Berkeley National Laboratoryに設置

宇宙の膨張が加速していることを観測から証明してノーベル賞を受賞したSaul Perlmutter教授はUniversity of California, Berkeley(UCB)の教授で、ここに設置されるプレエクサのスーパーコンピュータは教授の名前にちなんで「Perlmutter」と命名されています。

本書原稿執筆時点では、Perlmutterは**図8.20**のような構成図が公表されている状況です。図8.20によると、設置はフェーズ1とフェーズ2に分けて実施されることになっています。

注20 本書原稿執筆時点でCrayのShastaスーパーコンピュータであることは発表されていますが、そのほかの詳しい発表はこれからのようです。

そして、フェーズ1ではAMDのEPYC Milan CPUを1個、256GBのメモリと4台のNVIDIAのAmpere A100 GPUを搭載した計算ノードを使い、GPUの総数は6,000台以上となっています。1ノードにGPUは4個ですから、1500ノード以上のシステムということになります。これにオールフラッシュの容量35PB、バンド幅5+TB/sのストレージが付きます。

フェーズ2では、512GBのメモリに2個のAMD Milan CPUを使うCPUオンリーの計算ノードを3,000ノード以上増設する計画になっています。

そして、Perlmutterのシステム全体を受注したのはHPEのCray部門です。したがって、このシステムはCrayのShastaスーパーコンピュータで、これらの計算ノードの間を繋ぐのはCrayのSlingshotインターコネクトです。

本書原稿執筆時点で、Perlmutterスーパーコンピュータのフェーズ1の納入予定は2020年末でエクサスパコンよりも早い時期で、NVIDIAは2020年6月にAmpere A100 GPUを発表しました。

図8.20　プレエクサスパコン「Perlmutter」の構成※

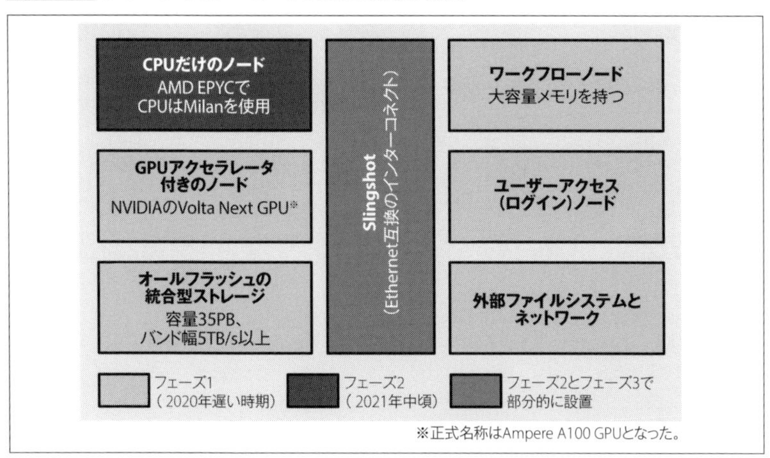

※　出典：「Perlmutter」 URL https://www.nersc.gov/systems/perlmutter/
　AMDのMilan CPUとNVIDIAのAmpere GPUを使うCrayのShastaスーパーコンピュータ。

NVIDIAのAmpere A100 GPU

V100 GPUは12nmプロセスを使って作られる815mm^{2}という巨大チップで、211億トランジスタを集積していました。これに対してA100 GPUは2020年

5月発表で、A100の発表はV100からは3年ぶり[注21]となります。A100は7nmプロセスで826mm^{2}のチップで、540億トランジスタを集積しています。

NVIDIA GPUはAIだけでなく、巨大チップで汎用をめざす

8.1節で取り上げたGoogleのTPUはディープラーニングの学習と推論計算を効率良く実行する専用のチップですが、NVIDIAのA100 GPUはグラフィックスや科学技術計算、データ解析、クラウドゲーミング、遺伝子解析などさまざまな用途のアクセラレータとして使えるように設計されています（**図8.21**）。それが自社のサービスのために作られたGoogleのチップと、あちこちのデータセンターでいろいろな仕事に使われるNVIDIAのGPUチップの根本的な違いです。

図8.21 NVIDIAの想定するGPU向きの処理※

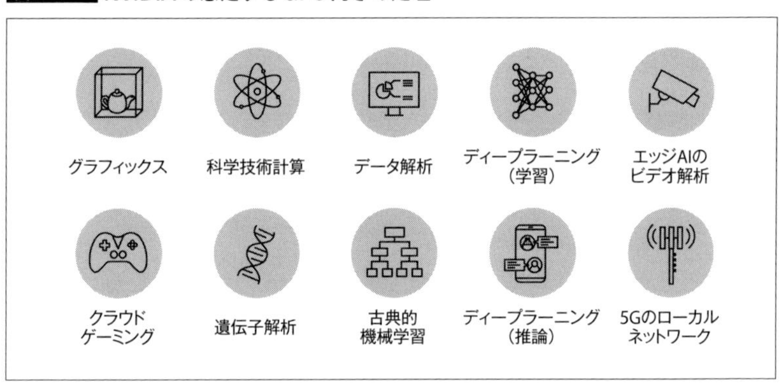

※ 出典：「NVIDIA A100 Tensor Core GPU Architecture」（2020）
Googleはディープラーニングだけを対象にし、NVIDIAは広範な用途/ユーザーを対象としている。

A100 GPUのSXM4モジュール

図8.22に写っているのはNVIDIAのA100 GPUを搭載するSXM4モジュールです。NVIDIAのロゴが付いているのがA100 GPUチップで、隣接して置かれている6個のチップはHBM2メモリです。そして、金色の細長いパッケージは電源モジュールでDC 48Vから約1Vの電圧に変換してGPUに給電してい

注21 その間にTuring GPUがありますが、科学技術シミュレーション用のFP64性能という点では低く、エースナンバーの100番のチップがありませんでした。

ます。従来のモジュールはDC 12Vを使っていましたが、電流が大きいので、SXM4モジュールでは48V給電に変わっています。

図8.22 **A100 GPUを搭載するSXM4モジュール※**

※ 画像提供：NVIDIA URL https://nvidia.com
GPUの周囲に6個のHBM2メモリが配置されている。

■………… A100 GPUのピーク演算性能

表8.11は、A100 GPUのピーク演算性能(クロックをブーストした状態の理論最大演算性能)の一覧です。

表8.11 **A100 GPUのピーク演算性能※1**

Peak FP64 ※2	9.7TFlops	
Peak FP64 Tensorコア ※2	19.5TFlops	
Peak FP32 ※2	19.5TFlops	
Peak FP16 ※2	78TFlops	
Peak BF16 ※2	39TFlops	
Peak TF32 Tensorコア ※2	156TFlops	312TFlops ※3
Peak FP16 Tensorコア ※2	312TFlops	624TFlops ※3
Peak BF16 Tensorコア ※2	312TFlops	624TFlops ※3
Peak INT8 Tensorコア ※2	624TOPS	1,248TOPS ※3
Peak INT4 Tensorコア ※2	1,248TOPS	2,496TOPS ※3

※1 出典：「NVIDIA A100 Tensor Core GPU Architecture」(2020)
※2 ピーク性能はGPUクロックのブースト時の性能。
※3 実行TFlops値はスパーシティー(*Sparsity*)を利用してデータを圧縮した場合の実効的な性能。

「Peak FP64」のように示されているのはSMの汎用の演算器を使った場合の

性能で、「Tensorコア」と書かれているのはTensorコアを使って行列演算を行った場合の性能です。行列演算の場合はレジスタファイルに入っている値を使い廻せるので、メモリアクセスを減らしてTensorコアの演算器をフル稼働して性能を稼ぐことができます。

表8.11の下方の5つの欄は2つの数字がありますが、右側の数字は疎行列の性質を利用して演算数を半分に減らした場合の性能です。A100 GPUのTensorコアは「Structured Sparsity」(後述)という機能を持っていて、入力行列の連続4要素のうち2要素をゼロと見なして演算量を半減することができます。しかし、圧縮前の行列で考えれば単位時間に2倍の演算を行っていることと等価ですから、右側にStructured Sparsityを使った場合の性能として2倍のFlops値やTOPS値が書かれています。

A100 GPUのブロック図

図8.23はA100 GPUのブロック図で、図中の中ほどにある帯状のL2キャッシュと二重の縦線でチップは8つに分割されています。

図8.23 A100 GPUのブロック図※

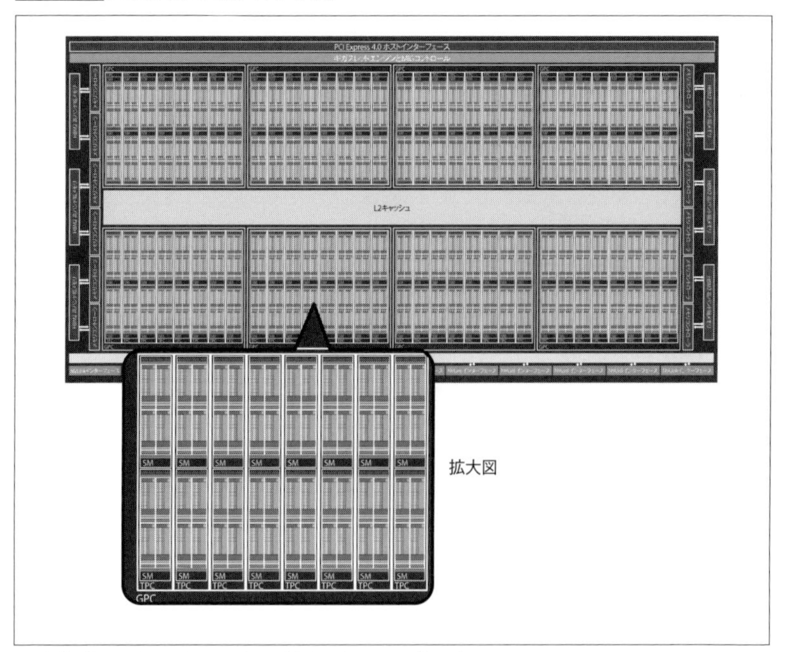

※ 出典:「NVIDIA A100 Tensor Core GPU Architecture」(2020)

このそれぞれがGPCで、一つのGPCには16個のSMが入っています。GA100 GPUチップ全体では128個のSMがありますが、20個のSMは冗長で、A100としては108個のSMがあるという仕様になっています。また、6個のHBM2を搭載していますが、1個分は冗長で、仕様上はA100に接続されるHBM2は5個となっています。

また、物理的にはHBM2は6個搭載されていますが、A100のメモリは40GBで、HBM2の5個分の容量となっています。HBM2側には冗長メモリが追加されており、48GBの容量の完全良品が納入されると考えられますので、1個分はL2キャッシュやメモリコントローラの不良救済のために使っていると考えられます。

■ A100 GPUのSM

図8.24は、A100 GPUの1個のSMのブロック図です。SMの演算部には4つの同じブロックがあり、このブロックにはL0命令キャッシュ、ワープスケジューラ、ディスパッチユニットという命令制御機構とレジスタファイル、INT32演算器、FP32演算器、FP64演算器、Tensorコア、SFUといった演算器と8個のロード/ストアユニットが含まれています。

■ A100 GPUの主要な改良点

大きな改良点は、A100 GPUの各SMには256個のFP16の積とFP32の加算を行うTensorコアが4個搭載され、クロックあたり1024回の積和演算を実行できるようになったところです。これは、Volta SMのTensorコアの2倍の性能です。

また、PascalではSMの演算器はINT32かFP32のどちらかの演算を行う演算器で、両方を同時に実行することはできませんでした。しかし、Volta GPUでは、INT32の演算器とFP32の演算器を独立させて両方を同時に計算できるようになり、A100 GPUも同じです。FP32の計算が連続するループでもループ回数の計算やインデックスの計算などがあるのでINT32の計算が必要になります。このとき、INT32とFP32が同時に演算できると20～30%性能を向上させられるとのことです。

そして、V100のTensorコアはFP16形式の入力だけでしたが、A100のTensorコアではFP16に加えてBF16、TF32、FP64 、INT8、INT4、INT1も使用できるようになりました。

図8.24 A100 GPUの1個のSMのブロック図※

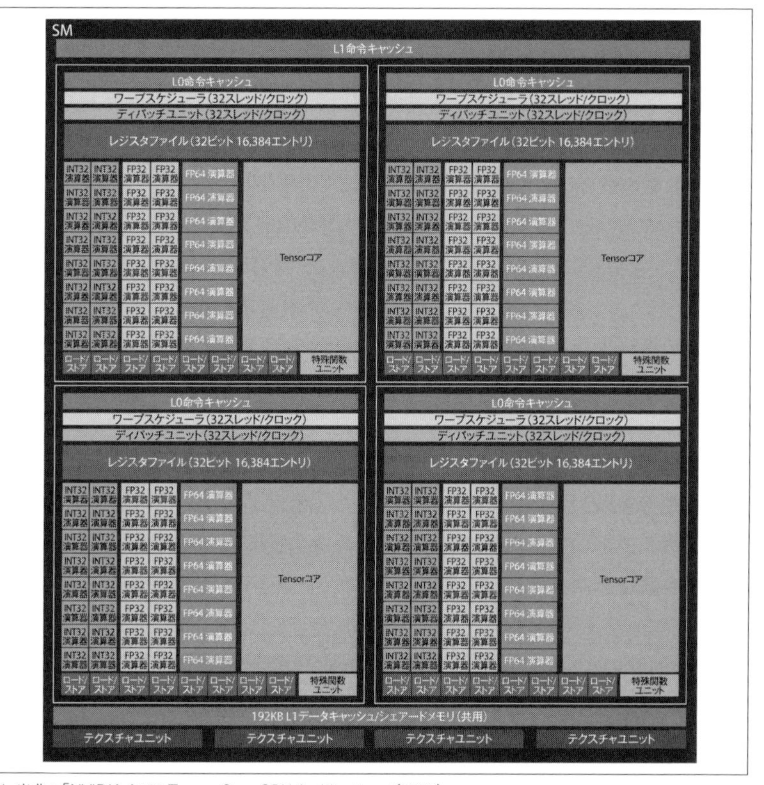

※ 出典:「NVIDIA A100 Tensor Core GPU Architecture」(2020)
演算部分は4つの同じブロックがあり、Tensorコアが4個になり、FP16の場合、全体としては1024積和/サイクルと2倍の演算性能となった。また、Voltaと同様にFP32とINT32演算器が分離され両方の演算を同時に演算できるようになった。

FP64とFP16はIEEE 754に規定されている浮動小数点数のフォーマットで、数値の精度を決めるFracのビット数と数値の範囲を決めるExpのビット数は一般的な数値計算に適したビット配分となっています。これに対して、BF16やTF32はディープラーニング計算をターゲットとしてビット配分した数値フォーマットになっています。

■ A100 GPUの分割運用

A100 GPUはMulti-Instance GPU(MIG)ということで、最大7個の小さなGPUに分割して使うことができます。GPC単位に分割すれば、他のGPCの動作状態が別のGPCに与える影響はほとんどなくなるので、これまでのNVIDIA GPUの仮想的な分割と違って、隣のユーザーがヘビーな仕事をすると自分のGPCでの動作が遅くなってしまうというようなことは起こりません。したがって、応答時間にシビアな感覚を持つプロにも使ってもらうことができます。逆にいえば、NVIDIA GRIDのような仮想分割では満足できないユーザーがいるので、このようなGPC分割という機能が開発されたとも考えられます。

この分割ですが、冗長分があるので8個のGPCにはならず、最大7ユーザ分割となっています。A100は108SMですから、7個のGPCに16SMを持たせるには4SM不足です。NVIDIAによると、MIGを使う場合はTPCあたりのSMは14個になるとのことです。

なお、1つのMIGインスタンスに複数のGPCを割り当て、強力なGPUを使えるようにすることもできます。

A100と前世代のV100のピーク演算性能の比較

図8.25は、V100 GPUとA100 GPUのピーク性能を比較しています。V100とA100 GPUの浮動小数点演算のフォーマットと演算のTOPS値とFFMA命令の性能と比較した倍率をまとめてあり、最後の2列はStructured Sparsityを使って性能を2倍に引き上げた場合の性能と倍率です。

図8.25 V100とA100 GPU演算のTOPS値とFMMA命令の性能比※

	入力変数	アキュムレータ	TOPS値	FFMA演算との性能比	疎行列のTOPS値	FFMA演算と疎行列の演算との性能比
V100	FP32	FP32	15.7	1×	-	-
V100	FP16	FP16	125	8×	-	-
A100	FP32	FP32	19.5	1×	-	-
A100	TF32	FP32	156	8×	312	16×
A100	FP16	FP32	312	16×	624	32×
A100	BF16	FP32	312	16×	624	32×
A100	FP16	FP16	312	16×	624	32×
A100	INT8	INT8	624	32×	1248	64×
A100	INT4	INT4	1248	64×	2496	128×
A100	BINARY	BINARY	4992	256×	-	-
A100	IEEE FP64		19.5	1×	-	-

（補足）入力変数（*Input operands*）とアキュムレータの欄は、Fractionのビットは ▯、Exponentは ▯、Signは ▮。
区別のない整数は ▯。

※ 出典：「NVIDIA A100 Tensor Core GPU Architecture」(2020)
A100の1行め（入力変数：FP32）はTensorコアの性能値ではなく、汎用演算器を使った場合の参考値。
また、A100の最後の2欄はStructured Sparsityを使った場合のTOPS性能と性能倍率。

A100では、ニューラルネットワークの計算にフォーカスして大幅に性能を引き上げていることがわかります。図8.25では、A100 GPUの方はStructured Sparsityを使わない場合と使った場合の両方で比較しています。

学習の平均的な使い方と思われるA100 TF32 Tensorコアでは156TFlopsで、V100でのFP32での計算と比べて10倍の性能となります。INT8での推論は、A100でTensorコアを使った場合は624TOPSの性能となります。これもV100でINT8で計算した場合と比べて、10倍速い計算能力です。

そして、Structured Sparsityを利用するとA100の性能はさらに2倍になり、V100と比較して20倍の性能になります。Structured Sparsityを使うと厳密には同じ計算を行っているわけではありませんが、推論計算のベンチマークの認識率ではほぼ同じ結果が得られていますから、ほぼ同じ計算量とみなしています。

つまり、ディープラーニング計算を行う場合、実用的にはA100はV100に比べて20倍の処理性能を持っているというわけで、A100はニューラルネットワークの計算にフォーカスして大幅に性能を引き上げていることがわかります。

ニューラルネットワーク計算用のBF16とTF32フォーマット

ニューラルネットの計算では、「数値の精度はそれほど必要ないが、数値の範囲は多く必要」という特性があります。このため考えられたのが、Exp (*Exponent*)はFP32と同じ8ビットとして、Frac(*Fraction*)を7ビットに切り詰めて全長を16ビットに収めた**BF16**(*Brain Float 16*)です(**図8.26**)。

図8.26 FP32とA100のサポートする3種類の浮動小数点数のフォーマットの関係※

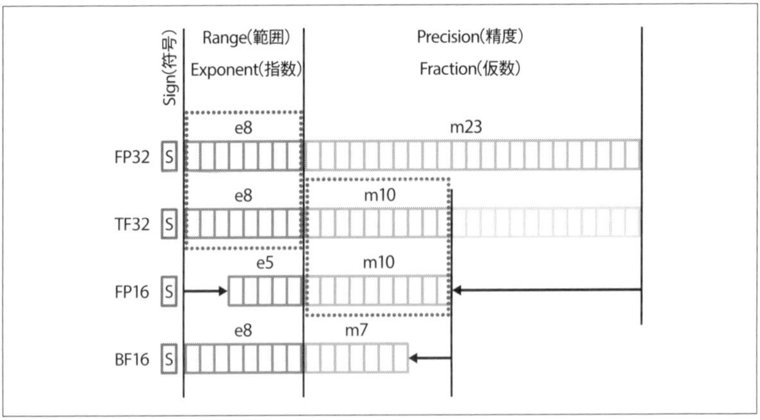

Sign(符号)
Range(範囲)
Exponent(指数)
Precision(精度)
Fraction(仮数)
FP32 S e8 m23
TF32 S e8 m10
FP16 S e5 m10
BF16 S e8 m7

※ 出典:「NVIDIA A100 Tensor Core GPU Architecture」(2020)

TF32（*Tensor Float 32*）はNVIDIAがA100 GPUで採用したフォーマットで、ExpはFP32と同じ8ビットで、FracはFP16と同じ10ビットというフォーマットです。FP32に比べるとFracの長さが短いので、FP32の乗算器に比べてTF32の乗算器は半分以下の面積で作れると思います。このため、NVIDIAはこれまでFP32でモデルを学習していたユーザーがA100を使う場合は、TF32の利用を推奨しています。

TF32フォーマットは全長19ビットですから2のべき乗のサイズのメモリでは格納やアクセスには32ビットを必要とするので、TF32と名付けられています。メモリ上では32ビットですが、A100 GPUに読み込まれると19ビットになり、FP32での計算と同じ数値範囲で演算を行い、数値の精度はBF16より精度の高い10ビットです（**図8.27**）。ということで、ニューラルネットワークの計算ではFP32に近い、使い勝手が得られるとのことです。

図8.27 メモリへの格納はFP32を使い、A100 GPU内部の乗算はTF32で行う

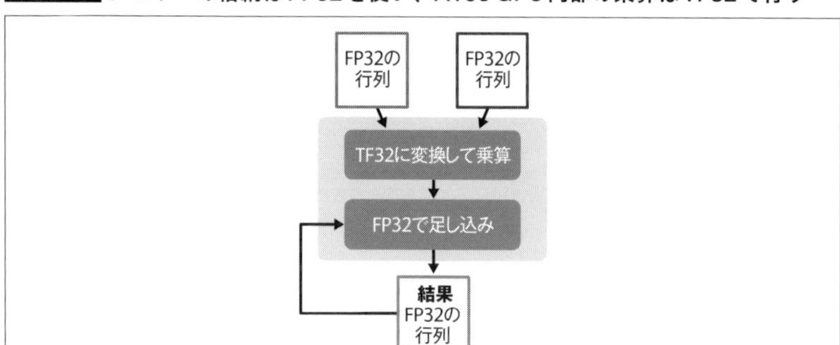

※ 出典：「NVIDIA A100 Tensor Core GPU Architecture」（2020）

■重みの2:4圧縮で、等価的演算性能を2倍に引き上げるStructured Sparsity

NVIDIAの**Structured Sparsity**は、行列の連続4要素のうち、2要素をゼロとして扱うことができます（**図8.28**）。このとき、重みの値に誤差が入るので、精度の低下を抑えるような変換方法を使っていると思われますが、NVIDIAは詳細は公表していません[注22]。

重みを圧縮形で格納すればHBM2に格納する重みのビット数は半分になり、

注22 しかし、後出の表8.12のとおり、12種のニューラルネットワークでの推論では問題にならない程度の精度低下に収まっています。

推論は重みの読み出しが性能のボトルネックなので、重みの読み出しが半分になれば、推論の性能を2倍にできます。

図8.28 A100 GPUは連続4要素の重みのうち2要素をゼロとみなして圧縮を行い、読み出してから4要素に伸長して行列演算を行う※

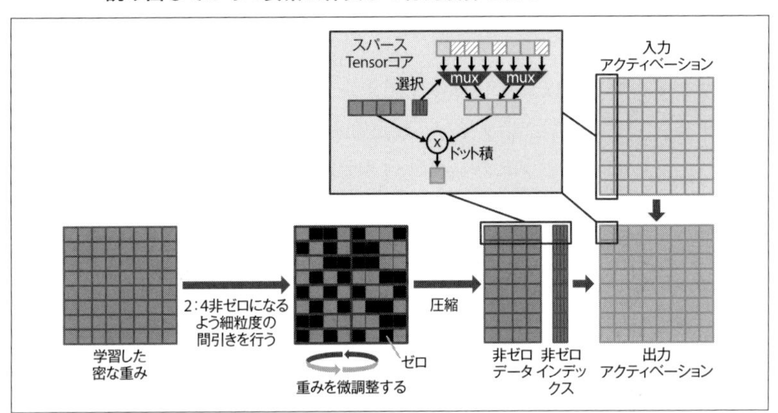

※ 出典：「NVIDIA A100 Tensor Core GPU Architecture」(2020)
NVIDIAのStructured Sparsityは、連続する4要素のうち、2要素のゼロとする。そして、図に示すように、非ゼロの要素のデータとその要素の元の位置を指すインデックスを記憶する。メモリからの重みの読み出しビット数が半分になっているので読み出し時間が半分で済み、演算性能が等価的に2倍になる。読み出した非ゼロ要素の値とインデックス情報を使って、元の行列を再現して出力アクティベーションを計算する。重みの値に誤差が入るが、表8.12(後出)のように、推論の精度にはほとんど変化は見られない。

表8.12は、画像認識、画像検出、自然言語処理の12種類のネットワークで密行列で計算した場合(左)とNVIDIAの2:4圧縮を行った場合(右)です。5種類のネットワークの画像認識はTop-1精度を示します。FP16密行列とFP16の2:4疎行列では、精度はほぼ同じ結果になっています。画像検出でも2種のケースで同じ精度になっています。自然言語処理の2種のケースでは、元のFP16の密行列よりも2:4疎行列化したほうが、若干高い精度が得られています。自然言語モデル化でも、2:4疎行列化した方が少し精度が高くなっています。

BERT BASEでStructured Sparsityを使うと多少スコアが下がっていますが、逆にStructured Sparsityを使った方が多少スコアが上がっているケースも多く、この表からはStructured Sparsityの適用はうまく行っていると言えます。

表8.12　Structured Sparsityの使用の有無と認識精度の比較※1

ニューラルネットワーク	FP16の密行列を使った場合の精度	2：4疎行列化したFP16行列を使った場合の精度
画像分類(学習データセット：ImageNet、精度の指標：Top-1)※2		
ResNet-50	76.6	76.8
Inception v3	77.1	77.1
Wide ResNet-50	78.5	78.4
VGG 19	75.0	75.0
ResNeXt-101-32x8d	79.3	79.5
画像検出(セグメンテーションと検出、学習データセット：COCO 2017、精度の指標：bbox AP)※3		
Mask-RCNN-ResNet-50	37.9	37.9
SSD-R50	24.8	24.8
自然言語処理(学習データセット：En-De WMT'14、精度の指標：BLEU score)※4		
GNMT	24.6	24.9
FairSeq Transformer	28.2	28.5
自然言語モデル化(精度の指標：BPC for Transformer XL on enwik8、F1 score for BERT on SQuAD v1.1)※5		
Transformer XL	1.06	1.06
BERT Base	87.6	88.1
BERT Large	91.1	91.5

※1　出典：「NVIDIA A100 Tensor Core GPU Architecture」(2020)
※2　FP16密行列とFP16の2：4疎行列では精度はほぼ同じ結果になっている。
※3　2種のケースで同じ精度になっている。
※4　2種のケースで、元のFP16の密行列よりも2：4疎行列化したほうが、若干高い精度が得られている。
※5　2：4疎行列化した方が少し精度が高くなっている。

Intelは新アーキテクチャのX^e GPUを投入

Intelは第1世代のGPUを別とすると、CPU内蔵のGPUを作ってきました。CPU内蔵型はノートPCやタブレットなどの携帯機器には良いのですが、高性能のグラフィックスエンジンを作るにはシリコン面積や許容電力が足りません。このため、この市場はNVIDIAやAMDの独占状態が続いていました。

しかし、GPUがグラフィックスだけではなく、科学技術計算やディープラーニングの分野でも広く使われるようになってくると、Intelの牙城(がじょう)であるデータセンターをNVIDIAやAMDのGPUが侵食してきています。これを迎え撃つため、Intelが本格的にNVIDIA、AMDに対抗するGPUとして開発したのがX^e GPUというわけです。

■ X^eアーキテクチャの狙い

X^e GPUは一つのアーキテクチャですが、おもな用途に対応する4つのマイクロアーキテクチャを設けます（**図8.29**）。X^e_{HPC}というのが最上位で、スーパーコンピュータなどに対応します。2022年末にArgonne National Laboratory（アルゴンヌ国立研究所）に納入されるエクサスケールのAuroraスーパーコンピュータが、このX^e_{HPC}アーキテクチャのPonte Vecchio GPUを使うと発表されています。

その次のクラスがX^e_{HP}で、データセンターでのAI処理などに使われることを想定しています。そして、X^e_{HPG}はハイエンドゲーマーからミッドレンジユーザーの上位クラスにも使われると想定しています。そして、X^e_{LP}は現在のIntelのGPUのように、CPUへの組み込みグラフィックスや、エントリー型の独立GPUチップとして使うことを想定しています。

図8.29 一つのアーキテクチャで4つのマイクロアーキテクチャを含む※

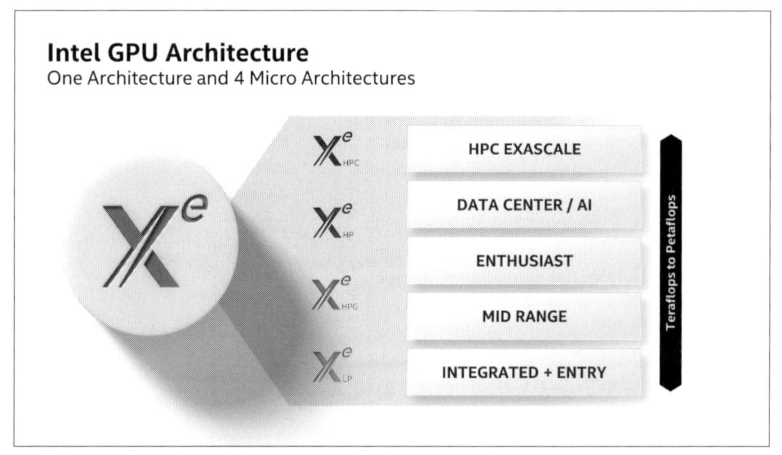

※ 出典：David Blythe「The GPU Architecture」(Hot Chips 32、2020)

■ X^eの構成

全体的な構成は**図8.30**のようになっており、まず、コマンドを解釈するコマンドフロントエンドがあり、コマンドを実行する多数の3D/コンピュートスライスが並んでいます。3D/コンピュートスライスは、3Dグラフィックスで必要になる座標計算やGPUとしての汎用の演算やディープラーニングの計算を行います。

その下に、多数のメディアスライスが並んでおり、その中にはメディア処理の専用機能の処理エンジンが入っています。メディアスライスの次にはメモリファブリックがあります。メモリファブリックはすべての3D/コンピュートスライスやメディアスライスの間を繋いでおり、スライス間のデータのやり取りができるようになっています。そして、メモリファブリックはキャッシュメモリとI/Oインターフェースを内蔵しています。ここでいうI/Oインターフェースは、メモリとのインターフェースを含んでいます。

なお、このレベルのアーキテクチャは、NVIDIAやAMDのグラフィックエンジンもほとんど同じです。

図8.30　**IntelのX^e GPUアーキテクチャの全体構成**※

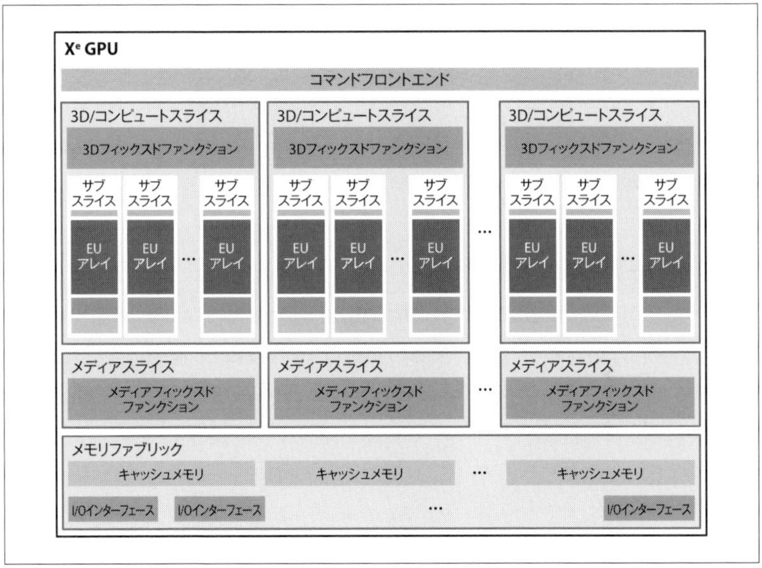

X^e GPU
コマンドフロントエンド
3D/コンピュートスライス
3Dフィックスドファンクション
サブスライス
EUアレイ
…
メディアスライス
メディアフィックスドファンクション
メモリファブリック
キャッシュメモリ
I/Oインターフェース

※　出典：David Blythe「The GPU Architecture」(Hot Chips 32、2020)
3Dフィックスドファンクションは、頂点シェーダやジオメトリシェーダ、テッセレータの制御回路、陰面消去などが含まれている。また、ビデオのデコード、エンコード、ビデオのノイズ除去などはメディアフィックスドファンクションで行われている。

■X^{e}の3D/コンピュートスライス

図8.31はX^e GPUの3D/コンピュートスライスをもう一段詳しく描いたもので、座標計算を処理するジオメトリ、ポリゴン(三角形)の光の反射計算、テクスチャ貼り付けなどのラスター処理、汎用の計算を担当するEUアレイ、Z-バッファや色のブレンドなどの計算を行ってからピクセルへの書き込みなどを実行するピクセルバックエンドなどが入っています。なお、一連のX^e

の図で点線で囲ったユニットはオプションです。

図8.31 X^e GPUの3D/コンピュートスライス※

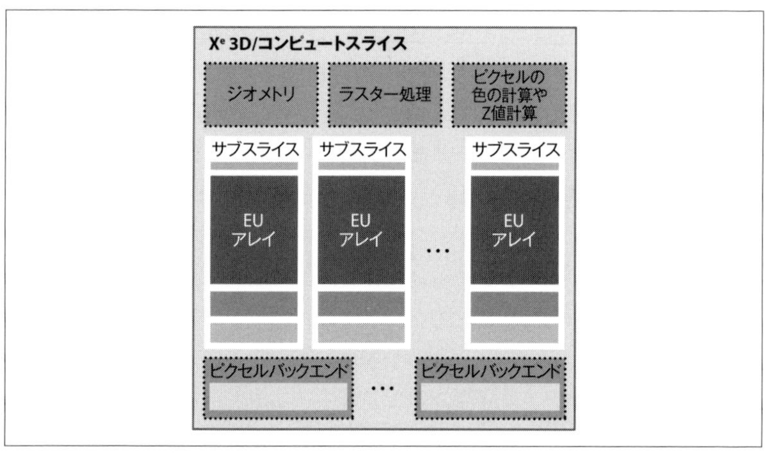

※ 出典：David Blythe「The GPU Architecture」(Hot Chips 32、2020)
計算を行う多数のEUアレイを含んでいる。

X^eのサブスライス

X^eサブスライス(**図8.32**)は、16個のEUと命令キャッシュを持ちスレッドの命令の発行などを行います。演算の実行は16個のEUで並列に実行します。また、X^eサブスライスはロード/ストアユニットや斜め線を滑らかに描く、アンチエイリアスを行うサンプラーやレイトレーシングをサポートする機能などを持っています。

X^eの実行ユニット

X^eの実行ユニット(**図8.33**)はスレッドコントロールや分岐などを各ユニットに送り出すセンド(*Send*)ユニットを持っています。そして、レジスタファイルからオペランドを取り出し、イシューポートを使って演算を実行する演算器に送って演算を行わせます。

X^eの実行ユニットは、FP演算器、INT演算器、超越関数演算器、FP64演算器、マトリクス積和演算器などを持っています。なお、FP64演算器とマトリクス積和演算器を持たせるかどうかはオプションです。これらの資源を使って、イシューポートから発行された演算命令を実行していきます。

■………… X^eのメモリファブリック

図8.34のメモリファブリックは、3D/コンピュートスライスなどとメモリの間を繋ぐものです。3D/コンピュートスライスなどはメモリファブリックのL3キャッシュや大容量のRANBO$を持ち、グラフィックテクノロジーイ

図8.32 X^eサブスライス※

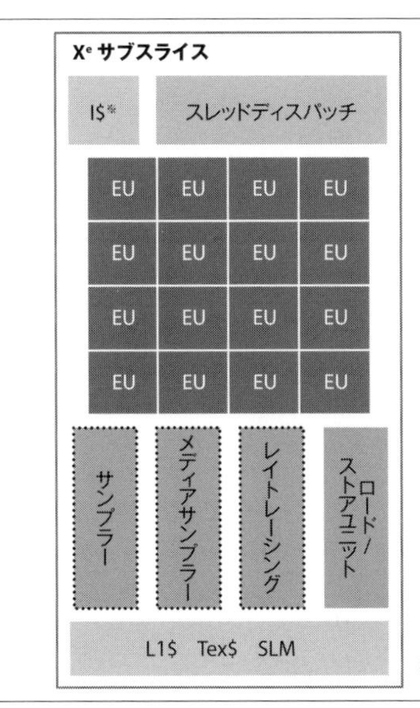

※ 出典：David Blythe「The GPU Architecture」(Hot Chips 32、2020)
X^eサブスライスは16個のEUと命令キャッシュを持ち、スレッドの発行や実行を行う。また、レイトレースの機能も含んでいる。

図8.33 X^eの実行ユニット※

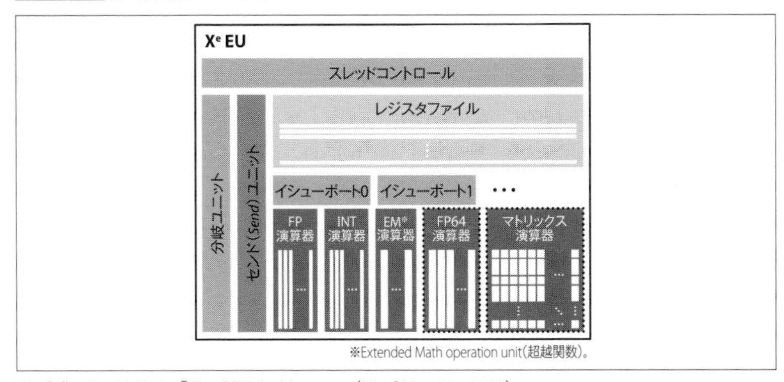

※ 出典：David Blythe「The GPU Architecture」(Hot Chips 32、2020)

ンターフェース(*Graphics Technology Interface*、**GTI**)を経由してメモリコントローラに繋がっています。そして、メモリコントローラからはGPUローカルメモリを使用する際にDDR4、LPDDR4x、LPDDR5x、GDDR6、HBM2eなどのメモリに繋がっています。

また、メモリファブリックはタイル間接続用のポートとX^eリンク(後述)のポートを持っています。タイル間接続ポートは、一つのパッケージに複数のチップを搭載してGPUを構成する場合に、それらのチップの間を接続するものです。L3キャッシュ(L3$)や大容量のRAMBO$を持ち、隣接タイルの接続や他のX^e GPUと接続するX^eリンクのポートを持っています。

図8.34 X^eのメモリファブリック※

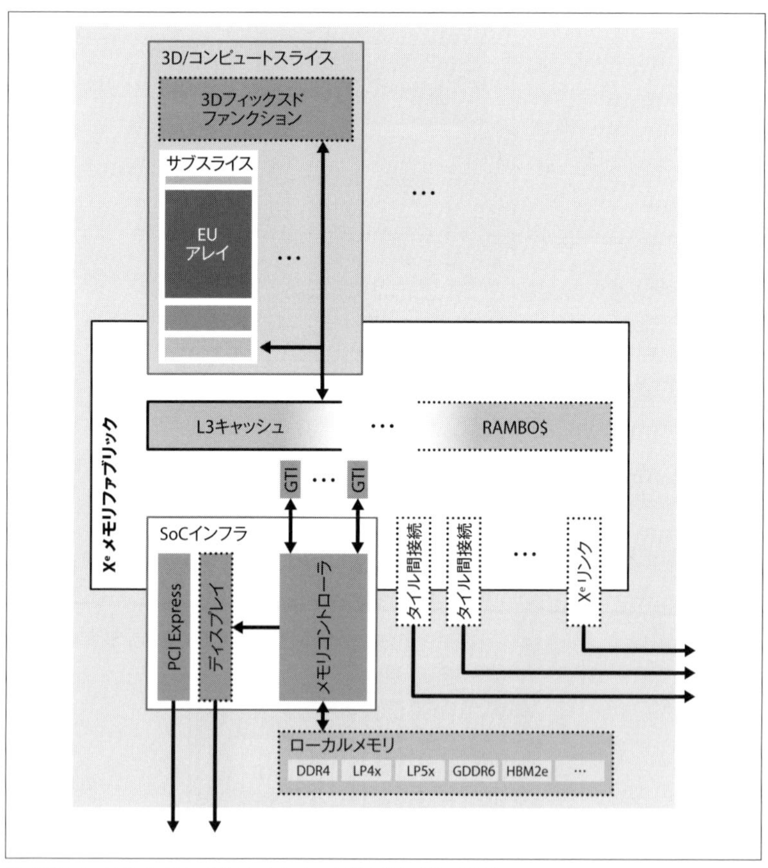

※ 出典:David Blythe「The GPU Architecture」(Hot Chips 32、2020)

■………… X^{e}のメディアエンジン

図8.35のX^{e}メディアエンジンはビデオなどの処理エンジンで、これも従来のものの2倍のエンコード/デコード性能を持っています。そして、4Kあるいは8Kのビデオを60フレーム/秒で表示することができます。さらに、VQE（*Video Quality Engine*）は、ビデオのノイズ除去やインターレース表示をなくしてビデオ画像の品質を改善するエンジンです。これらがメディアフィックスドファンクッションです。

図8.35 X^{e}のメディアエンジン※

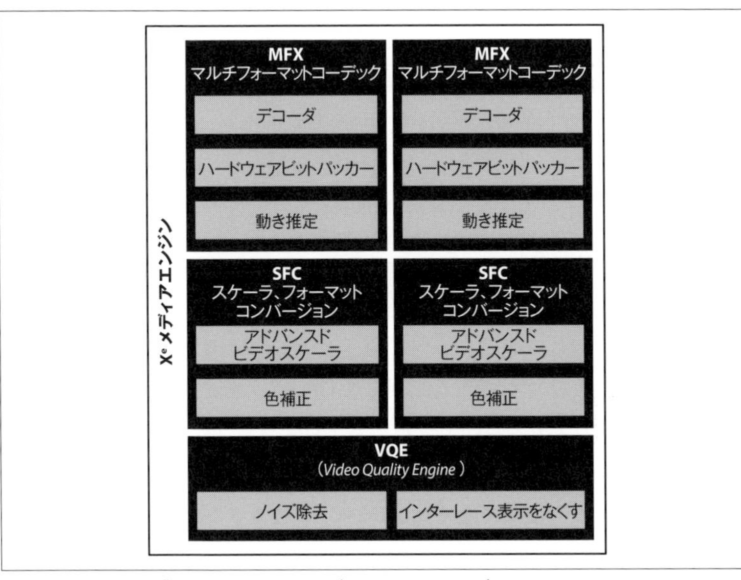

※ 出典：David Blythe「The GPU Architecture」（Hot Chips 32、2020）
各種画像フォーマットのデコードや、色補正などを行う。また、ビデオの画質を改善するエンジンを持っている。

■………… EMIB

前述のHBMメモリではTSV（シリコン貫通ビア）というテクノロジーが使われて、細かいピッチの信号線を持つチップの実用化が可能になっていますが、TSVのシリコン配線基板はGPUとHBMメモリが全部搭載できる大きさにする必要があり、コストが高くなってしまうという問題があります。

これに対して、Intelの開発した**EMIB**（*Embedded Multi-die Interconnect Bridge*）という技術は**図8.36**で白く描いた部分に微細配線を作った細長いシリコンチップを配線パターンが上向きになる方向にして埋め込み、その上にシリコンチップを重ねて接続します。このようにすると、接続用のチップは非常に小さいもので済みます。図8.36は、EMIBで4個のチップの対抗する辺を接続する場合の概念を示す図です。

図8.36 Intelの開発したEMIBテクノロジーで4チップを接続して、大きなチップを実現する※

※ 出典：David Blythe「The GPU Architecture」(Hot Chips 32、2020)

■ X^eリンク

X^eリンクは、複数のX^e GPUを接続してGPUクラスタを作るための接続ポートです。**図8.37**は6個のGPUを接続してGPUノードを作る例です。

図8.37 X^eリンクで6個のX^eを接続してGPUノードを作る例※

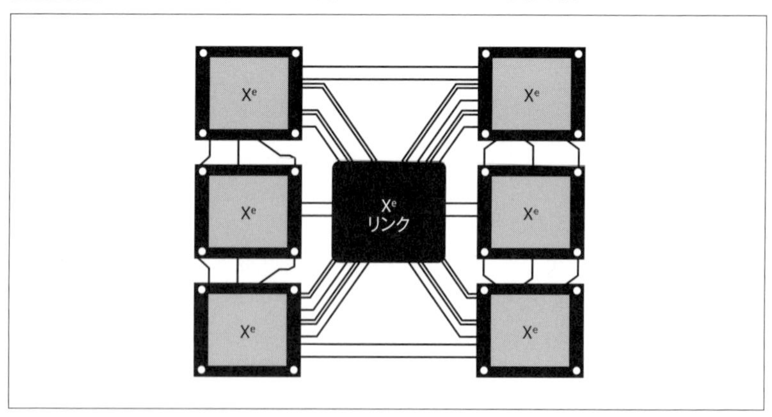

※ 出典：David Blythe「The GPU Architecture」(Hot Chips 32、2020)

■ X^e GPUを使うTiger Lakeプロセッサのチップ写真

図8.38は、X^e GPUを使う最初の製品のTiger Lakeプロセッサのチップ写真です。右側の太線の四角で囲んだ部分がX^e_{LP} GPUでTiger Lakeチップの30％程度の面積を占めています。

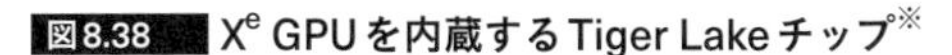
図8.38 X^e GPUを内蔵するTiger Lakeチップ※

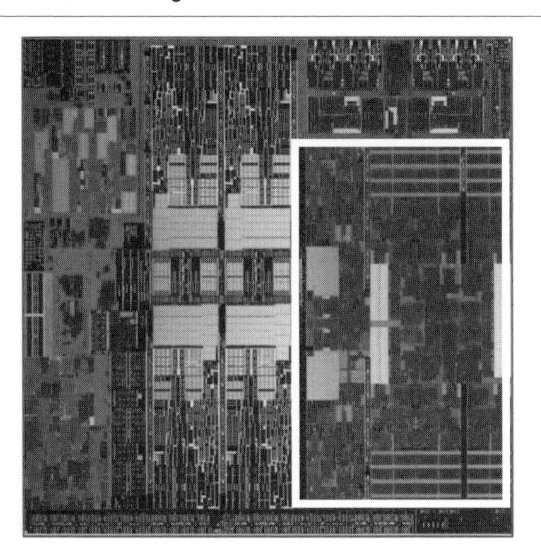

※ 出典：David Blythe「The GPU Architecture」(Hot Chips 32、2020)

なお、Intelの発表では、同一面積、同一電力という条件で比較して、X^e_{LP} GPUの3D/コンピュートの性能は、前世代の組み込みGPUと比較して2倍に向上しています。また、前世代の製品は64EUでしたが、X^e_{LP} GPUでは96EUと1.5倍となり、テクスチャやピクセル処理エンジンも1.5倍の性能になっています。

AMDは新アーキテクチャCDNA GPU開発へ

Lawrence Livermore National LaboratoryのEl CapitanスーパーコンピュータとOak Ridge National LaboratoryのFrontierの2つのエクサスケールのスーパーコ

ンピュータを受注したのは、HPEのクレイ部門で、CPUとGPUを受注したのはAMDです。

AMDは、2019年に**RDNA**アーキテクチャの新GPUを発表しました。しかし、RDNA GPUはゲーミングなどを主要なターゲットとしており、本格的な大規模科学技術計算やディープラーニング計算はターゲットとしていません。AMDは2020年11月に大規模科学技術計算やディープラーニング計算をターゲットとする**CDNA**アーキテクチャを発表し、CDNA準拠のInstinct MI100 GPUを発表しました。MI100はFP64の演算性能が11.5TFlopsと、本書原稿執筆時点で、科学技術計算用としては最速のGPUです(**表8.13**)。

表8.13 MI100 GPUの演算性能※

計算	Flops/Clock/CU	Peak TFlops	MI50との性能比(倍)
行列FP16	1024	184.6	6.97X
行列BF16	512	92.3	N/A
行列FP32	256	46.1	3.46X
ベクターFP32	128	23.1	1.74X
ベクターFP64	64	11.5	1.74X

※ 出典:「Introducing AMD CDNA Architecture : The All-New AMD GPU Architecture for the Modern Era of HPC & AI」(2021)

AMDのCDNAアーキテクチャ

MI100のブロックダイアグラム(**図8.39**)を見ると、CU (*Compute Unit*)がぎっしりと並んでいるのがわかります。また、グラフィックス関係のユニットはマルチメディアエンジンのみで、通常のGPUのいわゆるレンダリングパイプラインを構成するコンポーネントは搭載されていません。チップにできるだけ大量のCUを搭載して計算性能を上げられる構成になっており、128個のCUを集積し、仕様上、使用できるCUは120個となっています(8CUは歩留まり向上のための冗長)。

各CU(**図8.40**)は、倍精度浮動小数点(FP64)演算を8並列で実行できます。MI100のクロックはベースでは1000MHzですが、ブースト時には1502MHzまで上げることができます。FP64の演算は2サイクルに1回となりますが、DP(*Double Precision*、倍精度/64ビット)演算器は1サイクルに積と和の2演算を実行することができますから、1502MHz × 7680 = 11.54TFlops(7680 = 120CU × 64Flops/Clock/CU)という演算性能となります。

MI100は行列演算用の演算器を持ち、表8.13のとおり行列FP32では

図8.39 MI100のブロックダイアグラム※

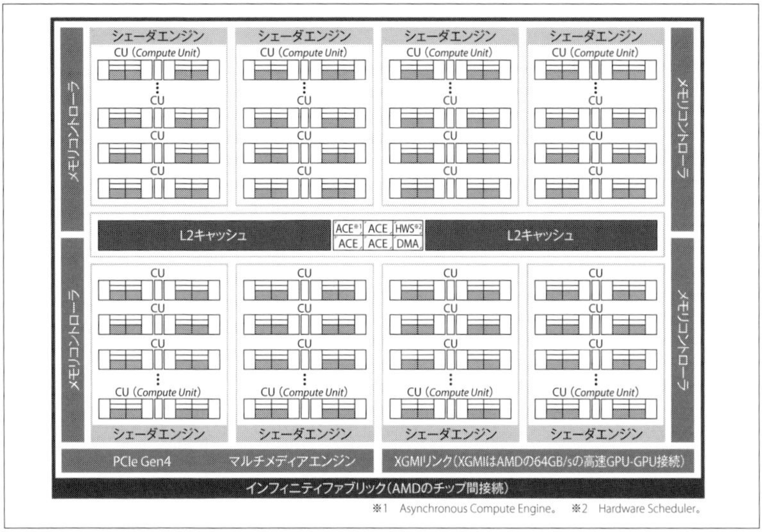

※1　Asynchronous Compute Engine。　※2　Hardware Scheduler。

※ 出典：「Introducing AMD CDNA Architecture：The All-New AMD GPU Architecture for the Modern Era of HPC & AI」(2021)

図8.40 CU※

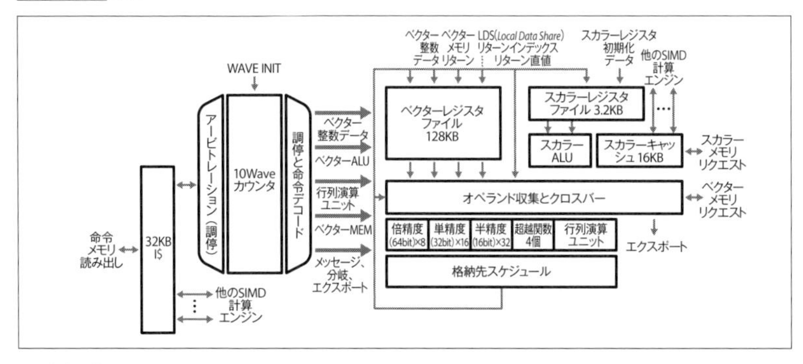

※ 出典：「Introducing AMD CDNA Architecture：The All-New AMD GPU Architecture for the Modern Era of HPC & AI」(2021)

46.1TFlopsとGPUの通常の演算であるベクターFP32計算の場合の2倍の性能となっています。また、行列FP16では184.6TFlops、行列BF16では92.3TFlopsとMI50に比べてディープラーニングの演算性能を大きく改善しています。

MI100のメモリは4個のHBM2メモリを付けており、1.229TB/sのメモリバンド幅を持っています。科学技術計算用のGPUであるので、当然HBM2メモリにはECCが付けられています。

そして、HBM2メモリに入りきらないような大きなニューラルネットを学習させるような場合には、GPUチップ間やGPUとCPUの間の通信路の速度がものを言います。AMDはInfinity Fablic Link（XGMIリンクと呼ばれることもある）を装備しています。Infinity Fablic Linkは23GT/sで伝送を行う16レーンの通信路です。そして、MI100ではInfinity Fablic Linkが3本になったので、4個のMI100 GPUを使用する場合、どのGPUペアも直接接続できるようになりました。これにより、ディープラーニングでの重みのアップデートの通信や4個すべてのGPUの計算結果を集める処理が速くなりました。

なお、MI100はグラフィック機能は持っていませんが、ビデオ処理を行うHEVC（*High Efficiency Video Coding*、H.265）、H.264とVP9のデコード機能は、ディープラーニングでビデオ入力を扱うケースもあるので、MI100では残されています。

MI100は、TSMCの7nmプロセスで製造され、GPUボードの消費電力は300Wとなっています。

8.5 今後のLSI、CPUはどうなっていくのか？

半導体の進歩、高性能CPU

コンピュータの進化や性能向上を支えるLSI、CPUを取り巻く環境も変化し続けています。LSI、CPUがこれからどうなっていくのかについて少し押さえておきましょう。

微細化と高性能化

現在のLSIの大部分は電界効果型トランジスタ（*Field Effect Transistor*、**FET**）という素子で作られています。FETはソースとドレインという端子とゲートという端子を持ち、ゲートに与える電圧で、ソースとドレインの間を流れる電流の量をコントロールします。FETはソースを基準として、ゲートやドレインの電位を正にすると電流が流れるN型というタイプと逆にゲートやドレインに負の電圧を与えると電流が流れるP型のFETを作ることができます。

P型とN型のFETを直列に繋いで、P型FETを導通させ、N型FETをオフにすると、電源電流は流れません。その逆にP型FETをオフにして、N型FET

を導通させても電源電流は流れません。ということで、P型とN型FETを使う相補型（*Complementary*）FET回路（CMOS回路）を使うと消費電力が非常に小さい論理回路を作ることができます。現在のところ、相補型FET回路に替わる効率の良い論理回路は知られていないので、まだまだ相補型FET回路の利用が継続されるものと考えられます。

FETがスイッチする電流は、ソートとドレインの間隔に逆比例するので、ゲートを細くする微細化が高性能化には有効で、現在では7nmとか、5nmという世代の半導体プロセスが最先端となっています。実は最先端のプロセスのFETのソースとドレインの間隔はこの値よりもずっと大きく、〜15nm程度ですが、寸法の縮小以外のさまざまな手法でFETの性能を引き上げているので、それを寸法の縮小に置き換えると7nmとか5nm相当になっているという考え方で7nmプロセスとか5nmプロセスとか呼ばれています。また、より微細な寸法を言った方が性能が高そうに聞こえるというマーケティング上の理由からも本当の寸法より微細な寸法をいうのが好まれています。

マーケティング上の呼び方はともかく、トランジスタを比例縮小で微細化しても、流せる電流は減らず、一方、寄生容量は減少するのでスイッチ速度は速くなり、性能は向上します。このため、より微細なパターンをシリコン基板上に作るという努力が続けられています。

現状での微細なパターンの描画の最大の障害は、光の波長です。光は微細なパターンを露光しようとすると波の性質が顕著になってきて干渉などが起こって、意図した形状の微細なパターンが描けなくなってしまいます。そのため、波長の短い光で露光するという方法が使われ始めてきています。

パターンの露光は、波長193nmの紫外線が使われ、さらに193nmの紫外線を使って水中で露光し、水の屈折率のぶんだけ実効的に波長を短縮して140nm程度の波長での露光を実現しました。しかし、7nmプロセスともなるとまだまだ波長が長く、波長が13.5nm近辺の極端紫外線（*Extreme Ultara Vioret*）という光で露光する方法が使われ始めています。しかし、EUV波長ではある程度の屈折率を持ち、透明な物質がなく、通常のレンズが作れません。そこで、EUV波長で乱れのない凹面反射鏡でレンズを作るという特殊な技術が必要となります。

このようなレンズを作れる会社はドイツのZEISS（ツァイス）だけで、このレンズを使うEUVの露光機を作れる会社はオランダのASMLだけです。そして、EUV露光機は1台で100億円以上という超高価な露光機ですが、これ以外に微細な露光を行う手段はありません。

このような露光技術による微細化でムーアの法則を支えてきており、ムーアの法則の基になる微細化はスローダウンしながらも続いてきています。しかし、微細化にはゲート幅だけでなく絶縁膜の厚みなどの他の寸法も比例縮小する必要がありますが、これ以上薄い絶縁膜では耐圧が持たないなど比例縮小は物理限界に近づいてしまっています。

シリコンより電流を流しやすいGaAs[注23]などを使うとか、厚みは薄くても高い電圧に耐える絶縁膜材料を探すというアプローチは原理的には可能ですが、加工性などを含めて代替になる新材料の開発には長い時間が掛ります。ということで、研究は行われていますが、短期的には新材料を使って微細化を推し進める方向は険しい道と思われます。

チップレットと3次元実装　ポストムーア時代の注目の実装技術

業界で期待されているのは3次元実装です。なかでも一番実用化が進んでいるのは本書でも取り上げているHBMです。

先述のとおり、HBMは4枚、あるいは8枚のDRAMチップを積層し、TSVという技術で貫通する穴を開けて重ねたチップの間を接続します。重ねるDRAMチップは薄く研磨して、8枚重ねのHBM2チップと研磨していない1枚だけのGPUチップは同じ厚みになるようにしています。

8枚のチップを貫通する穴は小さく、1024信号+128ECC信号の端子と電源等の接続端子を作ることができます。そして、GPUとHBM2の間の1024本以上の信号線はインターポーザと呼ばれるGPUとHBM2を載せたシリコン基板で配線されます。

CMOS FET回路の消費電力は、配線やFETの寄生容量を充放電するために消費される電力が大部分を占めます。3次元実装を行っても、FET自体の寄生容量はあまり減りませんが、配線は大幅に短くなり、寄生容量が減ります。それに伴って、配線が原因の電力消費が減ります。また、配線の寄生容量が減ると、それを充放電するFETを小さくすることができ、FETの寄生容量も小さくなるという効果も得られます。

図8.41はAMDが示した図（Hot Chips 31の基調講演）で、中央に「I/O & Memory」と書かれたチップ片と、「CPU」と書かれた8個の小さなチップ片が搭

注23　GaAsはGa（ガリウム）とAs（ヒ素）の化合物半導体で、シリコンより電子が動きやすい半導体です。このため、小さいゲート電圧でシリコンより大きな電流を制御でき、スイッチ速度を速くすることができます。しかし、P型のGaAsトランジスタはSiと同程度なので、相補型の高性能のゲートは作れません。

載されています。このようなチップ片は**チップレット**(*Chiplet*)と呼ばれます。図8.41の写真ではこれらのチップレットはプリント基板に搭載されているように見えますが、HBMのようにシリコン配線基板(インタポーザ、*Interposer*)を使えばより微細な接続ができ、チップレット間の距離を詰めることができます。また、前出の図8.36のようにIntelのEMIB技術を使えば小さな配線チップを使って比較的低コストでチップレットの対抗する辺を接続できる可能性があります。

図8.41 Hot Chips 31で示されたAMDのチップレット実装のCPU※

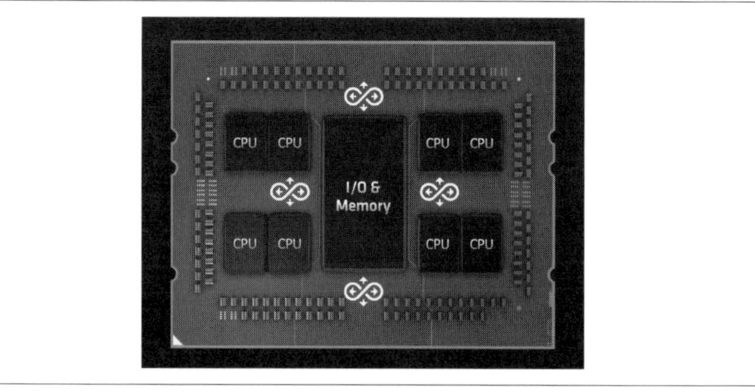

※ 出典：Lisa Su「Delivering the Future of High-Performance Computing」(Hot Chips 31、2019)

このような実装を行いチップレットを密に搭載すると、チップレットの間の配線の距離を短くして寄生容量を減らし、消費電力を減らし、動作速度を上げることができます。また、高密度を必要とするCPUチップは7nmとか5nmという最先端の微細なプロセスを使い、I/O & Memoryチップは、そこまで微細ではない低コストのプロセスのチップレットを使うということも可能になります。さらに、小さなチップレットは歩留まり良く作れるので、同じ集積度のチップをより安価に作れる可能性もあります。

しかし、3次元実装は、シリコン基板のインターポーザを必要としたり、高密度のI/O端子を持つチップを実装するなど、コストアップに繋がる要素もあり、価格が抑えられると簡単には言えない状況にあります。しかし、技術的なメリットは明らかで、利用する場面が増えていけばコストも下がり、さらに利用が増えていくと考えられます。

このような3次元実装で半導体の集積度は向上を続けており、まだまだ半導体の進歩は続いていくと思われます。

CPUはどうなっていくのか サーバーへの採用が進むArmアーキテクチャ

CPUの主要な用途は、量的にはスマートフォンなどのSoCに使われるものが大部分です。また、将来はIoTも主要なCPUユーザーになっていくと考えられます。一方、売り上げや利益の点では、クラウドサービスを提供する大規模データセンターがCPUの主要ユーザーです。したがって、この2つの分野に向けて、CPUの開発が行われていくと考えられます。スマートフォン向けのCPUについては7.3節で説明しましたので、そちらを参照ください。

データセンター用のCPUは、IntelのXeonやAMDのEPYC、そして、IBMのPOWERなどがあります。一方、ArmアーキテクチャのCPUをデータセンターに使おうという動きも出てきています。その代表格がAmazonのAWS Graviton CPU[注24]です。

Amazonは巨大なデータセンターを持っていますから、ArmのNeoverseアーキテクチャのデータセンター用CPUを自社で開発して、使用しています。また、現在ではGraviton 2という改良型のCPUを使っています。AmazonはGraviton 2を使うインスタンスはx86ベースのインスタンスと比べて、最大40%高いコストパフォーマンスを発揮すると発表しています。

Ampereは元IntelのCEOであったRenée Jamesの会社でX-Geneというプロセッサを開発しています。元々はApplied Micro Circuit Corporationという会社がArmアーキテクチャのハイエンドサーバープロセッサを開発していましたが、MACOMに買収されました。さらに、MACOMがApplied MicroをCarlyle Groupに売却しました。その後、AmpereがX-GeneのIPを購入し、eMAG[注25]という名前でArmアーキテクチャのデータセンタープロセッサを開発して現在に至っています。

もう一つの流れは、Caviumが開発したArmアーキテクチャのThunderXプロセッサです。その後、CaviumがMarvellに買収され、現在はMarvellの一部門としてハイエンドのArmプロセッサを開発しています。最新の製品はThunderX3です[注26]。

また、富士通がArmと協力してArmのベクトル拡張であるSVEを開発し、

注24 URL https://aws.amazon.com/jp/ec2/graviton/

注25 URL https://amperecomputing.com/wp-content/uploads/2019/01/eMAG8180_PB_v0.5_20180914.pdf

注26 Hot Chips 32で発表が行われました。本書原稿執筆時点で、発表資料は一般公開はされていないようです。

富士通は自前の技術でArmアーキテクチャのA64FXプロセッサを開発し、スーパーコンピュータ「富岳」に採用しました。

以上を踏まえると本書原稿執筆時点では、Armアーキテクチャはサーバー市場における普及の入り口に立っている状況といえるかもしれません。

高性能CPUの技術動向

Intelプロセッサの命令アーキテクチャは、1977年に発表された8086プロセッサに端を発しています。当時はメモリを節約し、豊富な命令セットを提供するため、可変長の命令が一般的で、8086も可変長の命令を使っていて、それが今のIntelのプロセッサに受け継がれています。

しかし、可変長の命令は命令を解釈しないと、命令の長さがわからず、次の命令がどこから始まるのかがわからないので、複数の命令を並列に実行することが難しいという問題があります。これに対して、1994年に発表されたNexGen（AMDに買収され、現在はAMDの一部）のNx586というプロセッサは、可変長のx86命令をRISCのような固定長の命令に変換して複数命令の並列実行を行うというアーキテクチャを使いました。

現在は、8086をはじめとして、可変長の命令を採用したCPUは、この固定長命令に変換して、固定長命令を実行するという方式に変わっています。

■………Intelの変換命令キャッシュ

Intelもそれに追随して、可変長のx86命令を固定長のμOP命令に変換して実行するというアーキテクチャを使っています。しかし、実行のたびに命令の形式を変換するのはムダが多いということで、Intelプロセッサでは、変換後の命令を保持するキャッシュを備えています。これで、命令変換に必要な電力を削減し、命令の読み出し速度も速めて性能を改善しています。

ただし、変換で命令の長さが変わり、分岐命令の飛び先のアドレスが変わってしまうので、元の命令を32バイト単位に区切ってμOP命令に変換し、この単位でキャッシュに入っている（ヒット）か入っていない（ミス）かを判定し、ヒットの場合は、1ライン分のμOP命令を読み出して、何番めのμOP命令を使うかを判定しています。

Intelは、1.5KμOP命令の容量のキャッシュで80%程度のヒット率が得られると発表しています。これは大雑把にいうと、x86命令をμOP命令に変換するためのエネルギー消費を1/5に低減していることになります。

機械学習を使う分岐予測

条件分岐命令は、条件が確定するまで、次の命令を実行するのか、分岐先の命令を実行するのかがわかりません。それに対して、過去の分岐の履歴から、次回は、どちらの命令が実行されるのかを予測して、予測に基づいて命令を実行する投機実行という方法が使われています。

投機実行は、予測が当たれば良いのですが、外れると誤って実行してしまった命令を取り消して、正しい方の命令を実行する必要があり、大きく性能をロスします。そのため、予測の精度を上げることが重要です。

これまでもさまざまな予測方法が考案されてきましたが、今ではニューラルネットワークの一種であるパーセプトロン(*Perceptron*)を分岐予測に使う[注27]という方法が提案され、OracleのSPARC T4プロセッサやAMDのBobcatプロセッサが初期の採用例[注28]で、現在では標準的な方法になっています。パーセプトロンに分岐パターンを学習させると、従来のローカル履歴やグローバル履歴を使う予測よりも、高い精度の予測ができると報告されています。

ただし、分岐予測は予測に時間が掛ってしまうとメリットがないので、画像認識などのような多段のニューラルネットワークは使えません。しかし、将来は、精度の高いニューラルネットワークの予測をキャッシュに入れて平均的なアクセス時間を短縮するようなアプローチが出てくるかもしれません。

演算性能を引き上げるSIMD命令

一つの命令で複数のデータに並列に演算を行うSIMD命令は、必要なレジスタや演算器は多く必要になりますが、時間あたりの演算数を増やすことができます。このため、演算性能を上げるためにSIMD命令が使われます。

1999年にIntelは、SSE命令というSIMD命令を作り、128ビット長のデータを処理するという拡張を行いました。SSE命令は、32ビット長のデータなら4つのデータを並列に処理することができ、演算性能が4倍に上がります。

そして、2011年には、AVXというSSEの後継となる命令を導入し、SIMD演算の長さを256ビットに拡張しました。

さらに、2016年にはXeon PhiプロセッサがAVX-512という命令をサポート

注27 Daniel A. Jiménez「An Optimized Scaled Neural Branch Predictor」(ICCD 2011)

注28 Daniel A. Jiménez「Strided Sampling Hashed Perceptron Predictor」 URL https://www.jilp.org/cbp2014/paper/DanielJimenez.pdf

して、SIMDのデータ長を512ビットに拡張しています。なお、汎用のXeonプロセッサは、最初はAVX-512命令はサポートしていませんでしたが、現在はAVX-512命令もサポートしています。

また、2016年8月のHot Chips 28において、Armは最大512バイトのベクトルデータを扱えるARMv8-AのSVEを発表しました。このアーキテクチャは1命令で最大512バイト(4096ビット)のデータを処理することができます。富士通はSVEの開発段階から協力を行っており、「富岳」のプロセッサにこのSVE命令拡張を含めたArmアーキテクチャを採用しています。

CPUテクノロジーの最近の傾向は、ディープラーニング/マシンラーニングのアクセラレータの追加です。マシンラーニングと言っても簡単な画像認識から、自然言語の理解のように巨大なモデルを必要とし、AI用スーパーコンピュータを必要とするものまでいろいろなものがあります。巨大なモデルを必要とする場合は、AI専用のスーパーコンピュータを必要とし、CPUに内蔵されるマシンラーニングのアクセラレータはそれほど大きなものにはならないのが一般的です。しかし、ちょっとAI処理が必要という使い方もいろいろと出てくるので、AI処理用のFP16やBF16演算をサポートするCPUは一般的になると考えられます。

8.6 GPUはどうなっていくのか さらなる進化の方向性

本書ではGPUについて幅広い話題を取り上げてきました。本節では、ここまでのおさらいと合わせて、GPUの今後について少し考えておきましょう。

GPUの今

GPUは元々はグラフィックスの描画処理向けのプロセッサとして開発されましたが、最近ではディープラーニングのアクセラレータとしての用途の方が重要になってきています。また、レイトレースでは追跡するレイ(光線)の当たっていない場所の反射光をディープラーニングで予測して描画品質を改善するという使い方もなされています。

また、科学技術計算でも、厳密なシミュレーションとAIでの予測を組み合わせるという使い方も多くなっています。

このため、シミュレーション用のFP64/FP32浮動小数点の演算器と、ディープラーニング用のBF16の高性能演算器の両方が必要になり、トランジスタはもっとたくさん欲しいという状態になっています。

また、ディープラーニングに対応して、疎行列のアクセスや積の計算のサポートが追加されることも一般的です。さらに、データフロー的に、入力に新しいデータが到着したときだけ計算を行うデータフロー的なコンピューティングも考えられますが、こちらはGPUの処理方式とは大きく異なった処理が必要になるので、現状ではディープラーニング専用のアクセラレータに限定してデータフロー方式を採用するものが出てきています。

また、ディープラーニングの計算ではゼロに近い小さな係数を無視したりして計算を簡略化するという方法も取られています。グラフのどこの枝を間引けば精度の低下が少なく、計算量を減らせるかをコンパイラが判断して計算効率の高いニューラルネットワークに変形してグラフを圧縮することも行われます。一方、メモリには係数を間引いたデータを格納しますが、元の形式に戻すのは簡単にできるようになっており、高速で元のデータをアクセスできるようになっています。

GPUの種類

GPUと言ってもさまざまな種類があります。小規模なものはスマートフォンやタブレット用のSoCに内蔵されるもので、シェーダコアの数は数十個程度、16ビットの半精度浮動小数点演算を使うというようなものから、数千個のシェーダコアを集積するハイエンドGPUまで様々です。

厳密な区分があるわけではありませんが、

- **スマートフォン用**
- **PCや据え置き型ゲーム機用**
- **ハイエンドグラフィックス用**
- **科学技術計算用**
- **AI/ディープラーニング計算用**

のように分けて考えることができます。スマートフォン用はシェーダコア数が数百程度が上限で、消費電力もピークで5〜10W程度です。また、LPDDR DRAMなどを使いメモリバンド幅は20GB/sとか30GB/sで、メモリバンド幅を抑えるため、タイリング方式の描画を行うようなGPUです。

PCや据え置き型ゲーム機用のGPUは数十〜200W程度の消費電力で、500〜2000程度のシェーダコアを持っています。メモリはGDDR6などを使い、CPUと比べると何倍もの浮動小数点演算性能とメモリバンド幅を持っています。

ハイエンドグラフィックス用GPUは、最大集積度の3000個かそれ以上のシェーダコアを集積しています。消費電力は250〜300Wです。必要な性能によっては画面を分割して、複数台のGPUを使って表示処理を分担させて、より描画性能を高めるという使い方もされます。

科学技術計算用のGPUはハイエンドグラフィックス用と近いのですが、64ビットの倍精度浮動小数点演算機能が強化されています。また、グラフィックス表示を行う場合よりも計算エラーに対してはシビアで、メモリやGPU内部のメモリにエラー訂正機能が付けられます。

AI計算用は必ずしもグラフィック計算を行うのではないので、GPUと呼ぶのは正しくないかもしれません。しかし、NVIDIAやAMDのハイエンドGPUは、AI計算用の低精度の混合精度演算器を備えてAI計算性能を高めていますので、高性能GPU = 高性能AI計算エンジンとなっているというのが現状です。

NVIDIAの最新のGPUであるA100 GPUは、16ビットのBF16演算や整数のINT16、INT8などの低精度の演算をSIMDで並列に実行することで高いディープラーニング性能を実現しているのが特徴ですが、64ビット精度のFP64の演算でもTensorコアを使える場合は19.5TFlopsという高い演算性能を備えているのが特徴です。一方、AMDのGPUはゲーミングを主要ターゲットとするRDNAアーキテクチャと、科学技術計算やAI処理を主要ターゲットとするCDNAアーキテクチャでは重点の置き方の違う製品になっています。

AMDやIntelはチップレットを集めてCPUやGPUを作るというアプローチを試しているようで、どのチップレットを何個接続するかで、製品のバラエティーを作り出してくる可能性もあるかもしれません。

消費電力の低減

トランジスタ密度は、現在の5nmプロセスからさらに10倍くらいの密度の改善は見えてきています。しかし、微細化してトランジスタ密度を上げると消費電力も増えてしまいます。電力の上限を超えないようにするためには、チップ上に作った回路をすべて同時に動かすことはできず、一部は電源をオフにした暗い状態で使わなければならないというダークシリコンの問題が出てきています。

このため、仕事あたりの電力を減らすエネルギー効率の高い省電力設計が重要になってきています。

アーキテクチャによる省電力設計

一般に、プログラム制御のロジックに比べると、専用の処理を行うカスタムロジックを作ると、電力効率は1桁向上すると言われます。CPUでもGPUでも、命令をメモリから読み、それを解釈してレジスタファイルからデータを取り出して実行し、処理結果をレジスタファイルに格納するという処理を行います。しかし、カスタムロジックにすれば、命令の読み出しや解釈は必要ありませんし、レジスタ番号を指定してアクセスするレジスタファイルではなく、演算ユニットの近くにある専用のレジスタを使うことができます。

また、汎用の加算器や乗算器を使わず、必要な演算だけを必要な精度で行う回路にすることでも消費電力を減らせます。さらに、回路がコンパクトになるので配線も短くなり、信号を送るためのエネルギーも減らせます。

これらを合わせると、1/10程度のエネルギーで処理ができるようになるという具合です。

カスタムロジックを作るためにはトランジスタが必要ですが、トランジスタは余ってきていてダークシリコンが発生する状況ですから、必要なときだけ電源を入れる専用回路を作ることに問題はありません。このような状況から、ビデオのデコードやエンコードなどの使用頻度の高い機能は、カスタムロジックで実現するGPUが増えています。

今後は、ビデオ処理だけでなく、使用頻度の高い機能のカスタムロジック化が進み、ディープラーニングのサポートも低精度演算だけでなく、より高度な機能のカスタムロジック化が進んでいくと思われます。

回路技術による省電力化

CMOS回路は「CV^2f」で電力を消費します。ここでCはCMOS回路や配線の寄生容量、Vは電源電圧、fは回路の動作周波数で、クロック周波数に比例します。fを上げれば消費電力は増えますが、処理する仕事も増えるので、省エネルギーにはCV^2の低減が本質的です。つまり、省エネにはCを減らす、Vを減らす、あるいは両方を減らすということが必要です。

Cを減らすには、論理回路に使うトランジスタのサイズを小さくするという方法が使われます。トランジスタのサイズを小さくすれば、トランジスタの寄生容量が減りますし、回路が小さくなることで配線の寄生容量も減ります。

しかし、トランジスタを小さくすると、回路の動作速度が遅くなり、動作周波数が下がってしまいます。なお、14nmプロセスから10nmプロセス、7nmプロセスと半導体プロセスを微細化する場合は、トランジスタは小さくなっても動作周波数は下がらないので、半導体プロセスの微細化の進歩は重要です。

半導体プロセスの微細化なしに回路設計だけで消費電力を減らす場合は、動作速度が問題になる部分はトランジスタは大きいままで、速度があまり問題にならない部分だけトランジスタを小さくして寄生容量を減らすなどの対策が必要になります。

もう一つの方法は、電源電圧Vを下げるという方法です。こちらは消費エネルギーに2乗で効きますから効果的です。しかし、電源電圧を下げるとトランジスタが流せる電流が減り、回路の動作速度が遅くなります。そのため、動作速度が問題になる部分だけは、トランジスタのサイズを大きくするなどのきめ細かい対策が必要になります。また、トランジスタがオフ状態でも流れる電流はゼロにならず、漏れ電流が流れます。電源電圧の低減に伴い、この漏れ電流による消費電力が動作に伴うCV^2f電力を上回る状況になっており、高速を必要とする部分以外の回路では、動作速度は遅いのですが漏れ電流の小さいトランジスタを使うという方法も広く使われています。

電源電圧を下げる上での大きな問題は、電源電圧を下げると6トランジスタメモリ[注29]の動作が不安定になってしまうことで、メモリセルを読み出すと、記憶していた値が化けてしまうという問題が出てきます。

注29 1ビットを記憶するSRAMセルには、少なくとも6個のトランジスタが必要です。このタイプのメモリセルは6トランジスタメモリセルと呼ばれます。

これを避ける手としては、メモリセル部分の動作が不安定にならないところまで電源電圧を上げる、あるいは、読み出しが記憶情報を変えてしまう危険がない8トランジスタのメモリセルを使うことです。

メモリセル部分の状態の変化は少ないので実質的な動作周波数fは低く、電源電圧を上げても消費電力的には大きな問題はありませんが、チップに供給する電源の種類が増え、異なる電圧の領域の間では信号の伝送にレベルコンバータ回路が必要となるなどの面倒な点があります。一方、8トランジスタメモリセルを使うと論理回路と同程度のレベルまで電源電圧を下げることができますが、メモリのサイズが3〜4割大きくなり、チップ面積が増えてしまうという問題があります。

これらの回路レベルの低電力化に加えて、動作させる必要がないタイミングでは、回路に供給するクロックを止めるクロックゲート、ある程度休止時間が長い場合は、電源もオフにするパワーゲートが使われます。今日のLSIの設計では、クロックゲートやパワーゲートは一般的な手法で、設計の過程で、バグを潰してLSIが論理的には正しく動作するようになってから以降は、クロックゲートやパワーゲートを使って消費電力を削減するという努力が続けられます。

8.7 まとめ

スマートフォンの画面でゲームができたり、動画を見ることができるのは、GPUが働いているからです。その意味で、GPUはとても身近な存在です。しかし、現在ではGPUは「Graphics」の範囲を超えて科学技術計算や、AIの分野でも多く用いられるようになってきています。

グラフィックスの分野でも、レイトレーシングなどの3D表示の迫真度の高い画像が表示され、ゲームだけでなく各種の設計などにも用いられています。さらに、VRはより迫真の仮想現実の世界を体験させてくれます。また、光の多重反射まで考慮するレイトレーシングや、本書ではカバーできていませんが、CTやMRIのデータを中身の詰まったソリッドモデルとして扱う分野でもGPUは活躍しています。

GPUを使った高性能の科学技術計算は、各種の物理現象をシミュレートし、従来の理論と実験だけでは得られなかった知見を得たり、より効率の高い設計を実現したりしています。そして、最近のAIの進歩は著しく、Webでのスマートな検索や翻訳などをはじめとして、車の自動運転など幅広い分野で使用されていくと考えられます。そして、ニューラルネットワークの計算はGPUの得意な行列同士の乗算が主体なので、AIの分野では多くのGPUが使われています。とくに、自動運転の頭脳としてのGPUはさらに発展していくと考えられます。

このため、とくに第8章では、NVIDIAのAmpereやIntelのX^e GPU、AMDのCDNAといった最新のGPUアーキテクチャを取り上げて、解説を行いました。また、ディープラーニング/マシンラーニングのベンチマーク結果についても紹介しています。

ただし、GPUだけで仕事をするのではなく、CPUと協力して適材適所で仕事を分担して処理を行っていることを忘れてはなりません。微細化が使用できるトランジスタ数の急速な増加をもたらし、CPUやGPUの発展を牽引してきました。ムーアの法則も終わりが近いと言われますが、まだ、微細化だけでも現在の10倍くらいのトランジスタが使えるようになるところまではいけます。3次元実装を組み合わせれば、さらに10倍以上いけるでしょう。まだ、CPUやGPUには大きな進化の余地が残っています。

ここで大きな問題になるのが発熱で、消費電力を減らすことが一番重要になります。そのために、半導体技術、回路設計技術、論理設計技術、アーキテクチャまですべての分野で努力が続けられており、CPUやGPUの進化を支えています。

また、GPUメーカーは、GPUの性能向上と性能/電力の改善に加えて、並列プログラミングとCPU - GPU分離メモリから生じるプログラミングの難しさの軽減にも取り組んでいます。そして、GPUの使用分野の拡大にも力を入れており、GPUはますます私たちの生活に欠かせないものになっていくことでしょう。

本書では、GPUとはどのようなものなのか、なぜ計算性能がCPUより格段に高いのか、GPUのプログラミングはどのようにするのか、さらにニューラルネットワークの計算はどのように行われるのかなどの基本事項とともに、最新の話題や将来の見通しを含めてGPUについて解説しました。

索引

記号/数字

A

B/C

O/P/R

S/T

タ行

ナ行

ハ行

マ行

ヤ行

ラ行

ワ行

著者略歴

Hisa Ando

シリコンバレーで、1990年代に先端プロセッサの開発に従事。現在はフリーのテクニカルライターとして、プロセッサやスーパーコンピュータ関係の報道や解説を中心に活動している。『コンピュータ設計の基礎』(マイナビ出版、2010)、『プロセッサを支える技術』(技術評論社、2011)などコンピュータアーキテクチャ関係の7冊の著書がある。また、ブログ(https://andosprocinfo.web.fc2.com/index.htm)でプロセッサ関係の話題を紹介している。博士(工学)。

技術監修(5.2〜5.4/6.2/7.1〜7.2/8.4節の一部)

成瀬 彰 Akira Naruse (NVIDIA)

1996年に名古屋大学大学院工学系研究科修士課程修了後、同年、富士通研究所に入社。大規模サーバー開発、HPCシステム開発などのプロジェクトに参加。2013年にシニアデベロッパーテクノロジーエンジニアとしてエヌビディア(NVIDIA)に入社。さまざまなアルゴリズム・アプリケーションのGPU向け並列化に従事、GPUコンピューティングの普及に努めている。

特別寄稿(3.3節)

西川 善司 Zenji Nishikawa (トライゼット)

テクニカルジャーナリスト。工学院大学特任教授、東京工芸大学特別講師、monoAI technology顧問。高校時代からパソコン誌へのプログラムの寄稿、商業ゲームソフトの移植業務を受託。その後、日立製作所を経て記者業務に転向。ゲーム開発技術以外に、映像技術、自動車技術にもフォーカスした取材を行っている。

装丁・本文デザイン………… 西岡 裕二
図版…………………………… さいとう 歩美
3D図版……………………… 長谷川 享(技術評論社)
本文レイアウト……………… 高瀬 美恵子(技術評論社)

WEB+DB PRESS plus シリーズ

[増補改訂]GPUを支える技術
超並列ハードウェアの快進撃[技術基礎]

2017年7月13日　初版　第1刷発行
2017年8月11日　初版　第2刷発行

2021年3月31日　第2版　第1刷発行
2024年1月26日　第2版　第2刷発行

著者………………………… Hisa Ando
発行者……………………… 片岡 巖
発行所……………………… 株式会社技術評論社
東京都新宿区市谷左内町21-13
電話　03-3513-6150　販売促進部
　　　03-3513-6177　第5編集部
印刷／製本………………… 日経印刷株式会社

ISBN 978-4-297-11954-6 C3055　Printed in Japan